Norbert Kordey
Werner B. Korte

**Telearbeit
erfolgreich realisieren**

Zielorientiertes Business-Computing

Herausgegeben von Stephen Fedtke

Die Reihe bietet Entscheidungsträgern und Führungskräften wie Projektleitern, DV-Managern und der Geschäftsleitung, wegweisendes Fachwissen, das zeigt, wie neue Technologien dem Unternehmen Vorteile bringen können.

Die Autoren der Reihe sind ausschließlich erfahrene Spezialisten. Der Leser erhält daher gezieltes Know-how aus erster Hand. Die Zielsetzung umfaßt:

- Nutzen neuer Technologien und zukunftsweisende Strategien
- Kostenreduktion und Ausbau von Marktpotentialen
- Verbesserung der Wertschöpfungskette im Unternehmen
- Praxisorientierte und präzise Entscheidungsgrundlagen für das Management
- Kompetente Projektbegleitung und DV-Beratung
- Zeit- und kostenintensive Schulungen verzichtbar werden lassen

Die Bücher sind praktische Wegweiser von Profis für Profis. Für diejenigen, die heute in die Hand nehmen, was morgen Vorteile bringen wird.

Der Herausgeber, Dr. *Stephen Fedtke*, ist Softwareentwickler, Berater und Fachbuchautor. Er gibt, ebenfalls im Verlag Vieweg, die Reihe „Zielorientiertes Software-Development" heraus, in der bereits zahlreiche Titel mit Erfolg publiziert wurden.

Bisher sind erschienen:

Unternehmenserfolg mit EDI
Strategie und Realisierung des elektronischen Datenaustausches
von Markus Deutsch

QM-Handbuch der Softwareentwicklung
Muster und Leitfaden nach DIN ISO 9001
von Dieter Burgartz

Client/Server-Architektur
Organisation und Methodik der Anwendungsentwicklung
von Klaus D. Niemann

DV-Revision
Ordnungsmäßigkeit, Sicherheit und Wirtschaftlichkeit von DV-Systemen
von Jürgen de Haas und Sixta Zerlauth

Chipkarten-Systeme erfolgreich realisieren
Das umfassende, aktuelle Handbuch
für Entscheidungsträger und Projektverantwortliche
von Monika Klieber

Telearbeit erfolgreich realisieren
Das umfassende, aktuelle Handbuch
für Entscheidungsträger und Projektverantwortliche
von Norbert Kordey und Werner B. Korte

Norbert Kordey
Werner B. Korte

Telearbeit erfolgreich realisieren

Das umfassende, aktuelle Handbuch
für Entscheidungsträger und Projektverantwortliche

Herausgegeben von Stephen Fedtke

2., verbesserte Auflage

1. Auflage 1996
2., verbesserte Auflage 1998

Alle Rechte vorbehalten
© Friedr. Vieweg & Sohn Verlagsgesellschaft mbH, Braunschweig/Wiesbaden, 1998
Softcover reprint of the hardcover 2nd edition 1998

Der Verlag Vieweg ist ein Unternehmen der Bertelsmann Fachinformation GmbH.

Das Werk einschließlich aller seiner Teile ist urheberrechtlich geschützt. Jede Verwertung außerhalb der engen Grenzen des Urheberrechtsgesetzes ist ohne Zustimmung des Verlags unzulässig und strafbar. Das gilt insbesondere für Vervielfältigungen, Übersetzungen, Mikroverfilmungen und die Einspeicherung und Verarbeitung in elektronischen Systemen.

http://www.vieweg.de

Das in diesem Buch enthaltene Programm-Material ist mit keiner Verpflichtung oder Garantie irgendeiner Art verbunden. Der Autor und der Verlag übernehmen infolgedessen keine Verantwortung und werden keine daraus folgende oder sonstige Haftung übernehmen, die auf irgendeine Art aus der Benutzung dieses Programm-Materials oder Teilen davon entsteht.

Höchste inhaltliche und technische Qualität unserer Produkte ist unser Ziel. Bei der Produktion und Auslieferung unserer Bücher wollen wir die Umwelt schonen: Dieses Buch ist auf säurefreiem und chlorfrei gebleichtem Papier gedruckt. Die Einschweißfolie besteht aus Polyäthylen und damit aus organischen Grundstoffen, die weder bei der Herstellung noch bei der Verbrennung Schadstoffe freisetzen.

ISBN-13: 978-3-322-86504-5   e-ISBN-13: 978-3-322-86503-8
DOI: 10.1007/978-3-322-86503-8

Vorwort

Vorwort zur 1. Auflage:

'Telearbeit' ist eines der aktuellen Themen im Zusammenhang mit der Entwicklung zur Informationsgesellschaft. In letzter Zeit häufen sich zudem die Anzeichen dafür, daß eine rasche Ausbreitung der Telearbeit bevorsteht. Somit war es an der Zeit, in einem für jedermann zu erwerbenden Buch, eine umfassende Aufarbeitung des Themas zusammen mit einem praktischen Leitfaden für die Umsetzung von Telearbeit in Unternehmen zu erstellen.

Empirische Untersuchungen zeigen, daß bei den Verantwortlichen in an Telearbeit interessierten Unternehmen eine gewisse Unsicherheit darüber besteht, wie bei der Einführung am sinnvollsten vorzugehen ist. Ziel der Autoren war es daher, ein Handbuch vorzulegen, das neben den Grundlagen der Telearbeit auch die Erfahrungen von Telearbeit-Vorreitern aufarbeitet und Empfehlungen zur Implementation ausspricht.

Das vorliegende Buch wendet sich insbesondere an Führungskräfte und diejenigen, die für die praktische Einführung und Umsetzung der Telearbeit in Unternehmen verantwortlich sind. Darüber hinaus kann es aber selbstverständlich auch für andere am Phänomen Telearbeit interessierte von Nutzen sein. Wir denken dabei an die heutigen bzw. die potentiellen Telearbeiter, politisch Verantwortliche, Journalisten oder auch die vergleichsweise große Forschergemeinde.

Bei der Erstellung des Buches konnten die Autoren auf die Ergebnisse von zahlreichen empirica-Arbeiten zur Telearbeit in den letzten Jahren zurückgreifen. Insbesondere die von uns durchgeführten Repräsentativbefragungen in der Bevölkerung und unter Entscheidungsträgern in Unternehmen, die zahlreichen Fallstudien bei Telearbeitsanwendern sowie die in der Strategie- und Einführungsberatung gewonnen Erkenntnisse stellten eine wichtige Informationsbasis dar.

Vorwort

Zu danken haben wir in diesem Zusammenhang Dr. Peter Johnston und Frau Prof. Dr. Jean Millar von der Europäischen Kommission Generaldirektion XIII für die finanzielle Unterstützung unserer Arbeiten, vor allem im Rahmen der Projekte TELDET und PRACTICE, als Teil der European Telework Stimulation Actions, unseren internationalen Partnern in den jeweiligen Konsortien für ihre tatkräftige Unterstützung sowie der Deutschen Telekom AG für die Vergabe mehrerer Beratungsprojekte zur Telearbeit an empirica.

Dank gebührt auch den im Rahmen von Repräsentativbefragungen interviewten Personen, unseren Gesprächspartnern in den vielen Telearbeit-Fallstudien sowie den Mitarbeitern in den Anwenderunternehmen, in denen empirica in Rahmen der Einführung der Telearbeit unterstützend tätig ist. Sie haben nicht unwesentlich dazu beigetragen, daß dieses Buch die nötige Praxisnähe erhalten hat.

Unsere studentischen Assistenzkräfte Andrea Buß, Sascha Hofmann, Wolfgang Perl und Christoph Selig waren uns eine große Hilfe. Mit ihren Recherchen, der Erstellung von Tabellen und Graphiken, der Layout-Gestaltung sowie der Überarbeitung der Telearbeit-Fallstudien im Anhang des Buches haben sie mit zum Gelingen beigetragen. Maria Grünhage ist zu danken für die kritische Durchsicht des Manuskriptes.

Ebenso möchten wir den Kollegen bei empirica, insbesondere Simon Robinson, Lutz Kubitschke und Rolf Greiner, für die anregenden Gedanken und kritische Würdigung von Zwischenergebnissen danken, die für uns sehr hilfreich waren. Mit Dr. Karl A. Stroetmann, Alfter und Dr. Richard Wynne vom Work Research Centre in Dublin haben wir in den letzten Jahren intensiv und fruchtbar zusammengearbeitet. Ihre Ideen und Beiträge haben in der einen oder anderen Form Eingang in das vorliegende Buch gefunden.

Ein besonderer Dank gebührt auch dem Vieweg Verlag, vertreten durch Dr. Reinald Klockenbusch, und dem Herausgeber der Reihe Business Computing, Dr. Stephen Fedtke, die die Publikation diese Buches ermöglicht haben.

Das Buch selbst ist ein Ergebnis von Telearbeit. Es wurde überwiegend am wesentlich störungsfreieren häuslichen Arbeitsplatz erstellt, Teile davon auch unter Zuhilfenahme von Notebooks auf Reisen. Dies kann als ein Beleg dafür angesehen werden, daß Telearbeit für bestimmte Berufsgruppen und Tätigkeiten eine geradezu ideale Arbeitsform darstellt.

Wir wünschen den Lesern viel Spaß beim Lesen und sind zuversichtlich, daß sie einige Anregungen für die eigene (Tele-) Arbeit und die ihrer Mitarbeiter gewinnen werden.

Norbert Kordey

Werner B. Korte

empirica

Gesellschaft für Kommunikations-
und Technologieforschung mbH

Bonn, im Mai 1996

Vorwort zur 2. Auflage:

Wir freuen uns, Ihnen hiermit die 2. Auflage unseres Telearbeit-Handbuches vorstellen zu können.

Die zahlreichen positiven Rückmeldungen aus der Leserschaft sowie die positiven Rezessionen in der Fachpresse haben uns in der Auffassung bestärkt, mit der Publikation in eine Lücke vorgestoßen zu sein, die auf dem Markt für Unternehmens-Leitfäden bestand.

Auch die Verkaufszahlen gehen mit der hohen Akzeptanz des Buches in der Fachöffentlichkeit einher und übertreffen die ursprünglichen Erwartungen bei weitem. Bereits jetzt, nach etwas mehr als nur einem Jahr, ist die 1. Auflage vergriffen und eine 2. Auflage erforderlich geworden.

Vorwort

Das Handbuch ist schnell zu einem Standardwerk für die Einführungsunterstützung von Telearbeit geworden. Aus vielen Gesprächen wissen wir, daß Telearbeit-Interessierte daraus wertvolle Anregungen für die eigene Arbeit gewinnen konnten. Das Konzept, eine Mischung aus Hintergrundinformationen und konkreten Einführungsunterstützungshilfen, illustriert anhand zahlreicher Praxisbeispiele und ergänzt um eine Reihe von Checklisten, hat sich somit bewährt.

Um die weiterhin große Nachfrage zügig zu befriedigen, haben wir uns entschlossen, mit wenigen Ausnahmen alles beim alten zu lassen. Im Anhang 1 wurde eine grundlegende Aktualisierung der Auflistung ausgewählter deutscher Anwender der Telearbeit vorgenommen. Zudem ist in Ergänzung zum Literaturverzeichnis eine wohlgemerkt subjektive Auswahl von relevanten Adressen zur Telearbeit im World Wide Web (www) gänzlich neu hinzugekommen.

Unser Dank gilt unserem Kollegen Karsten Gareis für die Unterstützung bei der Beschaffung der Internet-Adressen sowie den studentischen Hilfskräften Sascha Hofmann für die Durchführung der aufwendigen Recherchen zur Diffusion der Telearbeit in Deutschland und Juergen Weichselgartner für die Layout-Gestaltung.

Wir sind zuversichtlich, daß dieses Werk auch weiterhin eine so positive Resonanz und Aufnahme finden wird.

Norbert Kordey

Werner B. Korte

empirica

Gesellschaft für Kommunikations-
und Technologieforschung mbH

Bonn, im Februar 1998

Inhaltsverzeichnis

Vorwort V
1 Einleitung 1
   1.1 Hintergrund und Zielsetzung 1
   1.2 Aufbau des Buches 3
2 Grundlagen der Telearbeit 7
   2.1 Telearbeit - Arbeitsweise der Zukunft? 8
   2.2 Idee und Konzept der Telearbeit 10
      2.2.1 Herkunft des Begriffes Telearbeit 10
      2.2.2 Begriffsbestimmung 10
      2.2.3 Verwandte Begriffe 12
      2.2.4 Organisationsformen der Telearbeit 14
   2.3 Vor- und Nachteile der Telearbeit 15
      2.3.1 Erwartete Vorteile der Telearbeit 16
      2.3.2 Mögliche Nachteile der Telearbeit 17
   2.4 Geschichte der Telearbeit 19
      2.4.1 Ursprünge der Telearbeit 19
      2.4.2 Telearbeit in den 80er Jahren 21
      2.4.3 Telearbeit heute 22
   2.5 Verbreitung der Telearbeit 24
      2.5.1 Breites Zahlenspektrum 24
      2.5.2 empirica-Untersuchung 25
      2.5.3 Unternehmensinterne Diffusion 29
   2.6 Interesse und Potential 31
      2.6.1 Tätigkeitsbezogene Potentialabschätzung 32
      2.6.2 Interesse in Bevölkerung und Unternehmen 33
      2.6.3 Interessenpotential 38
   2.7 Perspektive der Telearbeit 39
      2.7.1 Diffusionshemmnisse für Telearbeit 39
      2.7.2 Telearbeit begünstigende Tendenzen 44

2.8 Politik und Telearbeit 49
    2.8.1 USA 49
    2.8.2 Europäische Nachbarländer 50
    2.8.3 Europäische Union 51
    2.8.4 Deutschland 53
    2.8.5 Einzelne Bundesländer 56
2.9 Gesellschaftliche Interessen 57
    2.9.1 Telearbeit und Arbeitsmarkt 57
    2.9.2 Telearbeit und spezielle Zielgruppen 58
    2.9.3 Telearbeit und Stadt- und Regionalentwicklung 59
    2.9.4 Telearbeit und Verkehr 60
2.10 Fazit 61

3 Praxis der Telearbeit 63
3.1 Die Anwender 64
    3.1.1 Branche 64
    3.1.2 Unternehmensgröße 65
    3.1.3 Soziale Gruppen 66
    3.1.4 Räumliche Verteilung 67
3.2 Die Einsatzfelder 68
    3.2.1 Berufe und Tätigkeiten 68
    3.2.2 Organisationsformen 71
3.3 Die Einführungsgründe 74
    3.3.1 Motive der Arbeitgeber 74
    3.3.2 Motive der Beschäftigten 76
    3.3.3 Gesellschaftliche Motive 77
3.4 Der Einführungsprozeß 78
    3.4.1 Vorgehensweise bei der Einführung 78
    3.4.2 Beteiligte Akteure 79
    3.4.3 Auswahlkriterien für Telearbeiter 81
    3.4.4 Schulungsmaßnahmen 82
3.5 Die rechtlichen Aspekte 83
    3.5.1 Rechtsform der Telearbeit 83
    3.5.2 Zeitlicher Modus der Telearbeit 85
    3.5.3 Veränderung des Beschäftigtenstatus 86
    3.5.4 Regelungen für festangestellte Telearbeiter 88

3.6 Die technischen Aspekte 91
   3.6.1 Technikeinsatz 91
   3.6.2 Datenschutz und Datensicherheit 95
3.7 Die organisatorischen Aspekte 96
   3.7.1 Arbeitsorganisation 96
   3.7.2 Führung und Kontrolle 97
   3.7.3 Kommunikation 99
3.8 Die wirtschaftlichen Aspekte 101
   3.8.1 Kosten 101
   3.8.2 Nutzen 104
   3.8.3 Kosten-Nutzen-Betrachtung 108
3.9 Die sozialen Aspekte 109
   3.9.1 Pendelaufwand 109
   3.9.2 Arbeitsbedingungen und Arbeitsdisziplin 110
   3.9.3 Vereinbarkeit von Beruf und Privatleben 111
   3.9.4 Berufliche und soziale Kontakte 112
   3.9.5 Qualifikation und Karriere 114
3.10 Fazit 115

4 Empfehlungen zur Telearbeit 117
4.1 Phasenmodell der Realisierung von Telearbeit 119
   4.1.1 Phase 1: Vorbereitung 120
   4.1.2 Phase 2: Vorstudie 122
   4.1.3 Phase 3: Pilotprojektgestaltung 124
   4.1.4 Phase 4: Umsetzung 126
   4.1.5 Phase 5: Erfolgskontrolle 127
   4.1.6 Phase 6: Ausweitung 128
4.2 Auswahl von Einsatzbereich und Telearbeitern 130
   4.2.1 Festlegung der Organisationsform 130
   4.2.2 Festlegung des Tätigkeitsfeldes 131
   4.2.3 Eignungsprüfung für Telearbeiter 132
   4.2.4 Auswahlverfahren für Telearbeiter 135
4.3 Organisation und Management der Telearbeit 138
   4.3.1 Arbeitsplatzgestaltung und Arbeitsmittel 138
   4.3.2 Arbeitsabläufe, Arbeitsteilung, Koordination 139
   4.3.3 Neuer Führungsstil 141

          4.3.4   Kommunikationsmanagement 142
          4.3.5   Schulung und Training 144
          4.3.6   Datenschutz- und Datensicherheitskonzept 145
  4.4   Richtlinien und Regeln 147
          4.4.1   Rechtlicher Status der Telearbeiter 147
          4.4.2   Regelungsmöglichkeiten für Festangestellte 149
          4.4.3   Zusammenarbeit mit dem Betriebsrat 151
          4.4.4   Regelungstatbestände einer Vereinbarung 152
          4.4.5   Versicherungsrechtliche Fragen 155
  4.5   Technikangebot und Anforderungen an die Technik 156
          4.5.1   Technikangebot im Überblick 157
          4.5.2   Hardware 158
          4.5.3   Software 160
          4.5.4   Telekommunikationsnetze und -dienste 162
          4.5.5   Technikausstattung am Telearbeitsplatz 165
          4.5.6   Interne und externe Kommunikation 166
          4.5.7   Wartung 169
  4.6   Wirtschaftlichkeit der Telearbeit 171
          4.6.1   Kosten der Telearbeit 171
          4.6.2   Nutzen der Telearbeit 180
          4.6.3   Modellrechnungen zur Wirtschaftlichkeit 182
  4.7   Hinweise und Empfehlungen für Telearbeiter 189
          4.7.1   Einrichtung des häuslichen Arbeitsplatzes 189
          4.7.2   Persönliche Einstellung auf die neue Arbeitsweise 192
          4.7.3   Vereinbarungen und Umgang mit anderen Personen 194

5 Zusammenfassung 197
  5.1   Was ist Telearbeit und wie wird sie sich entwickeln? 197
  5.2   Welche Anwendererfahrungen wurden gemacht? 199
  5.3   Wie sollte Telearbeit implementiert werden? 202

Anhang

1 Anwender 207
2 Befragungsergebnisse 217
3 Fallstudien 225
    ABB: Telearbeit im Übersetzungsdienst... 230
    ACORN Televillages: neue Siedlungskonzepte durch Telearbeit 234
    Archipelago Finnland: Telearbeit in der Regionalentwicklung.................... 237
    British Telecom Southampton: größere Kundennähe durch Telearbeit 240
    CompuServe GmbH: Kundenberatungsservice mittels Telearbeit 244
    Digital Equipment Corporation: Kostenreduzierung durch Telearbeit 247
    Dresdner Bank AG: Vereinbarkeit von Familie und Beruf 250
    empirica GmbH: Telearbeit als Reaktion auf Mitarbeiterwünsche............. 254
    Fotosatz Froitzheim GmbH: Telearbeit in der Fotosatzerstellung............... 257
    Gateway 2000: Telemarketing und Televertrieb... 260
    IBM Deutschland GmbH: die außerbetriebliche Arbeitsstätte 263
    ICL Enterprise Systems: Telearbeit in der Softwareentwicklung................. 267
    Integrata AG: Telearbeitsvorreiter in Deutschland 270
    Konstruktionsbüro Pollozek: Telearbeit auf dem Bauernhof 273
    Mercury Communications Limited: Telework Portfolio............................. 277
    Niederländisches Verkehrsministerium: Telearbeit zur
    Verkehrsreduzierung 281
    PragmaText: Netzwerk von freiberuflichen Journalisten............................. 284
    Programmier-Service GmbH: Telearbeit für Behinderte 287
    Rank Xerox Ltd.: „neue Selbständigkeit" durch Telearbeit 291
    Rauser Advertainment GmbH: die virtuelle Organisation.......................... 294
    Schweizerische Kreditanstalt: Satellitenbüros zur Mitarbeiterrekrutierung .. 298
    Telehaus Wetter: Tele-Service für Ballungsräume....................................... 301
    Telergos: Schreibdienst in der Peripherie 304
    TeleService Fränkische Schweiz: Telearbeitszentrum im ländlichen Raum 307
    Württembergische Versicherungs AG: Mitarbeitererhalt durch Telearbeit... 310
4 Vereinbarungen.. 313
    Betriebsvereinbarung LVM Versicherungen.. 314
    Tarifvertrag Deutsche Telekom AG - Deutsche Postgewerkschaft 322
5 Checklisten 331
    Checkliste zur Telearbeitseinführung für Unternehmen 332
    Checkliste zur Telearbeitseinführung für Telearbeiter 336

Literatur 339

Internet-Ressourcen 352

Abbildungsverzeichnis 357

Tabellenverzeichnis 358

Sachwortverzeichnis 359

1 Einleitung

1.1 Hintergrund und Zielsetzung

Seit Mitte der 90er Jahre wird Telearbeit in den Medien intensiv diskutiert. Zwar gab es bereits in den 80er Jahren eine vergleichbare öffentliche Diskussion, in deren Folge kam es allerdings nicht zu einer breiten Diffusion dieser neuen Arbeitsform. Dies wird sich diesmal aller Wahrscheinlichkeit nach ändern. Viele Anzeichen sprechen jedenfalls dafür, daß ein Telearbeitsboom bevorsteht.

positive Rahmenbedingungen

Die vielfältigen Gründe hierfür werden in diesem Buch noch ausführlich angesprochen. An dieser Stelle sollen einige positive Rahmenbedingungen nur stichwortartig genannt werden: Gegenüber den 80er Jahren ist die Technik wesentlich ausgereifter. Es herrscht, was die Arbeitslosigkeit und die Verkehrsmisere betrifft, ein wesentlich größerer Problemdruck, der die Suche nach neuen Lösungen verstärkt. Auch der Wertewandel in der Gesellschaft sowie neue Organisationskonzepte und Managementtechniken in Unternehmen fördern bzw. erleichtern die Diffusion der Telearbeit. Beschleunigend wirken zudem die politische Unterstützung bzw. abnehmender Widerstand von Kritikerseite (z.B. den Gewerkschaften).

In den 80ern wurden bereits viele Artikel und auch einige Bücher zum Thema Telearbeit geschrieben. Diese befaßten sich insbesondere mit den möglichen Auswirkungen der Telearbeit und weniger - mangels Masse - mit der tatsächlichen Praxis. Das damals beliebte Bonmot, es gäbe mehr Forscher zum Thema als Telearbeiter[1] selbst (Huber 1987), war nicht ganz unrichtig.

---

[1] Wenn hier und im folgenden von Telearbeitern gesprochen wird, sind immer sowohl Männer als auch Frauen gemeint. Die Verwendung der Begriffe in ihrer generischen Form erfolgt allein wegen der besseren Lesbarkeit des Textes.

Mittlerweile hat sich jedoch viel getan. Heutzutage existieren zahlreiche neue Telearbeitsanwendungen, und es liegen vielfältige Erfahrungen vor. Von wenigen Ausnahmen abgesehen sind diese Erfahrungen jedoch in deutscher Sprache nirgends nachzulesen.

Das Forschungs- und Beratungsunternehmen empirica befaßt sich seit mehr als zehn Jahren mit dem Thema Telearbeit. Die Autoren haben bereits eine Vielzahl von Untersuchungen zur Telearbeit durchgeführt, beraten Unternehmen, die Telearbeit einführen, haben gute Kontakte zu Telearbeit praktizierenden Unternehmen im Inland sowie im europäischen Ausland und einen umfassenden Literaturüberblick. Außerdem verfügt empirica aufgrund mehrerer Repräsentativbefragungen zu unterschiedlichen Zeitpunkten über internationale Vergleichsdaten zum Thema. Nicht zuletzt kann aus eigener Erfahrung als Telearbeit praktizierendes Unternehmen berichtet werden.

Zielsetzung dieses Buches

Entsprechend oft werden wir hinsichtlich des Themas Telearbeit angesprochen und um Informationen gebeten, sei es von Unternehmen, potentiellen Telearbeitern, Studenten, Forschungsunternehmen oder Journalisten. Unsere eigenen Publikationen sind jedoch in der Regel englischsprachig und vielfach auf die Bedürfnisse des jeweiligen Auftraggebers zugeschnitten. Viele Informationen liegen zudem überhaupt nicht in schriftlicher Form vor.

So reifte bei uns die Überlegung, dieses Buchprojekt anzupakken. Die Autoren möchten mit dem vorliegenden Werk dazu beizutragen, die geschilderte Lücke in der Literatur auszufüllen, indem die bei empirica vorliegenden Informationen und die durch Beratungsprojekte gewonnenen Erfahrungen zusammengestellt, gebündelt und in übersichtlicher Form darstellt werden.

Uns ist bewußt, daß mit einem Buch zur Telearbeit nicht gleichzeitig alle Defizite behoben werden können. Das vorliegende Buch hat einen klaren Fokus und wendet sich in erster Linie an Führungskräfte und Praktiker in Unternehmen. In zweiter Linie kann es darüber hinaus sicher auch für potentielle Telearbeiter, Politiker, Telearbeitsforscher sowie Presse und die interessierte Öffentlichkeit wichtige Hinweise geben.

Telearbeit How-to-do-Handbuch

Ziel unserer Bemühungen war es, eine Art How-to-do-Handbuch zu erstellen, das den Verantwortlichen in den an Telearbeit interessierten Unternehmen die unseres Erachtens unberechtigte Angst vor dem Mythos Telearbeit nimmt. Unserer Auffassung nach kann dies am besten dadurch erreicht werden, daß die Erfahrungen anderer Unternehmen geschildert werden und versucht wird, daraus zu lernen.

Ein Teil der Beispiele und Lösungsansätze, die im folgenden aufgeführt werden, kommen aus dem europäischen Ausland, wo man z.T. schon langjährige Erfahrungen mit Telearbeit gewinnen konnte. Andererseits wurde viel Wert darauf gelegt, daß die ausgesprochenen Empfehlungen hinsichtlich zentraler Problembereiche, wie rechtliche Gestaltung, Beteiligung des Betriebsrates oder Sicherheitsfragen, auf die deutsche Situation zugeschnitten sind.

1.2 Aufbau des Buches

Das vorliegende Handbuch gliedert sich in drei Hauptteile (siehe Abb. 1.1). Im ersten werden die Grundlagen der Telearbeit dargestellt, im zweiten Teil werden die Erfahrungen der Telearbeitsvorreiter aufgearbeitet, und im dritten Teil werden praxisnahe Hinweise und Empfehlungen zur Einführung der Telearbeit gegeben.

Zu Beginn jedes Hauptkapitels wird der Leser darüber informiert, welche Themen angesprochen werden und wo er welche Informationen finden kann. Es wird versucht, die jeweiligen Ausführungen graphisch zu illustrieren, wo möglich anhand von Beispielen zu verdeutlichen bzw. wichtige Empfehlungen optisch hervorzuheben.

Was ist Telearbeit?

Im ersten Hauptteil (Kap.2) wird ein Überblick darüber gegeben, was Telearbeit ist, wie sich diese neue Arbeitsform im Laufe der Jahre entwickelt hat und welche zukünftige Entwicklung zu erwarten ist. U.a. soll Antwort gegeben werden auf folgende Fragestellungen:

- Worum handelt es sich bei der Telearbeit?
- Wo hat der Begriff und das Phänomen seinen Ursprung?
- Welche Ausprägungsformen der Telearbeit gibt es?

Einleitung

- Wie hat sich die Telearbeit bis heute entwickelt?
- Wie groß ist die Verbreitung und das Marktpotential der Telearbeit?
- Was sind bislang die größten Ausbreitungshemmnisse?
- Welche politischen, wirtschaftlichen und gesellschaftlichen Rahmenbedingungen sind für das wachsende Interesse an Telearbeit verantwortlich?
- Welche Erwartungen werden an die Telearbeit geknüpft?

Welche Erfahrungen liegen vor?

Nach der Behandlung der gesellschaftlichen Bedeutung der Telearbeit geht es anschließend darum, herauszuarbeiten, welche Erfahrungen mit Telearbeit im In- und Ausland vorliegen und was deutsche Unternehmen aus den Erfahrungen der Telearbeitsvorreiter lernen können. Im zweiten Teil des Buches (Kap.3) kann der Leser u.a. Antwort auf folgende Fragen erwarten:

- Welche Zielsetzungen werden von Unternehmen mit der Telearbeit verfolgt?
- Was sind die wichtigsten Anwendungsfelder der Telearbeit?
- Wie wird bei der Einführung der Telearbeit vorgegangen?
- Welche Technik wird eingesetzt?
- Wie werden die rechtlichen Fragestellungen gelöst?
- Welche Erfahrungen werden beim alltäglichen Management der Telearbeit gemacht?
- Rechnet sich Telearbeit für die Unternehmen?
- Erfüllen sich die Erwartungen der Telearbeiter?

Wie sollte Telearbeit eingeführt werden?

Im dritten Teil des Buches (Kap.4) geht es dann darum, Anleitungen zu geben, wie Telearbeit im Unternehmen eingeführt werden sollte. Neben inhaltlichen Punkten, wie die Auswahl der Telearbeiter, der Technikeinsatz, das Management der Telearbeit und die rechtliche Regelung, wird ein Phasenmodell der Einführung der Telearbeit erläutert. Zudem werden Wirtschaftlichkeitsberechnungen durchgeführt und Empfehlungen an die Adresse der Telearbeiter gegeben. Folgende Fragen werden thematisiert:

- Wie sollte bei der Einführung der Telearbeit vorgegangen werden?
- Was zeichnet geeignete Telearbeiter aus?

1.2 Aufbau des Buches

- Welche Empfehlungen können hinsichtlich des alltäglichen Managements der Telearbeit gegeben werden?
- Welche Richtlinien und Regeln hinsichtlich Arbeitsrecht, Versicherung oder Sicherheit gilt es zu beachten?
- Welche Anforderungen sind an die Technik zu stellen?
- Welche Kosten- und Nutzenelemente stehen im Vordergrund?
- Was sollten Telearbeiter bei der für sie ungewohnten neuen Arbeitsweise beachten?

Im Anschluß an die drei Hauptkapitel werden in der Zusammenfassung die wesentlichen Aussagen nochmals komprimiert aufgeführt.

Anhang

Dem Handbuchcharakter entsprechend enthält das Buch einen umfangreichen Anhang. In ihm werden:

- ausgewählte deutsche Unternehmen, die bereits Telearbeit betreiben, aufgelistet
- ausgewählte Ergebnisse der empirica-Repräsentativbefragungen vorgestellt
- Telearbeitsanwendungen aus dem In- und Ausland in Form von kurzen Fallstudienberichten beschrieben
- beispielhaft je eine Betriebsvereinbarung und ein Tarifvertrag zur Telearbeit abgedruckt sowie
- detaillierte Checklisten aufgeführt, um dem Leser Hilfestellung bei der Einführung der Telearbeit zu geben.

Literatur

empirica verfügt über eine umfassende Literaturdatenbank zur Telearbeit. Für das vorliegende Buch haben wir uns jedoch auf die unseres Erachtens wichtigsten Beiträge beschränkt. Die Literaturliste enthält die zitierte Literatur und gibt Hinweise auf wichtige Studien.

Internet-Ressourcen

Das Angebot im World Wide Web (WWW) und die Zahl der Internet-Nutzer nehmen immer mehr zu. Daher haben wir uns entschlossen, in der 2. Auflage auch Hinweise auf für Telearbeit relevante Internet-Adressen aufzunehmen.

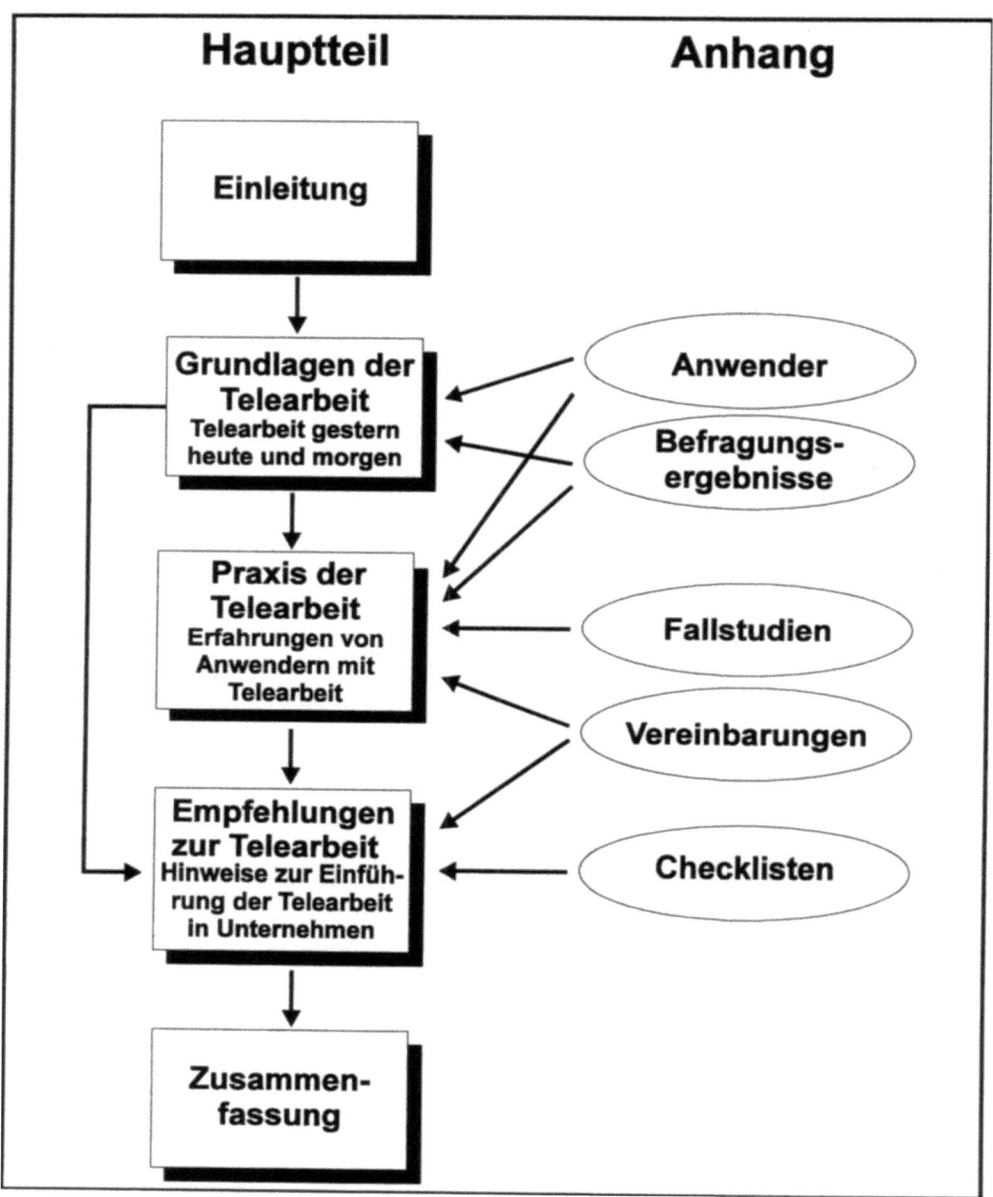

Abbildung 1.1: Aufbau des Buches © empirica

2 Grundlagen der Telearbeit

Im zweiten Kapitel dieses Buches ziehen wir eine Zwischenbilanz der etwa zwanzigjährigen Entwicklung der Telearbeit. Aufgrund der langjährigen Beschäftigung mit dem Thema, vielfältiger nationaler wie internationaler Kontakte und nicht zuletzt aufgrund der Verfügbarkeit empirisch ermittelter Daten sehen wir uns in der Lage, fundierte Aussagen zur derzeitigen Verbreitung der Telearbeit zu geben und eine Einschätzung ihrer zukünftigen Entwicklung vorzunehmen.

Beginnen wollen wir mit einem Blick nach vorne, um zu zeigen, wie möglicherweise die Arbeitsweise der Zukunft aussehen könnte. Im Anschluß an die Erläuterung des Telearbeitsbegriffs und der unterschiedlichen Organisationsformen der Telearbeit, erfolgt dann eine kurze Gegenüberstellung der möglichen Vor- und Nachteile dieser neuen Arbeitsform für Telearbeiter, Unternehmen und Gesellschaft. Hieran schließt sich ein historischer Überblick zur Entwicklung der Telearbeit von ihren Ursprüngen bis heute an. Nach der derzeitigen Verbreitung wird dann das Potential der Telearbeit aufgezeigt. Neben den derzeit recht positiven Rahmenbedingungen werden auch diejenigen Faktoren diskutiert, die bislang die Ausbreitung der Telearbeit noch hemmen. Abschließend werden die Maßnahmen zur Förderung der Telearbeit auf den verschiedenen politischen Ebenen erläutert und die mit ihr verbundenen positiven Erwartungen für die Gesellschaft angesprochen.

Der Leser erhält auf diese Weise einen Überblick über die Entwicklung der Telearbeit von ihren Anfängen bis in die Gegenwart und über die Bandbreite dessen, was mit Telearbeit derzeit und in Zukunft möglich ist.

2.1 Telearbeit - Arbeitsweise der Zukunft?

> **Büro der Zukunft**
>
> In der New Yorker Werbeagentur Chiat/Day findet man anstelle von persönlichen Büros überall Nischen mit bequemen Sitzgelegenheiten und Kaffeehaustischen. Anstatt auf Papier werden alle Informationen elektronisch gespeichert. Die 150 Mitarbeiter leihen morgens an der Büromaterialausgabe einen tragbaren Rechner und ein Funktelefon aus und setzen sich an den nächstbesten Platz oder arbeiten zu Hause. Den Mitarbeitern ist freigestellt, wann und wo sie arbeiten, sie müssen nur während der Bürozeiten erreichbar sein und den jeweiligen Abgabetermin einhalten. Das Unternehmen konnte aufgrund der Umorganisation zwei Drittel der Arbeitsfläche einsparen und die hohen Büroraumkosten in der Innenstadt erheblich senken (vgl. Mayer-List 1995).
>
> **Tele-Ministerin**
>
> Die schwedische Kultusministerin Margot Wallström hält sich in der Regel nur zwei Tage pro Woche in Stockholm auf. Die restliche Zeit arbeitet sie in ihrem wohnortnahen Büro, das mit modernster Informationstechnik ausgerüstet ist. Wie bei vielen anderen berufstätigen Menschen liegt der Grund hierfür in der Zielsetzung, mehr Zeit mit der Familie und insbesondere mit ihren beiden kleinen Kindern zu verbringen. Mit ihren Mitarbeitern in der 300 km entfernten Hauptstadt bleibt sie mittels Videokonferenz, E-Mail, Fax und Telefon in Kontakt und hat ihrer Auffassung nach dadurch ihre Produktivität erhöht. Daß sie zudem noch mehr Zeit bei ihrer Wählerbasis verbringen kann, ist ein zusätzlicher Vorteil dieser Arbeitsweise (vgl. The Economist vom 25.2.95).
>
> **Virtuelles Unternehmen**
>
> Bei der Rauser Advertainment GmbH in Reutlingen, die sich auf die Herstellung von computergestützten interaktiven Werbemedien spezialisiert hat, sind nur fünf Mitarbeiter regelmäßig anzutreffen. Der Rest des Unternehmens besteht aus einem Pool von 70 freien Mitarbeitern, die auf verschiedenen Kontinenten angesiedelt sind und mit der Firmenzentrale über Datenleitungen in Verbindung stehen. Für die Entwicklung und Umsetzung der interaktiven Computerprogramme wird ein Team von bis zu 15 freien Mitarbeitern zusammengestellt. Der Vorzug einer solchen Organisationsform liegt insbesondere in der großen Flexibilität beim Mitarbeitereinsatz und der Möglichkeit, der jeweiligen Aufgabe angepaßt, Projektteams zusammenstellen zu können (vgl. Meißner 1995).

Sieht so über kurz oder lang der Arbeitsalltag für viele Menschen aus? Können Erwerbstätige Arbeitsort und Arbeitszeit weitgehend selbst bestimmen? Wird sich die Telearbeit auf breiter Front durchsetzen oder bleibt ihre Anwendung auf einige wenige Nischen begrenzt?

Anhand der aufgelisteten Beispiele werden mehrere Entwicklungen innerhalb der Arbeitswelt deutlich. Die herkömmliche Arbeitsorganisation im Betrieb verändert sich und wird durch flexible Formen ergänzt, die sowohl dem Unternehmen als auch den Beschäftigten Vorteile bringen können. Telearbeit ist zu einer für viele erstrebenswerten Arbeitsform geworden, die bereits auf allen Hierarchieebenen - vom Datentypisten bis hin zum Entscheidungsträger auf höchster Ebene - praktiziert wird. Zudem entwickelt sich mehr und mehr eine Grauzone zwischen herkömmlicher abhängiger Beschäftigung und traditionellen Selbständigen bzw. Freiberuflern.

Gemeinsam ist den gezeigten Beispielen, daß aufgrund der technischen Entwicklung getrennte bzw. weit voneinander entfernte Standorte kein Hindernis mehr sind, um wirkungsvoll zusammenarbeiten zu können. Es ist zu erwarten, daß in Zukunft die Zusammenarbeit räumlich verteilter Personen stark zunehmen wird, sei es die weltweite Vernetzung von Unternehmensstandorten, die Kooperation verschiedener Partner in befristeten Projekten, die bessere Einbindung des Außendienstes bzw. von Geschäftsreisenden oder die Arbeit zu Hause bzw. in Wohnortnähe.

Wie schnell sich unsere Arbeitswelt in diese Richtung verändern wird und auf wieviele Unternehmen und Beschäftigte die geschilderte Arbeitsweise einmal zutreffen werden, kann heute niemand exakt voraussagen. Die Unternehmen sollten sich jedoch auf diese Entwicklung einstellen. Wer heute schon frühzeitig mit Telearbeit Erfahrungen sammelt, beispielsweise wie man am besten dezentrale Mitarbeiter führt, die notwendige Technik einsetzt oder zusammen mit dem Betriebsrat eine Betriebsvereinbarung abschließt, erhält auf diese Weise einen Vorsprung vor anderen Unternehmen. Zudem steigen die Chancen, auch zukünftigen Herausforderungen technisch-organisatorischer Art gewachsen zu sein und notwendige Veränderungen schneller als Konkurrenten realisieren zu können.

Im Anschluß an diese Einführung soll zunächst geklärt werden, was überhaupt unter Telearbeit zu verstehen ist und in welcher Formenvielfalt sie anzutreffen ist.

2.2 Idee und Konzept der Telearbeit

2.2.1 Herkunft des Begriffes Telearbeit

Seit mehr als zwanzig Jahren wird lebhaft darüber diskutiert, ob und wie man die durch die Industrialisierung getrennte Einheit von Wohn- und Arbeitsort wieder erreichen kann (vgl. Kordey 1994). Auslöser der Diskussion war die Ölkrise 1973 mit langen Schlangen vor den Tankstellen in den USA und Sonntagsfahrverboten in Deutschland. In deren Folge gab es eine Reihe von Veröffentlichungen, in denen die Substitution von Verkehr durch Telekommunikation thematisiert wurde.

Erste Publikationen zum Thema lauteten: "Long Range Social Forecasts: Working from Home" (Glover 1974) oder "Telecommunicate or Travel?" (Pye/Tyler/Cartwright 1974). Als Begründer der Telearbeitsforschung gilt jedoch allgemein Jack Nilles (Nilles et al. 1976), dessen Forschungsgruppe den Begriff "Telecommuting" prägte. In Deutschland wurden Anfang der 80er Jahre die ersten Arbeiten zum Thema publiziert (Döpping/Henckel/Rauch 1981, Ballerstedt et al. 1982). Man sprach damals von „Teleheimarbeit", „Fernarbeit" oder gar „moderner Heimarbeit".

Die Zeiten sind lange vorbei, wo man, je nachdem welcher Telearbeitsbegriff verwendet wurde, den politischen Standort des Benutzers feststellen konnte (Heilmann 1987). Heute haben sich die Begriffe „Telework" und sein deutsches Pendant „Telearbeit" durchgesetzt. Was darunter verstanden wird, wird nachfolgend angesprochen.

2.2.2 Begriffsbestimmung

Vorweg kann festgestellt werden, daß keine allseits anerkannte, hinreichend eindeutige Definition der Telearbeit existiert. So ver-

Idee und Konzept der Telearbeit

wendet beispielsweise die Europäische Kommission eine zugleich weite und weiche Begriffsbestimmung. Unter Telearbeit versteht man dort ein breites Spektrum von Arbeitsformen, die Telekommunikation als Werkzeug nutzen und wenigstens teilweise außerhalb der traditionellen Büroumgebung praktiziert werden (European Commission 1995).

Die von empirica verwendete Telearbeit-Definition lautet:

> „Telearbeit bezeichnet die wohnortnahe Arbeit unabhängig vom Firmenstandort an mindestens einem Arbeitstag pro Woche, wobei die (Zusammen-) Arbeit über räumliche Entfernungen hinweg unter primärer Nutzung von Informations- und Kommunikationstechnologien erfolgt und eine Telekommunikationsverbindung zum Arbeitgeber bzw. Auftraggeber zur Übertragung von Arbeitsergebnissen genutzt wird".

Telearbeit ist ein Phänomen, das permanenter Veränderung unterworfen ist. Es entwickeln sich immer neue Erscheinungsformen, neue Erkenntnisse werden gewonnen und alte verlieren an Bedeutung. Unserer Auffassung nach sollte man beim gegenwärtigen Kenntnis- und Entwicklungsstand daher auch nicht allzuviel Aufwand in die Suche nach einer präzisen Definition investieren (vgl. Huws/Korte/Robinson 1990).

Wichtige Dimensionen der Telearbeit sind:

- der Technikeinsatz
- der Arbeitsort
- die Arbeitszeit sowie
- die Rechtsform des Arbeitsverhältnisses.

Technikeinsatz

Telearbeit ist eine Arbeitsorganisationsform, die durch die Informations- und Kommunikationstechnik möglich geworden ist. In den Anfängen der Telearbeit gehörte zur Mindestausstattung ein PC, ein Telefon und der Diskettenaustausch per Post oder Bote. Heute spricht man von Telearbeit meistens nur dann, wenn eine Telekommunikationsverbindung zumindest zur Übermittlung der Arbeitsergebnisse bzw. der Aufträge und der Arbeitsunterlagen genutzt wird.

Arbeitsort

Telearbeit im ursprünglichen Sinn findet wohnortnah statt, d.h. zu Hause oder in der näheren Umgebung der Wohnung der Telearbeiter. Mittlerweile wird auch von Telearbeit gesprochen, wenn sie kundennah bzw. ortsunabhängig durchgeführt wird. Letzteres schließt die mobile Büroarbeit von Außendienstlern oder Geschäftsreisenden mit ein, die unter Zuhilfenahme tragbarer Rechner im Verkehrsmittel, im Hotel oder beim Kunden arbeiten.

Arbeitszeit

Damit sinnvoll von Telearbeit gesprochen werden kann, muß sie in gewisser Häufigkeit und Regelmäßigkeit stattfinden. Zumeist wird als Abgrenzungskriterium ein Arbeitstag pro Woche, der außerhalb des traditionellen Büros verbracht wird, als ausreichend erachtet. Andere beziehen selbst diejenigen mit ein, die nur stundenweise oder gelegentlich ganztägig zu Hause oder anderswo außerhalb des Büros arbeiten.

Rechtsform

Telearbeit ist nicht auf das Arbeitnehmerverhältnis beschränkt. Telearbeiter sind entweder nach wie vor als Festangestellte für ihren Arbeitgeber tätig oder arbeiten, z.B. als freie Mitarbeiter, für den Auftraggeber. Im weitesten Sinn sind auch eigenständige Organisationen dazu zu rechnen, die Dienstleistungen unter Verwendung von Informationstechnik erstellen und mittels Kommunikationstechnik zum Kunden transferieren.

Im vorliegenden Buch wird zunächst das breite Spektrum der Telearbeit vorgestellt. In den späteren Kapiteln und insbesondere im Empfehlungskapitel legen wir dann den eindeutigen Schwerpunkt auf die häusliche Telearbeit, die für uns nach wie vor den Kern der Diskussion über Telearbeit darstellt.

2.2.3 Verwandte Begriffe

Die Abgrenzung zu anderen Begriffen, die im Zusammenhang mit der Entwicklung zur Informationsgesellschaft in den letzten Jahren immer öfter verwendet werden, ist nicht immer messerscharf zu ziehen. Entsprechende Begriffe sind Telekooperation, Teledienste bzw. Teleservices sowie Telematikanwendungen bzw. Anwendungen der Informations- und Kommunikationstechnik (siehe Abb. 2.1):

Telekooperation

Eng verwandt mit der Telearbeit ist die Telekooperation. Hierunter wird sowohl die organisationsinterne als auch unterneh-

Idee und Konzept der Telearbeit

mensübergreifende Zusammenarbeit zwischen Unternehmen mittels elektronischer Medien verstanden.

Teledienste, Teleservices

Eine klare Abgrenzung zu Telediensten oder Teleservices gibt es nicht. Diese bezeichnen am Markt gehandelte Dienstleistungen, die in elektronischer Form übermittelt werden. Neben arbeitsbezogenen Dienstleistungen, wie z.B. Teleüberwachung und Teleberatung, sind hierunter auch mehr freizeit- bzw. konsumbezogene Nutzungsformen, wie Telebanking, -shopping, -learning zu rechnen.

Telematikanwendungen

Als Oberbegriff für alle Nutzungen, die auf der Integration von Telekommunikation und Informatik basieren, werden häufig die Begriffe Telematikanwendungen oder Anwendungen der Informations- und Kommunikationstechnik (IuK-Technik) verwendet. Manchmal erfährt der Begriff Telematik aber auch eine stark eingeschränkte Bedeutung, beispielsweise wenn er ausschließlich im Zusammenhang mit der elektronischen Steuerung des Verkehrs verwendet wird.

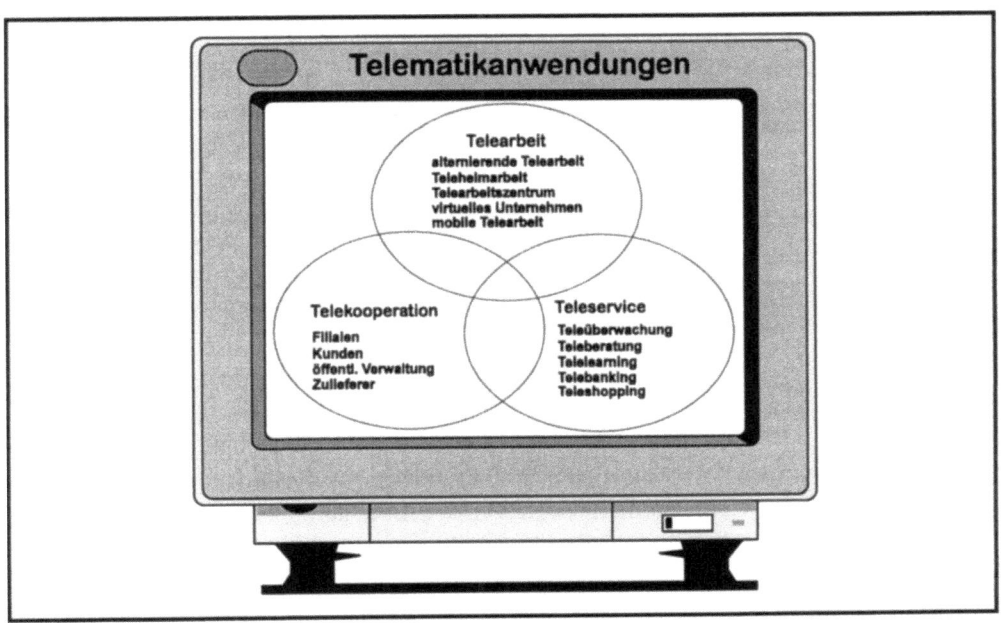

Abbildung 2.1: Telematikanwendungen © *empirica*

2.2.4 Organisationsformen der Telearbeit

Telearbeit ist in den verschiedensten Organisationsformen realisiert worden. Insgesamt fünf Grundformen lassen sich unterscheiden:

Teleheimarbeit:

Bei der Teleheimarbeit ist der alleinige Ort der Arbeitsverrichtung die Wohnung des Telearbeiters. Da die Gefahr der sozialen Isolation besteht, ist diese Form der Telearbeit nicht unumstritten.

Alternierende Telearbeit:

Der Telearbeiter wechselt in der Regel zwischen den Arbeitsorten Büro und zu Hause. Diese Organisationsform ist bereits weit verbreitet. In einigen Fällen können auch andere Arbeitsorte hinzukommen.

Telearbeitszentren:

Hierzu gibt es verschiedene Ausprägungsformen:

♦ Satellitenbüro:

Hierbei handelt es sich um ein dezentrales Arbeitszentrum eines Unternehmens (oftmals kostengünstigere Firmenstandorte in Wohnortnähe der Mitarbeitern), in das in der Regel Aufgabenblöcke ausgelagert werden. Teilweise wird damit auch das Ziel einer stärkeren Präsenz des Unternehmens in der Fläche bzw. eine größere Kundennähe erreicht.

♦ Nachbarschaftsbüro:

Ein Nachbarschaftsbüro ist ein Telearbeitszentrum in Wohnortnähe der Mitarbeiter, das von mehreren Unternehmen gemeinsam betrieben wird, um den jeweiligen Pendelaufwand der Mitarbeiter zu minimieren. Aufgrund von Koordinationsproblemen zwischen den beteiligten Firmen gibt es nur wenige realisierte Beispiele.

♦ Telehaus/Teleservicezentrum:

Diese Formen der Telearbeit entwickeln sich - oft mit staatlicher Unterstützung - in strukturschwachen Gebieten. Sie stellen Telekommunikationsinfrastruktur für die lokale Wirtschaft bereit und haben sich zu einer Mischung aus Serviceangebot und Telearbeitsplätzen entwickelt.

Virtuelle Unternehmen:

Der Zusammenschluß von rechtlich unabhängigen und räumlich getrennten, telearbeitenden Einzelpersonen oder Kleinstunternehmen zu einem „virtuellen" Unternehmen, das auf dem Markt als eine Einheit unter einem (eigenen) Firmennamen agiert, ist eine der wichtigsten neuen Formen der Telearbeit.

Mobile Telearbeit:

Zu den bereits genannten Formen verlagerter Arbeitsplätze kommen noch zwei weitere Telearbeitsformen hinzu:

- *temporärer Arbeitsplatz:*

Mobile Beschäftigte arbeiten häufig an einem nicht fest eingerichteten dritten Ort (weder zu Hause noch im Büro), beispielsweise beim Kunden, im Hotel oder auf Baustellen.

- *beweglicher Arbeitsplatz:*

Bei dieser Form der mobilen Arbeit im engeren Sinn führen Fernpendler und Geschäftsreisende in der Bahn oder in anderen Verkehrsmitteln ihre Arbeit fort.

2.3 Vor- und Nachteile der Telearbeit

Im Anschluß an die kurze Einführung in die Telearbeitsterminologie, werden nachfolgend zunächst die Vorteile des Einsatzes der Telearbeit für Unternehmen, Arbeitnehmer und Gesellschaft angesprochen. Anschließend wird ein Überblick zu den möglichen Nachteilen gegeben.

An dieser Stelle können wir die jeweiligen Aspekte nur kurz ansprechen. Die Auswirkungen auf Unternehmen und Beschäftigte werden im Buch noch an den verschiedensten Stellen thematisiert. Auf die gesellschaftlichen Implikationen wird ausführlicher am Ende des zweiten Kapitels eingegangen.

2.3.1 Erwartete Vorteile der Telearbeit

Die besondere Attraktivität der Telearbeit besteht darin, sowohl für Arbeitgeber als auch Arbeitnehmer Vorteile gegenüber derzeitigen Arbeitsorganisationsformen zu bieten. Bei entsprechender Verbreitung der Telearbeit kann zudem auf der gesellschaftlichen Ebene größerer Nutzen entstehen (siehe Tab. 2.1).

Vorteile der Telearbeit		
Telearbeiter	**Unternehmen**	**Gesellschaft**
Verringerung bzw. Wegfall der Pendelzeit	direkte Kostenersparnis bei Büroflächen etc.	Reduzierung von Berufsverkehr und Energieeinsparung
bessere Vereinbarkeit von Beruf und Privatem	höhere Produktivität und Kreativität der Mitarbeiter	Minderung des Siedlungsdrucks auf die Ballungsräume
Zeitsouveränität, Arbeiten nach individuellem Arbeitsrhythmus	Erhalt und Zugang zu qualifizierten Mitarbeitern	Schaffung von Arbeitsplätzen u.a. in strukturschwachen ländlichen Räumen
angenehme Arbeitsatmosphäre	größere Kundennähe, besserer Kundenservice	Beschäftigungsmöglichkeiten für spezielle Zielgruppen (Frauen mit kleinen Kindern, Behinderte)
größere Wahlfreiheit bei der Wohnortwahl	bedarfsgerechter Einsatz freier Mitarbeiter	

Tabelle 2.1: Vorteile der Telearbeit © *empirica*

Telearbeiter Telearbeiter können ihre Arbeitszeit flexibler einteilen und dadurch häufig Erwerbsarbeit und Hausarbeit, Kinderbetreuung etc. besser vereinbaren. Für bestimmte Zielgruppen (in ihrer Mobilität eingeschränkte Behinderte, Frauen und Männer mit kleinen Kindern oder zu betreuenden Pflegebedürftigen) ist die Tele(heim)arbeit oft die einzige Möglichkeit, überhaupt erwerbstätig zu sein. Andere schätzen die Möglichkeit, zu Hause in Ruhe und ungestört durch Ablenkungen des Büroalltages Aufgabenstellungen nachzugehen, die hohe Konzentration erfordern. Für alle Telearbeitsformen kommt als Vorteil die Verringerung der durch das tägliche Pendeln verschwendeten Zeit und Kosten sowie der damit verbundenen Nervenbelastung hinzu. Statt dessen kann die gewonnene frei verfügbare Zeit für die Familie, Hobbys oder andere Aktivitäten genutzt werden.

Unternehmen Unternehmen, in denen Telearbeit praktiziert wird, profitieren durch eingesparte Büro- und Parkplatzflächen. Die vorhandenen Telearbeitsanwendungen zeigen, daß Telearbeiter mit ihrem Job zufriedener sind und sich durch höhere Produktivität auszeichnen. Weitere Vorteile sind sinkende Fehlzeiten und geringere Mitarbeiterfluktuation. Oftmals können auch qualifizierte Mitarbeiter nur durch das Eingehen auf ihre Wünsche nach Flexibilisierung des Arbeitsortes und der Arbeitszeit gehalten bzw. solche erst gewonnen werden. Ganz entscheidend sind darüber hinaus die durch Telearbeit erreichbare größere Kundennähe und der bessere Kundenservice, z.B. in den Abendstunden. Je nach arbeitsvertraglicher Regelung kommen für die Unternehmen weitere Vorteile hinzu. So sind freie Mitarbeiter kostengünstiger als Festangestellte, und sie können bedarfsgerecht, dem jeweiligen Arbeitsanfall entsprechend, eingesetzt werden. Im Fall der Umwandlung fester in freie Mitarbeiterverhältnisse können Personal- und Arbeitsplatzkosten eingespart werden, gleichzeitig bleibt die Qualifikation ehemaliger Mitarbeiter verfügbar.

Gesellschaft Für die Gesellschaft bietet die Telearbeit ökologische, volkswirtschaftliche, raumordnerische und soziale Vorteile. Bereits erwähnt wurden die Potentiale einer merklichen Reduzierung des Pendelverkehrs und der Energieeinsparung. Weitere positive Effekte werden in einer Entzerrung der Verkehrsspitzen sowie hinsichtlich der Verringerung der Umweltbelastung gesehen. Andere Erwartungen betreffen die Senkung der Nachfrage nach Büroflächen in den Innenstädten und die Chance, auch in strukturschwachen ländlichen Regionen neue qualifizierte Arbeitsplätze zu schaffen. Sozialpolitische Chancen liegen in der Integration von Behinderten sowie im leichteren Wiedereinstieg von Müttern in ein Beschäftigungsverhältnis bzw. der partnerschaftlichen Rollenteilung zwischen Mann und Frau.

2.3.2 Mögliche Nachteile der Telearbeit

Die Einführung der Telearbeit kann aber auch mit Nachteilen verbunden sein (siehe Tab. 2.2). Diese müssen jedoch nicht zwangsläufig auftreten, sondern sind von der konkreten Ausgestaltung der Telearbeit abhängig. Im Rahmen dieses Buches werden eine Reihe von Hinweisen gegeben, wie solche möglicherweise auftretenden negativen Entwicklungen für Unternehmen, aber auch Telearbeiter verhindert werden können.

Mögliche Nachteile der Telearbeit		
Telearbeiter	**Unternehmen**	**Gesellschaft**
ungeschützte Beschäftigungsverhältnisse	Unwirtschaftlichkeit	Abwandern von Arbeitsplätzen ins Ausland
soziale Isolation	mangelnde Datensicherung bzw. Datenschutz	Landschaftszersiedelung
Karriereeinbußen	Reibungen mit traditionellem, unflexiblem Management	Anstieg des Individualverkehrs
fehlende Trennung von Beruf und Privatleben	höherer Koordinierungsbedarf	

Tabelle 2.2: Mögliche Nachteile der Telearbeit © empirica

Telearbeiter
Insbesondere auf seiten der Telearbeiter werden Nachteile vermutet. Kritiker der Telearbeit sehen die Gefahr des verstärkten Auftretens ungeschützter Beschäftigungsverhältnisse durch die Umwandlung von Arbeitnehmerverhältnissen in freiberufliche Tätigkeiten. Teleheimarbeiter würden zu Hause mangels sozialer Kommunikation isoliert und müßten zwangsläufig einen Karriereknick erleiden. Auch im Zusammenhang mit der verminderten Trennung von Beruf und Privatleben werden Nachteile für Telearbeiter gesehen.

Unternehmen
Für Unternehmen ungünstig ist es, wenn sich aufgrund der vorgenommenen Gestaltung der Telearbeitsanwendung nachträglich herausstellen sollte, daß diese unwirtschaftlich betrieben worden ist. Negativ für Unternehmen kann sich der möglicherweise geminderte Schutz unternehmensbezogener Daten auswirken. Ferner werden auch Nachteile darin gesehen, daß durch Telearbeit ein verändertes Führungsverhalten notwendig wird und ein höherer Koordinierungsbedarf entsteht.

Gesellschaft
Auch für die Gesellschaft kann es im Zusammenhang mit Telearbeit zu eher unerwünschten Erscheinungen kommen. Aufgrund der Möglichkeiten der grenzüberschreitenden Telearbeit können - stärker noch als bisher - Arbeitsplätze ins kostengünstigere Ausland abwandern. Telearbeit steigert die Standortwahl-

freiheit für Unternehmen und Beschäftigte, was zu einer weiteren Zersiedlung der Landschaft beitragen kann. Ein weiterer Effekt in diesem Zusammenhang ist der, daß disperse Siedlungsformen wiederum einen Anstieg des Individualverkehrs nach sich ziehen können.

2.4 Geschichte der Telearbeit

2.4.1 Ursprünge der Telearbeit

Blickt man auf die Geschichte der Telearbeit zurück, dann lassen sich verschiedene Entwicklungsstränge unterscheiden. Einer davon ist die bereits erwähnte Idee des Telependelns (Telecommuting), die ihren Ursprung in den USA hat. Dort wird seit den 70er Jahren diskutiert und erprobt, wie man, anstatt den Menschen zur Arbeit, die Arbeit mittels Telematikanwendungen näher zum Menschen bringen kann. Auslöser der Diskussion - popularisiert durch Zukunftsforscher wie Toffler (1980) - waren vor dem Hintergrund der damaligen Ölkrise Überlegungen, wie Energie einzusparen sei und die Verkehrsprobleme in Agglomerationen wie Los Angeles vermindert werden könnten.

Unabhängig hiervon ist als zweiter Entwicklungsstrang die Forderung der Erwerbstätigen nach flexiblen Arbeitsbedingungen zu nennen, die insbesondere von Frauen ausging, inzwischen aber mehr und mehr auch von Männern vertreten wird. Mit zunehmender Frauenerwerbstätigkeit stieg der Bedarf nach Arbeitsformen, die es erlauben, berufliche Arbeit mit häuslichen und familiären Verpflichtungen in Einklang zu bringen. Schon in den 60er Jahren wurden solche Anliegen von einer der Pionierfirmen auf dem Gebiet der Telearbeit, dem britischen Softwareunternehmen FI Group (siehe Kasten), erfüllt.

Die Telehaus-Idee kommt aus Nordeuropa. Mit dem Ziel, die Anwendung der Telematik auch in den ländlichen Regionen zu beschleunigen, wurden in den skandinavischen Ländern seit den 80er Jahren sogenannte Telehäuser eingerichtet. Zu ihren vielfältigen Aufgaben gehören die IuK-Infrastruktur bereitzustellen, die ansässige Bevölkerung hinsichtlich Anwendung und Einsatzmöglichkeiten der IuK-Technik zu schulen und Serviceleistungen für lokale Unternehmen sowie Telearbeitsplätze anzubieten (Klaus-Stöhner/Graß 1990, Qvortrup 1989).

Telearbeits-Vorreiter

FI-Group, Großbritannien

Die FI Group wurde 1962 mit der Zielsetzung gegründet, Frauen die Möglichkeit zu geben, Beruf und Kindererziehung miteinander zu verbinden. In den Anfangsjahren führten die zumeist freiberuflichen Programmiererinnen ihre Arbeit zu Hause noch ohne Computer, d.h. allein mit Papier und Bleistift durch. Seit dem Gründungsjahr stieg die Mitarbeiterzahl zwischenzeitlich auf 1160 Mitarbeiter, wovon 760 freiberuflich tätig waren. Das Unternehmen bot Dienstleistungen im Bereich Programmieren und Datenverarbeitung an. Fast alle Mitarbeiter arbeiteten vorwiegend in ihrem eigenen Heim, zudem verfügte das Unternehmen über ein effektives Management und Kontrollsystem. 1988/89 kam es zu einer Umstrukturierung, bei der das Unternehmen seinen Mitarbeitern Arbeitszentren zur Verfügung stellte. Diese liegen größtenteils räumlich sehr nahe bei den einzelnen Großkunden und den Wohnungen der Mitarbeiter, wodurch eine engere und bessere Kommunikationsbeziehung zwischen den FI-Mitarbeitern und den Kunden erreicht werden sollte (vgl. Shirley 1986, 1988).

Nachbarschaftsbüro Nykvarn, Schweden

Bereits in 1982 wurde im schwedischen Nykvarn, einer Kleinstadt mit 6.000 Einwohnern, etwa 50 km von Stockholm entfernt, das weltweit erste Nachbarschaftsbüro aufgebaut. Das Pilotprojekt wurde von privaten Sponsoren und öffentlichen Forschungsinstituten finanziert und hatte eine Laufzeit von drei Jahren. Insgesamt 17 Erwerbstätige aus unterschiedlichen Unternehmen (Bank, Gemeindeverwaltung, Beratungsunternehmen, Telekommunikationsanbieter, Chemieunternehmen, Planungsinstitut) arbeiteten regelmäßig oder sporadisch in den neun Büros des Zentrums. Die Wahl der Arbeitsmittel, der Arbeitszeiten und des Arbeitsortes (sämtliche Teilnehmer behielten ihren betrieblichen Arbeitsplatz) lag in der Kompetenz der Angestellten, die insgesamt recht positive Erfahrungen machten. Die Organisatoren kamen zu dem Ergebnis, daß von technischer Seite her der Aufbau und der Betrieb eines Telearbeitszentrums unproblematisch ist. Probleme waren vielmehr im institutionellen und psychologischen Bereich anzutreffen (vgl. Engström/Paavonen/Sahlberg 1986).

> **Modellversuch Landesregierung Baden-Württemberg**
>
> Im Herbst 1982 wurde der Modellversuch „Schaffung dezentraler Arbeitsplätze unter Einsatz von Teletex" von der Landesregierung Baden-Württemberg begonnen. An dem Projekt beteiligten sich 14 Unternehmen und Behörden, von denen 17 Telearbeitsplätze eingerichtet wurden. Hierbei handelte es sich um Teleheimarbeitsplätze, Satellitenbüros und ein Nachbarschaftsbüro. Mit Arbeitnehmerverhältnis, Heimarbeiterstatus und Werkvertrag waren alle Grundformen der vertraglichen Gestaltung vertreten, allerdings mit Schwerpunkt beim Arbeitnehmerverhältnis. Die Kontrolle der Arbeitskräfte erfolgte anhand der Arbeitsergebnisse. Anfängliche technische Mängel von Dienst und Endgeräten konnten weitgehend überwunden werden. Aus wirtschaftlicher Sicht konnte zwar eine deutliche Produktivitätssteigerung festgestellt werden, jedoch lagen die Kosten über denen der herkömmlichen Schreibarbeitsplätze. Sämtliche neu eingerichteten dezentralen Arbeitsplätze wurden nach Ablauf des Modellversuchs abgebaut (vgl. Fröschle/Klein 1986).

2.4.2 Telearbeit in den 80er Jahren

Stecknadel im Heuhaufen

In Deutschland setzte die Diskussion zur Telearbeit zu Beginn der 80er Jahre ein, wobei man damals ausschließlich die Arbeit zu Hause vor Augen hatte. Die Verbreitung der Telearbeit war allerdings sehr gering. Das 1982 im Auftrag des damaligen Bundesministeriums für Forschung und Technologie (BMFT) erstellte Batelle/Integrata-Gutachten kam zu dem Schluß, Telearbeitsanwendungen seien in Deutschland so schwierig zu finden, wie eine „Stecknadel im Heuhaufen" (Ballerstedt et al. 1982).

Verbotsforderung der Gewerkschaften

In den 80er Jahren war der Begriff Telearbeit in Deutschland bei großen Teilen der öffentlichen Meinung eher negativ besetzt. Oft wurden mit Telearbeit Arbeitsverhältnisse vorindustriellen Zuschnitts assoziiert. Vorherrschend war das düstere Bild der Schreibkraft, die im ungeschützten Beschäftigungsverhältnis zu Hause, umringt von kleinen Kindern, parallel zu sonstigen häuslichen Aufgaben am Computer arbeitet. Diese ablehnende Haltung gipfelte in Verbotsforderungen der Gewerkschaften.

Zu den Vorreitern der praktischen Umsetzung der Telearbeit hierzulande zählte das Softwareunternehmen Integrata, wo Programmierer frühzeitig auch zu Hause über einen Telearbeitsplatz verfügten. Weitere bekannte Telearbeitsanwendungen aus der

Grundlagen der Telearbeit

Anfangsphase sind das Teletypistinnen-Projekt der Siemens AG (Siemens 1984), der Modellversuch der baden-württembergischen Landesregierung auf Basis des mittlerweile eingestellten Teletex-Dienstes (Fröschle/Klein 1986) sowie die häusliche Texterfassung in der Druckindustrie (Goldmann/Richter 1986). Wie die Beispiele zeigen, war Telearbeit anfangs nur auf wenige Tätigkeiten beschränkt.

Obwohl sich schon in den 80er Jahren in vielen Fällen sowohl Unternehmen als auch Mitarbeiter von der Telearbeit Vorteile versprachen, konnte sie sich nicht auf breiter Basis durchsetzen. Neben dem Widerstand der Gewerkschaften sind als Gründe hierfür in erster Linie Managementprobleme zu nennen, stärker noch als die beschränkten technischen Voraussetzungen zu dieser Zeit. So war es auf der ersten internationalen Konferenz zur Telearbeit - veranstaltet 1987 von empirica (Korte/Robinson/Steinle 1988) - die einhellige Meinung der Teilnehmer, daß in erster Linie organisatorische Probleme und weniger die technischen Voraussetzungen für die geringe Verbreitung der Telearbeit verantwortlich seien.

2.4.3 Telearbeit heute

Erste Betriebsvereinbarung

Nach einer stilleren Phase hat das Thema Telearbeit seit Beginn der 90er Jahre in Deutschland stark an Publizität gewonnen. Deutlich wurde dies insbesondere an dem öffentlichen Interesse für das Telearbeit-Pilotprojekt der IBM, dem 1991 als erster nicht-technischer Innovation der Innovationspreis der deutschen Industrie verliehen wurde. In einer Betriebsvereinbarung für außer-betriebliche Arbeitsstätten zwischen den Sozialpartnern ist es dort erstmals gelungen, die Arbeitssituation zu Hause im Hinblick auf die Finanzierung der häuslichen Infrastruktur, Aufwandserstattung, Arbeitszeit, Haftung, Versicherungs- und Datenschutz zu regeln (Braun 1993, Glaser 1993).

Spätestens seit dem Beginn der 90er Jahre hat der Begriff der Telearbeit sein in Deutschland lange vorhandenes Negativimage weitestgehend verloren. Auch die Stellungnahmen der Gewerkschaften haben sich merklich gewandelt. Telearbeit wird nicht mehr auf Teleheimarbeit verkürzt, sondern in ihrer gesamten Vielfalt gesehen. Auch werden anstatt möglicher Gefahren nun eher die Chancen der Telearbeit betont, wie die größere Autonomie für Telearbeiter, Kostenvorteile für Unternehmen, die Schaffung von Arbeitsplätzen in peripheren Räumen, die Integration von Behinderten oder die Reduzierung von Verkehr und Umweltbelastungen.

Der Imagewandel der Telearbeit zeigt sich beispielsweise in der häufigen und in der Regel positiven Berichterstattung in den Medien. Telekommunikationsunternehmen, wie die Deutsche Telekom AG, verwenden den Begriff Telearbeit (bzw. Teleworking) seit einigen Jahren werbewirksam in Informationsbroschüren. Zuletzt wurden verschiedene TV-Werbespots für ISDN gezeigt, die Telearbeit zu Hause bzw. im Telearbeitszentrum darstellen.

Politische Förderung

In den letzten Jahren ist das Thema Telearbeit auch von der Politik aufgegriffen worden, zeitweilig sogar ins Zentrum der politischen Diskussion gerückt. Nachdem bereits an zentraler Stelle im Weißbuch für Wachstum, Wettbewerb und Beschäftigung der Europäischen Kommission (1993) auf die Möglichkeiten der Telearbeit hingewiesen wurde, hat nun auch Forschungsminister Jürgen Rüttgers das Potential der Telearbeit erkannt und Mitte 1995 Förderinitiativen vorgeschlagen, um ihr zum Durchbruch zu verhelfen (BMBF 1995).

Seit Mitte der 90er Jahre haben viele deutsche Unternehmen begonnen Telearbeit einzuführen. Zunehmend wird Telearbeit als ein Mittel zur Steigerung der Wettbewerbsfähigkeit, d.h. in ihrer strategischen Dimension erkannt. Auch wenn es bei der Anwendung der Telearbeit inzwischen einen Schwerpunkt im Bereich Elektronikindustrie und unternehmensbezogener Dienstleistungen gibt, gilt allgemein, daß Telearbeit branchenübergreifend implementiert wird. Zudem hat sich das Spektrum der mittels Telearbeit durchgeführten Tätigkeiten im Vergleich zu den 80er Jahren merklich erweitert. Im Anhang 1 ist eine Auswahl uns bekannter Unternehmen aufgelistet, die in Deutschland bereits Telearbeit praktizieren.

Boom?

Abbildung 2.2 soll deutlich machen, daß hinsichtlich der Ausbreitung der Telearbeit in Deutschland zwischen der Resonanz in den Medien und der tatsächlichen Diffusion dieser Form der Arbeitsorganisation strikt unterschieden werden muß. Im Gegensatz zum Auf und Ab des Interesses der Öffentlichkeit ist festzustellen, daß die Ausbreitung der Telearbeit bislang zwar langsam, aber stetig voranschreitet. Die Frage, ob wir derzeit am Beginn eines Telearbeitsbooms stehen, wird versucht in den nachfolgenden Kapiteln zu beantworten. Zuvor wird jedoch detaillierter auf die derzeitige Verbreitung der Telearbeit eingegangen.

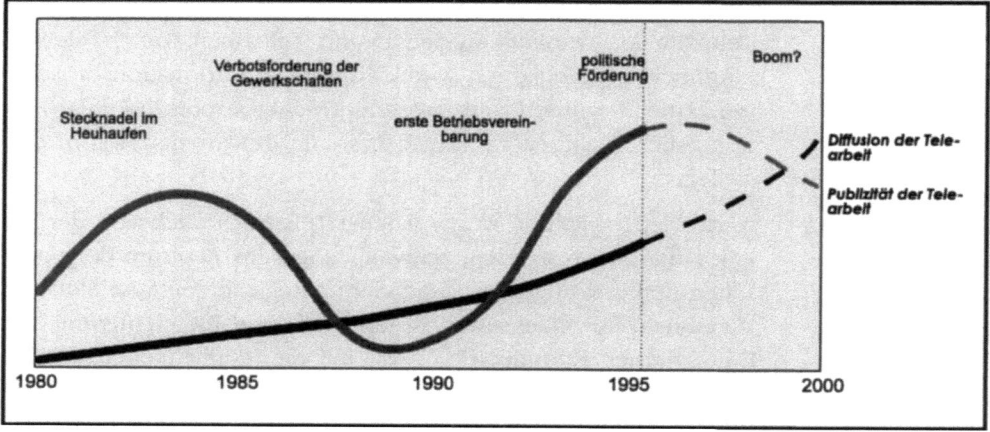

Abbildung 2.2: Diffusion und Publizität der Telearbeit © *empirica*

2.5 Verbreitung der Telearbeit

2.5.1 Breites Zahlenspektrum

Wieviele Telearbeiter gibt es derzeit? Diese vermeintlich einfache Frage läßt sich aber nicht mit Sicherheit beantworten. So stößt man hinsichtlich der absoluten Zahl der Telearbeitsplätze auf sehr unterschiedliche Angaben. Dieses sehr uneinheitliche Bild hängt in starkem Maße damit zusammen, daß die jeweiligen Autoren Telearbeit unterschiedlich definieren bzw. operationalisieren und darüber hinaus unterschiedliche Verfahren zur Durchführung ihrer Schätzungen anwenden.

USA

Deutlich wird die unklare Datenlage beispielsweise anhand der veröffentlichten Angaben zur Verbreitung der Telearbeit in den USA. Fest steht, daß dort die Telearbeit weltweit am weitesten verbreitet ist, über das Ausmaß der Verbreitung herrscht jedoch

Uneinigkeit. In der Literatur reicht die Spannweite der vorzufindenden Zahlenangaben von 3 bis 20 Millionen Telearbeitern (Rane 1995, Nilles 1994, Gray/Hodson/Gordon 1993).

Großbritannien

Auch im europäischen Vorreiterland Großbritannien kommen aktuelle Untersuchungen zu sehr unterschiedlichen Resultaten. Während Hodson (Telecommuting Review 1995) mit 1,5 Mio. Telearbeitern zu sehr hohen Verbreitungszahlen kommt, schätzt Cornford (Flexibility 1995) die Verbreitung der Telearbeit in Großbritannien mit nicht viel mehr als 1% der Erwerbstätigen (d.h. ca. 250.000) sehr viel konservativer ein.

Deutschland

So gesehen ist es nicht verwunderlich, wenn auch für Deutschland sehr unterschiedliche Verbreitungszahlen gehandelt werden. Angaben des Gesprächskreises für wirtschaftlich-technische Fragen der Informationstechnik (Petersberg-Kreis) (vgl. BMWi 1996a) oder des Deutschen Gewerkschaftsbundes (vgl. Hüsson 1995) zufolge gibt es in Deutschland nur wenige Tausend Telearbeitsplätze, wobei dort offensichtlich nur offizielle Telearbeitsplätze gezählt wurden. Während die Arbeitsgruppe des ZVEI/VDMA (1995) von 30.000 Telearbeitern ausgeht, spricht die ISE DATA (vgl. ntz 11/1995) von 70.000 Telearbeitern. empirica (1994) kommt in ihrer auf Repräsentativbefragungen beruhenden Untersuchung zu dem Ergebnis, daß in Deutschland etwa 150.000 Telearbeitsplätze existieren.

Doch je nach Definition lassen sich auch für Deutschland noch wesentlich höhere Zahlen ermitteln, beispielsweise wenn man jeden der mehr als 600.000 Notebook-Besitzer (vgl. Geiger 1996), die mit Hilfe dieser Geräte ortsunabhängig arbeiten können, als mobilen Telearbeiter bezeichnen würde. Ganz zu schweigen von all denen, die zu Hause ab und an etwas am PC für die Arbeit erledigen. Bei 7 Mio. PCs, die sich in deutschen Haushalten befinden, wären dies nämlich - unterstellt man einmal einen Anteil von 50% für rein private Nutzung - vorsichtig geschätzt 3,5 Mio. Erwerbstätige.

2.5.2 empirica-Untersuchung

Einige zentrale Ergebnisse der empirica-Untersuchung werden nachfolgend näher erläutert (vgl. Kordey/Korte 1995, Robinson/Kordey 1994). Die von der Europäischen Kommission im Rahmen des TELDET-Projektes[2] geförderte empirische Grundlagenstudie wurde mit dem Ziel durchgeführt, sowohl zuverlässiges Zahlenmaterial über die gegenwärtige Verbreitung der Telearbeit zu erhalten als auch die mögliche künftige Entwicklung einigermaßen präzise abschätzen zu können. Sie bietet den großen Vorteil, daß länderübergreifend einheitlich vorgegangen wurde und Vergleichsmöglichkeiten mit einer früheren Befragung bestehen.

Vorgehensweise

empirica hat bereits 1985 in den vier größten Mitgliedstaaten der Europäischen Union (Deutschland, Großbritannien, Frankreich, Italien) Entscheidungsträger und Angestellte in Unternehmen repräsentativ befragt (Huws/Korte/Robinson 1990). Die Befragung wurde 1994 in erweitertem Umfang wiederholt, zudem kam dieses Mal mit Spanien noch ein weiteres Land hinzu.

In der paneuropäischen Befragung zur Telearbeit wird eine vergleichsweise breite Definition der Telearbeit verwendet, um nicht von vornherein große Gruppen auszuschließen, die ebenfalls ortsunabhängig, informations- und kommunikationstechnisch unterstützt tätig sind.

In der Bevölkerungsbefragung wird folgende Beschreibung der Telearbeit gegeben: "Mit Hilfe moderner Technik können viele Arbeiten auch zu Hause durchgeführt werden: das nennt man Telearbeit. Mit Hilfe von Telefon, Fax und Computer werden viele das tägliche Pendeln vom Wohnort zum Arbeitsplatz vermeiden können". Im Anschluß daran wurden mit der wohnungszentrierten Teleheimarbeit, der zwischen zu Hause und Betrieb alternierenden Telearbeit und der Telearbeit im Telearbeitszentrum drei Organisationsformen der Telearbeit erläutert und danach gefragt, ob Interesse an diesen Arbeitsformen besteht bzw. ob sie bereits praktiziert werden.

---

[2] Die Abkürzung TELDET steht für „Telework Developments and Trends. A Compilation of Information on Telework - Case Studies and Trend Analysis." Das von der Europäischen Kommission geförderte Projekt hatte eine Laufzeit von 18 Monaten (Januar 1994 bis Juli 1995). Neben empirica als Konsortiumführer waren IDATE aus Frankreich, Inmark aus Spanien, Innova aus Italien und das Work Research Center (WRC) aus Irland beteiligt.

Bei der Befragung von Entscheidungsträgern in Unternehmen wurde wie folgt vorgegangen: "Telearbeiter sind diejenigen, die zu Hause oder auch in einem in der Nähe ihrer Wohnung eingerichteten Büro am Computer arbeiten und mittels Telekommunikation mit dem Büro ihres Arbeitgebers oder Auftraggebers verbunden sind. Telearbeiter können ausschließlich oder zeitweise zu Hause arbeiten. Manche Telearbeiter sind abhängig beschäftigt, andere selbständig." Im Anschluß an diese einleitende Begriffserläuterung wurde wie folgt gefragt: "Gibt es in Ihrem Verantwortungsbereich Telearbeiter, die mindestens einen ganzen Arbeitstag pro Woche zu Hause oder wohnortnah arbeiten?"

Ergebnisse

Die Befragungsergebnisse zeigen eindeutig, daß Großbritannien hinsichtlich Telearbeit in Europa als Vorreiterland anzusehen ist. Etwa die Hälfte der ermittelten rund 1,1 Mio. Telearbeiter in den untersuchten fünf Ländern kommt aus Großbritannien (ca. 560.000). Die Anzahl der Telearbeiter in Deutschland kann mit ca. 150.000 angegeben werden. Damit liegt Deutschland hinter Frankreich (ca. 220.000) an dritter Stelle vor Spanien und Italien (jeweils ca. 100.000). Auf die gesamte EU (ohne Finnland, Schweden und Österreich) hochgerechnet ergibt sich eine Gesamtzahl von ca. 1,25 Millionen Telearbeitern (siehe Abb. 2.3).

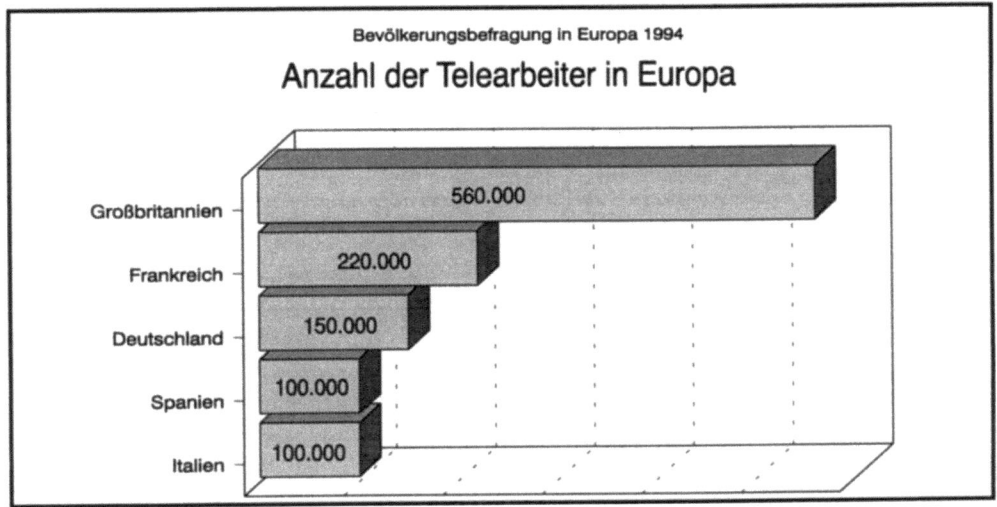

Abbildung 2.3: Anzahl der Telearbeiter in Europa 1994 © *empirica*

Nach Angaben der Entscheidungsträger aus Unternehmen beschäftigen 4,8% der bundesdeutschen Unternehmen Telearbeiter. Dieser Erhebung zufolge ist Telearbeit am stärksten in Großbritannien (7,4%) und Frankreich (7,0%) verbreitet, während die südeuropäischen Länder Spanien und Italien (3,6% bzw. 2,2%) hinsichtlich der Verbreitung der Telearbeit noch zurückliegen (siehe Abb. 2.4).

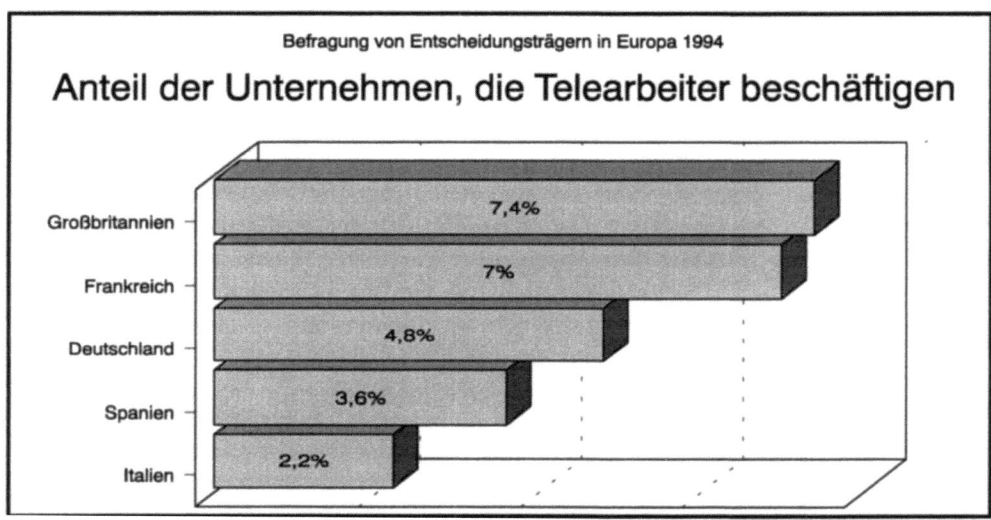

Abbildung 2.4: Anteil der Unternehmen, die Telearbeiter beschäftigen 1994 © empirica

Die gefundenen länderspezifischen Unterschiede entsprechen weitestgehend den Erwartungen. Erklären lassen sie sich mit dem unterschiedlichen Stand der Liberalisierung im Fernmeldewesen und damit zusammenhängend mit Angebotsvielfalt und Preisentwicklung bei Telekommunikationsinfrastruktur und Endgeräten sowie der unterschiedlichen Durchdringung der Unternehmen und Haushalte mit Computertechnik. Darüber hinaus spielen sicher nationale Besonderheiten im Hinblick auf die öffentliche Förderung für Anwendungen der Informationstechnik, die jeweilige Aufgeschlossenheit für technische Neuerungen (man vergleiche den Erfolg von Minitel in Frankreich und die weitverbreitete Verwendung von PCs in Großbritannien), das Angebot an Teilzeitarbeitsplätzen, der Anteil Selbständiger an den Erwerbstätigen oder auch andere soziokulturelle und Mentalitätsunterschiede eine wichtige Rolle.

Weiterhin zeigen die Untersuchungsergebnisse, daß Telearbeit in allen Wirtschaftsbereichen praktiziert wird. Insbesondere Unternehmen der Branche Banken, Versicherungen und unternehmensbezogene Dienstleistungen nutzen Telearbeit in größerem Umfang. Dies hängt mit der hohen Vertrautheit der Angestellten mit Informationstechnologie sowie der häufig dezentralen Organisation dieser Unternehmen zusammen, wo Niederlassungen und Außendienstmitarbeiter bereits über Telekommunikation mit der Hauptniederlassung verbunden sind. In den Großstädten ist die Telearbeit bislang am stärksten verbreitet, und dies wird wahrscheinlich auch so bleiben, sofern nicht spezielle Initiativen zur Anwendung im ländlichen Raum ermutigen.

2.5.3 Unternehmensinterne Diffusion

Hinsichtlich der Diffusion der Telearbeit ist unserer Auffassung nach von einem mehrstufigen Prozeß auszugehen. Grundsätzlich unterschieden werden kann zwischen der Tatsache, daß ein Unternehmen Telearbeit einführt und der weiteren Ausbreitung der neuen Arbeitsform innerhalb des Unternehmens. Im Verlauf des unternehmensinternen Diffusionsprozesses kann wiederum in verschiedene Entwicklungsstufen differenziert werden.

Stufe 1

Vereinfacht kann man sich die Ausbreitung der Telearbeit in einem größeren Unternehmen wie folgt vorstellen: Zunächst gewinnt die Leitung eines Unternehmens die Überzeugung, daß Telearbeit für eine ganz bestimmte Tätigkeit - wie z.B. Texterfassung oder Programmieraufgaben - in einer bestimmten Mitarbeitergruppe sinnvoll eingesetzt werden könnte. Oft sind es Frauen im Erziehungsurlaub oder einzelne Personen, die aufgrund externer Ursachen nicht in der gewohnten Weise in der Zentrale tätig bleiben können, denen gestattet wird, Telearbeit zu betreiben. Diese Grundstufe der Telearbeit umfaßt in der Regel nur etwa 1% der Mitarbeiter eines Unternehmens.

Stufe 2

Erst mit zunehmender Erfahrung wird Telearbeit im Unternehmen systematisch ausgeweitet, nachdem im Laufe der Zeit zunehmend neue Tätigkeitsbereiche als geeignet eingeschätzt werden. Die mit der Ausweitung verfolgten Ziele sind beispielsweise die Ausweitung der Service-Zeiten und die erhöhte Produktivität der Mitarbeiter. In dieser zweiten Phase sind etwa 5-25% der Belegschaft (im Mittel etwa 10%) in Form von Telearbeit tätig.

Stufe 3 — In der dritten Entwicklungsstufe wird Telearbeit noch wesentlich weiter im Unternehmen ausgedehnt. Es werden sogenannte „FlexiPlaces" eingeführt, was bedeutet, daß hierbei ganze Abteilungen überwiegend in Telearbeit organisiert werden. Zusammen mit Telearbeitern in anderen Abteilungen erreichen solche Unternehmen bezogen auf die Gesamtzahl der Mitarbeiter einen Telearbeitsanteil von ca. 30%. Durch die damit verbundene Reduktion des Büroflächenbedarfs gerade auch in City-Lagen lassen sich erhebliche Einsparungen erzielen.

Stufe 4 — Vorstellbar ist darüber hinaus, daß sich heutige Großunternehmen in einer vierten Entwicklungsstufe zu virtuellen Unternehmen entwickeln, die ihre ganze Geschäftsentwicklung kundennah in dezentralen Einheiten unterschiedlicher Größe organisieren. Im Durchschnitt werden in diesen Unternehmen dann 80% der Tätigkeiten von Telearbeitern erledigt.

Soweit das Diffussionsmodell der Telearbeit. Wie weit ist heute nun der unternehmensinterne Diffusionsprozeß fortgeschritten? Die TELDET-Untersuchung zeigt, daß hinsichtlich der Verbreitung der Telearbeit die Reihenfolge der untersuchten Länder in beiden Erhebungen übereinstimmt (siehe Abb. 2.3 und 2.4), allerdings die absolute Zahl der Telearbeiter in Großbritannien deutlich herausragt. In allen anderen Ländern, so auch in Deutschland, haben zwar zahlreiche Unternehmen die erste Stufe bereits genommen, der Lernprozeß in den grundsätzlich der Telearbeit gegenüber offenen Unternehmen hat aber gerade erst begonnen.

Versicherungswirtschaft — Auch eine aktuelle Untersuchung der empirica in der Versicherungswirtschaft vom März/April 1996 (empirica 1996) macht deutlich, daß der unternehmensinterne Diffusionsprozeß noch nicht sehr weit fortgeschritten ist. Zwar praktizieren 40% der 67 befragten Versicherungsunternehmen bereits Telearbeit, und in zahlreichen weiteren Unternehmen wird überlegt, Telearbeit einzuführen. Die durchschnittliche Zahl der Telearbeiter pro Unternehmen liegt allerdings nur bei 12. Nur sehr wenige Unternehmen beschäftigen so viele Telearbeiter, daß man davon sprechen kann, daß sie bereits die zweite Entwicklungsstufe unseres Diffusionsmodells erreicht haben.

2.6 Interesse und Potential

Insbesondere die anfänglichen Erwartungen hinsichtlich der Geschwindigkeit der Diffusion der Telearbeit waren sehr euphorisch und aus heutiger Sicht völlig überzogen (siehe Abb. 2.5). Ursache hierfür ist wohl eine Sichtweise, die allein vom technisch Machbaren ausgeht und nicht berücksichtigt, daß die Menschen sehr viel länger brauchen, um diese technischen Innovationen in Beruf und Alltag umzusetzen.

Abbildung 2.5: Prognosen zur Diffusion der Telearbeit © empirica

Mittlerweile hat sich weitgehend die Ansicht durchgesetzt, daß die Telearbeit sich eher evolutionär als revolutionär verbreiten wird. Heute geäußerte Erwartungen von politischer Seite, sind zwar ehrgeizig, können allerdings nicht von vorne herein als unrealistisch bezeichnet werden:

- Aktuelles Ziel der Europäischen Kommission ist es, bis zur Jahrtausendwende 10 Mio. Telearbeitsplätze in Europa zu schaffen (European Commission 1994).

Grundlagen der Telearbeit

- Eine ZVEI/VDMA-Arbeitsgruppe erwartet, daß sich bis zum Jahr 2000 die Zahl der Telearbeitsplätze in Deutschland auf ca. 800.000 erhöhen wird (ZVEI-VDMA 1995, BMBF 1995).

Nachfolgend wollen wir näher untersuchen, wie sich Telearbeit in Zukunft verbreiten könnte. Zur Bestimmung des Potentials der Telearbeit gibt es prinzipiell mehrere Vorgehensweisen. Zu unterscheiden sind Ansätze, die in erster Linie für Telearbeit geeignete Tätigkeiten betrachten, von denen, die vom Interesse der Beteiligten ausgehen.

2.6.1 Tätigkeitsbezogene Potentialabschätzung

Die Einschätzung des tätigkeitsbezogenen Telearbeitspotentials hat sich im Laufe der Jahre dramatisch verändert. Anfang der 80er Jahre herrschte die Meinung vor, Telearbeit müßte sich auf relativ wenige Tätigkeitsfelder beschränken.

Job Characteristics

Schon in der Anfangsphase der Telearbeit hat Olsen (1983, Diebold 1981) den Versuch unternommen, sogenannte "Job Characteristics" für Tätigkeiten, die von Teleheimarbeitern dezentral erbracht werden können, zu entwickeln. Als Kriterien werden benannt: geringer Ressourcenbedarf, individuelles Arbeitstempo, definiertes und individuell kontrollierbares Arbeitsergebnis, erhebliche geistige Konzentration, Arbeitsmengen und -inhalte, die keine kurzfristige Rückmeldung verlangen, sowie geringer Kommunikationsbedarf.

Dank technischer und arbeitsorganisatorischer Innovationen haben sich die Voraussetzungen für Telearbeit seitdem aber merklich verbessert. Heute formuliert man deshalb die Eignungskriterien für Telearbeit weitaus weniger rigide. Weniger geeignet erscheinen nur Tätigkeiten, die einen hohen Anteil notwendiger Face-to-face-Kontakte mit Personen im und außerhalb des Unternehmens haben, die sich durch einen hohen Grad der Zusammenarbeit mit Kollegen, Untergebenen oder Vorgesetzten auszeichnen, wo die Notwendigkeit des Zugriffs auf (nicht-digitalisierte) Unterlagen, Produkte, etc. sowie des Zugangs zu firmeninternen Rechnern, Datenbanken etc. besteht und wo häufig nicht bzw. nur schwer planbare adhoc-Aufgaben vorkommen (vgl. Nilles 1994, Burch 1991).

Informationsberufe Für Telearbeit prinzipiell in Frage kommen zumindest alle Informationsberufe, d.h. Berufe, die mit der Erstellung, Bearbeitung und Weitergabe von Informationen zu tun haben. Deren Anteil an allen Erwerbstätigen ist in der Vergangenheit kontinuierlich gestiegen und hat nach jüngsten Angaben Mitte der 90er Jahre die 50%-Marke erreicht (vgl. Dostal 1995).

Andere Autoren gehen noch weiter und geben an, daß 70% aller Arbeitsplätze nicht standortgebunden seien und sich daher mit entsprechender Computer- und Telekommunikationsausstattung zu Telearbeitsplätzen umgestalten lassen (Handelsblatt vom 16.5.1995). Hinsichtlich der Eignung für Telearbeit werden heutzutage also prinzipiell kaum noch Einschränkungen gesehen.

Eine kombinierte Betrachtung von für Telearbeit geeigneten Arbeitsplätzen einerseits und geeigneten Unternehmen andererseits hat Godehardt 1994 durchgeführt. Aufgrund der Auswertung einer eigenen Unternehmensbefragung hinsichtlich Faktoren wie Technikausstattung, Arbeitszeitmodellen, eingesetzten Führungstechniken und der persönlichen Einstellung des Managements sieht sie 31% der Unternehmen grundsätzlich als für Telearbeit geeignet an. Der Anteil geeigneter Arbeitsplätze von 29% ergibt sich aus dem Anteil von Mitarbeitern, die mit der Erledigung von Verwaltungstätigkeiten beschäftigt sind. Durch Verknüpfung beider Teilergebnisse kommt sie zu dem Schluß, daß es sich bei 9% der Arbeitsplätze in den untersuchten Klein- und mittelständischen Unternehmen in Nordrhein-Westfalen um potentielle Telearbeitsplätze handelt.

2.6.2 Interesse in Bevölkerung und Unternehmen

Im Unterschied zu den gerade referierten Ansätzen gehen wir bei der Potentialanalyse vom Interesse an Telearbeit unter Erwerbstätigen (bzw. der Bevölkerung) und Entscheidungsträgern in Unternehmen aus, welches in den bereits angesprochenen Repräsentativumfragen empirisch ermittelt wurde (siehe auch Anhang 2, wo weitere ausgewählte Ergebnisse der empirica-Untersuchung in graphischer und tabellarischer Form dargestellt werden).

Grundlagen der Telearbeit

Interesse in der Bevölkerung

Die europaweiten Umfragen der empirica zeigen, daß die Telearbeit in der Bevölkerung auf großes Interesse stößt. Wie aus der Abbildung 2.6 zu ersehen ist, zeigen sich je nach Land zwischen 40% und 55% der Bevölkerung an Telearbeit interessiert.

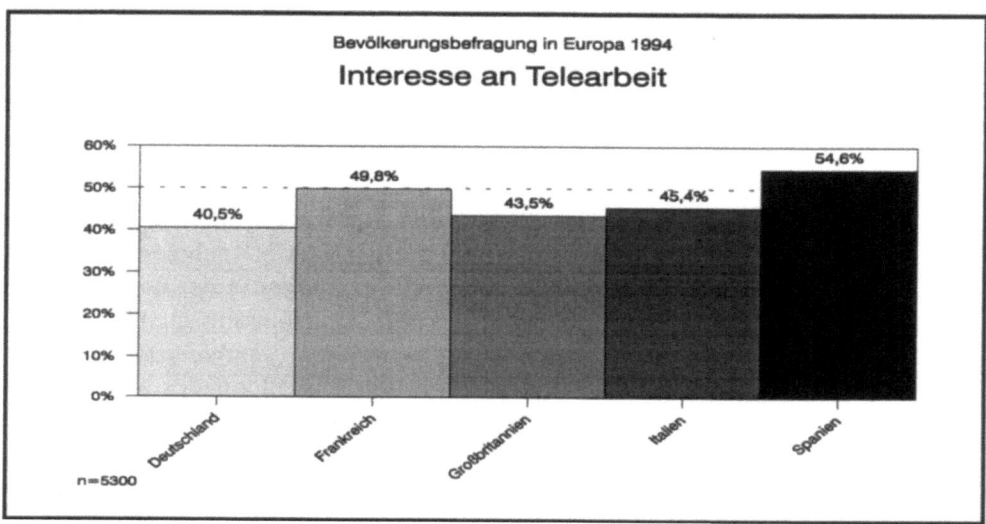

Abbildung 2.6: Interesse der Bevölkerung an Telearbeit © empirica

Hinsichtlich unterschiedlicher Organisationsformen der Telearbeit, nach denen bei der Befragung unterschieden wurde, zeigen sich nur geringe Präferenzunterschiede. Unter den vorgegeben Telearbeitsformen erfährt die alternierende Telearbeit das größte Interesse. Die Ausnahme ist hier Spanien, wo größeres Interesse an Telearbeit im Telearbeitszentrum besteht, was wohl mit kulturellen Unterschieden und fehlenden häuslichen Voraussetzungen zu erklären ist (siehe Anhang 2, Abb. 1).

Im Zeitvergleich zu 1985 ist das Interesse an Telearbeit außerordentlich angestiegen. Die Wachstumsraten hinsichtlich des Interesses sind allerdings recht unterschiedlich: Während sich das Interesse in Deutschland, Frankreich und Italien seit 1985 etwa verdreifacht hat, ist es in Großbritannien, dort, wo der Beginn der breiten Auseinandersetzung mit dem Thema Telearbeit schon sehr viel früher stattgefunden hat, nur noch um das 1,5-fache gestiegen (siehe Tab. 2.3).

Zeitvergleich: Interesse für Teleheimarbeit unter Erwerbstätigen 1985/1994				
	D	F	UK	I
Interesse an Teleheimarbeit 1985 in %	8,5	14,0	22,6	11,1
Interesse an Teleheimarbeit 1994 in %	31,4	39,4	35,8	35,5
Wachstum 1985 - 1994 (1985 = 100)	369	281	158	320

Tabelle 2.3: Interesse für Teleheimarbeit unter Erwerbstätigen 1985/1994   © empirica

Der starke Interessenanstieg hängt sicher auch damit zusammen, daß die Verkehrsproblematik für Pendler in den letzten Jahren stark zugenommen hat, zudem dürfte auch dazu beigetragen haben, daß aufgrund der Computerisierung der Büros im zurückliegenden Jahrzehnt die Zahl telearbeitsfähiger Arbeitsplätze rasant angestiegen ist. Schließlich klang Mitte der 80er Jahre für viele Erwerbstätige die Vorstellung, möglicherweise zu Hause am Computer zu arbeiten, noch sehr futuristisch. Heutzutage dürfte hingegen eine solche Möglichkeit von vielen als durchaus realistisch eingeschätzt werden.

Betrachten wir das Interesse der Bevölkerung in Deutschland an Telearbeit etwas differenzierter, dann zeigt sich folgendes (siehe Anhang 2, Abb. 3-8): Überdurchschnittliches Interesse an Telearbeit äußern vor allem die jüngeren Jahrgänge, Bewohner von Drei-und-mehr-Personen-Haushalten und diejenigen mit mittlerem und hohem Bildungsstand. Unter den Erwerbstätigen haben die Angestellten sowie Teilzeitkräfte das größte Interesse an Telearbeit, unter den Nichterwerbstätigen Schüler, Studenten und Auszubildende sowie Arbeitslose. Nicht unerwartet sind Computernutzer weit überdurchschnittlich an Telearbeit interessiert.

Hohes Interesse von Frauen

Darüber hinaus zeigen die Befragungsergebnisse, daß Telearbeit insbesondere bei Frauen auf Interesse stößt. Unter den Schülern, Studenten und Auszubildenden, den Arbeitslosen und selbst unter den im allgemeinen vergleichsweise wenig interessierten Rentnern ist das Interesse jeweils bei Frauen höher als bei Männern. Jüngere Hausfrauen (unter 40 Jahre) und jüngere Teilzeitkräfte (in der Regel Frauen) sind auch im europäischen Vergleich überdurchschnittlich stark an Telearbeit interessiert (jeweils mehr als zwei Drittel der Befragten), ein Anzeichen dafür, daß es in Deutschland besonders schwierig ist, Beruf und Familie zu vereinbaren.

Auch für die Mehrheit der erwerbstätigen Frauen ist Telearbeit erstrebenswert. Weibliche Selbständige und Arbeiterinnen haben ein deutlich größeres Interesse an Telearbeit als Männer. Anders ist es bei den Führungskräften und Angestellten. Unter ihnen gibt es offenbar auch viele Frauen (insbesondere Jüngere), die ihre derzeitige berufliche Tätigkeit nicht mit einer häuslichen Beschäftigung in Form von Telearbeit tauschen möchten.

Unterscheidet man bei den Erwerbstätigen nach den im Beruf ausgeübten Tätigkeiten und der Branche (siehe Anhang 2, Abb. 9 und 10), dann zeigen sich recht deutliche Unterschiede. Als besonders interessiert stellen sich diejenigen heraus, die juristische Tätigkeiten ausführen, Schreiben, Redigieren oder journalistisch Arbeiten, im Finanz- und Rechnungswesen sowie in Forschung und Beratung tätig sind. Bei Beschäftigten des Wirtschaftszweiges Kreditinstitute, Versicherungen und unternehmensbezogene Dienstleistungen besteht die mit Abstand größte Nachfrage. Unter den Beschäftigten dieser Branche äußern mehr als drei Viertel der Befragten Interesse an Telearbeit.

Interesse in Unternehmen

Neben der Bevölkerung wurden auch die Entscheidungsträger in Unternehmen befragt, ob in ihrer Organisation Interesse an Telearbeit besteht. Das ermittelte Interesse ist relativ hoch. Wie die nachfolgende Abbildung 2.7 zeigt, schwankt es länderspezifisch zwischen 30% und etwas mehr als 40%.

Hinsichtlich unterschiedlicher Organisationsformen geben die Entscheidungsträger im Gegensatz zu den Erwerbstätigen eine sehr differenzierte Einschätzung ab, die darauf hindeutet, daß Telearbeit bereits in vielen Unternehmen diskutiert wird. Die alternierende Telearbeit, bei der die Arbeit zu Hause mit der im herkömmlichen Büro abwechselt, und die Vergabe von Telearbeit an freiberuflich Tätige bzw. Selbständige (Outsourcing) werden von den Unternehmen besonders geschätzt, während

Teleheimarbeit und Telearbeit im Telearbeitszentrum auf nur geringes Interesse stoßen (siehe Anhang 2, Abb. 2).

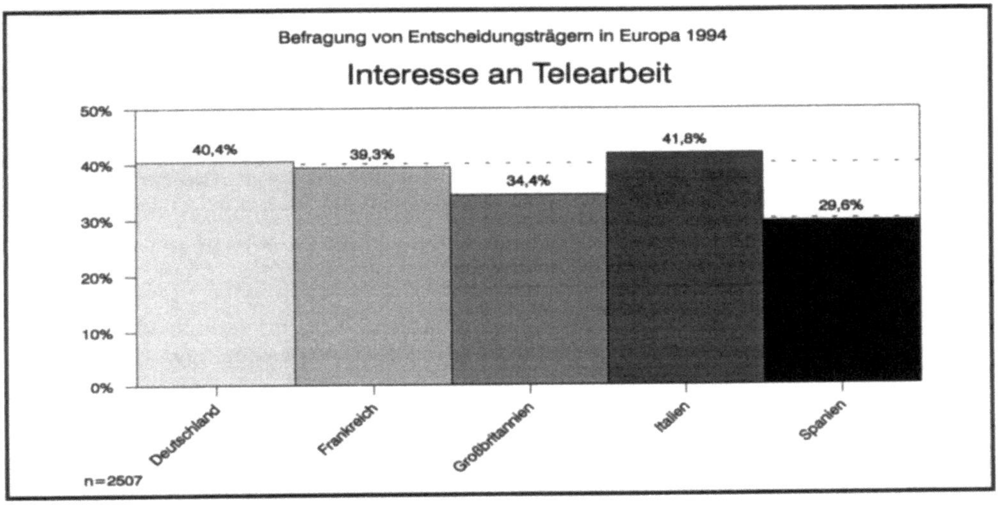

Befragung von Entscheidungsträgern in Europa 1994
Interesse an Telearbeit

- Deutschland: 40,4%
- Frankreich: 39,3%
- Großbritannien: 34,4%
- Italien: 41,8%
- Spanien: 29,6%

n=2507

Abbildung 2.7: Interesse der Entscheidungsträger an Telearbeit © empirica

Eine Differenzierung des Unternehmensinteresses an Telearbeit nach Branchen kommt zu von Land zu Land variierenden Ergebnissen. In Deutschland sind die Unterschiede nicht allzu groß (siehe Anhang 2, Abb. 11). Allein der Bereich des Handels und des Verkehrs fällt gegenüber anderen Wirtschaftszweigen deutlich zurück. Vermutungen, daß das Interesse an Telearbeit in der öffentlichen Verwaltung unterdurchschnittlich ausgeprägt sei, lassen sich nicht bestätigen.

Mit zunehmender Unternehmensgröße nimmt in Deutschland, genauso wie in allen anderen untersuchten Ländern, das Interesse der Entscheidungsträger an Telearbeit zu (siehe Anhang 2, Abb. 12). Mögliche Gründe hierfür sind, daß mit der Mitarbeiterzahl eines Unternehmens auch die Zahl der unterschiedlichen ausgeübten Tätigkeiten, und damit potentieller Telearbeitsanwendungen, ansteigt. Zudem dürfte der Druck zur Rationalisierung und Umstrukturierung, dem heute insbesondere Großunternehmen ausgesetzt sind, die Bereitschaft erhöhen, nach neuen Wegen zu suchen, Arbeit zu organisieren.

Grundlagen der Telearbeit

2.6.3 Interessenpotential

Legt man das geäußerte Interesse von Erwerbstätigen und Unternehmen an Telearbeit zugrunde, kann man daraus ein "Interessenpotential" an Telearbeit von knapp einem Fünftel aller 140 Mio. Arbeitsplätze in der EU ermitteln. Zwischen 17% und 21% der Arbeitsplätze in den untersuchten Ländern sind potentielle Telearbeitsplätze, insofern sowohl Arbeitgeber als auch Arbeitnehmer an Telearbeit interessiert sind. Dieser Potentialbetrachtung liegt die sehr konservative Annahme zugrunde, daß das Interesse von Unternehmen und Erwerbstätigen voneinander unabhängig ist.

Neben dem Interesse an Telearbeit sind jedoch noch weitere Faktoren zu berücksichtigen, denn nicht alle Arbeitsplätze eignen sich gleichermaßen für diese neue Form der Arbeitsorganisation. Als Hilfsgröße haben wir den Anteil der Beschäftigten im Informationssektor verwendet, der in den uns zum Zeitpunkt der Untersuchung zur Verfügung gestandenen Studien (vgl. Ellger 1988, Dostal 1986) mit etwa 40% aller Beschäftigten angegeben wird. Somit reduziert sich das errechnete Telearbeitspotential merklich und bewegt sich je nach Untersuchungsland zwischen 6,6% und 8,2%. In absoluten Zahlen liegt damit das realistische Potential unserer Auffassung nach aber immer noch bei gut 10 Mio. Telearbeitsplätzen in Europa bzw. 2,5 Mio. in Deutschland (siehe Tab. 2.4).

Telearbeitspotential 1994	D	F	UK	I	E
Interesse bei Erwerbstätigen in %	42,4	52,6	48,4	48,1	61,4
Interesse bei Entscheidungsträgern in %	40,4	39,3	34,4	41,8	29,6
Interessenpotential in %	17,1	20,6	16,6	20,1	18,2
realistisches Telearbeitspotential in %	6,8	8,2	6,6	8,0	7,3
Realistische Zahl der potentiellen Telearbeiter (in Millionen)	2,48	1,81	1,69	1,68	0,91

Tabelle 2.4: Telearbeitspotential 1994   © *empirica*

Wird die Potentialbetrachtung in stärkerer Differenzierung durchgeführt (siehe Anhang 2, Tab. 1 und 2), so zeigt sich, daß heutzutage in den verschiedensten Branchen, Unternehmensgrößen und Regionen ein beträchtliches Potential für Telearbeit besteht. Als besonders groß erweist sich das Telearbeitspotential in den Großunternehmen und - zumindest in Deutschland, Frankreich und Großbritannien - im Wirtschaftszweig Kreditinstitute, Versicherungen und unternehmensbezogene Dienstleistungen.

Das ermittelte Telearbeitspotential ist jedoch nicht statisch zu sehen. Vielmehr wird es in Zukunft tendentiell eher wachsen, sei es, weil der Kenntnisstand und damit das Interesse an Telearbeit weiter wächst, sei es, weil verbesserte technische und arbeitsorganisatorische Voraussetzungen es erlauben, mehr und mehr Tätigkeiten dezentral durchzuführen.

2.7 Perspektive der Telearbeit

Im vorangegangenen Kapitel hat sich gezeigt, daß das Telearbeitspotential recht hoch ist und gegenüber der tatsächlichen Verbreitung eine große Diskrepanz besteht. Ob und wie schnell das ermittelte Telearbeitspotential ausgeschöpft werden kann, ist von einer Vielzahl von Faktoren abhängig. Nachfolgend werden einerseits Faktoren aufgeführt, die eher verlangsamend wirken, sowie andererseits Trends herausgearbeitet, die eine schnelle Diffusion der Telearbeit begünstigen.

2.7.1 Diffusionshemmnisse für Telearbeit

Das Potential der Telearbeit wird nicht zwangsläufig, und wenn, dann sicher auch nicht so kurzfristig verwirklicht werden können, wie manche Optimisten dies erwarten. Hierfür werden eine Reihe von hemmenden Faktoren verantwortlich gemacht, die kurz diskutiert werden sollen. Im folgenden angesprochen werden die konservative Haltung des Managements, konkrete Einführungsprobleme, die in den verschiedensten Bereichen der Wirtschaft anzutreffende Tendenz zur Teamarbeit sowie die hierzulande weitverbreitete Kultur der Abhängigkeit.

Grundlagen der Telearbeit

Konservatismus des Managements

Die große Diskrepanz zwischen hohem Interesse und relativ geringer Verbreitung der Telearbeit ist nicht zuletzt auf überholte Vorstellungen des Managements zurückzuführen. Wie die Repräsentativbefragungen der empirica zeigen (siehe Abb. 2.8), stufen Entscheidungsträger in erster Linie Tätigkeiten wie Daten- und Texterfassung, Programmieren und Übersetzen als für Telearbeit geeignet ein. Hierbei handelt es sich jeweils um Tätigkeitsfelder, die bereits mit dem Technikangebot der 80er Jahre in Form von Telearbeit durchführbar waren.

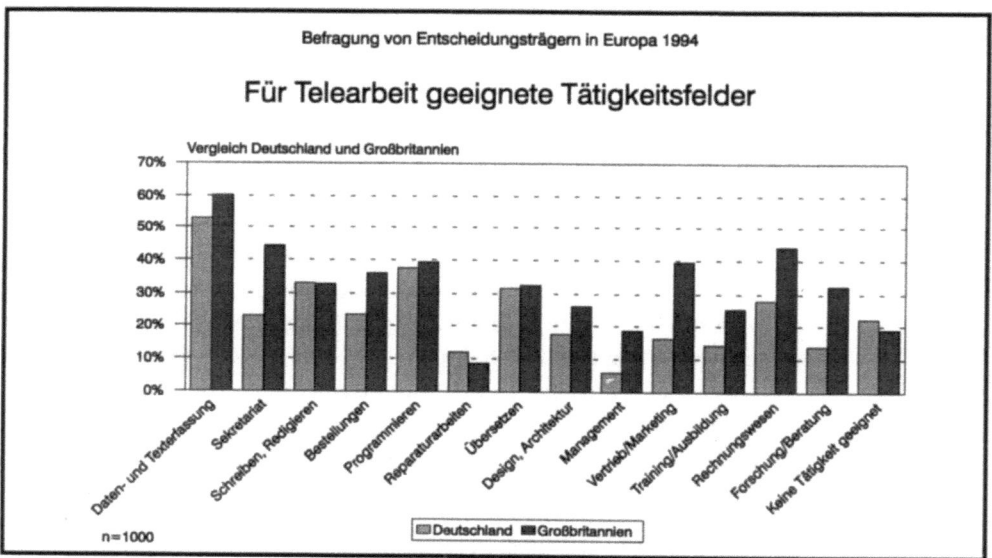

Abbildung 2.8: Für Telearbeit geeignete Tätigkeitsfelder © empirica

Allein in Großbritannien ist offenbar unter einer größeren Anzahl von Entscheidungsträgern bekannt, daß sich heutzutage aufgrund der Weiterentwicklung technischer und organisatorischer Möglichkeiten auch eine ganze Palette weiterer Tätigkeiten dezentral durchführen lassen. Dort können sich eine Vielzahl von Entscheidungsträgern auch Telearbeit in anderen Tätigkeitsfeldern, wie Rechnungswesen, Vertrieb und Marketing, Bestellannahme sowie Forschung und Beratung, vorstellen.

Hindernisse bei der Einführung der Telearbeit

In der Befragung von Entscheidungsträgern wurde darüber hinaus nach den wichtigsten Gründen gefragt, die gegen eine Einführung oder Ausweitung der Telearbeit sprechen (siehe Tab. 2.5). Es fällt auf, daß unter den neun vorgegebenen Hinderungsgründen der 1994er Befragung Statements wie „Widerstand der Gewerkschaften" und „juristische Probleme" nur selten genannt werden.

Rangfolge der Hinderungsgründe für Telearbeit				
- Befragung von Entscheidungsträgern aus Unternehmen -				
1985			**1994**	
1.	kein Veränderungsdruck	52,9%	1. Kenntnis unzureichend	51,4%
2.	zu hoher finanzieller Aufwand	32,4%	2. Führungsprobleme	45,7%
3.	zu hoher organisatorischer Aufwand	30,7%	3. Kommunikationsprobleme	38,9%
4.	mangelnde Aufsicht und Kontrolle	26,3%	4. zu hohe Kosten für Technik	36,7%
5.	nicht vorhandene technische Ausstattung	16,7%	5. kein Veränderungsdruck	35,2%
6.	aufwendige Schulungen notwendig	13,5%	6. fragliche Produktivität und Arbeitsqualität	31,3%
7.	fehlende Mitarbeiterakzeptanz	10,5%	7. kein Wunsch seitens der Beschäftigten	21,3%
8.	gewerkschaftlicher Widerstand	3,9%	8. juristische Probleme	19,7%
			9. Widerstand seitens der Gewerkschaften	17,8%

Tabelle 2.5: Rangfolge der Hinderungsgründe für Telearbeit in Europa © empirica

Als vordringliches Problem stellt sich hingegen heraus, daß Manager unzureichend darüber informiert sind, wie sie bei der Implementierung der Telearbeit vorzugehen haben. Weitere häufig genannte Gründe sind Probleme der Führung der Mitarbeiter und die Aufrechterhaltung notwendiger Kommunikationsbeziehungen zwischen Telearbeiter und den Büroangestellten in der

Zentrale. Somit besteht erheblicher Beratungsbedarf sowie Bedarf an Praxisbeispielen, wie solche konkreten Probleme angegangen und gelöst werden können.

Vergleicht man die aktuellen Ergebnisse mit denen der Erhebung aus dem Jahr 1985, wird ferner deutlich, daß heute die Innovationsbereitschaft der Unternehmen offenbar sehr viel größer geworden ist. Der vor zehn Jahren noch mit deutlichem Abstand am häufigsten genannte Punkt "fehlender Druck, die jetzige Situation zu ändern" wird nämlich in 1994 erst an fünfter Stelle als Hinderungsgrund angeführt.

Trend zur Teamarbeit

Zunehmend erkennen Unternehmen die Bedeutung des Arbeitens in Teams. Motivation, Produktivität und Arbeitszufriedenheit sind deutlich höher bei Mitarbeitern, die gemeinsam in Arbeitsgruppen arbeiten. Immer komplexer werdende Problemstellungen lassen auch kaum noch andere Arbeitsformen zu. Das sich komplementär ergänzende Team von einzelnen Mitarbeitern, die projekt- bzw. aufgabenbezogene Lösungen entwickeln, wird mehr und mehr zur Regel werden.

Skeptische Stimmen schließen daraus, daß sich ein wachsender Teil aller Bürotätigkeiten nicht oder in geringem Maße für Telearbeit eignet, da der Kommunikations- und Kooperationsbedarf der Büroangestellten steigen und der direkte Kontakt zu Kollegen und Vorgesetzten unverzichtbar sei. Wichtige Informationen würden Mitarbeiter oft dadurch erfahren, daß sie zufällig mit Kollegen oder Besuchern am Kopierer oder Kaffeeautomaten ins Gespräch kommen. Solche sog. informelle Kommunikation würde aber Telearbeitern zwangsläufig vorenthalten (vgl. Drüke 1993, Rieker 1995).

Doch nur auf den ersten Blick spricht die Tendenz zur Teamarbeit gegen eine Verbreitung der Telearbeit. So ist zu bedenken, daß Telearbeit nur in bestimmten Fällen und nur selten auf Dauer in Form isolierter Teleheimarbeit betrieben wird. Vielmehr können komplette Teams in Form von Satellitenbüros an einen dezentralen Standort verlagert werden bzw. sich dort bilden. In der Regel wird jedoch die alternierende Telearbeit praktiziert, wo beispielsweise zu Hause in Ruhe an Detailproblemen gearbeitet werden kann, Besprechungen hingegen nach wie vor im Zentralbüro stattfinden.

Auch die technische Entwicklung ist mittlerweile so weit fortgeschritten, daß sie die Zusammenarbeit von Personen im Team über größere Entfernungen hinweg ermöglicht. Auf dem Markt existieren bereits Workflow- und Groupware-Produkte, die sowohl zeitgleiche als auch zeitversetzte Kommunikationsprozesse zwischen räumlich verteilten Mitarbeitern unterstützen. Hinzu kommen die Möglichkeiten der videounterstützten Kommunikation und die zeitgleiche Bearbeitung eines Dokuments durch mehrere verteilte Personen (Joint Editing, Application Sharing). Zudem laufen bereits seit Jahren Experimente, um IuK-technische Unterstützungssysteme für die informelle Kommunikation zu erproben.

Kultur der Abhängigkeit

Neben die räumliche und zeitliche tritt teilweise auch die arbeitsvertragliche Flexibilisierung. Telearbeit bietet Menschen mit dem Wunsch nach selbstbestimmter Lebensgestaltung völlig neue Möglichkeiten des Existenzgründung. Zudem ist zu erwarten, daß sich vormals abhängig beschäftigte Mitarbeiter im Zuge von Freisetzungen und Outsourcing-Bemühungen der Unternehmen in eine „neue Selbständigkeit" werden begeben müssen. Mit Fischer (1995) könnte man die Betreiber solcher „Home-Based Business" auch als „Selbstangestellte" bezeichnen.

In Deutschland ist man jedoch noch weniger als anderswo auf eine solche Entwicklung vorbereitet. Dies ist sicher auch einer der Gründe dafür, warum die Verbreitung der Telearbeit gegenüber den Vorreiterländern USA oder Großbritannien zurückliegt.

Wirft man einen Blick auf die Statistik, so zeigt sich, daß berufliche Selbständigkeit in Deutschland nur eine nachrangige Rolle spielt. Die Zahl der Selbständigen hat jahrzehntelang kontinuierlich abgenommen, eine Entwicklung die in erster Linie im Zusammenhang mit der Abnahme der in der Landwirtschaft tätigen Bevölkerung steht. Erst seit Beginn der 90er Jahre nimmt der Anteil der Selbständigen wieder leicht zu.

Es gibt erste zaghafte Anzeichen dafür, daß ein Umdenken eingesetzt hat. Viele sind der Ansicht, zur Lösung der gegenwärtigen Beschäftigungskrise sei eine neue Gründungswelle von Unternehmen und eine Hinwendung zu mehr selbständiger Beschäftigung notwendig. Beispielsweise sprach Bundeskanzler Helmut Kohl in seiner Silvesteransprache 1995/96 von der Notwendigkeit, eine Kultur der Selbständigkeit zu fördern (vgl. Klein 1996).

2.7.2 Telearbeit begünstigende Tendenzen

Den aufgezeigten hemmenden Faktoren stehen auf der anderen Seite eine ganze Reihe von günstigen Rahmenbedingungen und Entwicklungstendenzen entgegen, die die Ausbreitung der Telearbeit eher beschleunigen. Hierzu zählen ganz sicher die rasante Entwicklung der Technik und die Liberalisierung des Fernmeldewesens. Weiterhin zu nennen ist die Tendenz zu schlankeren Organisationskonzepten, zu neuen Führungsstilen und zum Outsourcing vormals selbst erstellter Dienstleistungen in Unternehmen. Außerdem begünstigt der Wertewandel in der Gesellschaft hin zu mehr Freizeit, Flexibilität, Selbstverwirklichung und Umweltschutz die Telearbeit. Dies alles hat bei früheren Kritikern der Telearbeit einen Umdenkprozeß ausgelöst.

Entwicklung und Verbreitung der Technik

Die Durchdringung von Unternehmen mit Computern ist weit vorangeschritten. PCs werden zunehmend auch privat angeschafft und genutzt. Ende 1995 verfügten bereits 20% aller deutschen Haushalte über einen PC, der Anteil an multimediafähigen Geräten bzw. solchen, die per Modem an das öffentliche Telekommunikationsnetz angeschlossen sind, nimmt rasch zu.

Aufgrund der großen Anstrengungen der Deutschen Telekom AG ist die flächendeckende Versorgung mit Telefonanschlüssen auch im Osten Deutschlands fast erreicht. Annähernd 5% aller Bundesbürger verfügen über ein Mobilfunktelefon, ein Markt mit nach wie vor enormen Zuwachsraten. Eine rasante Entwicklung mit noch höheren Wachstumsraten erleben die Online-Dienste. Weltweit haben bereits 40 Mio. Teilnehmer Anschluß ans Internet.

Verbreitung wichtiger Komponenten der Informationsinfrastruktur in Deutschland (Stand 1995)			
Anwendung	Netze/Geräte	Verbreitung/Umfang	Betreiber
Sprachübermittlung	Telefon	38 Mio. Anschlüsse	Deutsche Telekom
	Mobiltelefon	3,7 Mio. Teilnehmer	D1/D2/E⁺/C-Netz
Informations-verarbeitung und digitale Übermittlung	Personalcomputer	15 Mio. Geräte (davon ca. 7 Mio. in Haushalten)	dezentral
	ISDN	2,74 Mio. ISDN-B-Kanäle (846.000 ISDN Basisanschlüsse und 35.000 ISDN-Primär-Multiplexanschlüsse)	Deutsche Telekom
	Glasfaserkabel	100.000 km mit 1,7 Mio. km Faserlänge 11.500 km	Deutsche Telekom RWE, Deutsche Bahn und Preuss. Elektra
Fernsehen/Audio	TV-Geräte	32 Mio. angemeldete Geräte	dezentral
	Kabelanschlüsse	15,8 Mio. Anschlüsse (24,2 Mio. potentiell verfügbar)	Deutsche Telekom und andere
	Pay-TV	über 1 Mio. Abnehmer	Premiere
	Satelliten	8 Mio. Schüsseln	verschiedene
	VCR	21,7 Mio. Geräte	dezentral
	CD-Player	13,1 Mio. Geräte	dezentral

Tabelle 2.6: Komponenten der Informationsinfrastruktur   *Quelle: BMWi 1996b*

Das Angebot an Endgeräten, Telekommunikationsdiensten und Software nimmt im Zuge einer raschen technischen Entwicklung rapide zu. Videokommunikation und asynchrone Telekommunikationsformen, wie Electronic-Mail Systeme, tragen dazu bei, formelle wie informelle Kommunikationsbeziehungen der Telearbeiter zu verbessern. Die Zusammenarbeit im Team auch über größere Entfernungen hinweg wird durch die technische Entwicklung merklich erleichtert.

Gleichzeitig führt die Öffnung der europäischen Fernmeldemärkte zu stärkerem Wettbewerb und damit vielfältigerem Angebot und niedrigeren Preisen für Endgeräte und Telekommunikationsdienstleistungen. Auch die seit Anfang 1996 gültige Tarifreform der Deutschen Telekom AG mit kostenorientierten und per Saldo niedrigeren Preisen kann zu einer Erhöhung der Wirtschaftlichkeit der Telearbeit beitragen und dazu führen, daß die Telearbeit nicht auf die bislang vorherrschenden Einsatzgebiete beschränkt bleibt.

Telearbeit und Reorganisation in Unternehmen

Die wirtschaftliche Lage Mitte der 90er Jahre zwingt viele Unternehmen und öffentliche Verwaltungen, neue Wege zu gehen. Arbeitsorganisatorische Innovationen wie die Telearbeit können hierbei ein Mittel sein, flexibler und kostengünstiger zu agieren. Aus der Perspektive der Arbeitgeber ist dabei die höhere Produktivität der Telearbeiter und die Kosteneinsparung durch Outsourcing-Maßnahmen entscheidend.

Der Abbau unnötiger Funktionshierarchien und der Einsatz ergebnisorientierter Führungsstile in Unternehmen erleichtert die Einführung der Telearbeit. Die erwarteten Schwierigkeiten, Telearbeiter zu führen und zu kontrollieren, sind zumeist begründet in der noch verbreiteten Führungspraxis durch physische Präsenz. Sollten sich die Prinzipien des „Business Process Reengineering" (Hammer/Champy 1993) erfolgreich durchsetzen, dann kann erwartet werden, daß sich Telearbeit künftig nahtlos in die Unternehmensführung eingliedern läßt.

BPR und Telearbeit sind letztendlich nur zwei Seiten einer Medaille. Beide haben das Ziel, arbeitsorganisatorische Verbesserungen über organisatorische Maßnahmen gekoppelt mit dem Einsatz neuer IuK-Techniken zu realisieren.

Telearbeit muß im Kontext der Flexibilisierung der Arbeit gesehen werden (siehe Abb. 2.9). Mit der Telearbeit tritt zu den vielfältigen Formen der zeitlichen und arbeitsvertraglichen Flexibilisierung die räumliche Flexibilisierung. Mitunter ist die räumliche gleichzeitig mit einer zeitlichen Entkopplung der Arbeit verknüpft, weil nur auf diese Weise zu bürounüblichen Zeiten gearbeitet werden kann.

Perspektive der Telearbeit

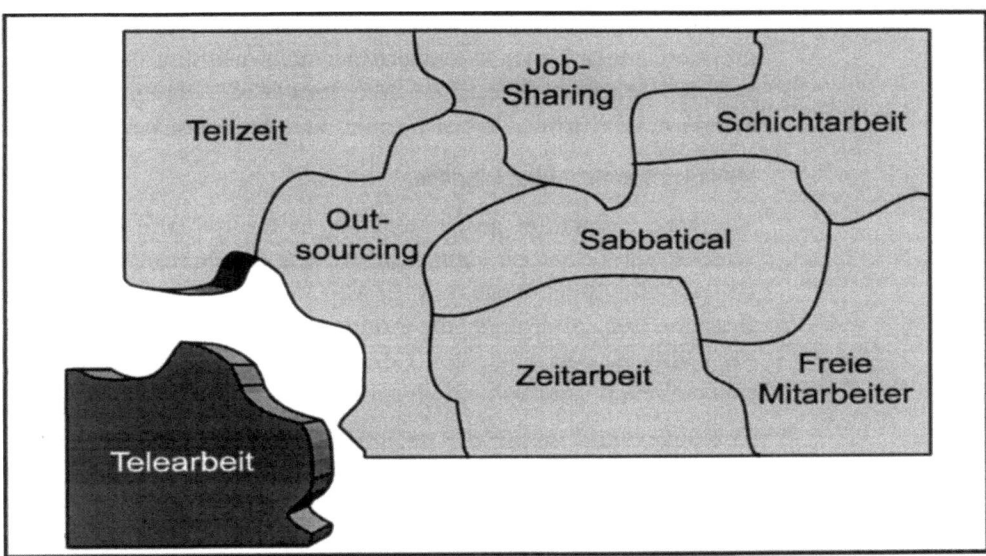

Abbildung 2.9: Flexibilisierung der Arbeit © empirica

Telearbeit und Wertewandel

In der Gesellschaft ist seit langem ein Wandel hin zur Betonung ökologischer Ziele und immaterieller Werte zu beobachten. Flexiblere Arbeitszeitgestaltung ist nicht nur im Interesse der Unternehmen, sondern oft gerade auch der Mitarbeiter, die ein Bedürfnis nach flexibler Aufteilung zwischen Arbeit und Freizeit haben. Lange Pendelwege und -zeiten und die damit verbundene nervliche Belastung führen zum Wunsch nach wohnortnaher Arbeit seitens der Mitarbeiter.

Frauen sind stärker als früher bestrebt, Beruf und Kinderwunsch zu vereinbaren. In mehr und mehr Haushalten sind Mann und Frau berufstätig und üben sich in partnerschaftlicher Rollenaufteilung zwischen den Lebenspartnern. Das Wachstum von Frauenerwerbstätigkeit und Doppelverdiener-Haushalten bewirkt wiederum eine stärkere Nachfrage nach zeitlicher und räumlicher Flexibilisierung der Arbeit.

Förderlich für die Ausbreitung der Telearbeit wirkt sich auch der Generationenwechsel aus. Die Jugend verfolgt heute andere Lebensentwürfe: Kaum jemand in der jungen Generation hat noch die Vorstellung, nach Abschluß von Berufsschule oder Studium

40 Jahre lang ununterbrochen in einem Großunternehmen zu arbeiten. Junge Leute, die es erst gar nicht gewohnt sind, tagtäglich die Arbeitsstätte aufzusuchen, zeigen ein deutlich höheres Interesse an flexiblen Arbeitsformen wie der Telearbeit.

Meinungswandel früherer Kritiker

Wie schon eingangs geschildert, hat in Deutschland ein Imagewandel der Telearbeit stattgefunden. Die häufige und in der Regel positive Berichterstattung in den Medien ist ein eindeutiges Indiz hierfür. Aber auch die Auffassungen der Gewerkschaften, die früher zu den schärfsten Kritikern der Telearbeit zählten, haben sich nicht unerheblich gewandelt.

In Deutschland wurde die Telearbeit am Anfang wegen der befürchteten Wiederkehr der Ausbeutung im Zuge der Heimarbeit von Gewerkschaften angeprangert. Der 14. Ordentliche Gewerkschaftstag forderte 1983 einstimmig, „elektronische Heimarbeit gesetzlich zu verbieten". Die ablehnende Haltung der Arbeitnehmervertreter hat die Telearbeit, wenn nicht vollkommen unterdrückt, so doch Ende der 80er Jahre weitgehend aus der Öffentlichkeit gedrängt.

Spätestens jedoch seitdem IBM mit einer prämierten Betriebsvereinbarung gezeigt hat, daß Telearbeit sozialverträglich gestaltet werden kann, ist die Haltung der Gewerkschaften differenzierter und zuweilen unterstützend (Welsch 1991, IG Metall 1993). Mittlerweile werden in den verschiedensten Branchen Betriebsvereinbarungen zur Telearbeit zwischen Unternehmensleitung und Betriebsrat abgeschlossen. Mehrere Gewerkschaften (HBV, DPG und DAG) haben bereits entsprechende Tarifverträge zur Telearbeit vereinbart.

Von einer rein ablehnenden Haltung hat sich somit die Einstellung der Gewerkschaften dahingehend gewandelt, daß sie jetzt gestaltend mitwirken möchten, um Telearbeit in - aus der Sicht der Gewerkschaften und Arbeitnehmer - wünschenswerte Bahnen zu lenken (vgl. Schröter 1996). Vereinzelt sind sogar schon Forderungen von gewerkschaftlicher Seite zu hören, die den Wunsch der Arbeitnehmer nach Telearbeit gegenüber der Arbeitgeberseite artikulieren.

2.8 Politik und Telearbeit

Auch in der Politik wird mittlerweile die Telearbeit als eine zu stimulierende Entwicklung erkannt. Auf verschiedenen politischen Ebenen (EU, Bund, Länder) wird daher gezielt die Diffusion der Telearbeit gefördert. Bevor hierauf näher eingegangen wird, wollen wir zuvor erst einen Blick auf die staatlichen Aktivitäten zur Stimulierung der Telearbeit in den USA sowie dem europäischen Ausland werfen.

2.8.1 USA

Die Vereinigten Staaten von Amerika sind das Vorreiterland hinsichtlich Telearbeit schlechthin. Dies hängt sicher damit zusammen, daß sich hier die Rahmenbedingungen für Telearbeit von denen in Europa bzw. Deutschland merklich unterscheiden. Zu nennen sind in erster Linie der größere Problemdruck, verursacht durch die negativen Begleiterscheinungen des Individualverkehrs in Ballungsräumen, und die größere Flexibilität auf dem Arbeitsmarkt.

Aber auch von staatlicher Seite gehen wichtige Impulse aus. In vielen staatlichen Verwaltungen wird Telearbeit eingeführt. Zudem sind in den USA entscheidende rechtliche Maßnahmen ergriffen worden. In erster Linie ist hier der Clean Air Act zu nennen, der mit dem Ziel erlassen wurde, den Individualverkehr zu reduzieren. Die kalifornische Regierung geht soweit, denjenigen Betrieben Steuererleichterungen einzuräumen, die Telearbeitsplätze anbieten.

Mit der Gore-Clinton Initiative zum Aufbau einer „National Information Infrastructure" wurde eine positive Grundstimmung hinsichtlich des Informationszeitalters geschaffen. Durch die Verknüpfung isolierter Kabel-, Telefon- und Computernetze zu einheitlichen und hochleistungsfähigen „Datenautobahnen" werden die technischen Voraussetzungen u.a. auch für Telearbeit verbessert.

2.8.2 Europäische Nachbarländer

Auch in den Ländern Europas gibt es staatlich geförderte Aktivitäten hinsichtlich Telearbeit. Frankreich, die Schweiz und Großbritannien werden im folgenden etwas genauer betrachtet.

Frankreich

In Frankreich hat die Behörde für Regionalentwicklung DATAR teilweise zusammen mit France Telecom eine großangelegte nationale Initiative mit insgesamt 257 Telearbeitsprojekten gestartet (vgl. Rozenholc/Fanton/Veyret 1995). In drei Ausschreibungen wurden private und öffentliche Unternehmen aufgefordert, Bewerbungen für die Planung, Durchführung und Evaluation von Telearbeitsprojekten zu unterbreiten. Außerdem sollen in den nächsten Jahren in der Ile de France rund um die Hauptstadt Paris Telearbeitszentren in der Nähe von Vorort-Metrostationen eingerichtet werden. Man verfolgt damit das Ziel, Arbeit zu den Menschen zu bringen und die Pariser Innenstadt zu entlasten.

Schweiz

Schon frühzeitig hat man sich in der Schweiz mit der Telearbeit auseinandergesetzt. Mitte der 80er Jahre wurde im Rahmen des Nationalen Forschungsprogramms MANTO ein Nachbarschaftsbüro in Benglen in der Nähe von Zürich errichtet (vgl. Arm et al. 1986). Die Schweizer PTT hat selbst Erfahrungen mit Telearbeitsprojekten gemacht, beispielsweise mit der Verlagerung von Telefonauskunftsplätzen in ein Satellitenbüro im Berggebiet (vgl. Jaeger/Bieri 1992). Sie hat auch das Programm der Schweizer Kommunikations-Modellgemeinden ausgeschrieben, in denen u.a. fünf Telearbeitsprojekte durchgeführt wurden (vgl. Generaldirektion PTT 1993).

Großbritannien

Obwohl sich der Staat in Großbritannien - was die Förderung betrifft - weitestgehend zurückhält, ist das Land hinsichtlich der Praxis der Telearbeit zum Vorreiter geworden. Große Förderer sind British Telecom (BT) und der konkurrierende Kommunikationsnetzbetreiber Mercury. Beide Unternehmen sammeln nicht nur seit vielen Jahren Erfahrungen mit Telearbeit im eigenen Unternehmen, sondern sind auch als Anbieter von telearbeitsspezifischen Telekommunikations- und Beratungsleistungen auf dem Markt tätig. BT unterstützt auch einige unabhängige Initiativen, wie z.B. die Action for the Community in Rural England (ACRE) innerhalb der britischen Telecottage Association.

2.8.3 Europäische Union

Die Europäische Kommission hat seit Mitte der 80er Jahre eine Vielzahl von Forschungs- und Entwicklungsprojekten auf dem Gebiet der Informations- und Kommunikationstechnologien durchgeführt (vgl. Böhme/Burmeister/Wyss 1995). Wegbereiter waren u.a. die 1984 bzw. 1985 gestarteten Programme[3] ESPRIT und RACE (bzw. dessen Nachfolger ACTS) sowie diverse Einzelaktivitäten zu Telematikanwendungen. Am 4. F&E-Rahmenprogramm 1994-1998 mit seinem Gesamtbudget von 12,3 Mrd. ECU (ca. 23 Mrd. DM) haben die drei spezifischen Programme Informationstechnologien (1.911 Mio. ECU), Kommunikationstechnologien (630 Mio. ECU) und Telematikanwendungen (843 Mio. ECU) zusammen einen Anteil von 27,5%.

Im Hinblick auf die Telearbeit kann in Europa die Europäische Kommission mit Fug und Recht als ihr größter Förderer bezeichnet werden. Schon in den 80er und zu Beginn der 90er Jahre wurden zahlreiche Untersuchungen zur Telearbeit in Auftrag gegeben, beispielsweise zur Technikfolgenabschätzung oder im Zusammenhang mit der Entwicklung des ländlichen Raumes (FAST, ORA). Ein weiteres Instrument war die im Jahr 1992 erfolgte Gründung des EC Telework Forums, einer europäischen Arbeitsgruppe zur Telearbeit.

Der ehemalige Präsident der Europäischen Kommission, Jacques Delors, hat an zentraler Stelle im Weißbuch für Wachstum, Wettbewerb und Beschäftigung (Europäische Kommission 1993) auf die Möglichkeiten der Telearbeit hingewiesen. In 1994 hat eine Expertengruppe aus Industrievertretern unter der Leitung von Kommissar Martin Bangemann (Europäischer Rat 1994) Telearbeit die erste Priorität in der europäischen Industriepolitik eingeräumt (siehe Tab. 2.7). Die Vorschläge der sogenannten Bangemann-Gruppe wurden vom Ministerrat angenommen.

---

[3] ESPRIT (European Strategic Programme for Research and Development in Information Technology), RACE (Research and Development in Advanced Communications in Europe), ACTS (Advanced Communication Technologies and Services), FAST (Forecasting and Assessment in Science and Technology), ORA (Opportunities for Applications of Information and Communication Technologies in Rural Areas)

> **Zehn Anwendungen zum Start in die Informationsgesellschaft**
>
> - **Telearbeit**
>   Mehr Arbeitsplätze und neue Arbeitsplätze für eine mobile Gesellschaft
> - **Fernlernen**
>   Lebenslange Aus- und Weiterbildung für eine Gesellschaft im Wandel
> - **Ein Netzwerk für Hochschulen und Forschungszentren**
>   Vernetzung des europäischen Wissens
> - **Telematikdienste für kleine und mittlere Unternehmen**
>   Neubelebung des wichtigsten Motors für Wachstum und Beschäftigung in Europa
> - **Straßenverkehrsmanagement**
>   Mehr Lebensqualität dank Straßen mit elektronischer Infrastruktur
> - **Flugsicherung**
>   Elektronische Luftstraßen für Europa
> - **Netze für das Gesundheitswesen**
>   Eine kostengünstigere und effizientere medizinische Versorgung für Europas Bürger
> - **Elektronische Ausschreibungen**
>   Effizientere Gestaltung der öffentlichen Verwaltung
> - **Transeuropäisches Netz öffentlicher Verwaltungen**
>   Bessere Leistungen, geringere Kosten
> - **Informationsschnellstraßen für Städte**
>   Einbeziehung der privaten Haushalte in die Informationsgesellschaft

Tabelle 2.7: Anwendungsfelder nach Bangemann-Report   Quelle: Europäischer Rat 1994

Um Telearbeit zu stimulieren wurde darüber hinaus von der Europäischen Union Generaldirektion XIII im Jahr 1994 ein Aktionsplan mit 32 Forschungs- und Demonstrationsprojekten gestartet. In den Folgejahren wurden weitere Studien und experimentelle Demonstrationen im Rahmen von ACTS und des Telematics Application Programms gefördert. Zudem werden verstärkt aus den Mitteln des Strukturfonds (Regionalfonds) konkrete Umsetzungen in den Regionen unterstützt sowie Auswirkungen der Telearbeit auf das Arbeitsrecht und die soziale Sicherheit untersucht.

Ziel der Europäischen Kommission ist es, daß bis 1996 2% der Angestellten als Telearbeiter tätig sind und bis zum Jahr 2000 10 Mio. Telearbeitsplätze geschaffen werden (vgl. European Commission 1994). Ob dies erreicht werden kann, wird stark von den ergriffenen Maßnahmen abhängen. Die von uns durchgeführten Potentialbetrachtungen und die derzeit recht positiven Rahmenbedingungen für Telearbeit lassen dieses ehrgeizige Ziel jedoch als nicht unrealistisch erscheinen.

2.8.4 Deutschland

In Deutschland wird die Telearbeit auf Bundesebene bislang in Form von Vergabe von Studien und durch die Förderung von Pilot- und Demonstrationsprojekten unterstützt. Neben den genannten direkten Fördermaßnahmen nimmt die Politik auch Einfluß, indem sie die Rahmenbedingungen im Telekommunikationssektor verändert, beispielsweise durch die endgültige Marktöffnung Anfang 1998.

Das Bundesministerium für Bildung, Wissenschaft, Forschung und Technologie (BMBF) hat den Forschungsschwerpunkt „Telekooperation" definiert und fördert eine Reihe von Anwendungspilotprojekten.

BMBF Förderschwerpunkt Mehrwertdienste:	
LINGO	Elektronischer Markt für Sprachendienstleistungen und Produkte
TeleScript	Verteilter Schreibdienst der Zukunft
MARTIN	Auskunfts- und Beratungssystem für Maßnahmen der Technologieförderung
Fokus	Forschungskapazitäten und -serviceleistungen
TeleBau	Mobile Telekooperation in der Bauwirtschaft
BMBF Förderschwerpunkt POLIKOM:	
POLIWork	synchrone Telekooperation zur Zusammenarbeit kleiner Gruppen bei räumlicher Distanz
POLITeam	räumlich verteilte asynchrone Gruppenarbeit
POLIFlow	verteilte asynchrone Verwaltungsprozesse
POLIVest	Vorgangsbearbeitung mittels synchroner Telekooperation

Grundlagen der Telearbeit

Mit der Förderinitiative „Telekooperation Mehrwertdienste" wird das Ziel verfolgt, die Diffusion moderner Informationstechniken, insbesondere in kleinen und mittleren Unternehmen zu unterstützen und einen wichtigen Beitrag zur Verbesserung ihrer Wettbewerbsfähigkeit zu leisten (vgl. Korte/Glöckner 1995). Unter dem Handlungsdruck des bevorstehenden Umzugs von Teilen des Regierungsapparates von Bonn nach Berlin, wird im Programm „POLIKOM" nach technischen Lösungen der Unterstützung der Arbeit der räumlich verteilten Regierungsstellen geforscht (vgl. van Hoof et al. 1996).

Förderung erfährt die Telearbeit aber auch durch die (noch) in Bundesbesitz befindliche Deutsche Telekom AG, die in mehreren Städten Multimedia-Anwendungsprojekte erprobt. Darüber hinaus unterstützt sie in vier Projekten Kundenunternehmen bei der Implementierung der Telearbeit. Seit Ende 1995 führt sie insgesamt sieben einjährige Pilotprojekte im eigenen Unternehmen durch (siehe Abb. 2.10), wozu sie eigens mit der DPG einen Tarifvertrag abgeschlossen hat (siehe Anhang 4).

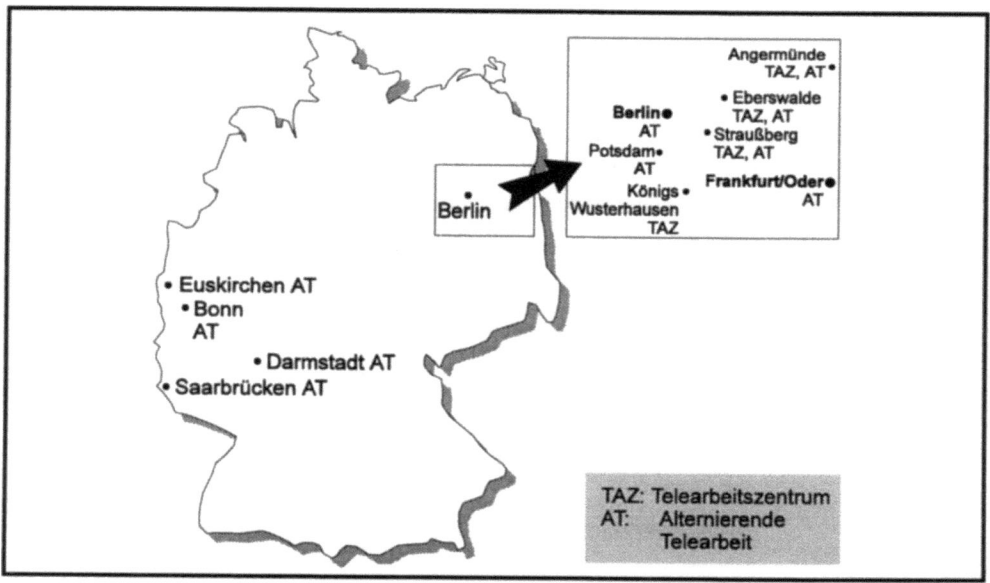

Abbildung 2.10: Telearbeitsprojekte der Deutschen Telekom AG © empirica

Externe Projekte der Deutschen Telekom AG:	
CUPARLA	Computerunterstützung der Parlamentsarbeit
TASC	Telearbeits- und Service Center
TeleVers	Telearbeit im Versicherungswesen
TREVIUS	Telearbeit im Kontext virtueller Unternehmensstrukturen

Zuvor hatte bereits Bildungs- und Forschungsminister Jürgen Rüttgers einen beachtenswerten Vorstoß unternommen. Nach seinem Willen soll die Bundesregierung Telearbeit im Rahmen der ABM-Förderung unterstützen sowie Unternehmen - ähnlich wie bei der Beschäftigung von Behinderten - zur Einrichtung von Telearbeitsplätzen verpflichten. Außerdem empfiehlt er Steuererleichterungen in Form von kürzeren Abschreibungsfristen für Hard- und Software. Banken sollten zudem spezielle Darlehensmöglichkeiten für Telearbeitseinrichtungen anbieten (Wirtschaftswoche vom 6.7.95).

Auch im Finanzministerium gibt es Pläne zur Förderung von familiennahen Arbeitsplätzen. Unternehmen, die Telearbeitsplätze einrichten, sollen nach Überlegungen von Finanzminister Theo Waigel mit Steuererleichterungen honoriert werden (Der Spiegel 42/95). Derzeit ist dies jedoch noch nicht der Fall. Im Jahressteuergesetz 1996 ist festgelegt, daß bei der Einkommenssteuererklärung ein häusliches Arbeitszimmer nur noch dann anerkannt wird, wenn es Mittelpunkt der gesamten beruflichen und betrieblichen Betätigung ist, d.h. wenn mehr als 50% der beruflichen Tätigkeit dort gearbeitet wird.

Im Anfang 1996 vorgelegten Bericht der Bundesregierung „Info 2000 - Deutschlands Weg in die Informationsgesellschaft" (BMWi 1996b, S. 11) heißt es: „Die Bundesregierung sieht große Chancen, durch Telearbeit und Telekooperation zu einer Flexibilisierung der Arbeitswelt, einer Erhöhung der Zeitsouveränität der Arbeitnehmer und zu einer Entlastung von Verkehr und Umwelt beizutragen. Vor allem die Wirtschaft sollte daher die Potentiale dieser Anwendungsfelder voll ausschöpfen. Auch in der Verwaltung werden die Möglichkeiten der Nutzung der Telearbeit erweitert."

Als eine noch offene Frage wurde die arbeitsrechtliche Situation erkannt. Diesbezüglich wurde eine Arbeitsgruppe des Bundesministeriums für Arbeit und Sozialordnung (BMA) eingerichtet und eine Studie vergeben. Ein eigenes Telearbeitsgesetz wird derzeit als nicht notwendig erachtet. Die Bundesregierung schließt sich damit der Empfehlung des Rates für Forschung, Technologie und Innovation beim Bundeskanzler (Technologierat 1995) an.

2.8.5 Einzelne Bundesländer

Auch einzelne Bundesländer fördern gezielt Telearbeitsprojekte. In der ersten Hälfte der 90er Jahre handelte es sich um Einzelprojekte (zumeist in der Organisationsform Telearbeitszentren), mit denen regionalpolitische (Bayern, Rheinland-Pfalz) oder frauenpolitische Ziele (Hessen, Niedersachsen) verfolgt wurden. Heutzutage stehen bei der Förderung der Telearbeit stärker wirtschafts- und beschäftigungspolitische Ziele im Vordergrund. Wie die nachfolgend kurz erläuterten Beispiele aus Bayern, Nordrhein-Westfalen und Sachsen zeigen, ist die Telearbeitsförderung in der Regel nun in größere Landesinitiativen zur Entwicklung der Informationsgesellschaft eingebunden.

Bayern Online

Die bayerische Landesregierung ist bestrebt, den breiten Einsatz modernster Kommunikationstechniken auf verschiedenen Gebieten zu beschleunigen. Mit Mitteln aus Privatisierungserlösen werden unter Federführung der Staatskanzlei ein Datenhochgeschwindigkeitsnetz aufgebaut und zahlreiche Projekte aus den verschiedensten Einsatzbereichen der Kommunikationstechnologien betrieben. Hinsichtlich Telearbeit wird ein Projekt „Telearbeit in einem Ballungsraum" durchgeführt, bei dem 300 Mitarbeiter eines Großunternehmens (BMW) in den Bereichen Entwicklung, Einkauf und Technik einen Telearbeitsplatz am jeweiligen Wohnort erhalten. Hierbei sollen Telearbeitsplätze mit den verschiedensten Anforderungsprofilen unter technischen, wirtschaftlichen, organisatorischen und sozialen Aspekten praxisnah erprobt werden (vgl. Bayerische Staatskanzlei 1994).

media NRW

Mit der Landesinitiative „media NRW" werden die Ziele Erhöhung der Attraktivität des Wirtschaftsstandortes Nordrhein-Westfalen im Bereich Kommunikationswirtschaft, Förderung innovativer Medien- und Multimedia-Technologien und aktive Mitgestaltung neuer Medienangebote verfolgt. Im Zusammenhang mit Telearbeit wurde ein Expertenarbeitskreis sowie die TA Telearbeit GmbH gegründet. Letztere hat die Aufgabe, PR für Telearbeit zu betreiben, entsprechende Beratung durchzuführen und über diverse Projekte landesweit 1.000 neue Telearbeitsplätze zu realisieren. Das vom Wirtschaftsministerium geförderte Projekt „Das virtuelle Büro - Telearbeit in NRW" soll Unternehmen unterschiedlicher Branchen und Größenordnungen ansprechen und die gesamte Bandbreite der Telearbeit abdecken (vgl. Lange et al. 1995).

Sächsische Informationsinitiative

Die Sächsische Informationsinitiative wurde 1995 im Kontext der „Inter-Regional Information Society Initiative" (IRIS-I) gestartet. Letztere ist eine Initiative von sechs europäischen Regionen, in denen die Europäische Kommission regionale Aktivitäten zur Bewältigung des Strukturwandels hin zur Informationsgesellschaft initiiert und fördert. Alle Regionen haben eine Informationsinitiative gestartet, in der verschiedene Institutionen und Unternehmen gemeinsam das Ziel verfolgen, öffentliches Bewußtsein zu schaffen und die Entwicklung von Pilotprojekten zu stimulieren. Im Rahmen der sächsischen Informationsinitiative wird u.a. die Telearbeit im ländlichen Raum in mehreren Projekten gefördert (vgl. Sächsische Informationinitiative 1996).

2.9 Gesellschaftliche Interessen

Mit der Förderung der Telearbeit durch die Politik sind große Erwartungen hinsichtlich positiver Folgewirkungen der Telearbeit verbunden. Wichtige Felder in diesem Zusammenhang sind der Arbeitsmarkt allgemein bzw. für spezielle Zielgruppen, die Stadt- und Regionalentwicklung sowie das Verkehrsaufkommen und die damit verbundene Umweltbelastung.

2.9.1 Telearbeit und Arbeitsmarkt

Angesichts der Beschäftigungskrise in Deutschland wie in ganz Europa werden seitens der Politik große Erwartungen an die Schaffung neuer Beschäftigungsfelder durch Telearbeit geknüpft.

Grundlagen der Telearbeit

Neue Arbeitsplätze werden geschaffen im Zusammenhang mit neuen Telediensten und den notwendigen Investitionen in die Ausstattung von Telearbeitsplätzen. Andere gehen verloren, nicht zuletzt weil produktiver gearbeitet werden kann. Indirekte Arbeitsplatzeffekte entstehen dadurch, daß Arbeitsplätze produktiver und dadurch telearbeitpraktizierende Unternehmen wettbewerbsfähiger werden. Damit lassen sich im internationalen Wettbewerb Marktanteile sichern oder erhöhen, wodurch wiederum neue Arbeitsplätze geschaffen werden können, zumindest aber vorhandene Arbeitsplätze erhalten werden. Im Zusammenhang mit Telearbeit lassen sich zudem vorhandene Vollzeit- einfacher in Teilzeitarbeitsplätze umwandeln. Dies entspricht in vielen Fällen auch den Wünschen der Mitarbeiter.

Welches enorme Marktvolumen für die geräteherstellende Industrie, die Büromöbelindustrie sowie die Deutsche Telekom als Netzbetreiber und TK-Dienste-Anbieter sowie ihre Wettbewerber mit der breiten Einführung der Telearbeit verbunden sein kann, machen die folgenden Überlegungen deutlich:

> Nehmen wir einmal an, es gelingt in den nächsten Jahren in Deutschland 1 Mio. Telearbeitsplätze einzuführen. Für die technische Ausstattung eines häuslichen Telearbeitsplatzes unterstellen wir einen Betrag von 5.000 DM, für die Einrichtung dieses Arbeitsplatzes mit Möbeln nehmen wir einen Betrag von 3.000 DM an und gehen von durchschnittlich 200 DM im Monat für TK-Kosten aus. Die geräteproduzierende Industrie würde danach einmalig zusätzlich 5 Milliarden DM umsetzen. Für die Büromöbelindustrie würde eine Umsatzsteigerung von 3 Milliarden DM anfallen (plus Umsatz für die Umgestaltung von Arbeitsplätzen in den Büros zu Kommunikationsplätzen). Die Telekom würde jährlich ein Umsatzplus von 2,4 Milliarden DM erzielen (ohne die Einmalgebühren für Installation und Anschluß), was 3,6% ihres heutigen Umsatzes von 66 Milliarden DM (1995) entspricht.

2.9.2 Telearbeit und spezielle Zielgruppen

Die Telearbeit bietet auch denjenigen Gruppen auf dem Arbeitsmarkt eine Chance, die ansonsten eher benachteiligt sind. Zu nennen ist u.a. die Schaffung von Arbeitsplätzen, die es ermöglichen, Erwerbsarbeit und Kindererziehung zu vereinbaren sowie die Wiedereingliederung ins Berufsleben erleichtern.

Eine weitere soziale Chance der Telearbeit besteht in der Integration von behinderten Menschen, die oftmals an die Wohnung gebunden sind. Weitere Zielgruppen sind z.B. Frührentner oder Langzeitarbeitslose, die mittels Telearbeit - nach entsprechender Schulung - leichter ins Berufsleben integriert werden können.

Telearbeit ist jedoch nicht nur ein Ansatzpunkt zur Erschließung neuer Mitarbeiterpotentiale, sondern kann ganz im Gegensatz hierzu auch als Maßnahme im Rahmen eines sozialverträglichen Stellenabbaus eingesetzt werden. Beispielsweise wird von berufstätigen Paaren in der Kindererziehungsphase eine flexiblere Arbeitszeitgestaltung bei reduzierter Gesamtarbeitszeit angestrebt.

2.9.3 Telearbeit und Stadt- und Regionalentwicklung

Bedingt durch die informations- und kommunikationstechnische Entwicklung wird es möglich, daß Informationen überall zur Verfügung stehen und die gleichzeitige Präsenz von Kommunikationspartnern am gleichen Ort entbehrlich wird. Tätigkeiten können daher zunehmend ortsunabhängig erbracht werden. Für Unternehmen und Haushalte wächst die Wahlfreiheit bei der Standortwahl. (vgl. Kordey/Korte 1989).

In einer solchen Entwicklung liegen Chancen insbesondere für Räume mit Standortnachteilen. Telearbeit kann als wirtschaftlicher Impulsgeber im ländlichen oder peripheren Raum fungieren. Mit der Schaffung von Telearbeitsplätzen kann dort der Tendenz zur Abwanderung gerade der jungen Generation entgegengewirkt werden. Allerdings zeigt sich bislang, daß die Mehrzahl der Telearbeitsvorhaben in Großstädten bzw. ihrem Umland angesiedelt sind.

Aber auch in den Städten und Verdichtungsräumen gibt es diverse Problemlagen, wie hohe Preise für Büro- und Wohnräume oder das weitere Anwachsen der Belastungen durch den Verkehr. Auch zum Abbau solcher Probleme kann die Telearbeit einen wichtigen Beitrag leisten, beispielsweise indem am Stadtrand Telearbeitszentren zur Entlastung der Innenstädte errichtet werden. Hierdurch kann der innerstädtische Verkehr reduziert werden, ohne daß die Arbeitsplätze aus der Region abwandern müssen.

Grundlagen der Telearbeit

2.9.4 Telearbeit und Verkehr

Der motorisierte Berufsverkehr und die durch ihn verursachte Umweltbelastung sind in allen Ballungsräumen zu einem großen Problem geworden. Es besteht nun die berechtigte Hoffnung, daß es im Zusammenhang mit Telearbeit zu einer Substitution von physischem Verkehr durch Telekommunikation kommen wird. Somit könnten erhebliche Mengen von Kraftstoff eingespart, Abgas- und Lärmbelastung vermindert und in der morgend- und abendlichen Rush-hour die Verkehrsspitzen merklich entzerrt werden.

Folgende Modellrechnung soll die immensen Einspareffekte für Benzin und Umweltbelastung deutlich machen:

> Nehmen wir wiederum an, 1 Mio. zusätzlicher Telearbeitsplätze können geschaffen werden. Durchschnittlich würde für jeden dieser Telearbeiter im Schnitt an 2,5 Tagen pro Woche der Weg zur Arbeit entfallen (und pro Jahr würde insgesamt 45 Wochen gearbeitet). Nehmen wir weiter an, nur jeder zweite Telearbeiter hätte zuvor einen PKW genutzt und die durchschnittliche Pendelentfernung betrüge 20 km für die einfache Wegstrecke. Somit ergibt sich ein jährliches Einsparpotential von 4.500 km pro Telearbeiter oder 2,25 Milliarden km insgesamt.
>
> Bei einem Durchnittsverbrauch von 8 Liter Benzin je 100 km, würden insgesamt pro Jahr 180 Mio. Liter Benzin weniger verbraucht und entsprechend weniger Schadstoffe aus den Auspuffen der Fahrzeuge ausgestoßen. Bei Kosten von 1,50 DM für den Liter Benzin, kämen auf die Telearbeiter insgesamt jährliche Minderausgaben von 270 Mio. DM zu. Der Telearbeiter, der zuvor sein Auto für den täglichen Pendelweg zur Arbeit benutzte, könnte jährlich 540 DM an Benzinkosten einsparen. Setzt man nicht nur die Benzinkosten sondern die Gesamtkosten eines Fahrzeugs pro Fahrzeugkilometer an (d.h. derzeit 0,52 DM pro km), steigt der monetäre Nutzen pro Telearbeiter auf 2.340 DM im Jahr.

Auf der anderen Seite kann man - sicher nicht unberechtigt - einwenden, daß man sich die Rechnung nicht so einfach machen darf, wie hier aufgrund der leichten Nachvollziehbarkeit geschehen. Neben der Reduzierung der Fahrtenhäufigkeit im Berufsleben durch Telearbeit sind auch kompensierende Effekte in Form einer Verkehrsverlagerung auf andere Verkehrszwecke oder langfristig eine Wegeverlängerung aufgrund veränderter Wohnstandortwahl zu erwarten (vgl. Köhler 1993, Kordey 1994,

Harmsen/König 1994). Eine Umweltbilanz müßte weitere Faktoren wie z.B. die Belastung durch die Herstellung und Entsorgung der technischen Ausstattung der Telearbeiter berücksichtigen.

2.10 Fazit

Es wurde deutlich, daß derzeit ein günstiges Klima für Telearbeit herrscht und vor ihr möglicherweise eine große Zukunft liegt. Sowohl bei Unternehmen als auch unter den Erwerbstätigen besteht weit verbreitetes Interesse an dieser neuen Arbeitsform. Die wirtschaftlichen Rahmenbedingungen verlangen nach flexibleren Regelungen, der Wertewandel in der Gesellschaft unterstützt den Trend zu flexibleren Arbeitsformen, Widerstände von gewerkschaftlicher Seite sind geschwunden bzw. haben sich teilweise, wenn alternierende Telearbeit für Festangestellte gefordert wird, in ihr Gegenteil gewendet, die Politik hat Telearbeit als förderungswürdig erkannt.

Trotzdem gilt es, noch zahlreiche Hindernisse zu überwinden. Einige davon werden nachfolgend genannt (siehe Abb. 2.11). Gleichzeitig werden die unseres Erachtens notwendigen Maßnahmen angesprochen.

Abbildung 2.11: Hindernisse bei der Realisierung von Telearbeit   © empirica

Grundlagen der Telearbeit

Technik	Zwar sind die technischen Voraussetzungen heute weitestgehend gegeben, um Telearbeit praktizieren zu können. Wünschenswert wären die Bereitstellung von an den Kommunikationsbedarf angepaßten, möglichst kompakten und preisgünstigen Kommunikationsnetzen und -diensten sowie Hard- und Softwareendsysteme, die leicht zu installieren sind (kurze Installationszeiten, einfache Inbetriebnahme), gängigen Normen entsprechen und selbst von Laien bedienbar sind.
mittleres Management	Eine weitere Hürde für die breite Diffusion der Telearbeit ist heute noch in vielen Fällen das mittlere Management, dessen Innovationsbereitschaft geweckt werden muß. Notwendig wird das Erlernen ergebnisorientierter Führungstechniken, die es erfordern, daß Arbeitnehmer und Vorgesetzte sich auf objektivierbare Arbeitsergebnisse verständigen, die zu festgelegten Zeitabständen erbracht werden müssen.
Praxisbeispiele	Um die Entscheidungsträger in Unternehmen von der Machbarkeit der Telearbeit zu überzeugen, bedarf es der Zurschaustellung erfolgreicher Telearbeits-Modelle. Dies kann in Form von Anwendungspilotprojekten in unterschiedlichen Branchen geschehen, in denen verschiedene Formen der Telearbeit praktiziert und demonstriert werden. Hilfreich wäre zudem die Bereitstellung eines Telearbeit-How-to-do-Handbuchs, das Managern dabei hilft, Telearbeit im eigenen Unternehmen erfolgreich zu planen und umzusetzen.

Hinsichtlich der Überwindung des zuletzt genannten Hindernisses versuchen wir im vorliegenden Buch einen Beitrag zu leisten. Welche Erfahrungen bereits mit Telearbeit gemacht wurden, zeigt das nachfolgende Kapitel 3. Empfehlungen zu den bei der Einführung der Telearbeit relevanten Aspekten werden im vierten Kapitel angesprochen.

3 Praxis der Telearbeit

Im zweiten Kapitel ist angesprochen worden, was unter Telearbeit verstanden wird, wie sie sich im Laufe ihrer mehr als 20jährigen Geschichte entwickelt hat und möglicherweise weiter entwickeln wird, sowie welche wirtschaftlichen, ökologischen und sozialen Veränderungen durch ihren breiten Einsatz erwartet werden. Nach dieser Bestandsaufnahme geht es uns nun im dritten Kapitel darum, herauszuarbeiten, welche Erfahrungen die Telearbeits-Vorreiter bereits gemacht haben und warum Telearbeit auch für andere Unternehmen von Interesse sein kann.

Grundlage unserer Analyse sind die langjährigen Erfahrungen mit Telearbeit in Pionierunternehmen, auf die wir zurückgreifen können. Zudem bietet die bereits angeführte TELDET-Untersuchung (Telework Development and Trends) die einzigartige Möglichkeit, u.a. Erfahrungen von europaweit 56 Telearbeitsanwendungen gegenüberzustellen (Korte/Wynne 1996). Einzelne Fallbeispiele werden im Anhang 3 ausführlicher erläutert. Zudem ist im Anhang 1 eine Liste ausgewählter deutscher Telearbeitsanwendungen abgedruckt. Schließlich wird auf wichtige Ergebnisse der in der Literatur dokumentierten Begleitforschungen hingewiesen.

Nachfolgend werden zunächst die Struktur der Telearbeitsanwender sowie die vorherrschenden Tätigkeiten und Organisationsformen der Telearbeit angesprochen. Hieran schließen sich Ausführungen zu den mit der Telearbeit verbundenen Zielsetzungen und den unterschiedlichem Vorgehensweisen beim Einführungsprozeß an. Weitere Kapitel betreffen rechtliche Fragen, die eingesetzte Technik sowie Organisation und alltägliches Management der Telearbeit. Außerdem werden die Erfahrungen herausgearbeitet, die von Unternehmensseite, aber auch von seiten der Telearbeiter gemacht wurden, wobei insbesondere die Wirtschaftlichkeit der Telearbeit sowie ihre sozialen Aspekte angesprochen werden.

Der Leser findet im dritten Kapitel des Buches somit zweierlei, einerseits Lehren, die man aus den Erfahrungen anderer Unternehmen mit Telearbeit ziehen kann, und andererseits Argumente und Hinweise, warum und wie Telearbeit sinnvoll eingesetzt werden sollte. Mit diesen Ausführungen soll die unternehmensinterne Entscheidungsfindung hinsichtlich der Einführung der Telearbeit erleichtert werden.

3.1 Die Anwender

Zunächst wenden wir uns der Frage zu, wer bislang Telearbeit anwendet. Die Telearbeit praktizierenden Unternehmen werden hinsichtlich ihrer Branchenzugehörigkeit und Größe, die Telearbeiter im Hinblick auf ihre soziodemographische Zusammensetzung untersucht. Darüber hinaus wird die räumliche Verteilung der Telearbeit thematisiert.

3.1.1 Branche

Telearbeit kann in allen Wirtschaftszweigen eingesetzt werden. Überall sind entsprechende Tätigkeitsfelder, wie beispielsweise Büro- oder Verwaltungstätigkeiten, anzutreffen, die dezentral durchgeführt werden können. Andererseits ist derzeit die Telearbeit in den verschiedenen Branchen noch sehr unterschiedlich stark verbreitet.

Schon in den Anfangsjahren der Telearbeit gab es, jedenfalls in Deutschland, eindeutige Schwerpunkte, was die sektoralen Einsatzfelder der Telearbeit betrifft. An erster Stelle zu nennen ist die EDV- und Softwareindustrie, wo die technische Infrastruktur bereits frühzeitig vorhanden war und viele Mitarbeiter auch zu Hause bereits über einen PC verfügten. Ein zweiter Vorreiter-Sektor ist die Druckindustrie, wo schon zu Beginn der 80er Jahre weniger zeitkritische Schreibarbeiten an zumeist freiberufliche Schreibkräfte vergeben wurden.

Mittlerweile hat sich das Spektrum der Wirtschaftssektoren, in denen Telearbeit betrieben wird, merklich verbreitet. Allein schon die von uns durchgeführten Fallstudien sind in den unterschiedlichsten Branchen angesiedelt. Dennoch zeigen die Repräsentativbefragungen (empirica 1994) einen gewissen Schwerpunkt des Telearbeitseinsatzes im Bereich Banken, Versicherungen und unternehmensbezogene Dienstleistungen. Als weiterer Vorreiter ist nach wie vor die Computer- und Softwareindustrie zu nennen.

In der Anwendung der Telearbeit zurück liegen die öffentlichen Verwaltungen. Dies hat mehrere Ursachen. Der Technikeinsatz hinkt gegenüber der Privatwirtschaft hinterher, dementsprechend wird noch sehr viel mehr akten- bzw. papierbasiert gearbeitet. Neben diesen fehlenden technischen Voraussetzungen sind auch die vorherrschenden Managementmethoden in der öffentlichen Verwaltung nicht auf ortsunabhängige Arbeit ausgerichtet. Darüber hinaus dürfte auch die Zurückhaltung der jeweiligen Personalräte eine nicht unbedeutende Rolle spielen.

3.1.2 Unternehmensgröße

Vorreiter in der Anwendung der Telearbeit sind - was die Unternehmensgröße betrifft - einerseits Großunternehmen und andererseits kleine Unternehmen. Mittelständische Unternehmen tun sich eher schwer.

Folgt man den publizierten Beispielen für Telearbeitsanwendungen oder auch der beigefügten Liste von Telearbeitsanwendungen in Deutschland (siehe Anhang 1), dann wird Telearbeit insbesondere in Großunternehmen praktiziert. Hierfür gibt es auch plausible Gründe: Großunternehmen sind einerseits technisch besser ausgestattet und verfügen andererseits über spezialisierte Mitarbeiter, die einfach zu dezentralisierende Aufgaben ausüben.

Die vergleichsweise geringe Zahl von in den Medien oder auch in unserer Liste genannten Kleinunternehmen darf jedoch nicht zum Fehlschluß führen, Telearbeit sei - sieht man einmal von den Selbständigen und den Tele-Service-Anbietern ab - nur oder überwiegend in Großunternehmen verbreitet. Vielfach sind Telearbeitsanwendungen in kleineren Unternehmen, die es ja einfacher haben, informelle Vereinbarungen mit ihren Mitarbeitern zu treffen, wohl nur weniger bekannt geworden.

Für die Druckindustrie ist dies bereits für die 80er Jahre nachgewiesen worden (Goldmann/Richter 1986). Als weiteres Beispiel sei die Werbebranche genannt. Am Beispiel der Bonner

Praxis der Telearbeit

Region konnte jüngst aufgezeigt werden, daß dort sehr viele Kleinunternehmen bereits Telearbeit durchführen, ohne daß dies einer breiteren Öffentlichkeit bekannt ist (Gareis 1996).

3.1.3 Soziale Gruppen

Oft wird noch die Auffassung vertreten, Telearbeit sei nur etwas für geringqualifizierte Tätigkeiten und werde wenn, dann nur von Frauen praktiziert. Nachfolgend wollen wir daher die Qualifikationsstruktur und die Geschlechterproportion der Telearbeiter betrachten. Zudem gehen wir genauer auf die Altersstruktur der Telearbeiter ein.

Qualifikation

Wie unsere Fallstudien aufzeigen, sind es zumeist Aufgaben mit mittlerem bis gehoben Qualifikationsniveau, die von Telearbeitern durchgeführt werden. Bei den gering qualifizierten Tätigkeiten ist die Tendenz eher rückläufig. In einigen Fällen wurde berichtet, daß trotz positiver Erfahrungen, Telearbeit von Schreibkräften nach und nach abgebaut wird, weil der Arbeitsumfang abnimmt.

Interessant ist in diesem Zusammenhang auch die folgende Beobachtung bei der *Integrata* GmbH. Dort hat man in einer internen Untersuchung (Heilmann/Mikosch 1989) herausgefunden, daß mit höherer Stellung in der Unternehmenshierarchie die Verbreitung der Telearbeit zunimmt, eine Erkenntnis, die auch auf einige andere Unternehmen zutreffen dürfte.

Geschlecht

Insgesamt sind Frauen unter den Telearbeitern in der Mehrheit. Dies hängt vor allem mit dem hohen Anteil an Erziehungsurlauberinnen und Teilzeitkräften, die Telearbeit betreiben, zusammen. Ansonsten korreliert das Geschlecht der Telearbeiter stark mit dem jeweiligen Tätigkeitsfeld (vgl. Kordey 1996).

Einfache Daten- und Texterfassungstätigkeiten werden in der Regel von Frauen ausgeführt. Auch bei Sachbearbeitertätigkeiten, z.B. im Versicherungswesen, sind Frauen deutlich in der Mehrheit. Bei Fachaufgaben, wie Softwareentwicklung, Übersetzungstätigkeiten etc. ist der Anteil der Männer vergleichsweise hoch. Entsprechend dem geringen Anteil an weiblichen Führungskräften in Wirtschaft und Verwaltung sind diejenigen, die Managementtätigkeiten auch zu Hause durchführen, zumeist Männer.

Vergleicht man diese Ergebnisse mit denen der Repräsentativbefragung zum Interesse an Telearbeit (siehe die Befragungsergebnisse in Anhang 2), so zeigt sich hinsichtlich Qualifikation und Geschlecht eine weitgehende Übereinstimmung zwischen Interesse an Telearbeit und realer Verbreitung.

Alter

Anders ist es im Hinblick auf die Altersstruktur der Telearbeiter. Das eindeutig höhere Interesse an Telearbeit unter jungen Menschen findet sich (noch) nicht in der realen Verbreitung wieder. Dies hängt in erster Linie damit zusammen, daß Unternehmen bei der Auswahl der Telearbeiter in der Regel auf langjährige Berufserfahrung und mehrjährige Betriebszugehörigkeit Wert legen.

Der Schwerpunkt der Telearbeiter liegt in der mittleren Altersgruppe der Endzwanziger bis Mittvierziger. Unter den älteren Arbeitnehmern ist nicht nur das Interesse an Telearbeit geringer, auch die Neigung der Unternehmen, älteren Mitarbeitern die häusliche Telearbeit zu ermöglichen, ist oft gering ausgeprägt, weil befürchtet wird, diese wären allein zu Hause den technischen Anforderungen nicht gewachsen.

3.1.4 Räumliche Verteilung

In letzter Zeit gibt es in Deutschland einige regionalpolitisch motivierte Bemühungen, in ländlich peripheren Regionen Telearbeitsplätze zu schaffen (siehe Fallbeispiele im Anhang 1). Stellt man jedoch die regionalpolitisch interessante Frage, wo Telearbeitsplätze mehrheitlich entstehen, dann zeigt sich eindeutig, daß derzeit der größte Teil der Telearbeitsvorhaben in den Bevölkerungszentren angesiedelt ist.

Generell gilt, daß wie so oft Innovationen zumeist von den Verdichtungsräumen ausgehen. Unternehmen, die Telearbeit einführen, sind in der Regel in den Großstädten bzw. deren Umland angesiedelt. Dies kann unsere bereits in Kapitel 2 erläuterte Repräsentativuntersuchung (empirica 1994) bestätigen. Gleiches gilt für eine britische Studie (Huws 1993), die zum Ergebnis kommt, daß sich die dortigen Telearbeitsanwendungen räumlich auf den Südosten Englands (London und Umland) konzentrieren.

Um die räumliche Verteilung der Telearbeit zu bestimmen, ist neben dem Standort der Unternehmen, die Telearbeit einführen, auch der Wohnort der jeweiligen Telearbeiter zu betrachten. Prinzipiell entsteht für Telearbeiter die Möglichkeit, ihren Wohnort unabhängig vom Unternehmensstandort zu wählen, d.h. auch im peripheren ländlichen Raum, der hinsichtlich Wohnortqualität und Preisniveau bestimmte Anreize ausübt. Es zeigt sich jedoch, daß derzeit - von wenigen Ausnahmen abgesehen - Telearbeit über große Entfernungen hinweg nicht so stark verbreitet ist.

Dies hat verschiedene Ursachen: Die überwiegend praktizierte Form der Telearbeit ist die alternierende Telearbeit, was bedeutet, daß Pendelwege zum Büroarbeitsplatz also weiterhin anfallen und periphere Regionen somit kaum profitieren können. Nachteilig wirkt sich auch aus, daß die TK-Gebühren entfernungsabhängig festgelegt und deshalb (insbesondere bei Online-Verbindungen) über große Entfernungen recht hoch sind. Dies hat sich auch mit der Tarifreform der Deutschen Telekom zum 1.1.1996 nicht grundlegend geändert. Standortvorteile des ländlichen Raumes, beispielsweise in Form niedriger Lohnkosten, sind zumindest in Deutschland oft nicht in ausreichendem Maße vorhanden. Zudem können Arbeitsplatzverlagerungen direkt ins wesentlich kostengünstigere Ausland erfolgen (z.B. Osteuropa, Indien, Karibik). Diese sog. „Offshore Office Work" betrifft neben einfachen Daten- und Texterfassungstätigkeiten zunehmend auch hochqualifizierte Tätigkeiten in der Softwareentwicklung (vgl. Hönicke 1995).

3.2 Die Einsatzfelder

Im Anschluß an das „Wer und Wo" wird nun das „Was und Wie" angesprochen. Es wird gezeigt, in welchen Tätigkeitsfeldern Telearbeit bereits durchgeführt wird sowie welche Organisationsformen sich angesichts der großen Vielfalt möglicher Formen durchgesetzt haben bzw. in Zukunft wohl durchsetzen werden.

3.2.1 Berufe und Tätigkeiten

Vorweg kann man feststellen, daß sich im Laufe der Jahre nicht nur die Einschätzung, welche Tätigkeiten dezentral durchgeführt werden können, verändert hat (siehe Kap. 2.6.1), sondern auch die tatsächliche Praxis.

Die Einsatzfelder

80er Jahre | Die Praxis der Telearbeit der 80er Jahre beschränkte sich auf wenige Berufe bzw. Tätigkeiten. Unter den Tätigkeiten mit hoher Qualifikationsanforderung überwogen solche wie Textformulierung, Konzepterarbeitung, Übersetzen und Programmieren, die lange Phasen konzentrierter Einzelarbeit erfordern. Unter den geringer qualifizierten Tätigkeiten standen Daten- und Texterfassung im Vordergrund, Arbeiten, die geringen Ressourcen- und Kommunikationsbedarf haben und leicht zu kontrollieren sind.

Mittlerweile hat sich jedoch aus mehreren Gründen vieles verändert. An erster Stelle ist hier die Technik zu nennen, die heute in guter Qualität und zu akzeptablen Preisen die Zusammenarbeit über räumliche Entfernungen hinweg ermöglicht. Im Zusammenhang mit der technischen Entwicklung und dem Einzug dieser Technik in die Unternehmen hat sich auch die Arbeitsorganisation insoweit gewandelt, daß heute ganzheitliche Arbeitsweise, weniger Arbeitsteilung, flachere Hierarchien, andere Führungstechniken etc. praktiziert werden, was wiederum die Einführung und Praxis der Telearbeit - beispielsweise bei der Sachbearbeitung - erleichtert.

Zudem hat sich das Verständnis der Telearbeit insoweit gewandelt, daß nicht mehr die ausschließliche Heimarbeit zu Hause im Vordergrund steht, sondern die alternierende Telearbeit. Dadurch wird es möglich, nach wie vor persönliche Besprechungen durchzuführen, je nach Arbeitsort unterschiedlichen Tätigkeiten nachzugehen etc. Für Berufsgruppen, die eine größere Vielfalt an Tätigkeiten bewältigen müssen, wie Führungskräfte, Wissenschaftler, Berater oder Vertreter, bietet sich die alternierende Telearbeit als Organisationsform geradezu an. Konzeptentwicklung und Formulierung von Texten oder Vor- und Nachbereitung von Kundenbesuchen kann dann in Ruhe zu Hause erfolgen, während die kommunikationsintensiven Tätigkeiten, die ja in der Regel mit höherem Qualifikationsgrad zunehmen, nach wie vor im zentralen Büro bzw. beim Kunden durchgeführt werden können.

90er Jahre | Die gegenwärtige Praxis der Telearbeit zeigt, daß zu den einfachen Routinetätigkeiten, wie Text- und Datenerfassung, und den Fachaufgaben, wie Programmieren, Übersetzen oder wissenschaftliches Arbeiten, heute auch Sachbearbeitung und Führungstätigkeiten gekommen sind. Die uns bekannten Telearbeitsanwendungen lassen jedenfalls eine große Vielfalt an Telearbeits-Tätigkeiten über alle Qualifikationsstufen hinweg erkennen. Einen Überblick über Tätigkeiten, in denen Telearbeit - ohne Anspruch auf Vollständigkeit - bereits praktiziert wird, gibt die Tabelle 3.1.

Tätigkeitsfelder der Telearbeit			
Datenerfassung	Texterfassung	Textverarbeitung	Satzerstellung
Sekretariatsdienste	Sachbearbeitung	Buchhaltung	Controlling
Kalkulation	Antragsbearbeitung	Dokumentation	Finanzberatung
Telefonische Auftragsannahme	Telefonmarketing	Telefonische Informationsdienste	Reservierungsdienste
Programmierung	DV-Wartung	DV-Beratung	Systemanalyse
Datenbankentwicklung	Fernwartungstätigkeiten	Hot-Line-Service, Bereitschaftsdienst	Kundenberatung
Außendienst	Kundendienst	Entwicklungstätigkeiten	Planungstätigkeiten
Produktgestaltung	Grafik und Design	Konstruktion	Techn. Zeichnen/ CAD
Übersetzungstätigkeiten	Autorentätigkeiten	PR-Tätigkeiten	Statistik
Journalistische Tätigkeiten	Informationsvermittler	Rechercheure	Steuerberatertätigkeiten
Gutachtertätigkeiten	Rechtsanwälte	Juristen	Architekten
Forschungstätigkeiten	Vorbereitung von Lehrtätigkeiten	Vorbereitung von Schulungen/Seminaren	Beratungstätigkeiten

Tabelle 3.1: Tätigkeitsfelder der Telearbeit   *Quelle: Godehardt 1994*

Für die Zukunft zeichnet sich angesichts weiterer technisch-organisatorischer Innovationen eine weitere Ausweitung des für Telearbeit geeigneten Tätigkeitsspektrums ab. Größere Verbreitungschancen sehen wir insbesondere bei Tätigkeiten mit mittlerem bis hohem Qualifikationsniveau wie Sachbearbeitung, Fach- und Führungsaufgaben. Für einfache Unterstützungs- und Sekretariatstätigkeiten sind die Investitions- und Telekommunikationskosten in Relation zu den Lohnkosten vergleichsweise hoch, mehr und mehr fallen sie der Rationalisierung zum Opfer (Scanner, Spracheingabe) bzw. werden, wie die Texterfassung, anderen Tätigkeitsbereichen angegliedert oder wegen des z.T. riesigen Lohnkostengefälles zunehmend ins Ausland verlagert. Bei Sekretariatsaufgaben, die ja sehr kommunikationsintensiv sind und enger Abstimmung mit Fach- und Führungskräften bedürfen, erscheint eine Dezentralisierung nur eingeschränkt möglich.

3.2.2 Organisationsformen

Wie eingangs bereits erwähnt, zeichnet sich die Telearbeit durch eine Vielfalt von Anwendungsformen aus. Immer wieder neue Organisationsformen kommen hinzu bzw. deren Existenz wird denjenigen, die sich mit dem Thema beschäftigen, bewußt.

Nachfolgend beschränken wir uns auf die klassischen Telearbeitsformen: Teleheimarbeit (alleiniger Arbeitsplatz zu Hause), alternierende Telearbeit (Arbeitsplatz zu Hause und im Betrieb) und Telearbeitszentrum (Arbeitsplatz im Telearbeitszentrum) sowie die mobile Telearbeit (beweglicher Arbeitsplatz unterwegs sowie beim Kunden, zu Hause etc.). Die geschilderten Organisationsformen der Telearbeit zeichnen sich durch ihre jeweiligen Vor- und Nachteile aus und sind unterschiedlich stark verbreitet (siehe Abb. 3.1).

Mobile Telearbeit

Was die Zahl der eingerichteten Telearbeitsplätze betrifft, ist eindeutig die mobile Telearbeit am stärksten vertreten. Industrieunternehmen und Versicherungen haben Hunderttausende Verkaufsmitarbeiter oder Handelsvertreter mit tragbaren Rechnern (Laptops, Notebooks) ausgestattet. Sie können sich somit zu Hause auf Kundentermine vorbereiten, von unterwegs auf zentrale Datenbestände zugreifen, beim Kunden Daten erfassen und später zur Zentrale überspielen, Tätigkeiten, die früher nur im Büro möglich waren. Ähnliches gilt für reisende Manager oder Servicetechniker, die mit Hilfe tragbarer Informations- und Kommunikationstechnik ortsunabhängig arbeiten können.

Praxis der Telearbeit

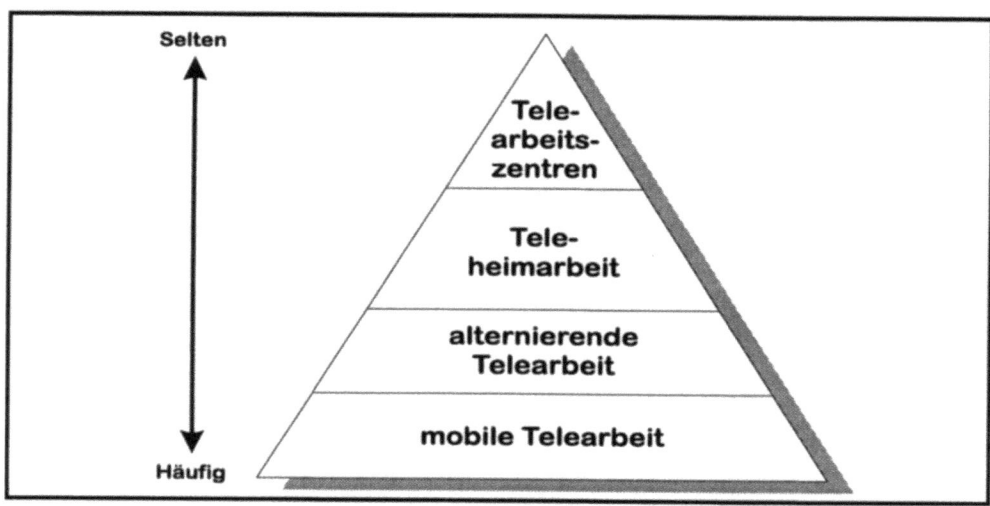

Abbildung 3.1: Verbreitung der Organisationsformen der Telearbeit © empirica

Der Vorteil gegenüber anderen Organisationsformen ist der, daß die organisatorische Veränderung vergleichsweise gering ist, weil die Mitarbeiter schon vor Einführung der Telearbeit unterwegs gearbeitet haben. Entsprechende Regelungen können daher beibehalten bzw. müssen nur modifiziert werden. Recht große Einsparungen können entstehen, wenn vormals nur gering ausgenutzte Büroarbeitsplätze entfallen können, indem diese Arbeiten fortan in den Wohnungen der Außendienstler erledigt werden.

Alternierende Telearbeit

Anders als von vielen in den 80er Jahren erwartet, hat sich ansonsten die sogenannte alternierende Telearbeit durchgesetzt. Auch diese Arbeitsform, die durch den regelmäßigen Wechsel zwischen zwei Arbeitsorten gekennzeichnet ist, ist vergleichsweise einfach zu realisieren. Wegbereiter der alternierenden Telearbeit sind alle diejenigen, die sich ab und an abends oder am Wochenende Arbeit aus dem Büro mit nach Hause nehmen.

Die alternierende Telearbeit vermeidet die sozialen Nachteile der Teleheimarbeit, weil der Kontakt zu Firma und Kollegen in ausreichendem Maße erhalten bleibt, und ist leichter zu implementieren und zu organisieren als die Arbeit in Telearbeitszentren. Im Hinblick auf die Wirtschaftlichkeit weniger günstig ist, daß zwei Arbeitsplätze eingerichtet und vorgehalten werden müssen.

Durch Teilen des Büroarbeitsplatzes (Desk Sharing) können jedoch solche Nachteile eingegrenzt werden.

Teleheimarbeit

Die Teleheimarbeit ist die Extremform der Telearbeit, um die sich die kontroverse Diskussion zur Telearbeit in den 80er Jahren im wesentlichen gedreht hat. Bei dieser Organisationsform - auch isolierte Telearbeit genannt - erbringen Personen Arbeiten für einen räumlich entfernten Betrieb ausschließlich zu Hause. Sieht man einmal von Selbständigen und Freiberuflern ab, wird Teleheimarbeit vor allem von denen praktiziert, die aus verschiedenen Gründen ans Haus gebunden sind, wie z.B. Frauen mit kleinen Kindern.

Der entscheidende Nachteil der Teleheimarbeit ist die Gefahr der beruflichen und sozialen Isolation. Da sich nur mittels persönlicher Kommunikation ein Identitätsgefühl mit dem Betrieb entwickeln läßt, bestehen deshalb einige Unternehmen auf einem meist wöchentlichen Bürotag, an dem gleichzeitig mit der Selbstabholung von Unterlagen Besprechungen durchgeführt werden. Abgesehen von einfachen Daten- und Texterfassungstätigkeiten und Projekten für spezielle Zielgruppen hat sich die Teleheimarbeit bislang nicht auf breiter Front durchsetzen können.

Telearbeitszentren

Noch geringer verbreitet als die Teleheimarbeit sind Telearbeitszentren, womit alle Arbeitsformen begrifflich zusammengefaßt werden, die es Beschäftigten ermöglichen, sowohl in Gruppen als auch in der Nähe ihrer Wohnung zu arbeiten. Nachbarschaftszentren, d.h. Telearbeitszentren, in denen Mitarbeiter aus verschiedenen Unternehmen räumlich zusammensitzen, sind in Deutschland unseres Wissens bislang so gut wie gar nicht anzutreffen.

Ein möglicher Vorteil dieser Arbeitsform ist, daß sich die Arbeitsbedingungen in solchen Telearbeitszentren nicht grundlegend von denen im Zentralbüro unterscheiden. Daher stehen die Gewerkschaften solchen Organisationsformen auch aufgeschlossen gegenüber. Eine Realisierung bedarf jedoch - neben den baulichen Voraussetzungen - der Lösung vielfältiger organisatorischer Probleme.

Praxis der Telearbeit

3.3 Die Einführungsgründe

Die Initiative zum Aufbau von Telearbeitsvorhaben kann sowohl von Arbeitgeber- als auch Arbeitnehmerseite (oder beiden) ausgehen, hinzu kommen politisch motivierte Projekte. Nachfolgend findet sich eine Typologie existierender Telearbeitsanwendungen[4] hinsichtlich der mit ihr verbundenen Zielsetzungen (siehe Tab. 3.2).

Typologie der Telearbeitsmotive

Unternehmen	Beschäftigte	Politik
Kostensenkung durch Outsourcing und Verlagerung ins Ausland	Wunsch nach Flexibilität von Arbeitsort und Arbeitszeit	Verkehrsreduzierung in Ballungsräumen
Einsparung von Büroraum und Büroarbeitsplätzen	Selbständigkeit statt Arbeitslosigkeit	Schaffung von Arbeitsplätzen in ländlichen Regionen
Strategische Ziele wie besserer Kundenservice, flexibler Personaleinsatz	Vernetzte Kooperation unter Freiberuflern	Beschäftigung für spezielle Zielgruppen
Mit Telearbeit eigene Erfahrungen sammeln		

Tabelle 3.2: Typologie der Telearbeitsmotive © empirica

3.3.1 Motive der Arbeitgeber

Kostensenkung

Manche Unternehmen versuchen, (Fix-) Kosten zu senken, indem sie Bürotätigkeiten ins Ausland oder periphere Regionen verlegen oder Outsourcing betreiben, d.h. von anderen billiger zu erstellende bzw. nicht dauerhaft erforderliche Dienstleistungen nicht mehr von eigenen Mitarbeitern bereitstellen lassen, sondern je nach Bedarf von Externen als Dienstleistung einkau-

---

[4] Im Text werden jeweils beispielhaft entsprechende Telearbeitsanwendungen genannt. Die kursiv gedruckten Telearbeitsanwendungen werden im Anhang 3 in Form von Fallstudien näher erläutert.

fen. Eine typische Anwendung für die Verlagerung ins billigere Ausland ist die Datenerfassung und die Softwareentwicklung (z.B. Lufthansa, Springer Verlag, Siemens). Als Beispiele für die Auslagerung von Büroarbeit in Form freiberuflicher Telearbeit können das *Rank Xerox* Networking Projekt oder diverse Anwendungen in der Druckindustrie (z.B. *Fotosatz Froitzheim* in Bonn) genannt werden. Aufgrund der gewerkschaftlichen Kritik an ungeschützten Arbeitsverhältnissen finden solcherart gestaltete Telearbeitsanwendungen bislang eher im Stillen statt.

Einsparung von Büroraum

Aber auch bei Beibehaltung des Arbeitnehmerverhältnisses lassen sich Kosten einsparen. Ein mögliches Ziel ist es, die Büroraumkosten zu senken, die insbesondere in den Innenstädten eine nicht unbedeutende Höhe erlangen. Bei notwendigen Erweiterungen oder anstehenden Umzügen stellt sich für viele Unternehmen (z.B. *Mercury, Digital, CompuServe*) die Frage, ob nicht bestimmte Aufgaben in die Wohnungen der Mitarbeiter oder in Satellitenbüros am Stadtrand verlagert werden können. Auch allein die aufgrund der höheren Arbeitsmotivation der Telearbeiter erzielbare höhere Arbeitsproduktivität veranlaßt viele Unternehmen, Telearbeit einzuführen.

Strategische Ziele

Unternehmen wenden in letzter Zeit Telearbeit auch verstärkt mit strategischer Zielsetzung an, um beispielsweise eine größere Markt- und Kundennähe zu erreichen bzw. Personal flexibler einsetzen zu können. So steht für einige Unternehmen die Verbesserung der Konkurrenzfähigkeit durch größere Kundennähe und besseren Kundenservice als Ziel im Vordergrund (*Gateway 2000, British Telecom*). Unternehmen können mittels Telearbeit einen 24-Stunden-7-Tage-die-Woche-Bestellservice anbieten (z.B. *Versandhaus Witt in Weiden*), der nicht mit Anrufbeantwortern, sondern mit Mitarbeitern besetzt ist. Andere haben ein Netz von Satellitenbüros in Kundennähe eingerichtet (*Versandhaus Quelle*). Ähnliche Zielsetzungen gelten für mobile Telearbeiter im Außendienst, die aufgrund kurzer Anfahrtswege vom Wohnort aus bei Problemen schneller helfen können oder besser vorbereitet zum Kundengespräch erscheinen (z.B. *Hewlett Packard*). Zielsetzung für Telearbeit ist in einigen Fällen auch die Ausweitung der Geschäftszeiten über die Regelarbeitszeit hinaus. Bei *IBM* arbeiten u.a. Mitarbeiter zu Hause in den Abendstunden, um aufgrund der Zeitunterschiede besser mit Übersee kommunizieren zu können, bei anderen Unternehmen (z.B. Genossenschafts-Rechenzentrale Norddeutschland) erfolgt die Überwachung des Rechenzentrums von Terminals in der Wohnung der Mitarbeiter aus.

Sammeln von Erfahrungen

Hersteller und Anbieter von Informations- und Kommunikationstechnik haben die Entwicklungschancen der Telearbeit erkannt und wollen nun eigene Erfahrungen mit dieser Form der Arbeitsverrichtung sammeln, um eventuell später auf diesem Markt als Einzel- oder Komplettanbieter von Netzen, Diensten, Endgeräten und Software aufzutreten. Bekannte Anwender sind *British Telecom, Mercury* und die Schweizer PTT. Ende 1995 hat auch die Deutsche Telekom begonnen, eigene Telearbeitsprojekte einzurichten.

3.3.2 Motive der Beschäftigten

Wunsch nach Flexibilität

In vielen Fällen geht der Wunsch nach flexibler Arbeitszeit und flexiblem Arbeitsort primär von den Mitarbeitern aus. Typische Beispiele sind die Programmiererin oder die Sachbearbeiterin, die schwanger wurde, aber ihren Beruf nicht aufgeben möchte, oder der wissenschaftliche Mitarbeiter, der mehrere Tage die Woche in Ruhe zu Hause arbeiten möchte, ohne lange Pendelwege auf sich nehmen zu müssen. Unternehmen ermöglichen die Verwirklichung solcher Wünsche, um bewährte Mitarbeiter zu halten bzw. in Wachstumsphasen neue Mitarbeiter zu rekrutieren. Das klassische Beispiel ist die Beschäftigung von Telearbeitern in der Softwarebranche bzw. bei Banken und Versicherungen (z.B. *Integrata, Schweizerische Kreditanstalt, Württembergische Versicherung, Dresdner Bank*).

Neue Selbständigkeit

Telearbeitsanwendungen können aber auch eine Antwort auf die mangelnde Vollbeschäftigung sein. Junge, hochqualifizierte Menschen sehen darin die Chance, ein eigenes Unternehmen zu gründen, eine Entwicklung, die durch die gegenwärtig enormen Beschäftigungsprobleme beschleunigt wird. Beispiele für erfolgreiche Unternehmensgründungen auf Basis der Telearbeit sind Texterfassungsunternehmen (z.B. *Telergos* in Frankreich) oder Übersetzungsunternehmen (z.B. Bonnscript in Bonn).

Die Einführungsgründe

Vernetzte Kooperation	Des weiteren schließen sich Freiberufler wie freie Journalisten (z.B. *PragmaText*) oder Übersetzer zu Netzwerken zusammen. Dadurch wird es möglich, Kunden gegenüber eine breitere Angebotspalette zu bieten und bei Kapazitätsengpässen Aufträge an Kollegen weiterzugeben. Unter Umständen kann Telearbeit auch bedeuten, daß Selbständige und Freiberufler stärker an beauftragende Unternehmen mittels IuK-Vernetzung gekoppelt werden, wie dies bei den sogenannten virtuellen Unternehmen (z.B. *Rauser Advertainment*) der Fall ist.

3.3.3 Gesellschaftliche Motive

Verkehrsreduzierung	Hauptmotiv für die Förderung der Telearbeit in den USA ist die Reduzierung von Individualverkehr und damit einhergehender Umweltbelastung in den Verdichtungsräumen. Die bekannteste Telearbeitsanwendung in diesem Zusammenhang ist das California Telecommuting Pilot Project (vgl. JALA 1990). Auch beim Telearbeitsprojekt des *niederländischen Verkehrsministeriums*, wo Mitarbeiter alternierend von zu Hause aus arbeiten, steht als Ziel die Verkehrsreduzierung im Vordergrund.
Arbeit in ländlichen Regionen	Von der Regionalpolitik wurde zudem erkannt, daß Telearbeit zur Arbeitsplatzbeschaffung im ländlichen Raum und damit positiv zur regionalen Entwicklung beitragen könnte. Deutsche Beispiele für entsprechende Initiativen sind der (inzwischen allerdings gescheiterte) Telebüro Auftragsdienst in der Eifel, der *Tele-Service Fränkische Schweiz* in Oberfranken oder das vom bayerischen Landwirtschaftsministerium geförderte Projekt Telearbeit auf dem Bauernhof (*Konstruktionsbüro Pollozek*). Bekannte europäische Beispiele kommen aus Schottland (Grampian Region), Finnland (*Archipelago*) oder Frankreich, wo im Rahmen der DATAR-Initiative neben Projekten im städtischen Raum auch gezielt die regionale Entwicklung des ländlichen Raumes gefördert wird.
Beschäftigung für spezielle Gruppen	Darüber hinaus sind sozialpolitisch motivierte Telearbeitsanwendungen zu nennen, Projekte, die sich beispielsweise speziell an Frauen (z.B. *Telehaus Wetter* in Hessen), Behinderte (z.B. *Programmier-Service GmbH* in München) oder Langzeitarbeitslose wenden. Kennzeichnend für solche Telearbeitsanwendungen ist die Zielsetzung, auf dem Arbeitsmarkt benachteiligten Gruppen mittels Telearbeit Beschäftigungsmöglichkeiten zu bieten.

3.4 Der Einführungsprozeß

Je nach Zielsetzung und Art des Unternehmens wird auch beim Prozeß der Einführung der Telearbeit unterschiedlich vorgegangen. Unter Umständen sind eine Vielzahl von Personen beteiligt. Die betroffenen Telearbeiter müssen ausgewählt und Schulungsmaßnahmen durchgeführt werden. Auf die genannten Aspekte des Einführungsprozesses der Telearbeit wird nachfolgend detaillierter eingegangen.

3.4.1 Vorgehensweise bei der Einführung

Die Einführung von Telearbeit in Unternehmen erfolgt heute auf unterschiedlichen Wegen. Zu erwähnen ist einmal die eher informelle Art der Einführung, bei der Mitarbeiter in der Regel nach nur einer losen Absprache mit ihrem direkten Vorgesetzten, den einen oder anderen Arbeitstag mehr oder weniger regelmäßig zu Hause arbeiten. Ganz anders ist es bei den Einführungsvorhaben, die eine größere Zahl von Mitarbeitern betreffen und für einen längeren Zeitraum angelegt sind. Diese gehen in der Regel sehr viel formaler vor, beispielsweise indem sie frühzeitig eine Betriebsvereinbarung abschließen. Zu guter Letzt sind diejenigen Vorhaben zu erwähnen, die zunächst informell begonnen wurden und dann im Rahmen einer quantitativen Ausweitung in demselben bzw. anderen Unternehmensbereichen sukzessive in eine strukturierte Vorgehensweise überführt werden.

Die Art des Einführungsprozesses ist zudem oft von der Größe des Unternehmens abhängig. Von größeren Unternehmen wird oftmals formal geplant und dabei mehr Energie in die Einrichtung der Telearbeit gesteckt, im Gegensatz zu den informell entstandenen Telearbeitsvorhaben in kleineren Unternehmen.

Unsere Fallstudien zeigen, daß die Mehrzahl der Telearbeitsprojekte zu Beginn als kleines Projekt gestartet wurde, das dann zu seiner heutigen Größe anwuchs. Eine solche schrittweise Einführung hat den Vorteil, daß zunächst Lösungen im Kleinen entwickelt und praktisch erprobt werden können, bevor sie im größeren Rahmen angewendet werden. Es lassen sich auf diese Weise wertvolle Erfahrungen sammeln, aber auch vorgefertigte Meinungen modifizieren.

Nur sehr wenige Telearbeitsprojekte wurden nach einer Expansionsphase wieder verkleinert. Gründe hierfür waren z.B. Schwierigkeiten in der Organisation oder zu geringes Interesse unter den potentiellen Mitarbeitern. Es kommt allerdings auch vor, daß Telearbeitsanwendungen scheitern, wenn auch selten. Dies kann z.B. bei öffentlich geförderten Projekten der Fall sein, wenn die Förderung ausläuft und Aufträge ausbleiben, wenn nach einem politischen Wechsel die neue (Landes-) Regierung ihre Unterstützung einstellt oder die Verwaltung selbst zu viele Hindernisse in den Weg legt (vgl. Fischer et al. 1993, Welsch 1994, Grell 1995).

3.4.2 Beteiligte Akteure

In Abhängigkeit von Art und Zielsetzung des Telearbeitsprojektes unterscheiden sich auch die bei der Planung und Einführung der Telearbeit beteiligten Personen. Vor dem Hintergrund zahlreicher Fallstudien und uns bekannter Telearbeitsanwendungen lassen sich grob vier Typen der Einrichtung der Telearbeit unterscheiden (siehe Tab. 3.3).

Typ	beteiligte Akteure	Fallbeispiele
formaler Einführungsprozeß	oberstes Management Vorgesetzte potentielle Telearbeiter Betriebsrat Personalabteilung, u.a. externe Berater (teilweise)	Württembergische Versicherung, Dresdner Bank, IBM
informelle Einführung	Führungskräfte potentielle Telearbeiter	empirica, Fotosatz Froitzheim
Eigeninitiative	nur Telearbeiter	PragmaText
öffentlich gefördertes Projekt	zusätzlich zu Typ 1 - 3: fördernde Behörde externe Berater	Konstruktionsbüro Pollozek, Teleservice Fränkische Schweiz

Tabelle 3.3: Typen der Telearbeitseinführung   © empirica

formaler Einführungsprozeß	Ein Typ sieht eine breit gestreute Gruppe von beteiligten Personen vor (oberstes Management, Manager der betroffenen Abteilungen, potentielle Telearbeiter, Betriebsrat, Personalabteilung, DV-Abteilung und Betriebsorganisation sowie teilweise externe Berater) und weist auf einen relativ formalen Prozeß hin, der typischerweise in großen Unternehmen anzutreffen ist. Diese Art von Einführungsprozeß wird vorwiegend dort angewendet, wo Unternehmen für einen Teil ihrer Mitarbeiter Telearbeit einführen, entweder auf Teilzeitbasis (Mütter mit Kindern) oder als flexible angepaßte Arbeitsgestaltung für hochqualifizierte Mitarbeiter, um deren Produktivität zu steigern.
informelle Einführung	Beim zweiten Typ entscheiden nur die jeweiligen Manager und die potentiellen Telearbeiter über die Art der Telearbeit und wie diese einzuführen ist. Zumeist überzeugen die Mitarbeiter ihre Vorgesetzten, sie einen Teil der Arbeitszeit zu Hause arbeiten zu lassen, wofür in den USA der Begriff Teleguerilla (Nilles 1994) geprägt wurde. Solche informellen Telearbeitsanwendungen, die auf Vertrauensbasis und ohne detaillierte Regelungen stattfinden, sich zumeist in kleineren Unternehmen anzutreffen.
Eigeninitiative	Gänzlich anders geartet sind diejenigen Fälle, wo nur die Telearbeiter selbst in den Einführungsprozeß einbezogen sind. Beispielsweise trifft dies zu bei Arbeitslosen, die mit der Telearbeit eine neue Art der Erwerbstätigkeit aufnehmen.
öffentlich gefördertes Projekt	Einer weiteren Kategorie zuzurechnen sind schließlich diejenigen Telearbeitsanwendungen, bei denen es sich um öffentlich geförderte Pilotprojekte handelt. Hier sind neben den bereits genannten Personengruppen auch die Behörden beteiligt, die das Projekt fördern. Zudem werden in der Regel externe Berater einbezogen.

Generell gilt, daß sich die Akzeptanz der Telearbeit unter den Mitarbeitern sichern läßt, wenn alle Beteiligten frühzeitig in den Gestaltungs- und Einführungsprozeß mit einbezogen werden.

Die Praxis zeigt auch, daß insbesondere bei Großunternehmen eine aktive Unterstützung des Betriebs- bzw. Personalrates für die Realisierung der Telearbeit von großer Bedeutung ist. Bei der *Württembergischen Versicherung* ist nach eigener Darstellung die Zusammenarbeit zwischen Unternehmen und Betriebsrat äußerst kooperativ verlaufen. Aufgrund der gemeinsamen Erarbeitung von Lösungen, identifiziert sich der Betriebsrat mit dem Telearbeitsprojekt, betont die Vorteile für die Mitarbeiter und stellt es nach innen wie außen positiv dar.

3.4.3 Auswahlkriterien für Telearbeiter

Die uns bekannten Telearbeitsprojekte zeigen, daß im allgemeinen Eigenmotivation, Selbstorganisation und -disziplin, Fachkenntnisse, Flexibilität und Innovationsbereitschaft die gebräuchlichsten Auswahlkriterien für Telearbeiter sind. Ferner werden bei der Auswahl der Telearbeiter von einigen Unternehmen auch soziale Kriterien, wie kleine Kinder, pflegebedürftige Angehörige oder eigene Behinderung, mit herangezogen.

Eine Beurteilung der erstgenannten Kriterien ist oft erst aufgrund mehrjähriger Zusammenarbeit mit dem entsprechenden Mitarbeiter möglich. Nicht zuletzt deswegen wird Telearbeit, so unsere Beobachtung, in erster Linie mit langjährigen Mitarbeitern durchgeführt. Diese gängige Praxis ist auf der anderen Seite nachteilig für Neueinsteiger ins Berufsleben bzw. solche Erwerbstätigen, die sich aus persönlichen Gründen (z.B. peripherer Wohnort, Vereinbarkeit mit Kindererziehung oder Altenbetreuung) gezielt als Telearbeiter bei einem Unternehmen bewerben wollen.

Ferner kann festgestellt werden, daß in der Regel nur solche Mitarbeiter ausgewählt werden, die sich freiwillig dazu bereit erklären. Von den deutschen Telearbeitsanwendungen wird das Prinzip der Freiwilligkeit überall betont. Dies schließt ein Rückkehrrecht an den Büroarbeitsplatz ein.

Hinsichtlich der Bedeutung der häuslichen Gegebenheiten des Telearbeiters gibt es gewisse Unterschiede. Ein Großteil der Telearbeits-Unternehmen setzen bei ihren Telearbeitern einen adäquaten Raum für ihre Arbeit zu Hause voraus. Andere überlassen dies der Eigenverantwortung des Telearbeiters.

Darüber hinaus hat sich in einigen Fällen bei der Auswahl der Telearbeiter die Situation im Firmenbüro eine gewisse Bedeutung. Insbesondere dann, wenn die Hauptzielsetzung in der Büroraumeinsparung besteht, werden bestimmte Mitarbeiter von Unternehmensseite gezielt hinsichtlich Telearbeit angesprochen.

Werden von einem Unternehmen selbständige oder freiberufliche Telearbeiter in Anspruch genommen, spielen Kriterien wie Vertrauenswürdigkeit und professionelle Arbeitseinstellung eine wichtige Rolle. In den Fällen, wo ein Unternehmen Mitarbeitern über Telearbeit den Start in die Selbständigkeit anbot und sie dabei unterstützte (*Rank Xerox Ltd.*), wurden diese nach ihren Geschäftskonzepten und aufgrund von Persönlichkeitstests beurteilt und ausgewählt.

3.4.4 Schulungsmaßnahmen

Die Praxis zeigt, daß im Rahmen der Einführung der Telearbeit entsprechende Schulungsmaßnahmen nicht zu vernachlässigen sind. Diese beziehen sich sowohl auf den Umgang mit der Technik als auch auf telearbeitsspezifische Sachverhalte. Letztere betreffen neben den Telearbeitern selbst auch ihre Vorgesetzten sowie die Kollegen, die am zentralen Betriebsstandort verbleiben.

Umgang mit der Technik

Bei der Schulung hinsichtlich technischer Sachverhalte sind in den untersuchten Fallstudien große Unterschiede feststellbar. Da es sich bei Telearbeitern zumeist um langjährige, erfahrene Mitarbeiter handelt, die mit ihren Aufgaben und der eingesetzten Informations- und Kommunikationstechnik vertraut sind, ist vielfach keine besondere Einweisung erforderlich. Hingegen besteht Schulungsbedarf insbesondere bei ambitionierten Projekten wie beispielsweise dem bayerischen Modellprojekt: "Qualifizierte Telearbeit auf dem Bauernhof", wo die bäuerliche Bevölkerung zu CAD/CAM-Ingenieuren ausgebildet wurde (vgl. Jändl 1992, *Konstruktionsbüro Pollozek*). Auch bei anderen Projekten, die sich an spezielle Zielgruppen wenden, wie beispielsweise Behinderte, sind zum Teil langjährige Ausbildungs- bzw. Umschulungsmaßnahmen erforderlich, um Telearbeiter auf ein für sie neues Berufsbild vorzubereiten (*Programmier-Service GmbH*).

telearbeitsspezifische Sachverhalte

Die Arbeit in häuslicher Umgebung oder an wechselnden Arbeitsorten ist mit einigen Umstellungen seitens der Telearbeiter verbunden. Gleiches gilt auch für die betroffenen Manager. Einige Unternehmen haben ihre Mitarbeiter, Telearbeiter wie Vorgesetzte, intensiv auf diese neue Arbeitssituation mittels Informationsbroschüren, Schulungsmaßnahmen und Diskussionsrunden vorbereitet (Hewlett Packard). Unsere Fallstudien zeigen zudem, daß auch der laufende Erfahrungsaustausch der Telearbeiter untereinander, von einigen Unternehmen unterstützt wird. Die *Schweizerische Kreditanstalt* richtete hierfür ein elektronisches Info-Board ein und vernetzte die einzelnen Telearbeitsgruppen.

Informierung der Kollegen

Es zeigt sich ferner, daß es ratsam ist, gegenüber den am Firmensitz verbleibenden Mitarbeitern eine offene Informationspolitik zu führen. So gibt es Beispiele dafür, wie eine Außerachtlassung dieser Personengruppe zu Problemen im Unternehmen führen kann, die sich in Neid, Motivationsschwund bis hin zur Arbeitsverweigerung äußern. Diese Erfahrungen wurden jedenfalls im *Rank Xerox* Networking Experiment gemacht, wo sich Bürobeschäftigte gegenüber den Telearbeitern benachteiligt fühlten.

3.5 Die rechtlichen Aspekte

Telearbeit kann in unterschiedlichen Rechtsformen und in unterschiedlichen Arbeitszeitformen betrieben werden. Bei Telearbeitern mit Arbeitnehmerstatus müssen die Bedingungen der dezentralen Arbeit zuvor zwischen Arbeitgeber und Telearbeiter bzw. dessen Interessenvertretern geregelt werden. Vorliegendes Kapitel zeigt, wie Telearbeitsanwender hierbei vorgegangen sind.

3.5.1 Rechtsform der Telearbeit

Hinsichtlich des rechtlichen Status der Telearbeiter ist zwischen formal Selbständigen bzw. freien Mitarbeitern mit Werkvertrag, Beschäftigten nach dem Heimarbeitsgesetz sowie regulären Beschäftigungsverhältnissen mit Arbeitnehmerstatus zu unterscheiden. In Abhängigkeit von der Rechtsform des Arbeitsverhältnisses unterscheiden sich auch die sozialen Schutzrechte. Telearbeiter mit Arbeitnehmerstatus genießen den vollen arbeitsrechtlichen Schutz hinsichtlich Arbeitszeit, Bezahlung, Kündigung, Arbeitssicherheit etc. Während für diejenigen mit Heimarbeiterstatus noch ein eingeschränkter Schutz besteht, werden selbständige Tele-Unternehmer nicht geschützt (vgl. z.B. Collardin 1995, Fenski 1994, Fischer 1991, Wedde 1994).

Telearbeiter mit Arbeitnehmerstatus

Im Rahmen unserer Fallstudien sind die genannten arbeitsrechtlichen Formen unterschiedlich häufig vertreten. Die große Mehrheit der untersuchten Telearbeitsanwendungen beschäftigt festangestellte Telearbeiter mit Arbeitnehmerstatus. Arbeitnehmerschutz und soziale Sicherheit unterscheiden sich nicht von einem im Büro beschäftigten Arbeitnehmer.

selbständige Telearbeiter

Ein Beispiel für den Weg der Telearbeiter in die Selbständigkeit ist das erwähnte *Rank Xerox* Networking-Experiment in Großbritannien (vgl. Judkins/West/Drew 1985, Judkins 1988). Ehemalige Manager des Unternehmens sind selbständige Telearbeiter geworden, bekommen ein bestimmtes Auftragskontingent von *Rank Xerox* über einen gewissen Zeitraum garantiert und sind ansonsten freie Unternehmer. Dank der sorgfältigen Auswahl der Telearbeiter, insbesondere hinsichtlich unternehmerischen Denkens, haben sich einige mittlerweile zu Besitzern prosperierender Unternehmen entwickelt. In Deutschland hat das amerikanische Unternehmen AT&T eine vergleichbare Reorganisationsmaßnahme durchgeführt, bei der eine größere Zahl von festangestellten Mitarbeitern nun als Selbständige mit einer zeitlich begrenzten Auftragsgarantie für das Unternehmen tätig wird.

Insbesondere für Höherqualifizierte mit Neigungen zum selbstbestimmten Arbeiten besteht die Chance, im Rahmen der Telearbeit eine eigene Existenz aufzubauen. Hierbei handelt es sich zumeist um Personen, die ihre relativ starke Position auf dem Arbeitsmarkt zur Existenzgründung genutzt haben (*Konstruktionsbüro Pollozek*). Andere haben eine Marktlücke erkannt und eigene Dienstleistungsunternehmen (Schreibarbeiten, Übersetzungen etc.) gegründet, die selbst wiederum Telearbeiter beschäftigen (*Telergos*, Digit Text, Bonnscript).

In vielen Fällen handelt es sich bei der Telearbeit von Selbständigen allerdings um geringer qualifizierte Tätigkeiten, die in der Regel von Frauen in Teilzeit- oder Gelegenheitsarbeit zu Hause ausgeübt werden. Die Telearbeiter sind zumeist von einem Auftraggeber abhängig, der sie jedoch nicht kontinuierlich mit Aufträgen versorgt, sondern als Kapazitätspuffer nutzt. Eine gewisse Zufriedenheit kann nur aufkommen, wenn diese Form der Telearbeit als Zusatzverdienst zum Familieneinkommen betrieben wird (*Fotosatz Froitzheim*).

Empirische Untersuchungen in Deutschland in den 80er Jahren haben gezeigt, daß ein Großteil der Telearbeiter in der Druckindustrie bzw. sonstige Texterfasser in ungeschützten Beschäftigungsverhältnissen arbeiten (Goldmann/Richter 1986, Erler/Jaeckel/Sass 1987, Klug/Discher/v. Collenberg 1987).

Unter betriebswirtschaftlichen Kostengesichtspunkten ist diese Form der Telearbeit für Arbeitgeber am interessantesten. Weil auf der anderen Seite der Schutz der Arbeitnehmer gering ist und die Risiken und soziale Kosten den Telearbeitern überlassen bleiben, stoßen solche Formen der Telearbeit auf massive Kritik der Gewerkschaften. Entsprechend gering ist die Neigung von Unternehmen, die formal Selbständige beschäftigen, hiermit an die Öffentlichkeit zu treten.

Telearbeiter nach dem Heimarbeitsgesetz

Telearbeit nach dem Heimarbeitsgesetz spielt hingegen bislang keine große Rolle. Nach wie vor führt die große Mehrzahl der Heimarbeiter - in der Regel sind es Frauen - handwerkliche Tätigkeiten durch. Bekanntgeworden sind einige Telearbeitsanwendungen aus dem Verlagswesen (z.B. AZ Direct Marketing Bertelsmann), wo Daten- und Texterfassungskräfte nach dem Heimarbeitsgesetz beschäftigt werden.

3.5.2 Zeitlicher Modus der Telearbeit

Neben den arbeitsvertraglichen Regelungen kann sich auch der zeitliche Modus der Telearbeit erheblich unterscheiden. So wird Telearbeit sowohl als Vollzeit-, Teilzeit- oder zeitlich befristete Beschäftigung ausgeübt. Ein Spezialfall ist die geringfügige Beschäftigung unter der Sozialversicherungspflicht-Grenze von derzeit 590 DM, die insbesondere von Frauen zur Aufbesserung des Haushaltseinkommens praktiziert wird.

Zwar ist auch im Rahmen der Telearbeit die Vollzeit-Tätigkeit vorherrschend, die räumliche Flexibilisierung kann jedoch sehr gut mit einer Teilzeittätigkeit verbunden werden, wie zahlreiche von uns untersuchte in- und ausländische Fallbeispiele zeigen. So kann Telearbeit dazu eingesetzt werden, einen sozialverträglichen Abbau der Belegschaft zu erreichen (*British Telecom*). Sehr häufig wird Teilzeitarbeit auch dann praktiziert, wenn insbesondere bei Frauen Berufstätigkeit mit Kindererziehung verknüpft werden soll (*ICL*). Arbeit während des Erziehungsurlaubs steht in

Deutschland dem Anspruch auf Erziehungsgeld nicht entgegen, wenn die maximale wöchentliche Arbeitszeit höchstens 19 Stunden beträgt (*Dresdner Bank, Württembergische Versicherung*).

Wie bereits erwähnt ist die quasi selbständige Erwerbstätigkeit oft mit einer zeitlichen Flexibilisierung verbunden. Insbesondere geringqualifizierte Tätigkeiten werden in 590-DM-Jobs betrieben oder nach Bedarf kurzfristig angeworben. Dies muß nicht in jedem Fall für die Betroffenen als Nachteil angesehen werden, wenn damit eine Zuerwerbsmöglichkeit verbunden ist und keine Abhängigkeit von dieser Erwerbsquelle besteht. Auch qualifiziertere Tätigkeiten werden verstärkt in Form von Werkverträgen, d.h. zeitlich befristet durchgeführt.

3.5.3 Veränderung des Beschäftigtenstatus

Für die große Mehrheit der Telearbeitsanwendungen gilt, daß im Rahmen der Einführung der Telearbeit sich nichts am Beschäftigtenstatus der Mitarbeiter verändert hat. D.h. die Mitarbeiter waren vor Beginn der Telearbeitseinführung auf einer Vollzeitstelle festangestellt und sind dies als Telearbeiter nach wie vor. Die Höhe der Lohn- und Lohnnebenkosten verändern sich folglich nicht, für die Mitarbeiter ergeben sich auch keine Veränderungen hinsichtlich ihrer sozialen Schutzrechte.

Bei einigen der untersuchten Anwendungsfälle der Telearbeit sind jedoch interessante Änderungen hinsichtlich des rechtlichen Status und des zeitlichen Modus der Telearbeit eingetreten. In der Tabelle 3.4 wurden die unterschiedlichen Formen der Veränderung des Beschäftigtenstatus im Rahmen der Telearbeit in Übersichtsform zusammengestellt.

Angesprochen wurde bereits, daß Telearbeit ehemaligen Angestellten, aber auch Arbeitslosen bzw. Nichterwerbstätigen die Chance zur Verselbständigung bzw. zur Unternehmensgründung bietet. Für die Betroffenen ist dies oft nur eine bessere Alternative zur Arbeitslosigkeit bzw. die einzige Möglichkeit, private Interessen mit Erwerbsarbeit zu verbinden.

früherer Beschäftigtenstauts	heutiger Beschäftigtenstatus als Telearbeiter	Fallbeispiele
Festangestellte	Selbständige, „Scheinselbständige"	Rank Xerox, Fotosatz Froitzheim
Arbeitslose, Nichterwerbstätige	Selbständige	Konstruktionsbüro Pollozek, Archipelago
Festangestellte Vollzeit	Festangestellte Teilzeit (dauerhaft)	British Telecom, ICL
Festangestellte Vollzeit	Festangestellte Teilzeit (befristet auf Erziehungsurlaub)	Württembergische Versicherung, Dresdner Bank
Arbeitslose, Nichterwerbstätige	Freiberufliche Telearbeiter, Angestellte in Telearbeitszentren -> später teilweise Festanstellung bei Kunden	Programmier-Service GmbH
Nichterwerbstätige, Selbständige	Vernetzung, virtuelle Unternehmen	PragmaText, Rauser Advertainment

Tabelle 3.4: Veränderung des Beschäftigtenstatus © *empirica*

Telearbeit wird nicht selten mit einer Reduzierung der Arbeitszeit verknüpft. Die Teilzeittätigkeit kann dauerhaft sein oder, wie im Fall des Erziehungsurlaubs, zeitlich befristet. Im letzteren Fall bietet sich die Möglichkeit zur Rückkehr in eine Vollzeitstelle im Betrieb oder auch zur Beibehaltung der Telearbeit mit erhöhter Stundenzahl. Neben den bereits genannten Beispielen gibt es zahlreiche weitere derartige Anwendungen insbesondere bei Banken und Versicherungen sowie in der Software- und Computerindustrie.

Nichterwerbstätige oder Arbeitslose erhalten die Möglichkeit, vorübergehend nach Bedarf oder per Werkvertrag als freiberuflicher Telearbeiter zu arbeiten; manchen gelingt es, über diesen Weg zu einer Festanstellung zu gelangen. Manchmal ist Telearbeit in Telearbeitszentren auch nur eine Zwischenstation zwischen Nichterwerbstätigkeit bzw. Arbeitslosigkeit und Festanstellung. So gelingt es immer wieder Mitarbeitern eines Telearbeitszentrums für Behinderte (*Programmier-Service GmbH*), eine Festanstellung bei ehemaligen Auftraggebern zu erhalten.

Darüber hinaus schließen sich vormals Selbständige oder Arbeitslose zu Netzwerken bzw. virtuellen Firmen zusammen, sei dies unbefristet oder zeitlich befristet für die Dauer eines Projektes. Auf diese Weise lassen sich Kompetenzen und Fähigkeiten bündeln, zum Vorteil aller Beteiligten.

3.5.4 Regelungen für festangestellte Telearbeiter

Bei den festangestellten Telearbeitern sind die Regelungen hinsichtlich der Arbeitssituation zu Hause individuell oder sozialpartnerschaftlich auszuhandeln. Hierzu sind in den letzten Jahren im Rahmen von Telearbeitsanwendungen zwischen Unternehmen und Betriebsrat bzw. Gewerkschaft verschiedene Betriebsvereinbarungen und Tarifverträge abgeschlossen worden. In anderen Fällen begnügte man sich mit individuellen Einzelregelungen in Form von Zusatzvereinbarungen zum Arbeitsvertrag oder informellen Absprachen.

individuelle Regelung

Bei einer Vielzahl von Telearbeitsanwendungen bestehen - insbesondere bei alternierender Telearbeit - nur informelle Vereinbarungen zwischen Telearbeiter und jeweiligem Vorgesetzten. Andere treffen Zusatzvereinbarungen zum Arbeitsvertrag, worin die relevanten Aspekte der Telearbeit, wie die Ausstattung des häuslichen Arbeitsplatzes und ihre Finanzierung, der Zugang zum Heimbüro, Aufwandserstattung, Arbeitszeit, Datenschutz und Datensicherheit sowie Fragen der Haftung und des Versicherungsschutzes festgehalten werden.

Betriebsvereinbarung

Bis vor wenigen Jahren wurde Telearbeit nur in Ausnahmefällen über spezielle Betriebsvereinbarungen zwischen Arbeitgebern und Arbeitnehmervertretern (Betriebsrat) geregelt (vgl. Robinson/Huws 1993). Sehr bekannt geworden ist die Betriebsvereinbarung von *IBM* über außerbetriebliche Arbeitsstätten vom Sommer 1991, deren wichtigste Regelungen in Tabelle 3.5 abgedruckt sind. Der vollständige Text ist bereits in zahlreichen Publikationen nachzulesen (z.B. Dürrenberger/Jäger 1993, IG Metall 1993, Godehardt 1994, Glaser/Glaser 1995), kann aber auch direkt bei *IBM* angefordert werden.

IBM-Betriebsvereinbarung über außerbetriebliche Arbeitsstätten

- Der Arbeitnehmerstatus bleibt unverändert, alle betrieblichen Regelungen oder Personalprogramme gelten unverändert oder sinngemäß.

- Die Einrichtung einer außerbetrieblichen Arbeitsstätte ist freiwillig. Sie erfolgt auf Antrag des Mitarbeiters, erfordert jedoch die Zustimmung der Führungskraft.

- Der Zutritt von Unternehmens- und Arbeitnehmervertretern zum Heimarbeitsplatz bedarf der Zustimmung des Telearbeiters.

- Der Telearbeiter erhält für Energie, Reinigung etc. eine monatliche Pauschale (von 40 DM) vergütet, Telefonkosten werden gegen Nachweis erstattet.

- Die notwendigen Arbeitsmittel werden vom Unternehmen kostenlos zur Verfügung gestellt. Die Wartung der IBM-Geräte erfolgt im Betrieb.

- Die elektrischen Arbeitsmittel werden vom Telearbeiter selbst nach Hause transportiert und dort angeschlossen. Zuvor muß eine Schutzleiterprüfung von einem Fachbetrieb vorgenommen werden.

- Die private Nutzung der von IBM gestellten Arbeitsmittel ist nicht zulässig, insbesondere das Einlesen privater und privat beschaffter Programme oder Datenträger.

- Im Büro gelten festgelegte Arbeitszeiten, die Arbeitszeit zu Hause wird teils als betriebsbestimmte Zeit vorgegeben und ist teils als selbstbestimmte Zeit frei wählbar.

- Der Telearbeiter führt ein Arbeitstagebuch, in dem alle vergütungsrelevanten Zeiten dokumentiert werden und das am Monatsende der Führungskraft vorgelegt wird.

- Um anerkannt zu werden, muß Mehrarbeit im voraus von der Führungskraft angeordnet sein.

- Fahrtkosten zwischen der betrieblichen und außerbetrieblichen Arbeitsstätte werden nicht erstattet. Fahrtzeiten finden keine Anerkennung.

- Notwendige Arbeitsunterlagen können mit Zustimmung der Führungskraft an den Heimarbeitsplatz verbracht werden.

- Vertrauliche Daten und Informationen sowie Paßwörter sind so zu schützen, daß Dritte keine Einsicht nehmen können.

- Die Haftung des Telearbeiters, Familienangehöriger sowie berechtigter Besucher gegenüber dem Unternehmen ist auf Vorsatz und grobe Fahrlässigkeit beschränkt.

- Der Heimarbeitsplatz kann von beiden Seiten mit einer Ankündigungsfrist von drei Monaten zum Quartalsende aufgegeben werden.

Tabelle 3.5: Regelungen der IBM-Betriebsvereinbarung © empirica

Tarifvertrag Deutsche Telekom AG - Deutsche Postgewerkschaft

- Der Arbeitnehmerstatus der Telearbeiter bleibt erhalten. Eine „Scheinselbständigkeit" findet nicht statt.

- Die Teilnahme am Pilotprojekt ist freiwillig. Ein Rückkehrrecht auf den herkömmlichen Arbeitsplatz wird gewährleistet.

- Die Eignung der häuslichen Arbeitsstätte wird durch eine Begehung durch den jeweiligen Projektleiter geprüft, an der auch der Betriebsrat teilnehmen kann.

- Die Telearbeiter dürfen nicht benachteiligt werden; dies gilt sowohl für die Bezahlung als auch das berufliche Fortkommen.

- Die Aufteilung der Arbeitszeit in häusliche und betriebliche wird schriftlich vereinbart. Einerseits soll der Anteil der häuslichen selbstbestimmten Arbeitszeit so groß wie möglich sein. Andererseits soll gesichert werden, daß der soziale Kontakt zum Betrieb erhalten bleibt.

- Der Telearbeiter muß die geleisteten Arbeitszeiten und -aufgaben in einem Arbeitstagebuch festhalten und dem jeweiligen Projektleiter nach dem Monatsende vorlegen.

- Mehrarbeit muß vom Arbeitgeber im voraus angeordnet werden, eine nachträgliche Genehmigung ist nicht möglich.

- Der Arbeitgeber stellt die Arbeitsmittel, die nicht für private Zwecke genutzt werden dürfen, kostenlos zur Verfügung. Auf- und Abbau sowie die Wartung erfolgt durch den Arbeitgeber.

- Die notwendige Aufwandserstattung wird am Ende des Erprobungszeitraums festgelegt. Fahrtkosten werden nicht erstattet.

- Nach Abstimmung mit dem Telearbeiter haben sowohl Projektleiter als auch Betriebsrat Zugang zur häuslichen Arbeitsstätte.

- Vertrauliche Daten und Informationen sind vom Telearbeiter so zu schützen, daß Dritte keine Einsicht und/oder Zugriff nehmen können.

- Eine maschinelle Leistungs- bzw. Verhaltenskontrolle kann nur dann vorgenommen werden, wenn eine entsprechende Vereinbarung zwischen Arbeitgeber und Betriebsrat dies ausdrücklich zuläßt.

- Von den Telearbeitern wird eine aktive Mitarbeit im Pilotprojekt erwartet. Die im Rahmen der Projekte gewonnenen Erfahrungen müssen von den Telearbeitern dokumentiert werden.

- Von beiden Seiten kann die häusliche Arbeitsstätte ohne Angabe von Gründen mit einer Ankündigungsfrist von einem Monat zum Ende eines Kalendermonats aufgegeben werden.

Tabelle 3.6: Regelungen des Tarifvertrags Deutsche Telekom AG - DPG © empirica

Mittlerweile sind andere Unternehmen dem Beispiel IBM gefolgt. Unter anderem haben Siemens, die Allianz Lebensversicherung, der Landwirtschaftliche Versicherungsverein Münster (siehe Anhang 4), die Hypo Bank, Hewlett Packard, Intel, debis Systemhaus und das Bundesministerium für Arbeit und Sozialordnung ebenfalls Betriebsverordnungen zu Telearbeit abgeschlossen, bei weiteren Unternehmen ist eine Betriebsvereinbarung in Vorbereitung (z.B. Continentale, *Dresdner Bank*, Kraftwerk-Union). Ausländische Beispiele mit detaillierten Regelungen aus unseren Fallstudien sind beispielsweise *ICL* und *British Telecom* in Großbritannien sowie die Versicherung *ABB* in Belgien.

Tarifvertrag

Auch einige Telearbeits-Tarifverträge, die im Gegensatz zur Betriebsvereinbarung für das gesamte Unternehmen gelten, wurden bereits abgeschlossen. Zu nennen sind der Manteltarifvertrag zwischen der Genossenschafts-Rechenzentrale Norddeutschland und der Gewerkschaft Handel, Banken und Versicherungen (HBV) (1.4.1994), der Deutschen Telekom AG und der Deutschen Postgewerkschaft (DPG) (10.10.1995) sowie der Tarifvertrag über Vereinbarkeit und Familie zwischen der IBM Informationssysteme GmbH und der Deutschen Angestellten Gewerkschaft (DAG) (1.1.1996).

In der Tabelle 3.6 werden die wichtigsten Regelungen des Tarifvertrages zwischen der Telekom und der DPG wiedergegeben. Zudem ist im Anhang 4 der Tarifvertrag vollständig abgedruckt.

3.6 Die technischen Aspekte

Im vorliegen Kapitel wird zunächst die im Rahmen der Telearbeit eingesetzte Hard- und Software sowie die Kommunikationsausstattung dezentraler Arbeitsplätze angesprochen. Anschließend werden die technischen und organisatorischen Maßnahmen genannt, die Unternehmen durchführen, um Datenschutz und Datensicherheit zu gewährleisten.

3.6.1 Technikeinsatz

80er Jahre

In den Anfängen der Telearbeit waren vielfach der unvernetzte (stand-alone) PC und der Diskettenversand per Post oder Bote die vorherrschende Technik. Zur Absprache kamen neben dem

Telefon allenfalls Telefax oder persönliche Treffen hinzu. Online-Datenverbindungen waren eher die Ausnahme, Bewegtbildübertragungen technisch noch nicht realisierbar. Auch Textübertragungsdienste wurden von Telearbeitsprojekten kaum genutzt. Der Teletex-Dienst, der Anfang bzw. Mitte der 80er Jahre im Rahmen verschiedener Telearbeitsprojekte von Siemens und der baden-württembergischen Landesregierung erprobt wurde, konnte sich nicht durchsetzen und ist mittlerweile von der Deutschen Telekom AG eingestellt worden.

Zeitraum	Technik	Tätigkeiten	deutsche Beispiele
80er Jahre	Speicherschreibmaschine, (Stand alone) PC, Diskettenversand, Akustikkoppler, Modem, Telefon, Telefax, Teletex	Datenerfassung Textverarbeitung Programmieren Übersetzen wiss. Arbeiten	Integrata Modellversuch BaWü Siemens Rechenzentren Druckindustrie
90er Jahre	vernetzter PC, Notebook, Mobilfunk, ISDN, Kommunikationssoftware, E-Mail, Internet, Online-Dienste, Bildtelefon	Softwareentwicklung Kundenbetreuung wiss. Arbeiten Sachbearbeitung Managementaufgaben Textverarbeitung	IBM, Hewlett Packard, Württemberg. Vers., Allianz, Dresdner Bank, Hypobank, Deutsche Telekom, Telehäuser, virtuelle Unternehmen

Tabelle 3.7: Technik und Anwendungen der Telearbeit im Zeitvergleich © empirica

Seitdem hat sich, was die Entwicklung und Verbreitung der Technik betrifft, vieles gewandelt. Die Kompatibilität der IuK-Endgeräte wird durch die fortschreitende Standardisierung und Normung ständig gesteigert. Durch ISDN und neue Netze auf Glasfaserbasis sowie die Liberalisierung in der Telekommunikation wird das Angebot an Telekommunikationsdiensten immer breiter. Videokommunikation wird von der Deutschen Telekom AG über ISDN in einer akzeptablen Qualität angeboten. Die Verbreitung von Onlinediensten im Internet und über T-Online oder CompuServe nimmt rasch zu. Auf dem Markt sind neue Kommunikationssoftware-Produkte und verteilte Datenbank- und

Dokument-Management-Systeme (z.B. Lotus Notes), die die Zusammenarbeit räumlich verteilter Teams unterstützen. Zudem gibt es in den USA und Großbritannien seit einigen Jahren Versuche, audiovisuelle Medien zur Unterstützung der formellen und informellen Kommunikation innerhalb der Gruppenarbeit über Distanzen hinweg einzusetzen (vgl. Aring/Robinson 1990, Korte 1990).

90er Jahre

Heute sind die meisten Telearbeitsplätze kommunikatonstechnisch an die Zentrale angebunden. Für die Datenkommunikation werden als Telekommunikationsnetze das analoge Telefonnetz per Modem, ISDN, Datex P oder Standleitungen genutzt, wobei die Wahl sich zumeist an den Kosten orientiert. Neben Telefon (oft Zweitanschluß) und Fax (separates Gerät oder als PC-Lösung) wird auch Electronic Mail immer mehr zur Selbstverständlichkeit. Je nach Tätigkeitsfeld sind neben PCs auch Terminals (Zugriff auf Zentralrechner) oder Workstations (Software- und CAD-Entwicklung) im Einsatz. Daneben verfügen viele Telearbeiter über einen eigenen Drucker. Mobile Telearbeiter nutzen tragbare Rechner und (teilweise auch) Mobilfunkgeräte bzw. Kofferlösungen mit Notebook, Mobiltelefon sowie Fax/Drucker.

In Deutschland befindet sich bei festangestellten Telearbeitern die technische Ausrüstung in aller Regel im Firmenbesitz. *Integrata* ist hier eine Ausnahme, allerdings werden die Telearbeiter durch eine Nutzungspauschale entschädigt. Anders ist es bei einigen ausländischen Unternehmen. Dort vertritt man die Auffassung, Telearbeit sei der Wunsch der Beschäftigten, folglich hätten diese auch für die technische Ausrüstung aufzukommen. Die anfallenden Kosten für Sprach- und Datenübertragung werden jedoch überall von den Unternehmen übernommen.

Im Hinblick auf die kommunikationstechnische Anbindung des Heimarbeitsplatzes lassen sich - sieht man einmal von den Anwendungen ab, die allein auf der Telefonkommunikation basieren - Online- und Offline-Arbeitsplätze unterscheiden. Eine Dauerverbindung ist dann notwendig, wenn die vom Telearbeiter benötigten Anwendungsprogramme nur auf dem zentralen Host verfügbar sind. Dies ist beispielsweise oft bei der Softwareentwicklung oder im Bereich der Sachbearbeitung der Fall. In einer Vielzahl uns bekannter Telearbeitsanwendungen werden jedoch nur Dokumente und Arbeitsergebnisse ausgetauscht (File-Transfer) sowie elektronische Mitteilungen verschickt, wofür nur kurzzeitig eine Wählverbindung aufgebaut werden muß. Wie im Kapitel zur Wirtschaftlichkeit (Kap. 3.8) noch näher angesprochen wird, unterscheiden sich die anfallenden Telekommunikationskosten beider Anwendungsarten erheblich.

Wie unsere Untersuchungen zeigen, nimmt die asynchrone schriftliche Kommunikation mittels E-Mail im Rahmen der Telearbeit, sei es für den formellen wie informellen Informationsaustausch, mittlerweile eine wichtige Rolle ein. Sie bietet u.a. den Vorteil, daß unabhängig von der Anwesenheit und Empfangsbereitschaft des Adressaten jederzeit Nachrichten versandt werden können. Durch schwarze Bretter in elektronischer Form (Bulletin Boards) kann die Einbindung der Telearbeiter ins Unternehmen zusätzlich verstärkt werden (*Schweizerische Kreditanstalt*). Das britische Unternehmen *ICL* hat über die letzten Jahre hinweg sogar einen Online Newsletter für die Telearbeiter entwickelt und gute Erfahrungen damit gemacht.

Bewegtbildübertragung und Voice-Mail werden im Rahmen der Telearbeit bislang noch recht selten eingesetzt. Ein Beispiel für die Anwendung der Bewegtbildübertragung geben die Betriebsversuche von *British Telecom* (Inverness, Southampton), wo ISDN-Bildtelefone sowohl für die Kommunikation zwischen Telearbeiter und Vorgesetzten als auch für private Gespräche unter den Telearbeitern nach Dienstschluß zum Einsatz kommen (vgl. British Telecom 1988-1992, Gray/Hodson/Gordon 1993). Hierzulande hat das Software- und Beratungsunternehmen *Integrata* bereits 1989/90 im Auftrag der Deutschen Telekom ein Pilotprojekt zur Unterstützung der Telearbeit von Führungskräften mittels ISDN-Bildtelefon durchgeführt und auf diesem Gebiet erste Erfahrungen gesammelt (vgl. Anderer 1990). Die Deutsche Telekom selbst setzt bei ihren 1995 gestarteten Telearbeitsprojekten Team Media-Endgeräte ein.

Die durchgeführten Fallstudien haben gezeigt, daß die technischen Voraussetzungen gegeben sind, Telearbeit zufriedenstellend realisieren zu können. Probleme im Zusammenhang mit der Technik wurden nur in wenigen Fällen genannt. Sie können beispielsweise dann auftreten, wenn Telearbeiter eigene Geräte verwenden und dabei die Kompatibilität nicht immer gewährleistet ist (PC-Welt, Macintosh-Welt). Schwachstellen, wie sie von dem ansonsten gut ausgestatteten *IBM*-Projekt berichtet werden, wie niedrige Datenübertragungsrate oder abweichende Tastaturen, lassen sich leicht abstellen bzw. vermeiden.

3.6.2 Datenschutz und Datensicherheit

Mit Telearbeit ist zumeist auch die Auslagerung von Firmenunterlagen und die Übermittlung von Datenbeständen verbunden. Die Sicherheit der Daten hat daher für alle Unternehmen eine große Bedeutung. Ganz besonders sensibel sind in diesem Zusammenhang u.a. Banken, Versicherungen und Rechenzentren.

technische Maßnahmen

Die Telearbeit betreibenden Unternehmen haben daher eine Reihe technischer Maßnahmen getroffen, Datenschutz und die Datensicherheit sicherzustellen. Beispielsweise sollen spezielle Zugangskennwörter, Paßwörter und Call-Back-Verfahren den unberechtigten Zugriff auf den Host ausschließen. Letzteres bedeutet, daß die Verbindungen von Kommunikationsservern im Netzwerk aktiviert werden. Bei Kreditinstituten, wie der *Dresdner Bank*, bestehen keine Zugriffsmöglichkeiten auf Praxisrechner, auf denen Bankanwendungen laufen.

Verhaltensregeln

Zugleich wurden gewisse Verhaltensregeln für die Mitarbeiter aufgestellt. In Verpflichtungserklärungen wird beispielsweise festgehalten, daß eingehende Disketten vor ihrer Anwendung zuerst mittels Virenprüfprogrammen zu überprüfen sind, der Zugang zum häuslichen Arbeitszimmer vor Unbefugten zu schützen ist oder klassifizierter Papierausschuß nur in Firmenräumen entsorgt werden darf. Einige Unternehmen verpflichten die Telearbeiter, PC und Firmenunterlagen zu Hause abzuschließen. Während manche Unternehmen von vorne herein eine private PC-Nutzung ausschließen, lassen andere eine Nutzung auch für private Zwecke oder Weiterbildung zu.

Andererseits gibt es auch Beispiele dafür, daß Unternehmen ganz bewußt sensible Erfassungs- und Schreibarbeiten an Serviceunternehmen im Rahmen von Telearbeitsverhältnissen vergeben, um diese Informationen von eigenen Mitarbeitern fernzuhalten (z.B. einige Kunden von *Telergos* in Frankreich).

3.7 Die organisatorischen Aspekte

Nachfolgend kommen wir auf die organisatorischen Aspekte und das laufende Management der Telearbeit zu sprechen. Angesprochen werden die Themenfelder Arbeitsorganisation, Führung und Kontrolle sowie die Organisation und technische Unterstützung der Kommunikationswege. Zwangsläufig müssen hierzu bei dezentraler Arbeit einige Veränderungen vorgenommen werden, deren Ausmaß sich allerdings je nach Anwendung erheblich unterscheiden kann.

3.7.1 Arbeitsorganisation

Inwieweit gegenüber den durchgeführten Aufgaben vor Einführung der Telearbeit Unterschiede bestehen, ist bei den untersuchten Fallstudien recht unterschiedlich. In manchen Fällen wird das gleiche Arbeitspensum wie bisher erledigt, bei anderen ist eine Veränderung eingetreten. Dabei können neue Tätigkeiten hinzukommen oder alte entfallen. Ersteres trifft zu, wenn zusätzliche Kontakte aufgrund größerer zeitlicher Flexibilität hinzutreten, beispielsweise um außerhalb der klassischen Bürozeiten mit Übersee zu telefonieren (z.B. *IBM*). Letzteres ist zum Beispiel dann der Fall, wenn die Kundenkontakte nun von Mitarbeitern im Büro erledigt werden (*Württembergische Versicherung*).

Bei alternierender Telearbeit werden zumeist an unterschiedlichen Orten unterschiedliche Tätigkeiten durchgeführt. Beispielsweise werden zu Hause solche Tätigkeiten erledigt, die eine gewisse Ruhe und Konzentration erfordern, wie Texte zu formulieren oder konzeptionell zu arbeiten. Hierzu kann es notwendig werden, bestimmte Firmenunterlagen mit nach Hause zu nehmen. Besprechungen werden hingegen üblicherweise im Büro durchgeführt.

Der Anteil der häuslichen Arbeit reicht von (annähernd) 100% (Teleheimarbeit) bis hin zu nur sporadischer Arbeit am häuslichen Schreibtisch (z.B. im Bereitschaftsdienst). Dazwischen gibt es alle Formen alternierender Telearbeit, wobei die Variante jeweils 2-3 Tage im Büro und zu Hause recht häufig praktiziert wird. Die Aufteilung kann nach festen **Regeln** geschehen, die sich aus dem Arbeitsablauf im Unternehmen ergeben, oder von Mal zu Mal mittels individueller Absprachen erfolgen.

Für viele Telearbeiter besteht die Flexibilität, dann zu Hause zu arbeiten, wenn es ihren Bedürfnissen entspricht. Allerdings kann es hierbei gewisse Einschränkungen geben, beispielsweise wenn der Zugang zum Host notwendig ist und dieser nur zu büroüblichen Zeiten besteht (z.B. 7-19 Uhr).

Das Unternehmen *IBM* unterscheidet in seiner Betriebsvereinbarung zwischen betriebsbestimmter und selbstbestimmter Arbeitszeit. In der schriftlichen Vereinbarung zwischen Telearbeiter und Unternehmen wird vereinbart, wie die betriebsbestimmte Arbeitszeit auf die Arbeitsstätten Betrieb und Wohnung auf- und die Wochentage verteilt wird (siehe Tab. 3.8). Den Zeitpunkt der selbstbestimmten Arbeitszeit an der außerbetrieblichen Arbeitsstätte kann der Telearbeiter frei wählen.

Wochen-tag	betriebliche Arbeitsstätte			außerbetriebliche Arbeitsstätte			Arbeits-zeit
	von	bis	Std.	von	bis	Std.	
Montag							
Dienstag							
Mittwoch							
Donnerstag							
Freitag							
Samstag							
Summen	===============>			===============>			

Tabelle 3.8: Arbeitszeiterfassung bei IBM   *Quelle: IBM*

3.7.2 Führung und Kontrolle

Im Zusammenhang mit der Telearbeit stellen sich neue Anforderungen an das Management, da Telearbeiter offensichtlich nicht mehr wie auf herkömmliche Weise über Anwesenheit kontrolliert werden können. Es wird ein Führungsstil notwendig, der nicht mehr an Prozessen (Präsenzkontrolle), sondern an Zielvorgaben und Arbeitsergebnissen orientiert ist (Führen durch Zielvorgabe). Hierbei treffen Mitarbeiter und Vorgesetzte gemeinsam Zielvereinbarungen, die jeder einzelne Mitarbeiter eigenverantwortlich erreichen muß.

Management by Objectives

Unsere Untersuchungen zeigen nun, daß die Vorreiter der Telearbeit bereits seit vielen Jahren „Management by Objectives" (MBO) betreiben (z.B. *Integrata, IBM, Dresdner Bank.*). Aufgrund der Tatsache, daß sie bereits einen für Telearbeit geeigneten Führungsstil praktizieren, haben diese Unternehmen natürlich einen erheblichen Startvorteil. Andere Unternehmen geben an, ihren Managementstil aufgrund der Einführung der Telearbeit modifiziert zu haben.

Gleichzeitig muß den Telearbeitern mehr Autonomie zugestanden und eine hohe Eigenverantwortung übertragen werden. Dies setzt beim Vorgesetzten großes Vertrauen in die Eigenmotivation und Leistungsfähigkeit des Mitarbeiters voraus, was wiederum einen großen Einfluß auf die bereits an anderer Stelle angesprochene Auswahl der Telearbeiter hat. Viele Telearbeitsanwender geben daher an, nur langjährige, erfahrene Mitarbeiter als Telearbeiter zu beschäftigen.

In den Fallstudien wird berichtet, daß auch viele Führungskräfte umlernen und Aufgaben viel stärker strukturieren und im voraus planen müssen als zuvor. Ein Vorgesetzter, der Telearbeiter erfolgreich führt, wird sich generell als eine gute Führungskraft erweisen. Die Anwendung neuer Managementmethoden hat einen positiven Effekt über die Telearbeit hinaus, da auch die betrieblichen Vorgänge effektiver werden.

elektronische Leistungskontrolle

Prinzipiell ermöglicht die technische Entwicklung auch eine elektronische Leistungsbemessung, z.B. über die Auswertung der Rechnerbelegzeiten. Einerseits sind solche Leistungskontrollen stark umstritten und in vielen Betriebsvereinbarungen untersagt, zum anderen sind sie für die Mehrzahl der Tätigkeiten ungeeignet, da lediglich eine quantitative Kontrolle ermöglicht wird. Zudem widerspricht eine ständige Kontrolle dem Gedanken des "Management by Objectives", da dem Kontollierten in diesem Sinne kein Vetrauen entgegengebracht wird. Die untersuchten

Anwenderunternehmen in Deutschland setzten solche Kontrollmöglichkeiten daher auch nicht ein. Im Ausland sind zwar prinzipiell Kontrollen erlaubt und zum Teil vertraglich festgelegt (*British Telecom*), jedoch werden diese wie im Falle von *Gateway 2000* nur durchgeführt, um allgemeine Effizienzdaten zu gewinnen.

Kontrolle des Heimarbeitsplatzes

Bleibt noch, auf die Kontrolle des häuslichen Arbeitsplatzes einzugehen, ein Aspekt, der unterschiedlich gehandhabt wird. Bei einigen Telearbeitsanwendern wird vor Inbetriebnahme eine Eignungsüberprüfung durch Begehung durchgeführt (Deutsche Telekom, BMA). Anderen reicht es aus, daß ein potentieller Telearbeiter die häuslichen Gegebenheiten durch Ausfüllen eines Formblattes (mit Skizze) glaubhaft darlegt (Landwirtschaftlicher Versicherungsverein Münster - siehe auch Anhang 4). Die meisten Unternehmen überlassen es jedoch der Eigenverantwortung des Telearbeiters und beschränken sich auf Hinweise hinsichtlich arbeitsschutzrechtlicher, ergonomischer und gesundheitlicher Bestimmungen.

3.7.3 Kommunikation

Telearbeit macht eine Veränderung des Kommunikationsverhaltens notwendig. Persönliche Kommunikation muß sehr viel stärker als bisher im voraus geplant werden, spontane Kommunikation kann in der Regel nur technisch vermittelt erfolgen, zudem ist eine Umstellung in der externen Kommunikation, z.B. mit Kunden, erforderlich.

persönliche Kommunikation

Mit der Auflösung traditioneller Bürostrukturen wird es notwendig, Kommunikationsmanagement zu betreiben, d.h. auch persönliche Kommunikation mehr als bisher systematisch zu planen. Ein möglicher Nebeneffekt ist, daß aufgrund besserer Vorbereitung Meetings effektiver werden, wie man überhaupt aufgrund besserer Planung effektiver arbeitet.

Viele Telearbeiter haben mit der Zeit festgestellt, daß nicht jedes Treffen notwendig ist (vgl. Nilles 1994), obwohl die persönliche Kommunikation von vielen nach wie vor als wünschenswert erachtet wird. Selbst bei Unternehmen, bei denen die Telearbeiter über keinen Büroarbeitsplatz mehr im Betrieb verfügen, wird Wert auf einen Bürotag gelegt. Als sehr nützlich für die Planung haben sich Meetings an feststehenden Tagen herausgestellt. Beispielsweise gilt bei *Integrata*: Freitag ist Bürotag.

Telefon und E-Mail

Für den ansonsten notwendigen internen Informationsaustausch zwischen Telearbeiter einerseits und Kollegen und Vorgesetzten andererseits wird intensiv das Telefon genutzt. Manche Erfahrungen lauten, daß es hierbei insbesondere bei den in der Zentrale verbliebenen Kollegen einer gewissen Eingewöhnung bedurfte, die anfangs Hemmungen hatten, ihre Kollegen zu Hause anzurufen. Bei vielen Telearbeitsanwendungen hat zudem die E-Mail einen starken Bedeutungszuwachs erfahren. So hat die Begleitforschung bei *IBM* (Glaser/Glaser 1995) gezeigt, daß die technisch vermittelte Kommunikation mittels Telefon und E-Mail im Rahmen der Telearbeit deutlich zugenommen hat.

externe Kommunikation

Hinsichtlich der externen Kommunikation beispielsweise mit Kunden gibt es mehrere Möglichkeiten. In manchen Fällen ist die eigene Erreichbarkeit auch am dezentralen Standort erwünscht bzw. notwendig. Die Nutzung von ISDN-Leistungsmerkmalen, wie die Anrufumleitung, stellt hierzu eine sinnvolle Lösung dar. Zudem kann externen Gesprächspartnern die Telefonnummer des Telearbeitsplatzes mitgeteilt bzw. sogar als Heimbüro auf die Visitenkarte gedruckt werden.

Andere wollen sich bewußt zu Hause hinsichtlich ihrer Erreichbarkeit abschotten und setzen ihre Sekretärin als Puffer ein oder streuen die private Telefonnummer nur im kleinen Kreis. Damit wird es möglich, was für manche Telearbeiter ja der eigentliche Anlaß ist, zu Hause ungestörter und damit produktiver als im Büro zu arbeiten.

Wiederum andere Unternehmen, in denen Telearbeitern volle Arbeitsflexibilität eingeräumt wird, geben die Telefonnummer der Telearbeiter nicht weiter, sondern lassen Kundenanrufe von Kollegen oder Vorgesetzten annehmen und die entsprechenden Informationen an die Telearbeiter weiterleiten (*Württembergische Versicherung*). Hierbei besteht die Gefahr, daß Büroarbeiter über sinkende Produktivität klagen, weil diese zusätzlich die Außenkommunikation der Telearbeiter mit erledigen müssen.

Callcenter

Ganz anders ist es bei Tätigkeiten, die auf der Telefonkommunikation basieren, wie Auskunft, Bestellannahme etc. Die Tendenz geht immer mehr dahin, ortsunabhängig sogenannte Callcenter einzurichten. Aufgrund des Einsatzes fortschrittlicher Technik ist es dabei für den Anrufer nicht ersichtlich, wo sich sein jeweiliger Gesprächspartner aufhält. Neben unserer Fallstudie *Gateway 2000*, gibt es eine ganze Reihe von weiteren Beispielen wie Dell oder Best Western, die am kostengünstigen Standort Dublin europaweit Kundenanfragen in allen Sprachen annehmen.

3.8 Die wirtschaftlichen Aspekte

Im folgenden wird angesprochen, welche Erfahrungen Unternehmen hinsichtlich der Wirtschaftlichkeit der Telearbeit gemacht haben. Erstaunlicherweise wurden von den uns bekannten Telearbeitsanwendern nur in wenigen Fällen detaillierte Kosten-Nutzen-Analysen durchgeführt. Publizierte Ergebnisse liegen, von sehr wenigen Ausnahmen abgesehen, nicht vor. Man könnte nun vermuten, daß es daran liegt, daß der Nutzenüberschuß der Telearbeit für viele Unternehmen offensichtlich ist. Viel wahrscheinlicher ist jedoch, daß ein solches Unterfangen aufgrund methodischer Schwierigkeiten - im Gegensatz zur Kostenseite ist die Nutzenseite nur schwer zu quantifizieren - erst gar nicht angegangen wird.

Im Kapitel 4.6.3 wird beispielhaft eine Modellrechnung durchgeführt. An dieser Stelle werden zunächst die relevanten Kosten- und Nutzenfaktoren einzeln betrachtet und die entsprechenden Erfahrungen der Telearbeitsanwender geschildert. Anschließend wird ein entsprechendes Resümee gezogen.

3.8.1 Kosten

Auf der Kostenseite kann zunächst zwischen den einmaligen Investitionskosten und den laufenden Kosten unterschieden werden. Zu ersteren gehören in erster Linie die Einrichtungskosten für die dezentralen Arbeitsplätze sowie die Planungskosten. Laufende Kosten entstehen u.a. durch die anfallenden Telekommunikationsgebühren sowie die monatliche Aufwandserstattung für die Telearbeiter. Über weitere Kostenaspekte, wie beispielsweise Schulungskosten oder Kosten für den Betrieb einer Hotline, werden von den Unternehmen in der Regel keine Detailangaben gemacht.

Kosten der Technik-Ausstattung	In Deutschland ist in der Regel die technische Ausstattung des Telearbeitsplatzes Firmeneigentum und wird entsprechend vom Unternehmen gestellt und bezahlt. Abhängig von Unternehmen und Tätigkeitsfeld schwanken die Einrichtungskosten für einen Telearbeitsplatz zwischen 5.000 DM (teilweise sogar weniger) und 20.000 DM. Da im Endgerätebereich sowohl bei PCs als auch vielen Telekommunikationsgeräten ein starker Preisverfall zu beobachten ist, wird von den Unternehmen, die Telearbeit durchführen, im allgemeinen den Kosten für die technische Ausstattung heute keine allzu große Bedeutung beigemessen.
Kosten der Ausstattung des Arbeitszimmers	Die Anschaffungskosten für die Ausstattung des häuslichen Arbeitszimmers hat zumeist der Telearbeiter zu tragen. Nur wenige der untersuchten Unternehmen stellen firmeneigenes Mobiliar zu Verfügung oder setzen die laufende Kostenpauschale, die in der Regel dem Telearbeiter gezahlt wird, so hoch an, daß damit entsprechende Kosten teilweise abgegolten werden (*Württembergische Versicherung*).
Planungskosten	Sonstige einmalige Kosten entstehen im Zusammenhang mit der Planung des Telearbeitsprojektes im Unternehmen. Der entsprechende Aufwand ist hier sehr unterschiedlich und hängt stark von der Größe des Unternehmens, der Zahl der Telearbeiter und der Unternehmensstrategie ab. Bei kleineren Projekten mit wenigen Telearbeitern, wie sie bislang vorherrschend sind, werden Planungskosten zwischen einem und fünf Mann-Monaten angegeben. In absoluten Zahlen um einiges höher fallen die entsprechenden Kosten aus, wenn externe Experten mit eingeschaltet werden und/oder eine unabhängige Begleitforschung durchgeführt wird. Aufgrund der Größe solcher Projekte muß dies bezogen auf den einzelnen Telearbeiter allerdings nicht zu höheren Planungskosten führen.
Telekommunikationskosten	Mit Abstand am meisten thematisiert werden von den Unternehmen die laufenden Telekommunikationskosten für Sprach- und Datenübertragung. Ihre Bedeutung ist entscheidend abhängig davon, ob eine Dauerverbindung zwischen Telearbeiter und Betrieb notwendig ist oder nicht. Aufgrund der Entfernungsabhängigkeit der Tarife, spielt neben der Anzahl der Heimarbeitstage die Distanz zwischen Wohnort des Telearbeiters und Büro eine entscheidende Rolle.

Die wirtschaftlichen Aspekte

Für viele Telearbeiter beschränkt sich am häuslichen Arbeitsplatz die Telekommunikationsnutzung auf Telefon, Fax und File-Transfer-Anwendungen. In Abhängigkeit von der Nutzungsintensität schwanken die anfallenden Kosten für die unternehmensinterne Kommunikation. Im City-Bereich liegen sie im Rahmen von ca. 100 DM pro Monat. Bei größerer Entfernung zum Büro können sie auf ein Vielfaches steigen.

Ganz anders ist es, wenn Online-Verbindungen zwischen Telearbeitsplatz und Zentrale notwendig sind. Hier betragen die monatlichen Telekommunikationskosten je nach Zahl der Heimarbeitsstunden (Vollzeit oder Teilzeit, Teleheimarbeit oder alternierende Telearbeit) selbst im City-Bereich (bis 20 km) schnell 500-1.000 DM und werden damit zu einem nicht zu unterschätzenden Faktor. Bei außerhalb des City-Bereichs wohnenden Telearbeitern verteuern sich die Telekommunikationskosten entsprechend und gefährden die Wirtschaftlichkeit dezentraler Arbeitsplätze. Daher haben Unternehmen, wie beispielsweise *IBM*, Anträge von weit vom Firmensitz entfernt wohnenden Mitarbeitern abgelehnt.

Betroffene Unternehmen machen daher eine Ausweitung der Telearbeitsplätze nicht zuletzt von der Entwicklung der Datenübertragungskosten abhängig. Forderungen nach deutlich niedrigeren Tarifen werden an die Deutsche Telekom gerichtet, bzw. man erwartet sich solche von der endgültigen Marktöffnung Anfang 1998. Aufgrund der seit Jahresbeginn 1996 gültigen Tarifreform sind zwar die Tarife im Fernbereich z.T. merklich billiger geworden, was zu einer Belebung der Telearbeit beitragen kann. Andererseits verteuern sich im Nahbereich - ebenso wie beim Zugang zu Online-Diensten - die Nutzungskosten erheblich.

Aufwandserstattung Sonstige laufende Kosten entstehen durch die bereits erwähnte Kostenpauschale, die Telearbeitern für Heizung, Strom und Mietanteil gezahlt wird. Hierbei gehen die Unternehmen recht unterschiedlich vor. Kleinere Unternehmen, in denen die Telearbeit eher informell geregelt ist, zahlen zum Teil gar keine Kostenpauschale, andere 40 DM (*IBM*), 50 DM (Hewlett Packard), 100 DM (Landwirtschaftlicher Versicherungsverein Münster) oder sogar 130 DM (Genossenschafts-Rechenzentrale Norddeutschland) bzw. 150 DM (*Württembergische Versicherung*), wobei in den beiden letztgenannten Fällen die Telefongebühren eingeschlossen sind. Teilweise können höhere Kosten gegen Nachweis geltend gemacht werden.

Einen Sonderfall stellt das Softwarehaus *Integrata* dar. Hier befinden sich die Endgeräte in der Regel im Besitz des Telearbeiters. Diesem werden für jede Arbeitsstunde, die er zu Hause für das Unternehmen arbeitet, pauschal 3 DM vergütet. Schließlich gibt es auch Unternehmen, die - um den bürokratischen Aufwand in Grenzen zu halten - nur eine einmalige Pauschale zahlen, wie es z.B. im IBM/DAG Tarifvertrag festgelegt wurde (1.000 DM).

3.8.2 Nutzen

Ein großer, wenn nicht der größte Nutzen der Telearbeit ist auf die höhere Produktivität der Telearbeiter zurückzuführen. Hinzu kommen unter Umständen direkte Kosteneinsparungen, die beispielsweise bei Outsourcing-Maßnahmen entstehen oder dann, wenn Büro- oder Liegenschaftsflächen eingespart werden können. Ein Großteil des Nutzens für Unternehmen, der durch die Einführung der Telearbeit entsteht, ist jedoch nicht oder nur sehr schwierig quantitativ zu messen. Er beruht u.a. auf qualitativ besserer Arbeit, größerer Flexibilität des Unternehmens, geringerem Krankenstand, der Bindung qualifizierter Mitarbeiter oder der Vermeidung, neue Mitarbeiter rekrutieren zu müssen. In Tabelle 3.9 sind mögliche Nutzenfaktoren des Einsatzes der Telearbeit einmal im Überblick zusammengestellt.

Steigerung der Produktivität

Der oftmals entscheidende wirtschaftliche Vorteil der Telearbeit entsteht durch die gestiegene Produktivität der Telearbeiter. Übereinstimmend mit der vorliegenden Literatur (vgl. z.B. Godehardt 1994, Gray/Hodson/Gordon 1993, Huws/Korte/Robinson 1990) wird auch in den TELDET-Fallstudien von der großen Mehrheit der Unternehmen über Produktivitätssteigerungen berichtet. Nur in zwei der untersuchten 56 Telearbeitsanwendungen sind Produktivitätsgewinne eher fraglich, während in keinem Fall eine geringere Produktivität beklagt wird.

Nutzenaspekte der Telearbeit für Unternehmen

- höhere Produktivität der Telearbeiter
- besseres Management (durch Anwendung neuer Managementmethoden)
- bessere Dienstleistungen und höhere Servicequalität
- schnellere Antwortzeiten
- höhere Flexibilität der Organisation
- Einsparung von Büroraum und dadurch geringere Bürogebäudekosten
- Einsparung von Technikausstattung im Büro
- Einsparung von Umzugskosten des Büros
- geringere Büromieten bei Telearbeitszentren außerhalb der City
- Erhalt peripherer Standorte als Telearbeitszentrum
- geringerer Krankenstand der Telearbeiter
- eingesparte Sozialleistungen (Essenszuschuß, Fahrgeldzuschuß)
- Einsparung von Parkplatzflächen, Energie etc.
- höhere Zufriedenheit der Mitarbeiter und bessere Arbeitsmoral
- geringere Mitarbeiterfluktuation und dadurch eingesparte Kosten für Stellenausschreibung und Lern- bzw. Eingewöhnungsphase neuer Mitarbeiter
- Erhalt qualifizierter Mitarbeiter und ggf. Einsparung von Neueinstellungen (z.B. bei Weiterbeschäftigung im Erziehungsurlaub bzw. trotz großer Entfernung zwischen Wohn- und Arbeitsort)
- Erschließung neuer Mitarbeiterpotentiale in entfernten Regionen, möglicherweise unter Erzielung von Lohnkostenvorteilen
- Einsparung der Ausgleichsabgabe für Behinderte
- niedrigere Lohn- und Lohnnebenkosten durch Beschäftigung freiberuflicher Telearbeiter
- Kosteneinsparung durch Outsourcing
- Abwälzung von Kosten (für Geräte etc.) auf freiberufliche Telearbeiter
- sanfter Abbau der Belegschaft (durch Teilzeit)
- Erprobung neuer Techniken, um selbst als Anbieter aufzutreten

Tabelle 3.9: Nutzen der Telearbeit für Unternehmen © empirica

Die Spannweite der angegebenen Produktivitätsgewinne reicht von 10% bis 40% (z.B. *Württembergische Versicherung* 10-20%, *ABB* 20%, *ICL* 40%). Solche Angaben beruhen aufgrund von Meßschwierigkeiten auf Einschätzungen der Beteiligten. Anders ist es bei Tätigkeiten, bei denen entsprechende Maßzahlen vorliegen. Beispielsweise gibt *Digital* an, daß Telearbeiter nicht zuletzt wegen geringerer Distanzen vom Wohnort aus 25% mehr Kundenbesuche durchführen.

Sowohl Telearbeiter als auch Vorgesetzte sind der Ansicht, daß durch Telearbeit die Produktivität zugenommen hat. Allerdings unterscheiden sich beide Gruppen in der Einschätzung der Höhe der Produktivitätsgewinne. Dies zeigen u.a. die *IBM*-Begleitforschungsergebnisse. Als weiteres Beispiel sei ein amerikanisches Großunternehmen genannt, wo die Telearbeiter eine Produktivitätssteigerung von 30%, die Vorgesetzten immerhin von 22% angeben (vgl. Nilles 1994).

Eine solche Produktivitätssteigerung hat einen enormen Einfluß auf das Ergebnis einer Kosten-Nutzen-Betrachtung. Es entsteht leicht ein monatlicher Nutzen von vorsichtig geschätzt 1.000 DM pro Telearbeiter und Monat (wenn man anstatt der Lohnkosten die Stundensätze berechnet, auch 2.000-3.000 DM). Dadurch können die entstandenen Kosten schnell ausgeglichen werden.

Ausschlaggebend für die höhere Arbeitsproduktivität der Telearbeiter sind die ruhigere Arbeitsatmosphäre zu Hause, die höhere Motivation und Leistungsbereitschaft der Telearbeiter, die Möglichkeit, den individuell optimalen Arbeitsrhythmus selbst zu bestimmen sowie der Zwang, sich und seine Arbeit besser zu organisieren und effektiver zu kommunizieren. *Rank Xerox*, das ehemalige Manager „outgesourct" hat, gibt als wichtigsten Grund die Tatsache an, daß die Telearbeiter nun auf eigene Rechnung arbeiten.

Einsparung von Büroraumkosten

Direkte Kosteneinsparungen treten bei Teleheimarbeit allein schon deshalb auf, weil auf den jeweiligen Arbeitsplatz im Büro verzichtet werden kann, womit entsprechende Kosten für die technische Ausstattung, Mobiliar und Bürofläche entfallen. Anders ist dies bei der alternierenden Telearbeit, bei der in der Regel im Büro ein zweiter Platz bestehen bleibt. Aufgrund der dargestellten Möglichkeit, Arbeitsplätze zu teilen (Shared Desk)

Die wirtschaftlichen Aspekte

bzw. individuell zuzuweisen (Touch Down Office), können jedoch z.T. erhebliche Kosteneinsparungen erzielt werden (*Mercury, Digital*).

Einsparung von Lohn- und Lohnnebenkosten	Gleiches gilt für die Einsparung von Lohn- und Lohnnebenkosten, wenn vormals abhängig beschäftigte Mitarbeiter nun freiberuflich beschäftigt werden. Zu diesem sensiblen Thema liegen uns allerdings nur wenige Zahlenangaben vor. Bei *Rank Xerox* wird der Betrag, den ein Manager das Unternehmen kostet, dem Einkommen des Managers gegenübergestellt. Die Differenz, die aus Firmensicht eingespart werden kann, beträgt umgerechnet etwa 50.000 DM pro Jahr.
bessere Arbeitsergebnisse	Kommen wir nun zu den qualitativen bzw. weniger leicht meßbaren Nutzenaspekten. In den untersuchten TELDET-Fallstudien berichtet die große Mehrheit der untersuchten Unternehmen über bessere Arbeitsergebnisse bei Telearbeitern, ohne daß diese formal gemessen wurden. Diese zeigen sich beispielsweise in einer im Vergleich zu herkömmlichen Büromitarbeitern geringeren Zahl von Fehlern bei Übersetzern (*ABB*) oder bei Datenerfassungskräften (AZ Direkt Marketing Bertelsmann).
niedrigere Krankenrate	Einige Unternehmen geben als weiteren Nutzen der Telearbeit die niedrigere Krankenrate an. Da in Deutschland nach Angaben des Bundesverbandes der Betriebskrankenkassen durchschnittlich im Jahr pro Mitarbeiter 20 Fehltage (eine andere Statistik spricht von einem durchschnittlichen Krankenstand von 5,5% der Belegschaft in der Industrie) verzeichnet werden (vgl. Student/Hornig/Sauga 1996), ist dies kein marginaler Faktor. Nilles (1994) jedenfalls zieht aus seinen Untersuchungen den Schluß, daß durch Telearbeit die Anzahl der jährlichen Krankheitstage um zwei Tage gesenkt werden kann.
Vermeidung von Neueinstellungen	Ein weiterer Nutzenaspekt entsteht aufgrund der Vermeidung von Neueinstellungen, wodurch nicht unerhebliche Kosteneinsparungen entstehen können. So wird beispielsweise bei der *Württembergischen Versicherung* die Ausbildung eines Versicherungskaufmanns mit 150.000 DM veranschlagt und bei einer Neuanstellung mit Kosten von 80.000 DM kalkuliert (vgl. Röthig 1996).

3.8.3 Kosten-Nutzen-Betrachtung

Zusammengefaßt zeigt die Praxis, daß aufgrund höherer Produktivität der Telearbeiter, Einsparung von Büroraumkosten und zahlreichen mehr oder weniger nur qualitativ erfaßbaren Nutzenfaktoren die Telearbeit wirtschaftlich tragfähig ist. Dies kann als sicher gelten, auch wenn bislang nur wenige detaillierte Kosten-Nutzen-Rechnungen durchgeführt wurden.

Eine der wenigen vorliegenden Untersuchungen kommt aus den USA, wo in einem Großunternehmen Mitarbeiter mit mittlerem Qualifikationsniveau und einem breiten Tätigkeitsspektrum alternierende Telearbeit betreiben, und berechnet einen jährlichen Nutzenüberschuß pro Telearbeiter von etwa 8.000 US $ (vgl. Nilles 1994). Der englische Netzanbieter *Mercury* kommt für das Top Management auf Einsparungen von 5.000 Pfund pro Jahr. Obwohl die Bedingungen sich in Deutschland teilweise unterscheiden, beispielsweise bei den Telekommunikationskosten, dürften Einsparungen in dieser Größenordnung auch hierzulande zu erreichen sein.

Ein Großteil der Kosten der Telearbeit entsteht in der Anfangsphase (Investitionskosten, Planungskosten), während der Nutzen erfahrungsgemäß mit der Zeit sogar noch ansteigt. In diesem Zusammenhang ist es aufschlußreich, den Zeitpunkt zu berechnen, zu dem die entstandenen Kosten durch den Nutzen ausgeglichen werden. Beim amerikanischen Beispiel ist dies nach 11 Monaten der Fall. *Mercury* kommt zu dem Schluß, daß der „Return of Investment" seines Telearbeitsprojektes bereits nach 45 Wochen im Top Management und 73 Wochen im mittleren Management erreicht wurde (vgl. Schmitz 1994).

Noch weitaus rentabler für Unternehmen ist Telearbeit, wenn die Personalkosten (und Lohnnebenkosten) durch arbeitsvertragliche Flexibilisierung merklich gesenkt werden können, wie dies bei *Rank Xerox* der Fall war.

Fast alle der im Rahmen des TELDET-Projektes untersuchten Unternehmen wollen Telearbeit in der Zukunft weiterführen bzw. ausdehnen. Auch dies mag als Zeichen dafür gelten, daß die Wirtschaftlichkeit der Telearbeit gegeben ist.

3.9 Die sozialen Aspekte

Die Einführung der Telearbeit hat natürlich auch für die Telearbeiter entsprechende Auswirkungen. Nachfolgend wird auf der Basis unserer Projekterfahrungen untersucht, ob sich die positiven Erwartungen erfüllt haben bzw. ob die von Kritikerseite geäußerten negativen Erwartungen bestätigt werden können. Erstere betreffen insbesondere den geringeren Pendelaufwand und die bessere Vereinbarkeit von Beruf und Familie bzw. privaten Interessen, letztere die Gefahr der sozialen Isolation der Teleheimarbeiter sowie befürchtete Nachteile hinsichtlich der Weiterqualifikation und der beruflichen Aufstiegsmöglichkeiten.

3.9.1 Pendelaufwand

Als großer Vorteil für Telearbeiter werden im allgemeinen die durch Reduzierung von Fahrten im Berufsverkehr eingesparte Zeit, der geringere Streß und die niedrigeren Kosten sowie die größere Unabhängigkeit bei der Wohnortsuche angesehen.

Unsere Untersuchungergebnisse bestätigen die Einschätzung, daß durch Telearbeit der Pendelverkehr reduziert werden kann. Ein anderer wichtiger Aspekt ist der, daß allein durch die mit Telearbeit verbundene Flexibilisierung der Arbeitszeit ein positiver Effekt erzielt wird. Telearbeiter können selbst an Büroarbeitstagen durch antizyklisches Verhalten Fahrten zur Rush-hour vermeiden und dadurch weniger streßbelastet den Arbeitsplatz bzw. die Wohnung erreichen.

Konkrete Zahlenangaben liegen allerdings nur bei denjenigen Telearbeitsprojekten vor, bei denen die Verkehrssubstitution mittels Telearbeit eine bedeutsame Zielsetzung war. Entsprechende empirische Untersuchungen wurden im Rahmen des Californian Telecommuting Pilot Project und des Telearbeitsprojekts des *Niederländischen Verkehrsministeriums* durchgeführt (Pendyala/Goulias/Kitamura 1991, Hamer/Kroes/van Ooststroom 1991).

Untersuchungsergebnisse

Die amerikanische Untersuchung weist nach, daß sich an Heimarbeitstagen die Anzahl der PKW-Fahrten der Telearbeiter um die Hälfte und die anderer Familienmitglieder um rund 25% verringert hat. Kompensierende Effekte in Form einer Verkehrsverlagerung auf andere Verkehrszwecke konnten weder bei den Telearbeitern noch ihren Familienmitgliedern festgestellt werden. Zudem haben sich die Aktionsräume nicht ausgeweitet, vielmehr wurden Aktivitäten wie Einkaufen, Freizeit oder Bildung in einem näheren Umfeld als vor dem Beginn der Telearbeit durchgeführt.

Auch die holländische Untersuchung stellt eine Verringerung der Fahrtenhäufigkeit fest, die allerdings mit 17% deutlich geringer ausfällt. Darüber hinaus sinkt auch dieser Studie zufolge die Anzahl der Fahrten der Haushaltsmitglieder von Telearbeitern um 9%, und die Fahrten zur Hauptverkehrszeit nehmen um 26% deutlich ab.

3.9.2 Arbeitsbedingungen und Arbeitsdisziplin

Wie gerade angesprochen ist die räumliche Flexibilität zumeist auch mit flexibler Einteilung der Arbeitszeit verbunden. Telearbeiter können daher die Arbeitszeit besser an ihren persönlichen Arbeitsrhythmus anpassen. Hiervon profitieren sowohl Telearbeiter (mehr Zeitsouveränität) als auch Unternehmen (höhere Mitarbeitermotivation führt zu höherer Produktivität und Kreativität)

Wie an anderer Stelle bereits geschildert, arbeiten Telearbeiter oft effektiver als Büroangestellte. Neben vielen anderen Faktoren kann dies auch mit Übermotivation und eingeschränkter Vergleichsmöglichkeit der eigenen Leistung zusammenhängen. Jedenfalls wird insbesondere bei karrierebewußten Mitarbeitern die Gefahr der „freiwilligen Selbstausbeutung" durchaus von einigen Anwendern gesehen.

Auf der anderen Seite kann Telearbeit in häuslicher Umgebung anfangs auch Probleme der Motivation und Arbeitsdisziplin aufwerfen. Dies hängt jedoch in starkem Maße von der Persönlichkeit des Telearbeiters und dem Anspruchsniveau der durchgeführten Tätigkeiten ab. Es zeigt sich, daß Menschen mit Selbstdisziplin und Eigenmotivation sich besonders für Telearbeit eignen, anderen bereitet die notwendige Umstellung angesichts der wechselseitigen Durchdringung unterschiedlicher Rollen (Beruf, Haushalt, Elternschaft, Freizeit) mehr Mühe.

Insbesondere bei einigen Telearbeitsvorreitern in Großbritannien wird das Prinzip des geteilten Büroarbeitsplatzes (Shared Desk) bzw. der Arbeitsplatzzuweisung (Touch Down Office) aus Kostengründen bereits praktiziert. In Deutschland dürfte dies auf größeres Unbehagen in der Belegschaft stoßen, worauf jedenfalls Ergebnisse der Begleitforschung bei *IBM* schließen lassen.

3.9.3 Vereinbarkeit von Beruf und Privatleben

Einer der wichtigsten Vorteile für Telearbeiter ist die bessere Vereinbarkeit von Beruf und Familienleben. Dies kann auch die Empirie bestätigen. So wurden im Rahmen von TELDET auch die Auswirkungen auf die Telearbeiter selbst untersucht. Für Telearbeiter sind demnach die Verbesserungen im Hinblick auf das Familienleben der mit Abstand am meisten genannte positive Aspekt.

Ein weiterer besonders hervorzuhebender Aspekt ist, daß Telearbeit es für ans Haus gebundene Personen überhaupt erst möglich macht, berufstätig zu sein. Wenn zu Hause gearbeitet wird, ist nämlich eine Einteilung der Arbeit möglich, die es erlaubt, kleine Kinder oder kranke bzw. pflegebedürftige Menschen zu betreuen. Allerdings ist die Gefahr der anfänglichen Unterschätzung dieser Doppelbelastung durch die Telearbeiter nicht von der Hand zu weisen.

Die Praxis zeigt, daß vor der Fehleinschätzung gewarnt werden muß, daß man gleichzeitig sowohl effektiv arbeiten als auch beispielsweise Kinder beaufsichtigen kann. Telearbeiter haben nämlich in der Regel nicht mehr Zeit, sondern - was manchmal noch wichtiger ist - zum richtigen Moment Zeit. Daher läßt sich trotz Kindern sehr wohl Teilzeitarbeit betreiben, insbesondere dann, wenn Unterstützung durch eine Tagesmutter und partnerschaftliche Rollenteilung vorhanden ist. Zudem ist entscheidend, mit welcher Situation man die Telearbeit vergleicht. Gegenüber der traditionellen Büroarbeit bietet sie gerade für berufstätige Mütter erhebliche Vorteile.

Telearbeit ist mit einigen Veränderungen verbunden. Dies gilt für die Telearbeiter, aber genauso für ihre Familienangehörigen. Unsere Fallstudienergebnisse zeigen, daß es gerade auch für die Angehörigen (z.B. kleine Kinder) eine große Umstellung ist,

Praxis der Telearbeit

wenn persönliche Anwesenheit nicht mehr mit zeitlicher Verfügbarkeit gleichgesetzt werden kann.

Ähnliche Ergebnisse finden sich auch in der Literatur. Im Rahmen der *IBM*-Begleitforschung wurden den Telearbeitern Fragen mit positiven wie negativen Folgen der Telearbeit für Familie und Privatleben gestellt. Insgesamt zeigt sich, daß die positiven Auswirkungen mit den eigenen Erfahrungen übereinstimmen, während die negativen Auswirkungen in der Regel nicht gesehen wurden (siehe Abb. 3.2).

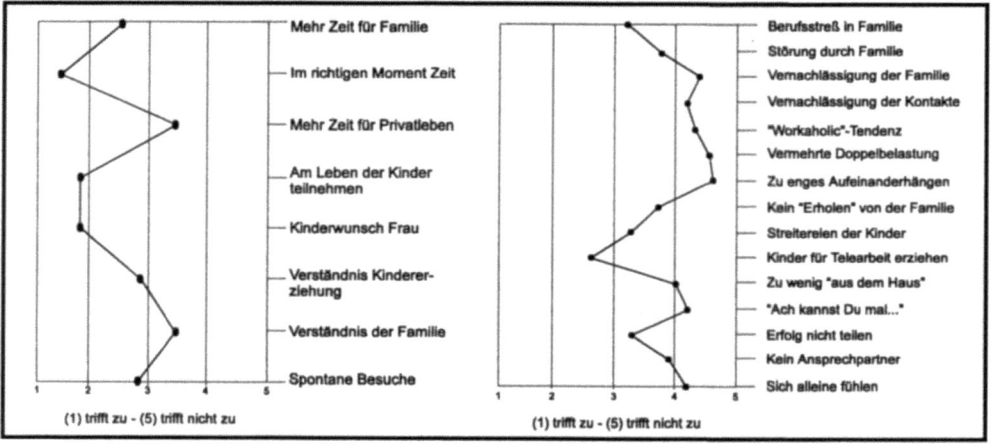

Abbildung 3.2: Auswirkungen der Telearbeit auf Familie und Privatleben   Quelle: Glaser/Glaser 1995

3.9.4   Berufliche und soziale Kontakte

Zu den möglichen Nachteilen der Telearbeit zählt ohne Zweifel der Verlust beruflicher und sozialer Kontakte. Das Fehlen zwischenmenschlicher Kontakte mit den Arbeitskollegen kann sich unter Umständen negativ auswirken, auch wenn möglicherweise im häuslichen Umfeld neue private Kontakte geknüpft werden können. Die Gefahr der sozialen Isolation der Telearbeiter wird auch von vielen Anwenderunternehmen gesehen und dementsprechend bei der Wahl der Organisationsform der Telearbeit berücksichtigt.

Es ist offenkundig, daß mit wachsendem Anteil der häuslichen Arbeitszeit die Isolationsgefahr zunimmt. Besonders groß ist sie, wenn, wie bei der Organisationsform Teleheimarbeit, (fast) ausschließlich zu Hause gearbeitet wird. Viele Unternehmen bestehen daher auch bei Heimarbeitern auf einem Bürotag, an dem neben berufsbezogenen auch private Dinge besprochen werden können.

In Telearbeitszentren wie den Satellitenbüros ist der Verlust sozialer Kontakte nicht oder nur in weitaus geringerem Maße zu befürchten. Bzgl. informeller Kontakte, Teamarbeit und Mitbestimmung gibt es kaum Unterschiede zum zentralen Büro. Dies ist ein Grund, warum solche Organisationsformen auch von Gewerkschaftsseite protegiert werden. Probleme können hingegen entstehen in der Zusammenarbeit zwischen den Unternehmensstandorten, insbesondere wenn das Satellitenbüro von der Zentrale als im Grunde genommen überflüssiges Anhängsel betrachtet wird (vgl. Dürrenberger/Jaeger 1993). Hier muß von Managementseite versucht werden, die Kooperation zu optimieren.

Viele der untersuchten Telearbeitsanwender versuchen durch arbeitsorganisatorische und technische Lösungen den Informationsverlust der ausgelagerten Telearbeiter zu mildern. Häufige Meetings dienen dazu, daß Telearbeiter sich untereinander besser kennenlernen bzw. in Kontakt bleiben und so Teamgeist entwickeln können. Darüber hinaus werden neben Telefon und Telefax gerade auch asynchrone Telekommunikationsformen wie E-Mail und Voice-Mail eingesetzt, um Telearbeiter am betrieblichen Kommunikationsprozeß teilhaben zu lassen.

Mit der Terminierung von Mitarbeiter-Meetings wurden in unseren Fallstudien unterschiedliche Erfahrungen gemacht. *Digital* hat die Häufigkeit der Arbeitstreffen im Nachhinein erhöht, andere (*Württembergische Versicherung*) haben anfangs als Reaktion auf Betriebsratskritik und Mitarbeiterwünsche einen relativ häufigen Turnus angesetzt, aber später reduziert, als sich nachträglich geringerer Bedarf herausgestellt hat.

Vielleicht sollte schon bei der Auswahl der Telearbeiter der Aspekt der Isolationsgefahr stärker berücksichtigt werden. Gerade extrovertierten, d.h. geselligen und unternehmenslustigen Personen dürfte es leichter fallen, sich auch bei häuslicher Tätig-

3.9.5 Qualifikation und Karriere

Weiterqualifikation

Es gibt Befürchtungen, Telearbeit sei zwangsläufig mit Dequalifizierung verbunden, da die Telearbeiter aus der allgemeinen Qualifikationsentwicklung herausfallen würden. Um dies zu verhindern und dadurch die Produktivitätsvorteile der Telearbeit auch langfristig zu sichern, muß die Weiterqualifizierung im Beruf auch bei dezentralen Mitarbeitern gewährleistet sein.

Viele der untersuchten Unternehmen geben in diesem Zusammenhang an, ihre Telearbeiter gleich wie alle anderen Beschäftigten zu behandeln. Vorbildlich war in dieser Hinsicht das Telearbeitspionierunternehmen FI Group aus Großbritannien. Als Weiterbildungsmaßnahmen wurden den Telearbeitern sowohl Fernlehrgänge als auch Intensivkurse an Wochenenden angeboten.

Aufstiegsmöglichkeiten

Ein weiterer kritischer Punkt sind die Befürchtungen fehlender Aufstiegsmöglichkeiten für die Telearbeiter. Für viele Vorgesetzte spielt die Anwesenheit im Büro bei der Beurteilung der Mitarbeiter nach wie vor eine wichtige Rolle. Da Telearbeiter sich außerhalb des Blickfeldes der Vorgesetzten bewegen, können sie schnell auch außerhalb des Bewußtseins ("Out of sight, out of mind") geraten.

Als beispielhaft sind auch in diesem Zusammenhang britische Unternehmen zu nennen, die bereits über eine langjährige Erfahrung mit Telearbeit verfügen. So war bei der FI Group die Projekterfahrung für den firmeninternen Aufstieg ausschlaggebend. *ICL* hat für Telearbeiter konkrete Karrierepläne entwickelt, die u.a. - falls ein bestimmter Karriereweg bestritten wird - die Möglichkeit der Rückkehr an den zentralen Arbeitsplatz vorsehen.

Im Hinblick auf die berufliche Karriere durchweg positiv gesehen wird die Möglichkeit, im Erziehungsurlaub Telearbeit zu betreiben und dadurch berufliches Wissen zu bewahren. Oft wird von den betroffenen Frauen im Anschluß daran wieder eine Vollzeitstelle im Betrieb angestrebt (*Dresdner Bank, Württembergische Versicherung*).

3.10 Fazit

Die bisherigen Ausführungen in Kapitel 3 haben die Erfahrungen von Unternehmen aus dem In- und Ausland hinsichtlich der verschiedensten Dimensionen der Telearbeit aufgezeigt. Es wurde deutlich, daß Telearbeit in den unterschiedlichsten Branchen, Berufen und Tätigkeitsfeldern zum Vorteil aller Beteiligten einsetzbar ist.

Angesichts der aufgezeigten Möglichkeiten für Telearbeit stellt sich nun die Frage, ob auch anderswo ein Potential für Telearbeit besteht. Manager sollten dabei von den im Unternehmen vorhandenen Problemen ausgehen, für die die Telearbeit eine mögliche Lösung darstellen könnte.

Konkrete Ansatzpunkte für Unternehmen, sich mit dem Thema Telearbeit zu beschäftigen, könnten beispielsweise sein:

- Dienstleistungsangebot und Servicequalität verbessern
- Büroraumkosten einsparen bzw. ansonsten notwendigen Neubau vermeiden
- bewährte Mitarbeiter halten bzw. qualifizierte Mitarbeiter rekrutieren
- externe Kapazitäten nutzen, um Arbeitsspitzen zu bewältigen
- eigene Produkte erproben und telearbeitsspezifische Erfahrungen sammeln.

Wenn einer der genannten Punkte zutrifft, dann sollte dies der Auslöser sein, sich intensiver mit Telearbeit zu beschäftigen.

Selbstverständlich sind hierbei die individuelle Situation des Unternehmens sowie die jeweiligen Rahmenbedingungen zu berücksichtigen. Deshalb kann die Entscheidung selbst auch niemandem abgenommen werden. Wir können hier nur dazu ermuntern, einen Versuch zu starten.

Bedenkenswert sind in diesem Zusammenhang Ergebnisse einer britischen Untersuchung, in der die Unternehmen nach ihrer Einschätzung der Telearbeit gebeten wurden (Huws 1993). Demnach werden interessanterweise von den befragten Unternehmen ohne Telearbeitserfahrung überproportional häufig Nachteile genannt (Schwierigkeiten beim Management, soziale

Isolation und Kommunikationsprobleme), während die Vorteile (Kostenreduzierung, Flexibilität, Bequemlichkeit und Lösung von Verkehrsproblemen) weniger häufig genannt werden als von denen, die bereits Telearbeit durchführen.

Optimistisch stimmen dürften auch Ergebnisse der Vorgesetztenbefragung im Rahmen der *IBM*-Begleitforschung (Glaser/Glaser 1995). Nicht unerwartet hatten zu Beginn des Modellversuchs drei Viertel der Befragten eine positive oder sehr positive Einstellung zur Telearbeit. Nachdem praktische Erfahrungen gemacht wurden, hat sich diese Einstellung bei gut 40% der Befragten verbessert, ist bei etwa der Hälfte der Vorgesetzten gleich geblieben, und nur bei weniger als 10% ist ein negativer Einstellungswandel eingetreten.

Ist die Entscheidung positiv ausgefallen, stellt sich die Frage des „Wie", also nach der Organisationsform, der arbeitsrechtlichen Form, der einzusetzenden Technik usw. Empfehlungen zur Vorgehensweise bei der Einführung und was ansonsten noch bedacht werden sollte, werden im nachfolgenden Kapitel 4 gegeben.

4 Empfehlungen zur Telearbeit

Bislang konnte ein Überblick darüber gegeben werden, was unter Telearbeit verstanden wird, welche Formen es gibt, wie sich die Telearbeit möglicherweise weiterentwickeln wird und welche Auswirkungen auf den Arbeitsmarkt, die Gesellschaft und das Ökosystem erwartet werden (Kap.2). Anschließend ging es darum aufzuzeigen, welche Erfahrungen mit der Telearbeit bereits von Vorreiterunternehmen und solchen, die Telearbeit in jüngster Zeit eingeführt haben, gemacht wurden. Hierdurch konnten Grundlagen für die Entscheidungsfindung hinsichtlich der Einführung der Telearbeit geliefert werden (Kap.3). Wenn nun die Entscheidung für die unternehmensinterne Einführung der Telearbeit gefallen ist, muß es darum gehen, diese Entscheidung umzusetzen. Empfehlungen hierfür enthält das vorliegende Kap.4.

Die Autoren geben im folgenden ihre Erfahrungen wieder, die sie aus zahlreichen Fallstudien und langjähriger Auseinandersetzung mit dem Thema Telearbeit gewonnen haben. Gleichzeitig fließen eigene Erfahrungen mit der Praxis der Telearbeit bei empirica ein. In den von empirica durchgeführten Beratungsprojekten wurden die genannten Hinweise und Empfehlungen bereits auf ihre Praktikabilität hin getestet.

Nachfolgend wird zunächst ein in Phasen gegliedertes Modell der Einführung der Telearbeit vorgestellt und näher erläutert. Es beginnt mit der Sensibilisierungs- und Motivierungsphase und endet mit der Erfolgskontrolle bzw. Ausweitung des Projektes. Weitere Kapitel beziehen sich auf die Auswahl von Organisationsform, Tätigkeit und Telearbeitern, die Organisation und das alltägliche Management der Telearbeit, rechtliche Aspekte, die Technikauswahl sowie die Wirtschaftlichkeit der Telearbeit (siehe Abb. 4.1). Ergänzend hierzu werden die wichtigsten Empfehlungen zudem in einer Checkliste für Unternehmen in Anhang 5 wiedergegeben.

Empfehlungen zur Telearbeit

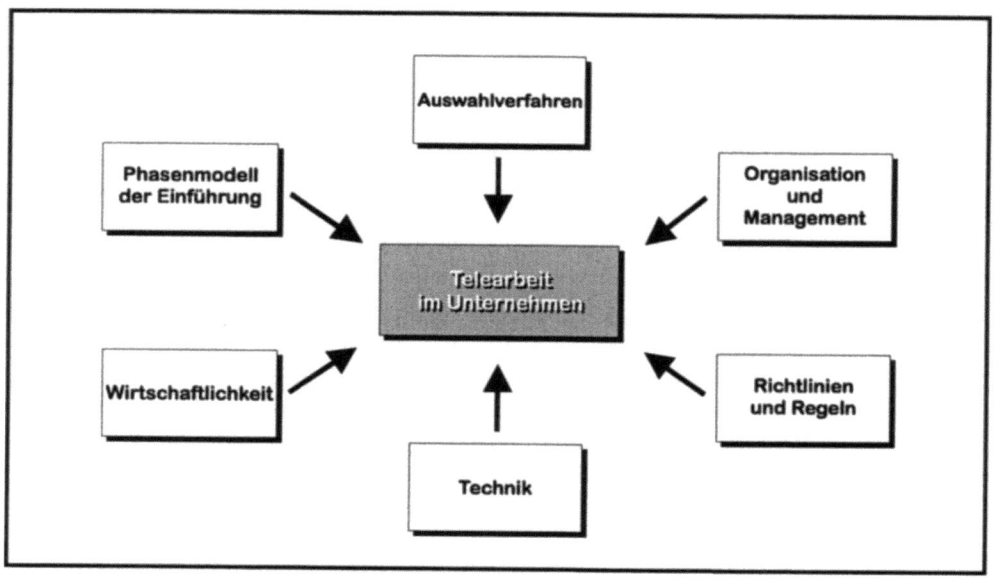

Abbildung 4.1: Wichtige Aspekte bei der Einführung von Telearbeit © empirica

Der Leser erhält zahlreiche praxisnahe Hinweise, wie Telearbeit am besten in seinem Unternehmen eingeführt werden sollte.[5] Ein Hauptziel dieses Kapitels, wie des ganzen Buches, ist es, Entscheidungsträgern in Unternehmen die möglicherweise vorhandene Angst vor dem Mythos Telearbeit zu nehmen.

In einem Exkurs wollen wir zusätzlich zu den Empfehlungen, die sich an die Projektverantwortlichen in Unternehmen wenden (Kap. 4.1 - 4.6), auch den Telearbeitern selbst einige Hinweise geben, um ihnen den Start in die neue Arbeitsweise zu erleichtern (Kap. 4.7). Hierbei werden die Einrichtung des häuslichen Arbeitsplatzes, die persönliche Einstellung zur Telearbeit und notwendige Absprachen mit Kollegen, Familie und Nachbarn sowie Behörden und anderen Institutionen angesprochen.

Es kann hier nicht auf alle Formen der Telearbeit detailliert eingegangen werden. Ein deutlicher Fokus der Empfehlungen ist auf die häusliche Telearbeit von qualifizierten Mitarbeitern mit Arbeitnehmerstatus gerichtet.

---

[5] Besonders wichtige Hinweise sind durch einen Pfeil gekennzeichnet.

4.1 Phasenmodell der Realisierung von Telearbeit

Bislang verläuft die Einführung von Telearbeit in Unternehmen meistens noch ungeplant. Eine solche Vorgehensweise kann jedoch mit vielfältigen Gefahren verbunden sein, wie beispielsweise dem Auftreten von Kommunikationsproblemen, der Inkompatibilität eingesetzter Technik oder Sicherheitsmängeln.

Daher empfehlen wir Unternehmen, die den Weg der Telearbeit als eine neue Form der Arbeitsorganisation für Teile ihrer Belegschaft einschlagen wollen, strukturiert vorzugehen. Dies ist insbesondere dann sinnvoll, wenn das Telearbeitsvorhaben eine größere Zahl von Mitarbeitern betrifft und für einen längeren Zeitraum angelegt ist.

Aufgrund der bisherigen Erfahrungen mit der Einführungsberatung und -unterstützung in Unternehmen wird nachstehend eine idealtypische Vorgehensweise skizziert, die sich in sechs Phasen gliedert:

- Vorbereitung
- Vorstudie
- Pilotprojektgestaltung
- Umsetzung
- Erfolgskontrolle
- Ausweitung.

Erfahrungsgemäß sollte man in einem Großunternehmen für die ersten drei Phasen, d.h. bis zur ersten praktischen Umsetzung, einen Zeitraum von ca. einem halben bis einem Jahr veranschlagen. Dies ist ein Erfahrungswert, der allerdings im Einzelfall stark abweichen kann.

Es wird empfohlen, zunächst im kleinen Rahmen mit einem Pilotprojekt zu beginnen, in dem alle Beteiligten entsprechende Erfahrungen sammeln können. Eine Ausweitung der Telearbeit empfiehlt sich erst nach einer sorgfältigen Evaluation und Erfolgskontrolle.

Auf die in den einzelnen Phasen ablaufenden Prozesse und Aufgaben wird nachstehend näher eingegangen.

4.1.1 Phase 1: Vorbereitung

Das Ziel der ersten Phase besteht in:

- der Motivierung und Sensibilisierung aller Betroffenen,
- der Sicherstellung der aktiven Unterstützung des Top-Managements,
- der Klärung der Bereitschaft zur Mitarbeit bei den beteiligten Akteuren und
- der Spezifizierung der weiteren Vorgehensweise.

In der Regel nimmt das Thema "Telearbeit" in Unternehmen seinen Ausgangspunkt bei einer bestimmten Personengruppe. Häufig sind dies Mitarbeiter, die den Wunsch nach Telearbeit äußern. In anderen Fällen kommt der Vorstoß zur Telearbeit von seiten des obersten Managements oder sonstigen Führungskräften im Unternehmen, die sich von der Telearbeit ein effektiveres und effizienteres Arbeiten erwarten.

In beiden Fällen reicht dies in der Regel noch nicht aus, um Telearbeit als eine übergreifende Strategie zu realisieren. Hierzu bedarf es der Zustimmung anderer relevanter Personengruppen, die oftmals erst an das Thema herangeführt werden müssen. Deshalb sollten ganz am Anfang eines Telearbeitsvorhabens Aktivitäten zur Sensibilisierung und Motivierung aller potentiell Beteiligten stehen. Es empfiehlt sich die Durchführung sowohl von Einzelgesprächen als auch von Workshops. Hierbei können ggf. noch bestehende falsche Vorstellungen über die Telearbeit offengelegt und ausgeräumt werden.

Top-Management Ein vordringliches Ziel in der Anfangsphase muß es sein, die aktive Unterstützung des Top-Managements für die Realisierung der Telearbeit im Unternehmen zu erhalten. Vorstand und Geschäftsleitung sollten ihre Zustimmung zum Vorhaben nicht nur intern, beispielsweise durch eine allgemeine Absichtserklärung, deutlich werden lassen. Wird das Telearbeitsprojekt auch nach außen sichtbar vom Top-Management protegiert, dann wird damit gleichzeitig nach innen Unterstützung signalisiert, und ein Rückzug bei auftretenden Problemen ist viel schwieriger möglich.

Betroffene Mitarbeiter	In der Regel sind größere Bedenken gegen die Einführung von Telearbeit von seiten der betroffenen Mitarbeiter kaum zu erwarten. Zu groß sind die zu erwartenden persönlichen Vorteile. Mögliche Ressentiments gegen Telearbeit können schon in dieser Frühphase bei der potentiellen Gruppe der Telearbeiter angesprochen werden. Die konkrete Auswahl der Teilnehmer wird erst in einer späteren Projektphase erfolgen.
mittleres Management	Widerstände sind eher von seiten des mittleren Managements zu erwarten. Dies gilt erfahrungsgemäß nicht für die Personalabteilung, an die interessierte Mitarbeiter herantreten und die oft die treibende Kraft darstellt. Auch andere Abteilungen, wie die Datenverarbeitung oder die Betriebsorganisation, ziehen in der Regel mit, eher sind die betroffenen Fachabteilungen der bremsende Faktor. Manche Manager sehen Probleme hinsichtlich Organisation und Führung auf sich zukommen. Die Bereitschaft, den persönlichen Managementstil zu ändern, ist oft nicht sehr ausgeprägt. Dies gilt auch dann, wenn Telearbeit an sich prinzipiell befürwortet wird. Eine in diesem Zusammenhang öfters gehörte Aussage ist, daß Telearbeit zwar eine vielversprechende neue Form der Arbeitsorganisation sei, sie sich in der eigenen Abteilung jedoch leider nicht realisieren lasse.
Betriebsrat	Sehr wichtig ist es, den Betriebsrat frühzeitig, d.h. schon bei der Ideenfindung, einzubinden. Der Betriebsrat sollte auch im weiteren Verlauf des Projektes rechtzeitig mit Informationen versorgt, zur Mitarbeit in Arbeitsgruppen aufgefordert und jeweils offiziell eingeladen werden. Die Erfahrung zeigt, daß ein spät informierter Betriebsrat eher zur Ablehnung neigt als ein rechtzeitig mit eingebundener.
Kollegen	Zu den zentralen Akteuren, deren Zustimmung und Bereitschaft zur Mitwirkung erforderlich ist, zählen neben den zukünftigen Telearbeitern, deren Vorgesetzten, Vertretern der Fachabteilungen, einem Vertreter der Unternehmensleitung sowie dem Betriebsrat auch die Kollegen, die aus unterschiedlichen Gründen am Unternehmenssitz verbleiben (müssen). Oftmals wird vergessen, diese zu informieren, was zu Neid und Motivationsproblemen führen kann.
externer Experte	Sinnvollerweise sollte in der Sensibilisierungs- und Motivierungsphase ein externer Telearbeits-Experte herangezogen werden.

Bringt er entsprechende langjährige und umfassende Erfahrung auf dem Gebiet der Telearbeit mit, kann er die unternehmensinternen Akteure wirkungsvoll unterstützen und den Prozeß der Einführung der Telearbeit moderieren.

Oftmals werden bereits in dieser frühen Phase entscheidende Fehler gemacht, die sich im Nachhinein nur noch schwer korrigieren lassen. Die hier skizzierte Vorgehensweise hat große Aussichten auf Erfolg, da sie auf den Konsens der Beteiligten abzielt. Am Ende wird in der Regel eine positive Grundsatzentscheidung für Telearbeit gefällt werden.

Ein weiteres Ergebnis der ersten, etwa 1 bis 2 Monate andauernden Projektphase ist die konkrete Spezifizierung der weiteren Vorgehensweise. Es empfiehlt sich eine schriftliche Fixierung in einem Vorgehensplan.

4.1.2 Phase 2: Vorstudie

Im Anschluß an die Vorbereitungsphase muß geklärt werden, welche Tätigkeitsfelder und welche Personen für Telearbeit im Unternehmen in Frage kommen, um dann diesbezüglich eine Entscheidung zu treffen. Die zweite Projektphase wird erfahrungsgemäß etwa 2 bis 4 Monate andauern und folgende Schritte umfassen:

- Arbeitskreis konstituieren
- Promotor („active champion") identifizieren
- Machbarkeitsanalyse durchführen
- geeignete Tätigkeiten und Mitarbeiter auswählen
- Erfolgskriterien formulieren.

Arbeitskreis bilden

Zunächst wird sich ein Arbeitskreis bilden, an dem etwa 5-8 Personen aus den verschiedenen betroffenen Abteilungen (Personalabteilung, Datenverarbeitung, Betriebsorganisation, Fachabteilungen) beteiligt sind. Wie bereits deutlich gemacht, sollte auch der Betriebsrat einbezogen werden. Auch die jeweilige Zuständigkeit und Verantwortlichkeit muß frühzeitig festgelegt werden.

Promotor identifizieren

Idealerweise kann aus diesem Kreis heraus eine Person identifiziert werden, die Telearbeit zu ihrem Thema macht. Diese Person, hier als Promotor oder auch als „active champion" bezeichnet, sollte das Telearbeitsvorhaben entscheidend vorantreiben. Wie bei anderen organisatorischen Innovationen auch, kann die Bedeutung dieser Rolle kaum überschätzt werden.

Machbarkeit prüfen

Im Arbeitskreis sollten zunächst eine Reihe von Ansatzpunkten für Telearbeit herausgearbeitet werden, die sich von Unternehmen zu Unternehmen natürlich unterscheiden werden. In den herausgearbeiteten Tätigkeitsfeldern muß anschließend die grundsätzliche Machbarkeit der Telearbeit geprüft werden. Hierzu ist eine gezielte Arbeitsplatzanalyse notwendig. Beachtet werden muß, daß oftmals die Bereitschaft in den Unternehmen nicht allzu groß ist, eine detaillierte Bestandsaufnahme der Abläufe, Arbeitsmittel und Kommunikation vorzunehmen.

Telearbeitsanwendungen auswählen

Jetzt geht es darum, aus den potentiellen Telearbeitsanwendungen im Unternehmen geeignete auszuwählen. Ob man besser mit einem Funktionsbereich bzw. einer Abteilung beginnt oder in mehreren (in der Regel 3 - 5) gleichzeitig, um im Unternehmen ein breiteres Spektrum zu erproben, kann nicht generell beantwortet werden. Die Erfahrungen zeigen, daß bislang sehr unterschiedlich vorgegangen wurde. Es gibt - wie so oft - keinen Königsweg.

zukünftige Telearbeiter bestimmen

Mit dem ausgewählten Funktionsbereich sind auch die zukünftigen Telearbeiter zu bestimmen. Dies sollte nur auf freiwilliger Basis erfolgen. Da in vielen Fällen die Initiative von den Mitarbeitern ausgeht, besteht das Problem oft weniger darin, interessierte Mitarbeiter im Unternehmen zu finden, als Interessierte abzuweisen. Zumeist werden langjährige Mitarbeiter bevorzugt ausgewählt, da man deren persönliche Eignung für dezentrale Arbeit am besten beurteilen kann und diese am besten über die unternehmensinternen Abläufe informiert sind.

Ziele formulieren

Notwendig ist es ferner, daß die für die Implementierung der Telearbeit Verantwortlichen, sich über die Ziele klar werden, die mit dem Telearbeitsvorhaben erreicht werden sollen. Dies ist unter anderem auch deshalb wichtig, weil nur auf dieser Basis die später durchzuführende Erfolgskontrolle sinnvoll realisiert werden kann.

4.1.3 Phase 3: Pilotprojektgestaltung

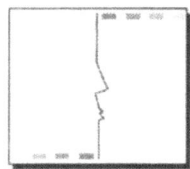

Im Hinblick auf die Einführung der Telearbeit im Unternehmen müssen in diversen Bereichen konkrete Gestaltungskonzepte erarbeitet werden. Dies betrifft im wesentlichen die nachfolgend genannten Bereiche:

- Aufgaben und Arbeitsabläufe
- Management und Führung
- persönliche und technisch vermittelte Kommunikation
- einzusetzende Technik
- Schulung und Training
- arbeitsrechtliche Aspekte und
- Datenschutz und Datensicherheit.

Am Ende der dritten Phase liegt dann ein detaillierter Umsetzungs- und Implementierungsplan vor.

Arbeitsabläufe

Im Rahmen der Entwicklung des Detailkonzeptes muß zunächst überprüft werden, inwieweit Arbeitsabläufe aufgrund der Einführung der Telearbeit eine Veränderung erfahren müssen. In manchen Fällen ist eine Änderung notwendig, in anderen kann der Arbeitsablauf bestehen bleiben, wenn auch eine Anpassung des Medieneinsatzes erfolgen muß.

Führungsverhalten

Die Einführung der Telearbeit macht in manchen Fällen die Änderung des Führungsverhaltens notwendig. Um Telearbeit praktizieren zu können, müssen Manager sich vom „eyeball management" verabschieden und mehr als bisher zielorientiert führen. Das setzt gemeinsame Zielvereinbarungen von Manager und Telearbeiter voraus. Manager müssen Kooperation und Teamgeist fördern, was wiederum Vertrauen in die Leistungsfähigkeit und -bereitschaft der Telearbeiter voraussetzt.

Kommunikation

Darüber hinaus muß in dieser Projektphase entschieden werden, wie die Kommunikation zwischen Telearbeiter und Kollegen, die in der Zentrale verbleiben, sowie mit den jeweiligen Vorgesetzten ablaufen soll. In vielen Telearbeitsanwendungen ist es üblich geworden, für persönliche Besprechungen einen Büroarbeitstag einzuplanen. Zu Hause werden hingegen in der Regel solche Tätigkeiten durchgeführt, bei denen in Ruhe Texte verfaßt oder konzeptionell gearbeitet werden kann. Auf alle Fälle muß die Kommunikation, sei sie nun persönlich oder technisch vermittelt, stärker geplant werden als dies bei traditioneller Arbeit im Büro der Fall wäre. Ggf. muß zudem entschieden werden, wie sich die Kommunikation mit Kunden gestalten bzw. ob diese Aufgabe überhaupt von Telearbeitern übernommen werden soll.

Technik am Telearbeitsplatz

Es gilt außerdem zu planen und mit der EDV-Abteilung abzustimmen, welche Technik am Telearbeitsplatz benötigt wird. Dies betrifft die informationstechnische (Hard- und Software) und die kommunikationstechnische Ausstattung (Sprach- und Datenkommunikation) sowie den Zugang zum Telekommunikationsnetz. Es wird empfohlen, die häuslichen Arbeitsplätze gleichfunktional wie diejenigen im Büro auszustatten, um Kompatibilitätsprobleme von vornherein auszuschließen.

Schulungs- und Trainingsmaßnahmen

Eine wichtige Rolle bei der Einführung der Telearbeit nehmen Schulungs- und Trainingsmaßnahmen ein, wobei diese sowohl hinsichtlich technischer als auch telearbeitsspezifischer Sachverhalte erforderlich sind. Ratsam ist zudem neben den Telearbeitern und ihren Managern auch die Berücksichtigung der Kollegen, die am zentralen Betriebsstandort verbleiben, da sich auch für diese Gruppe z.T. gravierende Veränderungen ergeben.

arbeitsrechtliche Regelung

Soll das Arbeitnehmerverhältnis unangetastet bleiben, dann gibt es hinsichtlich der arbeitsrechtlichen Regelung verschiedene Vorgehensweisen. Wird Telearbeit experimentell (im Pilotprojekt) oder nur von einer kleineren Zahl von Telearbeitern durchgeführt, kann einzelfallbezogen vorgegangen werden. In einem Zusatz zum Arbeitsvertrag können individuell die Aufwandserstattung des Telearbeiters, Haftungsfragen etc. geregelt werden. Wenn Telearbeit in einem Unternehmen in größerem Rahmen angegangen wird, empfiehlt es sich, eine Betriebsvereinbarung abzufassen.

Datenschutz und Datensicherheit

Hinsichtlich der Frage des Datenschutzes und der Datensicherheit sind vordringlich die Sicherheit des Übertragungsweges, die Sicherheit der Daten und Dokumente beim Telearbeiter sowie das Thema Viren anzusprechen. Solche Probleme lassen sich nicht vollständig mittels der Technik lösen. Vielmehr sollten

Vereinbarungen zwischen Unternehmen und Telearbeiter getroffen und schriftlich fixiert werden. Darüber hinaus ist gegenseitiges Vertrauen notwendig. Viele gleichartige oder zumindest ähnliche Probleme können auch bei Mitarbeitern in der Zentrale auftreten. Wie in anderen Zusammenhängen auch, macht Telearbeit im normalen Arbeitsalltag bereits vorhandene Probleme stärker sichtbar.

Für die dritte Phase sind, je nach Zahl der zu realisierenden Telearbeitsplätze, ca. 3 bis 6 Monate zu veranschlagen. Es handelt sich um eine sehr intensive Arbeitsphase, in der ein externer Experte sehr wertvolle Hilfestellungen geben kann, da er aufgrund seiner Erfahrungen aus anderen Telearbeits-Einführungen in der Lage ist, gezielt Problembereiche zu identifizieren und bereits erprobte Lösungen beizusteuern.

4.1.4 Phase 4: Umsetzung

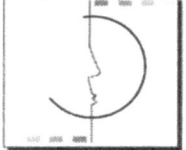

In dieser Phase wird das zuvor erstellte Konzept implementiert und pilotartig erprobt. Normalerweise sind für eine erste Pilotphase mindestens 12 Monate vorzusehen.

Was bislang im Zentralbüro möglich war, bei auftretenden technischen Problemen eine Tür weiter zu gehen und sich entsprechenden Rat bei Kollegen zu holen, ist bei der Telearbeit nicht mehr so einfach durchführbar. Zur Betreuung bei anfänglich auftretenden technischen oder auch organisatorischen Fragen ist die Einrichtung einer „Hotline" sinnvoll. Doch es werden auch Probleme sozialer und psychologischer Art auftreten. Hierfür ist die Einrichtung einer „Sprechstunde" eine geeignete Maßnahme. Mit dem Aufbau beider Dienste sollte bereits in der frühen Umsetzungsphase begonnen werden.

Nicht unterschätzt werden sollte die Funktion scheinbar so nebensächlicher Dinge wie schwarzer Bretter mit diversen Hinweisen oder Kleinanzeigen. Die Einbindung der Telearbeiter ins Unternehmen kann durch die Einrichtung von „Bulletin Boards" im Electronic-Mail-System verstärkt werden. Zu überlegen ist auch, ob nicht die Voraussetzungen dafür geschaffen werden sollten, daß eine eigene Telearbeiterzeitung auf dem betrieblichen Rechnernetz abgelegt werden kann. Ferner müssen Telearbeiter wie alle anderen Mitarbeiter behandelt, beispielsweise genauso zu Betriebsversammlungen eingeladen werden.

Die Aufstiegs- und Karriereplanung für Telearbeiter ist ein weiteres nicht zu vernachlässigendes Thema. Telearbeiter bewegen sich außerhalb des Blickfeldes ihres Vorgesetzten, der über Gehaltserhöhungen und Beförderungen zu bestimmen hat. Manche befürchten daher, Telearbeiter würden einen Karriereknick erleiden. Unternehmen sollten daher ihre Beurteilungs- und Beförderungskriterien überdenken.

4.1.5 Phase 5: Erfolgskontrolle

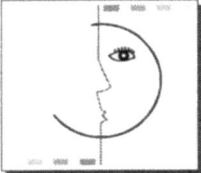

Ziel einer Erfolgskontrolle ist es, die Zufriedenheit aller Beteiligten zu ermitteln, Schwachstellen zu identifizieren und entsprechende Verbesserungen zu erarbeiten, aber auch positive Erfahrungen zu dokumentieren. Integraler Bestandteil sind neben einer Kosten-Nutzen-Analyse auch Aspekte, die nicht quantifizierbar sind.

Bei der Durchführung der Erfolgskontrolle ist es häufig sinnvoll, einen neutralen Berater hinzu zu ziehen. Ein Grund hierfür ist die größere Glaubwürdigkeit, die Ergebnissen unabhängiger Experten entgegengebracht wird. Zudem verfügen spezialisierte Beratungsunternehmen über entsprechende methodische Kenntnisse und Erfahrungen.

Hinsichtlich der Zufriedenheit mit dem Telearbeitsvorhaben sollten alle Betroffenen befragt werden. Hierzu zählen neben den Telearbeitern und ihren Vorgesetzten auch die Kollegen in der Zentrale, der Betriebsrat und das Top-Management. Zudem ist aus methodischen Gründen die Verwendung einer Kontrollgruppe, z.B. nicht betroffene Mitarbeiter mit vergleichbaren Tätigkeiten, sinnvoll.

Eine Möglichkeit, Erfolg oder Mißerfolg der Einführung einer organisatorischen Innovation, wie Telearbeit sie darstellt, zu messen, ist die folgende: Vor Einführungsbeginn erfolgt eine Nullmessung, in der Informationen zur derzeitigen Arbeitsweise sowie zu Erwartungen und Zielen erhoben werden. Zu zwei weiteren Zeitpunkten, kurz nach Einführung der Telearbeit und mit etwas größerem Zeitabstand werden weitere Erhebungen (Früh-

und Spätevaluation) durchgeführt. Die Erfolgskontrolle erfüllt somit zugleich die Funktion eines Frühwarnsystems.

Inhaltlich sollten neben technischen, organisatorischen und arbeitsrechtlichen Fragestellungen die Wirtschaftlichkeitsbetrachtung im Vordergrund stehen. Wichtig ist es aber auch, die sozialen Aspekte mit zu berücksichtigen, wobei insbesondere die familiären Aspekte mit ins Kalkül gezogen werden sollten. Es geht jeweils darum, Schwachstellen zu erkunden und entsprechende Verbesserungsvorschläge zu erarbeiten.

Schließlich wird empfohlen, positive Erfahrungen bei der Einführung der Telearbeit auch zu dokumentieren. Diese können der Darstellung nach innen, z.B. gegenüber dem Top-Management, aber auch nach außen dienen.

4.1.6 Phase 6: Ausweitung

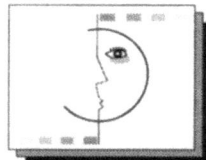

Erst nach Abschluß der o.g. Phasen, d.h. oftmals erst nach 18 bis 24 Monaten, ist eine Ausweitung des Telearbeitsvorhabens sinnvoll. Diese kann:

- im gleichen Tätigkeitsfeld erfolgen,
- weitere Tätigkeitsfelder/Abteilungen umfassen oder
- Bestandteil einer umfassenderen Reorganisationsmaßnahme sein.

Eine rein quantitative Ausweitung der Telearbeit im selben Tätigkeitsfeld, sei es in der gleichen oder in anderen Abteilungen, wird aufgrund der gemachten Erfahrungen in der Regel leicht durchführbar sein.

Wenn sich das Telearbeits-Pilotprojekt als erfolgreich herausstellt, werden auch Mitarbeiter und Vorgesetzte aus anderen Tätigkeitsfeldern und Abteilungen neugierig, und die Einführung der Telearbeit im Unternehmen wird an Dynamik gewinnen. Auch wenn andere Personen beteiligt sind und bestimmte Konzepte angepaßt werden müssen, dürfte eine solche Ausweitung nicht auf größere Hürden stoßen.

Ein möglicher weiterer Schritt ist schließlich die Umgestaltung von Geschäftsabläufen, das sogenannte Business Process Reengeneering. Unter Umständen hat die Einführung der Telearbeit der Unternehmensleitung gezeigt, wie durch Umgestaltung der Arbeitsabläufe effektiver bzw. effizienter gearbeitet werden kann.

Wichtig ist es, daß eine solche organisatorische Innovation, wie die Telearbeit sie darstellt, von dem Unternehmen selbst getragen und im wesentlichen selbst durchgeführt wird. Einem externen Berater kommen hierbei vornehmlich die Rolle des „Moderators" und die Aufgabe der Know-how-Vermittlung zu. Zudem kann er als neutraler Experte sinnvollerweise die Erfolgskontrolle übernehmen.

Die hier beschriebene prozeßhafte Vorgehensweise (siehe auch Tab. 4.1) ist allgemein formuliert. Im konkreten Einzelfall werden eventuell erwähnenswerte Aspekte vermißt bzw. Themen beleuchtet, die für andere möglicherweise irrelevant sind. Dennoch kann sie für Unternehmen, die sich mit dem Gedanken tragen, Telearbeit einzuführen, als Orientierungshilfe dienen.

Phase	Dauer	Aktivitäten
1. Vorbereitung	1 - 2 Monate	Sensibilisierung und Motivierung aller Beteiligten
2. Vorstudie	2 - 4 Monate	Erstellung eines Grobkonzeptes
3. Pilotprojektgestaltung	3 - 6 Monate	Erstellung des Detailkonzeptes
4. Umsetzung	12 Monate	Einführung und alltägliches Management
5. Erfolgskontrolle	parallel	Begleitforschung und Kosten-Nutzen-Analyse
6. Ausweitung	nach 18 - 24 Monaten	Ausweitung auf andere Unternehmensbereiche

Tabelle 4.1: Phasenmodell der Realisierung von Telearbeit © *empirica*

Im Rahmen der Beschreibung der idealtypischen Vorgehensweise konnten bestimmte Aspekte nur ansatzweise angesprochen werden. Dies betrifft insbesondere die Auswahl von Organisationsformen und Telearbeitern, Organisation und Management, rechtliche Aspekte, die technische Ausstattung sowie die Wirtschaftlichkeit. Sie werden wesentlich ausführlicher in den nachfolgenden Kapiteln thematisiert.

4.2 Auswahl von Einsatzbereich und Telearbeitern

Auswahlverfahren

Hat sich ein Unternehmen entschieden, Telearbeit einzuführen, dann müssen zunächst die Organisationsform der Telearbeit und das Tätigkeitsfeld bestimmt werden. Ferner muß geklärt werden, welche Mitarbeiter hierfür in Betracht kommen. Im vorliegenden Kapitel werden entsprechende Hinweise zu Eignungskriterien und möglichen Auswahlverfahren für Telearbeiter gegeben.

4.2.1 Festlegung der Organisationsform

Organisationsform

Mit der Entscheidung Telearbeit im Unternehmen einzuführen ist auch die Auswahl der Organisationsform eng verknüpft. Wie in Kapitel 3 aufgezeigt, wird neben der mobilen Telearbeit zumeist die häusliche Telearbeit (Teleheimarbeit und alternierende Telearbeit) realisiert. Hingegen kommt es in Deutschland bislang nur in ganz wenigen Fällen zur Auslagerung von Funktionsbereichen in Satellitenbüros oder zur Dezentralisierung von Mitarbeitern in von verschiedenen Unternehmen gemeinsam genutzte Nachbarschaftsbüros.

Bei der reinen Teleheimarbeit besteht die Gefahr, daß isolierte Telearbeiter kein Identitätsgefühl mit dem Unternehmen entwickeln. Anders ist es bei alternierenden Telearbeitern, die weiterhin zeitweise die Zentrale aufsuchen, wodurch eine stärkere Eingebundenheit in die Abteilung bzw. das Team gewährleistet ist. In vielen Fällen dürfte sich deshalb eine Mischung aus häuslicher und betrieblicher Arbeit als am sinnvollsten herausstellen.

Zeitmodell

Bleibt die Entscheidung zu treffen, in welchem zeitlichen Modus die alternierende Telearbeit betrieben werden soll. Dies hängt jedoch stark von den durchgeführten Tätigkeiten und den Wünschen des Telearbeiters sowie des Vorgesetzten ab. Die Praxis zeigt ein breites Spektrum von Arbeitszeitmodellen. Beispielsweise werden bestimmte Führungskräfte oder EDV-Spezialisten eines Rechenzentrums nur außerhalb der Kernarbeitszeiten zu Hause tätig, während Sachbearbeiterinnen im Erziehungsurlaub überwiegend zu Hause arbeiten und nur gelegentlich, z.B. zweimal im Monat, das Zentralbüro aufsuchen. Die Mehrzahl der Anwendungsfälle liegt zwischen diesen beiden Extremen, wobei viele in etwa gleich häufig an beiden Arbeitsorten tätig sind.

In der Regel wird zu Beginn der Telearbeit festgelegt, wieviele Tage an welchem Ort gearbeitet werden soll. Darüber hinaus wird es aber auch Anwendungsfälle geben, wo es sinnvoll ist, ein variables Arbeitszeitmodell zu praktizieren. Ein Beispiel hierfür sind Softwareentwickler, deren jeweiliger Arbeitsort je nach Phase der Softwareentwicklung variiert. Während der Entwurfsphase wird der Telearbeiter verstärkt zu Hause, zur Programmeinführung im wesentlichen im Büro arbeiten.

In einem Pilotversuch können verschiedene Zeitmodelle nebeneinander erprobt werden. Die genaue Festlegung, an welchem Wochentag wo gearbeitet wird, sollte jeweils in enger Abstimmung zwischen Telearbeiter und Führungskraft erfolgen.

4.2.2 Festlegung des Tätigkeitsfeldes

Die Entscheidung, wo Telearbeit eingeführt werden soll, ist in starkem Maße abhängig von den jeweiligen Rahmenbedingungen im Unternehmen. Je nachdem, welche Zielsetzung mit der Einführung der Telearbeit verfolgt wird, kommen unterschiedliche Unternehmensbereiche in Frage. Zudem dürfte der Grad der Unterstützung durch die jeweiligen Abteilungsleiter mit darüber entscheiden, wo im Unternehmen begonnen wird, diese neue Form der Arbeitsorganisation zu erproben.

Im Rahmen der Überlegungen, Telearbeit einzuführen, sollte grundsätzlich keine Tätigkeit, die mit der Be- und Verarbeitung von Informationen zu tun hat, vorschnell ausgeschlossen werden. Andererseits gibt es bestimmte Tätigkeitsfelder und Personengruppen, die immer wieder als erste genannt werden. Hierzu gehören u.a.:

- Fernwartung von DV-Anlagen rund um die Uhr
- Sachbearbeitung von Müttern im Erziehungsurlaub
- Telefonische Bestellannahme, Auskunfts- und Informationsdienst in Schichtarbeit
- Berichtserstellung oder Konzeptentwicklung in ungestörter häuslicher Umgebung und ohne Pendelaufwand
- Einbindung von Außendienstmitarbeitern.

Was die Größe des Einsatzbereiches der Telearbeit im Unternehmen betrifft, so wird empfohlen, zunächst mit einem kleineren Pilotprojekt zu beginnen, um auf diesem Wege erste Erfahrungen zu gewinnen. Nach Abschluß einer Pilotphase kann dann Telearbeit im Unternehmen ausgeweitet und auf andere Abteilungen und Tätigkeitsbereiche ausgedehnt werden.

4.2.3 Eignungsprüfung für Telearbeiter

Unabhängig davon, ob die Initiative zur Telearbeit von Mitarbeitern oder vom Unternehmen ausgeht, ob es sich nur um eine Reaktion auf eine bestimmte Situation oder eine strategische Initiative des Unternehmens handelt, muß in jedem Einzelfall zuvor geklärt werden, ob sich der Mitarbeiter für Telearbeit eignet (siehe auch Tab. 4.2). Hierbei müssen zwei Aspekte überprüft werden:

- eignet sich die Tätigkeit bzw. Aufgabe des Mitarbeiters für Telearbeit und
- eignen sich die Person bzw. deren häusliche und familiäre Umstände für diese neue Arbeitsform.

Eignung der Aufgabe

Für Telearbeit geeignet ist eine berufliche Tätigkeit immer dann, wenn sie ohne große Einschränkungen ortsunabhängig durchgeführt werden kann. Umgekehrt steigt die Ortsbindung mit der Zahl der Kontakte, der Intensität der Zusammenarbeit mit Kollegen, der Notwendigkeit des Rückgriffs auf Unterlagen und Produkte und dem Anteil nicht oder nur schwer planbarer adhoc-Aufgaben.

Problemlos dezentralisieren lassen sich Mitarbeiter, bei denen persönliche Anwesenheit, Erreichbarkeit und der Rückgriff auf schriftliche Unterlagen nur selten oder zumindest nicht kurzfristig notwendig sind. Erleichtert wird die Durchführung der Telearbeit bei Mitarbeitern, deren Arbeitsergebnis leicht zu kontrollieren ist. Außerdem steigt mit dem Anteil der Aufgaben, die eigenständiges und ungestörtes Arbeiten erfordern, die Eignung für Telearbeit.

Hingegen wird die Telearbeit für Mitarbeiter erschwert, die eng mit Kollegen, Untergebenen oder Vorgesetzten zusammenarbeiten, wobei viele persönliche Kontakte bzw. Meetings notwendig werden. Wird der Zugriff auf nichtelektronische Unterlagen, Produkte etc. erforderlich, dann kann es für dezentral tätige Mitarbeiter zu Problemen kommen. Problematisch kann Telearbeit auch dann werden, wenn kurzfristig Aufgaben erledigt werden müssen und die jeweiligen Mitarbeiter nicht vor Ort verfügbar sind.

Eignungs- und Auswahlkriterien für Telearbeiter

1. Eignung der Aufgabe
- Anteil der notwendigen Face-to-face-Kontakte, Meetings
- Grad der Zusammenarbeit mit Kollegen, Untergebenen oder Vorgesetzten
- Notwendigkeit des Zugriffs auf (nichtdigitalisierte) Unterlagen, Produkte etc.
- Anteil nicht bzw. schwer planbarer adhoc-Aufgaben
- Anteil von Aufgaben, die ungestörtes Arbeiten erfordern

2. Eignung der Person
- fachliches Können, Eigenständigkeit
- Dauer der Firmenzugehörigkeit, Berufserfahrung, Vertrauen
- Selbstdisziplin und Eigenmotivation
- technisches Verständnis, Innovationsbereitschaft
- kein „Problemfall"

3. Eignung der häuslichen und familiären Umstände
- eigenes Arbeitszimmer
- Ablenkungs- und Störungspotential tagsüber (Familienmitglieder, Nachbarn)

4. Dringlichkeit bzw. soziale Umstände
- zu betreuende Kinder bzw. pflegebedürftige Angehörige
- Länge und Zeitdauer des Pendelweges

5. Situation im Büro
- Mitarbeiter pro Büroraum

Tabelle 4.2: Eignungs- und Auswahlkriterien für Telearbeiter © empirica

Die genannten Aspekte verhindern nicht grundsätzlich die Telearbeit, sie erschweren sie nur. Auch steht der Grad der Ortsbindung einer Tätigkeit nicht ein für alle Mal fest, vielmehr kann er sich durch die technische Entwicklung, aber auch Reorganisationsmaßnahmen im Unternehmen ändern. Beispielsweise läßt sich durch E-Mail, Voice-Mail und Videokommunikation die Zahl der notwendigen persönlichen Kontakte reduzieren. Der Trend zur ganzheitlichen Sachbearbeitung vermindert die Arbeitsteilung und erleichtert somit die dezentrale Arbeit.

Zudem eröffnet die alternierende Telearbeit die Möglichkeit, an unterschiedlichen Orten unterschiedliche Dinge zu tun, d.h. beispielsweise im Zentralbüro persönliche Kontakte zu pflegen und am häuslichen Schreibtisch ungestört Konzepte zu entwickeln oder Texte zu formulieren. Allerdings müssen die Arbeit und die Kommunikation sehr viel stärker als vorher im voraus geplant werden. Der zusätzliche Abstimmungsbedarf darf nicht unterschätzt werden.

Die Entscheidung, ob eine Tätigkeit für Telearbeit geeignet ist, läßt sich nicht immer eindeutig mit ja oder nein beantworten. Vielfach ist es eine Frage des Aufwands der technischen Ausstattung oder des Arbeitszeitmodells, Interessenten die Möglichkeit zu geben, zumindest zeitweise zu Hause zu arbeiten.

Eignung der Person

Kommen wir nun zu den persönlichen Eigenschaften, die notwendig sind, um erfolgreich dezentral arbeiten zu können. Für Telearbeit geeignete Personen sollten zunächst einmal über entsprechendes fachliches Können verfügen, um zu Hause eigenständig arbeiten zu können. Eine langjährige Berufserfahrung ist auf jeden Fall förderlich.

Neben diesen eher selbstverständlichen fachlichen Eigenschaften sollte der Telearbeiter auch genügend Selbstdisziplin und Eigenmotivation mitbringen. Nicht jeder Mensch ist fähig, sich ohne die soziale Kontrolle durch Vorgesetzte und Kollegen jeden Tag erneut für die Arbeit zu motivieren, und bringt genügend Disziplin auf, sich nicht durch noch so wichtige private Dinge von der Arbeit ablenken zu lassen. Zudem muß der Telearbeiter in der Lage sein - und dies gilt insbesondere für die alternieren-

Auswahl von Einsatzbereich und Telearbeitern

de Telearbeit - sich und seine Arbeit selbst zu organisieren und flexibel den beruflichen Anforderungen anzupassen.

Um erfolgreich Telearbeit praktizieren zu können, bedarf es eines Vertrauensverhältnisses zwischen Telearbeiter und Vorgesetzten sowie eines guten Verhältnisses zu den im Büro verbliebenen Kollegen. Vorteilhaft ist eine mehrjährige Firmenzugehörigkeit, in der das notwendige gegenseitige Vertrauen gewachsen sein kann. Zudem können dadurch die erforderlichen Eigenschaften der Mitarbeiter besser eingeschätzt werden.

Vorteilhaft ist es zudem, wenn der Telearbeiter die notwendige Innovationsbereitschaft mitbringt. In bestimmten Situationen, beispielsweise wenn im Zusammenhang mit der Telearbeit eine neue Technik eingeführt wird, kann es auch notwendig sein, daß die Telearbeiter über gewisses technisches Verständnis verfügen, um fern von hilfsbereiten Kollegen auf sich selbst gestellt arbeiten zu können.

Die häuslichen und familiären Umstände spielen ebenfalls eine gewisse Rolle. Ideal ist es, wenn zu Hause ein eigener Arbeitsraum zur Verfügung steht, in dem ungestört vom Familienleben der beruflichen Arbeit nachgegangen werden kann. Ist dies nicht der Fall, sollte während der Arbeitszeit das Ablenkungs- und Störungspotential so gering wie möglich gehalten werden.

Schließlich sollten Unternehmen bei „Problemfällen" (Alkoholiker, andere Drogenabhängige, kontaktscheue Personen etc.) allein schon aus sozialer Verantwortung davon absehen, diesen die Telearbeit zu ermöglichen. Bei solchen Personen ist nicht nur mit Problemen hinsichtlich einer zufriedenstellenden Arbeitsverrichtung zu rechnen, diesen Mitarbeitern würde man sicher auch keinen Gefallen damit tun.

4.2.4 Auswahlverfahren für Telearbeiter

Die oben angeführten Eignungskriterien erlauben es zu überprüfen, ob im Einzelfall ein an Telearbeit interessierter Mitarbeiter für Telearbeit geeignet ist. Ist dies der Fall und bestehen von Unternehmensseite keine grundsätzlichen Bedenken gegen die Telearbeit, dann ist nur noch die Zustimmung des jeweiligen Vorgesetzten notwendig.

135

Anders ist es jedoch, wenn aus einer Vielzahl von Bewerbern eine begrenzte Anzahl ausgewählt werden soll, wie es in der Regel bei einem Pilotprojekt der Fall ist. In einer solchen Situation muß aus den geeigneten Bewerbern (die zuvor hinsichtlich ihrer Eignung anhand der oben genannten Kriterien geeignete Tätigkeit und geeignete Persönlichkeit bzw. häusliche und familiäre Umstände überprüft wurden) noch eine Auswahl getroffen werden.

Unter Umständen kann es im Zusammenhang mit der Klärung der technischen Anschlußmöglichkeiten bei den einzelnen Telearbeitern vor Ort und deren Realisierung zu Verzögerungen kommen. Daher ist es angebracht, mit der Auswahl der Telearbeiter bereits in einem frühen Projektstadium zu beginnen.

Dauer der Firmenzugehörigkeit

Aus einer Reihe von Gründen kann es sinnvoll sein, bei der Auswahl der Telearbeiter auf die Länge der Berufserfahrung bzw. - vielleicht noch wichtiger - die Dauer der Firmenzugehörigkeit zu setzen. Die Fähigkeiten langjähriger Mitarbeiter können besser eingeschätzt werden, und diese sind besser über firmeninterne Abläufe informiert. Es handelt sich zudem um ein objektives, leicht nachvollziehbares Kriterium.

soziale Aspekte und Pendeldistanz

Die sozialen Umstände können ein weiteres Auswahlkriterium sein. Zu betreuende Kinder oder pflegebedürftige Angehörige können ein Grund dafür sein, einen entsprechenden Bewerber gegenüber anderen zu bevorzugen. Ähnliches gilt für Mitarbeiter, die eine große zeitliche wie räumliche Pendeldistanz zwischen Wohnort und Arbeitsstätte zurücklegen müssen. Dem Unternehmen kommt dabei zugute, daß gerade solche Mitarbeiter überdurchschnittlich motiviert sein dürften.

Situation im Büro

Auch die jeweilige Situation im Büro kann den Ausschlag für oder gegen die Telearbeit geben. Beispielsweise können beengte räumliche Verhältnisse in einer Abteilung oder fehlender Platz für neueingestellte Mitarbeiter dazu führen, daß gezielt Mitarbeiter hinsichtlich Telearbeit angesprochen werden.

ausgewogene Zusammensetzung

Bei einem Telearbeitsprojekt mit Erprobungscharakter wird eventuell bei der Auswahl der Telearbeiter darauf geachtet, daß die Gruppe insgesamt hinsichtlich Geschlecht, Alter, Qualifikation oder Unternehmensstandort ausgewogen besetzt ist. Zudem sollen möglicherweise verschiedene Organisationsformen und Arbeitszeitmodelle erprobt und Erfahrungen mit unterschiedlichen Tätigkeitsfeldern gewonnen werden. Andere werden hingegen mit einer weitgehend homogenen Gruppe beginnen, seien es Mitarbeiter einer Abteilung, eines Tätigkeitsfeldes, an einem Standort oder nur mit Erziehungsurlauberinnen.

In manchen Fällen bietet es sich an, Paare (Ehepaare, Nachbarn etc.) für Telearbeit auszuwählen, die wechselseitig Unterlagen transportieren können. Wenn zwei Telearbeiter einen Telearbeitsplatz alternierend nutzen, sinken zudem die Einrichtungskosten entsprechend. In Pilotprojekten kann es zudem sinnvoll sein, daß mindestens zwei Arbeitsplätze mit direkt vergleichbaren Tätigkeiten am Test teilnehmen.

Vorgehensweise   Eine mögliche Vorgehensweise beim Auswahlverfahren ist die folgende: Die für die Einführung im Unternehmen zuständige Arbeitsgruppe wählt verschiedene in Frage kommende Abteilungen aus und spricht mit den Abteilungsleitern. Diese informieren ihre Mitarbeiter in einem der regelmäßig stattfindenden Abteilungstreffen, wo interessierte Mitarbeiter einen Fragebogen ausfüllen können. Anhand des ausgefüllten Fragebogens entscheidet die Arbeitsgruppe in Absprache mit dem jeweiligen Vorgesetzten über die Eignung der Bewerber. Aus den in Frage kommenden Mitarbeitern wird schließlich unter Berücksichtigung der angesprochenen Kriterien die Auswahl der potentiellen Telearbeiter getroffen. Nicht berücksichtigte Mitarbeiter erhalten eine begründete Ablehnung.

Bei einer späteren Ausweitung kann es wiederum ausreichen, jeden potentiellen Telearbeiter hinsichtlich der aufgestellten Eignungskriterien zu überprüfen. Vielleicht wird man, wenn sich Telearbeit im Unternehmen bewährt hat, hinsichtlich mancher Kriterien weniger streng verfahren als in der ersten Phase der Telearbeitseinführung im Unternehmen. Wenn Telearbeit zu etwas Selbstverständlichem geworden ist, muß beispielsweise weniger auf technisches Verständnis, Innovationsbereitschaft oder hervorragende Qualifikation der Telearbeiter geachtet werden.

4.3 Organisation und Management der Telearbeit

Im Anschluß an die richtige Auswahl der Telearbeiter kommen wir nachfolgend auf die vielfältigen organisatorischen Aspekte zu sprechen, die bei der Einführung und Praxis der Telearbeit relevant sind. Geklärt werden muß, wie der häusliche und ggf. auch der betriebliche Arbeitsplatz des Telearbeiters eingerichtet werden soll. Ferner stellt sich die Frage, ob bestehende Arbeitsabläufe beibehalten werden können oder ob die bestehende Arbeitsteilung modifiziert werden muß. Auf das Management kommen neue Anforderungen hinsichtlich Führung und Kontrolle zu. Kommunikationswege müssen organisiert und technisch unterstützt, Mitarbeiter geschult werden. Auch die Probleme des Datenschutzes und der Datensicherheit harren organisatorischer Lösungen.

4.3.1 Arbeitsplatzgestaltung und Arbeitsmittel

separates Arbeitszimmer

Für den Erfolg häuslicher Telearbeit ist es wichtig, daß auch zu Hause eine professionelle Arbeitsumgebung bereitsteht. Die meisten Unternehmen setzen bei ihren Telearbeitern genügend Platz für die Arbeit zu Hause voraus. Der Telearbeiter sollte einen Arbeitsraum zur Verfügung stellen, der den Anforderungen der Arbeitsstättenverordnung gerechnet wird (z.B. Grundfläche von mindestens 8 qm).

Ein separater häuslicher Arbeitsraum (und je nachdem auch klaren Arbeitszeiten) gewährleisten, daß Berufs- und Privatsphäre nicht allzu sehr miteinander vermischt werden und der Telearbeiter ungestört von anderen Familienmitgliedern und ohne sonstige Ablenkungen seine Aufgaben erledigen kann.

ergonomische Arbeitsplatzgestaltung

Am Büroarbeitsplatz ist es selbstverständlich, daß das Unternehmen auf eine ergonomische Arbeitsplatzgestaltung Wert legt. Um die Gesundheit der Mitarbeiter nicht zu beeinträchtigen, werden hochwertige Bürostühle, höhenverstellbare Schreibtische und strahlungsarme Bildschirme angeschafft. Eine Möglichkeit am Telearbeitsplatz ähnliche Standards zu erreichen ist es, dem Telearbeiter unternehmenseigenes Mobiliar (Stuhl, Schreibtisch, Arbeitsplatzlampe) leihweise zur Verfügung zu stellen. Zudem sollten die Unternehmen ihren Telearbeitern Beratung hinsichtlich der Arbeitsplatzgestaltung anbieten.

Arbeitsmittel

Ferner ist darauf zu achten, daß auch am häuslichen Arbeitsplatz notwendige Arbeitsunterlagen (Handbücher, Arbeitsanweisungen etc.) zur Verfügung stehen. Welche im einzelnen erforderlich sind, ist zuvor in einer Arbeitsplatzanalyse zu untersuchen. Auch das erforderliche Büromaterial sollte der Arbeitgeber rechtzeitig vor Beginn der Telearbeit zur Verfügung stellen.

Verfügbarkeit von Bürodienstleistungen

Zwar gilt der Grundsatz, daß Telearbeiter - was die technische Ausstattung betrifft - möglichst nicht schlechter gestellt werden sollten als die Beschäftigten in der Zentrale. Dennoch können am häuslichen Büroarbeitsplatz nicht alle technischen Hilfsmittel und Dienstleistungen zur Verfügung stehen, die im traditionellen Büro selbstverständlich sind. So kann insbesondere für qualifizierte Telearbeiter die fehlende Verfügbarkeit von zentralen Bürodienstleistungen, wie Sekretariat oder leistungsfähiger Kopierer, in manchen Fällen ein gewisses Problem darstellen.

Shared Desk

Bei der alternierenden Telearbeit muß neben der Gestaltung des häuslichen Arbeitsplatzes auch die des im Zentralbüro verbleibenden Arbeitsplatzes thematisiert werden. Aus Kostengründen ist es sinnvoll, diesen Arbeitsplatz mit anderen Telearbeitern oder Teilzeitkräften zu teilen, was im angelsächsischen Raum mit „Shared Desk" bezeichnet wird.

Allerdings sind anfänglich möglicherweise auftretende Probleme zu berücksichtigen. So ist es für manche Mitarbeiter noch ungewohnt, auf persönliche Gegenstände am Arbeitsplatz zu verzichten, den Arbeitsplatz nach getaner Arbeit aufzuräumen bzw. ihn nach Ankunft erst einmal einzurichten. Letzteres kann z.B. die Systemsteuerung des PC, die Verfügbarkeit und Anordnung schriftlicher Unterlagen sowie notwendiger Büroartikel und -geräte betreffen.

4.3.2 Arbeitsabläufe, Arbeitsteilung, Koordination

In manchen Fällen ist es problemlos möglich, räumlich dezentral zu arbeiten. Arbeitsabläufe können beibehalten werden, nur eine Umstellung hinsichtlich der Mediennutzung ist notwendig, beispielsweise wenn persönliche Gespräche mit Kollegen und Vorgesetzten nicht mehr spontan erfolgen können, sondern für Büroarbeitstage fest geplant oder durch telefonische oder Electronic-Mail-Kommunikation ersetzt werden müssen.

Es kann aber auch notwendig werden, bestimmte Tätigkeiten nur den weiterhin im Zentralbüro arbeitenden Mitarbeitern zu überlassen, beispielsweise äußerst zeitkritische Arbeiten oder die Kommunikation mit den Kunden. Dies ist jedoch sehr vom Einzelfall abhängig.

Durch die Einführung der Telearbeit ist in manchen Fällen eine Koordination durch persönliche Weisung nicht oder nur noch eingeschränkt möglich. Dadurch kommt dem Planungsinstrument Projektmanagement eine größere Bedeutung zu. Für Unternehmen, die bereits solche Instrumente einsetzen, muß die Koordination der Telearbeit hingegen nicht immer mit einer Neuentwicklung oder Modifizierung bestehender Mechanismen verbunden sein.

Das Aufkommen prozeßorientierter Informationstechnologien - auch bekannt unter den Stichworten 'Groupware-' und 'Workflow-Systeme' - eröffnen neue Wege der Einbindung von Telearbeitern in die Geschäftsprozesse des Unternehmens. Abbildung 4.2 zeigt schematisch die Einsatzmöglichkeiten solcher Systeme in Abhängigkeit von der Aufgabenteilung und der Strukturierung der Abläufe.

Workflow

Workflow-Management-Systeme unterstützen die automatische Koordination und Statusverfolgung (z.B. welche Vorgänge sind abgeschlossen oder werden von welcher Stelle gerade bearbeitet?) in stark strukturierten und arbeitsteiligen Organisationen wie beispielsweise in Banken, Versicherungen und öffentlichen Verwaltungen. Produkte in diesem Bereich sind Flowmark (IBM), Visual Workflow (FileNet) oder Workparty (SNI).

Ein Beispiel: Alle Dokumente für eine neue oder bestehende Versicherung werden in der Poststelle elektronisch digitalisiert und durch ein Workflow-Mangement-System direkt in die elektronischen Postkorb der entsprechenden Mitarbeiter gesteuert. Da alle Informationen zu einem Vorgang (Kunden- und Vertragsdaten) am Bildschirm zu Verfügung stehen, kann die Bearbeitung - bei Vorliegen entsprechender Netzwerkvoraussetzung - auch dezentral durch Telearbeiter erledigt werden.

Groupware   Groupware-Systeme kommen insbesondere bei schwach strukturierten Vorgängen zum Einsatz. Hier geht es insbesondere darum, daß die flexible Kommunikation und Kooperation von Arbeiten mit Projektcharakter unterstützt wird. Beispiele solcher Anwendungen sind E-Mail-, Videokonferenz- und Terminsysteme sowie Entscheidungs- und Planungsunterstützungsysteme. Eine Vielzahl von Produkten unterstützen Teile dieser Anwendungen oder bieten eine Plattform, um solche Anwendungen zu integrieren wie beispielsweise Notes (Lotus), Groupwise (Novell) und Exchange (Microsoft).

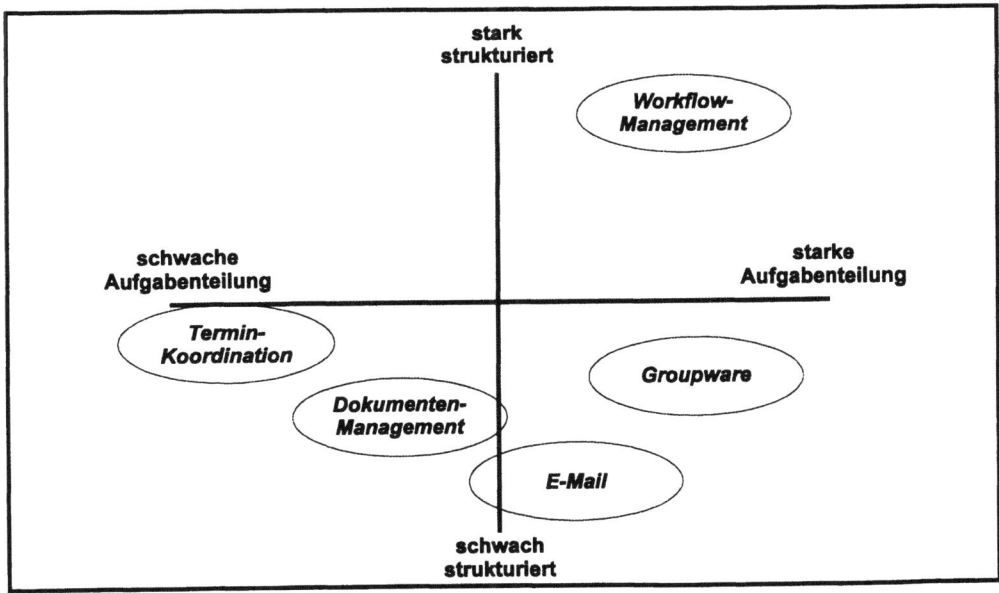

Abbildung 4.2: Einteilung prozeßorientierter Informationssysteme   Quelle: Meiss 1996

4.3.3 Neuer Führungsstil

Die Vergabe einfacher Tätigkeiten an Telearbeiter ist, insbesondere wenn sie nicht zeitkritisch sind, kein großes organisatorisches Problem. Ganz anders ist es bei anspruchsvolleren Tätigkeiten und solchen, die in komplexe Arbeitsabläufe und Geschäftsprozesse eingebunden sind.

Der Erfolg von qualifizierten Telearbeitsanwendungen ist in starkem Maße abhängig von der Unternehmenskultur und dem Führungsstil im Unternehmen. Für Telearbeit bedarf es einer ergebnisorientierten Leistungsbewertung. Telearbeitern müssen mehr Vertrauen und größere Spielräume eingeräumt werden, als Mitarbeitern vor Ort. Schließlich bedarf es flacherer Unternehmenshierarchien mit der Verlagerung von Kompetenz und Entscheidungsbefugnis auf dezentrale Einheiten.

Telearbeiter können in der Regel nicht über Anwesenheit kontrolliert werden. Es wird somit ein Führungsstil notwendig, der an Zielvorgaben und Arbeitsergebnissen orientiert ist (Führen durch Ziele). Ergebnisorientierte Führung setzt wiederum eine weniger arbeitsteilige Organisationsform voraus, weil nicht mehr einzelne Arbeitsschritte, sondern Ziele und Aufgaben vorgegeben werden.

Aus Arbeitnehmersicht wird vielfach eine bei Telearbeit grundsätzlich mögliche, computergestützte Arbeitszeit- und Leistungskontrolle als zu weitreichend empfunden. Notwendig ist es, ein Einverständnis mit den Betroffenen über Form und Intensität der Leistungskontrolle zu erzielen. Auf keinen Fall darf heimlich kontrolliert werden. Reine Anwesenheit sollte in den allermeisten Fällen (Ausnahme: Bereitschaftsdienst) kein Leistungskriterium mehr sein.

4.3.4 Kommunikationsmanagement

persönliche Kommunikation

Hat man sich für die Organisationsform alternierende Telearbeit entschieden, muß der Turnus der persönlichen Kommunikation im Unternehmen festgelegt werden. Die Erfahrung zeigt, daß anfangs der Bedarf an persönlicher Kommunikation überschätzt wird und deshalb zu häufig Treffen vereinbart werden. Hier bietet es sich an, flexibel auf den Wunsch nach persönlichen Treffen einzugehen und diese zunächst relativ häufig anzusetzen, sie dann aber nach einer Übergangszeit im Einvernehmen mit den Telearbeitern auf das notwendige Maß zu reduzieren.

Organisation und Management der Telearbeit

Telefon und Telefax	Ein Großteil des notwendigen Informationsaustauschs zwischen Telearbeitern und Kollegen bzw. Vorgesetzten kann mittels Telefon und teilweise auch Telefax erfolgen. Externen Gesprächspartnern kann die Telefonnummer des Telearbeitsplatzes mitgeteilt werden. Sehr viel komfortabler und kundenfreundlicher ist es jedoch, wenn Telearbeiter unter derselben Rufnummer ortsunabhängig erreicht werden können. Durch Anrufweiterschaltung können die zentralen Telefone der Telearbeiter zum Telearbeitsplatz umgeleitet werden, ohne daß dem Anrufer transparent wird, wo sich der Ansprechpartner aufhält. Zudem gibt es netztechnische Lösungen (Centrex), die es ermöglichen, bestimmte Leistungsmerkmale einer ISDN-Nebenstellenanlage, wie Rückruf, Weiter- und Zurückvermitteln, über das ISDN-Netz auch für Telearbeiter verfügbar zu machen.
E-Mail	Der durch die Telearbeit notwendige Ersatz von persönlicher Kommunikation durch technisch vermittelte Kommunikation wird - vielleicht erstaunlich - oft nicht als Verlust empfunden. Neben Telefon und Telefax hat sich Electronic-Mail als vorteilhaft herausgestellt. Als asynchrones Kommunikationsmedium kann es im Gegensatz zum Telefon jederzeit und ohne Wartezeiten angewandt werden. Zudem wird es von vielen Menschen als weniger störend empfunden.
Bulletin-Boards	Wichtig für das Zusammenwirken von Menschen in einer Organisation ist die informelle Kommunikation. Viele gute Ideen wurden schon bei zwanglosen Gesprächen am Kaffeeautomaten geboren. Nützliche Hinweise bekommen Mitarbeiter durch Angebote und Informationen am schwarzen Brett der Firma. Die Einrichtung von Bulletin-Boards, die schwarze Bretter in elektronischer Form nachbilden, können die informelle Kommunikation fördern.
Voice-Mail und Videokommunikation	Als weitere elektronisch vermittelte Kommunikationsformen kommen Voice-Mail und Videokommunikation in Frage. Je nach Unternehmenskultur kann Voice-Mail eine sinnvolle Alternative darstellen. Videokommunikation ist derzeit noch wenig populär und verursacht nicht unerhebliche Kosten, wird aber in Zukunft schnell an Bedeutung gewinnen.

143

4.3.5 Schulung und Training

Schulungs- und Trainingsmaßnahmen im Zusammenhang mit Telearbeit sollten sich an folgende Personengruppen wenden:

- Telearbeiter
- ihre Manager
- Kollegen, die am zentralen Betriebsstandort verbleiben.

Telearbeiter

Der qualifizierte Umgang der Telearbeiter mit Software und Geräten (PC, Drucker, Telefon) muß im Vorfeld durch Schulungsmaßnahmen sichergestellt sein. Ganz besonders gilt dies, wenn sich im Zusammenhang mit der Einführung der Telearbeit die Bedienungsoberfläche ändert, bislang ungewohnte Aufgaben übernommen werden müssen (Backups anlegen, Überprüfung auf Viren, Tonerkasette wechseln etc.) oder neue Techniken, wie die Videokommunikation, eingeführt werden.

Eventuell in Einzelfällen auftretenden Handhabungsproblemen kann zusätzlich durch die Einrichtung einer Hotline begegnet werden. Hierzu ist es notwendig, die Telearbeiter zuvor in die Lage zu versetzen, ihre Schwierigkeiten am Telefon beschreiben zu können.

Schulungsmaßnahmen für Telearbeiter dürfen sich jedoch nicht allein auf den Umgang mit der Technik beziehen. Vielmehr muß auch die Arbeit in häuslicher Umgebung erst erlernt werden. Stichwörter sind Zeitmanagement, Eigenverantwortung und Selbständigkeit. Insbesondere die alternierende Telearbeit mit ihren wechselnden Arbeitsorten setzt gewisse Fähigkeiten hinsichtlich persönlicher Arbeitsorganisation voraus.

Management

Zu berücksichtigen ist ebenfalls, daß Telearbeit als organisatorische Innovation auch neue Anforderungen an das Management stellt. Daher sollten Vorgesetzte hinsichtlich der Anwendung ergebnisorientierter Führungstechniken und stärkerer Zeitplanung, beispielsweise auch im Hinblick auf persönliche Gespräche mit den Mitarbeitern, geschult werden.

Kollegen

Schließlich ist es darüber hinaus wichtig, die am zentralen Standort verbleibenden Mitarbeiter ebenfalls in Schulungsmaßnahmen mit einzubeziehen. Obwohl sich auch für diese Gruppe einschneidende Änderungen der Arbeitssituation ergeben, wird sie leicht übersehen. Aber auch sie sollten auf veränderte Arbeitsabläufe und neue Kommunikationsformen mit den telearbeitenden Kollegen vorbereitet werden.

4.3.6 Datenschutz- und Datensicherheitskonzept

Neben Personalführung, Kommunikation und Schulung sind auch der Datenschutz und die Datensicherheit wichtige Aspekte. Die Aufgabe des Datenschutz ist es, „den einzelnen davor zu schützen, daß er durch den Umgang mit seinen personenbezogenen Daten in seinem Persönlichkeitsrecht beeinträchtigt wird" (BDSG, §1, Abs.1). Unter Datensicherheit sind alle Maßnahmen zu verstehen, die die Daten und Informationen des Unternehmens vor unerlaubter Manipulation, Aneignung oder sogar Zerstörung schützen sollen. Obwohl beide Aspekte verschiedenen Zielsetzungen verfolgen, überschneiden sich in der Praxis die erforderlichen Maßnahmen.

Hinsichtlich Datenschutz und Datensicherheit sollten vordringlich folgende Sicherheitsrisiken beachtet und mit zusätzlichen Maßnahmen minimiert werden:

- Sicherheit des Übertragungsweges
- Sicherheit der Daten und Dokumente beim Telearbeiter
- Viren

Sicherheit des Übertragungsweges

Mit der Dezentralisierung der Büroarbeit ist die verstärkte Übermittlung möglicherweise sensibler Datenbestände über das öffentliche Leitungsnetz verbunden. Um die Daten vor dem unberechtigten Zugriff zu schützen, bieten sich verschiedene Formen der Verschlüsselung an. Zusätzlich sollten alle Übertragungsvorgänge protokolliert werden. Die im Protokoll festgehaltenen Angaben, wie z.B. die Uhrzeit der Übertragung oder der Übertragungsweg, sind ein wichtiges Hilfsmittel, um unberechtigte Zugriffe zu bemerken.

Sicherheit der Daten

Hinsichtlich der Sicherheit der Daten beim Telearbeiter sollte der Zugang zum Rechner mittels Paßwort geschützt werden. Eine Authentifizierung über eine persönliche Kennung, die nur dem Telearbeiter bekannt ist, bietet mehr Sicherheit. Dies kann z.B.

über eine ständig wechselnde Abfrage von persönlichen Daten des Telearbeiters geschehen, die aus dem auf dem zentralen Host abgespeicherten Benutzerprofil zufällig ausgewählt werden (Geburtsort, Name der Tochter etc.). Eine weitere Möglichkeit wäre, für jede Anwendung individuelle Paßwörter zu vergeben.

Darüber hinaus greifen jedoch weniger technische als organisatorische Regelungen. Mitarbeiter am Telearbeitsplatz sind in ihrer Verantwortung beim Umgang mit Daten im stärkeren Maße gefordert als vergleichbare Mitarbeiter im zentralen Büro. Mit dem Telearbeiter sollte daher in jedem Fall eine Vereinbarung getroffen werden, in der u.a. festgehalten wird, daß der Zugang zum Arbeitszimmer vor Unbefugten geschützt und Unterlagen sowie Sicherungsdisketten in einem abschließbaren Schrank aufbewahrt werden.

Viren Computerviren stellen im zunehmende Maße eine Bedrohung für lokale Rechnernetze dar. Von den bekannten ca. 8.000 Viren besitzt zwar nur ein geringer Teil zerstörerische Funktionen, doch kann es verheerende Folgen haben, wenn wichtige Daten gelöscht werden oder ein gesamtes Netzwerk zeitweilig zusammenbricht bzw. heruntergefahren werden muß, um den Befall zu beseitigen.

Im Hinblick auf die Gefahr durch Viren gehen manche Unternehmen so weit, Diskettenlaufwerke auszubauen oder die serielle Schnittstelle unbrauchbar zu machen. Andere vertreten die Auffassung, daß jemand, der Mißbrauch betreiben will, letztendlich nicht davon abgehalten werden kann. Deshalb wird eine diesbezügliche Lösung eher in organisatorischen Maßnahmen bzw. Verhaltensmaßregeln gesehen, z.B. keine unautorisierte Software (Raubkopien) zu verwenden.

Dem Unternehmen bietet sich ferner die Möglichkeit, den Telearbeiter in Trainingsseminaren für Sicherheitsaspekte und -risiken zu sensibilisieren und ihn z. B. im Umgang mit drängenden Kindern (Computerspiele, Internet surfen) zu schulen. Wie jedem anderen Mitarbeiter sollten dem Telearbeiter Virenprüfprogramme zur Verfügung stehen und er beauftragt werden, diese jeweils zu nutzen, so daß nur auf Viren überprüfte Disketten überhaupt Verwendung finden. Zu überlegen ist, ob die private Nutzung des firmeneigenen Rechners untersagt werden sollte.

Sicherheitskonzept Ein Sicherheitskonzept zur Telearbeit sollte folgenden Kriterien berücksichtigen:

- Die Datensicherheit bei telearbeitenden Mitarbeitern muß im gleichen Maße gewährleistet sein, wie bei den Mitarbeitern an zentralen Standorten des Unternehmens. Hierzu müssen die für dezentrale Arbeitsorte spezifischen Sicherheitsrisiken durch zusätzliche Maßnahmen ausgeglichen werden.

- Bei allen Überlegungen zum Datenschutz und zur Datensicherheit müssen die Wirtschaftlichkeit und Praktikabilität berücksichtigt werden.

- Die für die Datensicherheit spezifizierten Maßnahmen sollen auch der Erreichung des erforderlichen Datenschutzes dienen.

- Sicherheitsmaßnahmen sollten den Ablauf der in Telearbeit durchzuführenden Tätigkeiten so wenig wie möglich behindern.

4.4 Richtlinien und Regeln

Ein wesentlicher Bereich, der zu Unsicherheit bei Interessierten führt und dadurch die Einführung der Telearbeit derzeit noch hemmt, ist die rechtliche Regelung der Telearbeit. An dieser Stelle werden die unterschiedlichen Vertragsformen der Telearbeit und die Regelungsmöglichkeiten für Festangestellte erläutert sowie Hinweise zum Umgang mit dem Betriebsrat, zur arbeitsrechtlichen Regelung und zu versicherungsrechtlichen Fragen gegeben.

4.4.1 Rechtlicher Status der Telearbeit

Wie die Fallstudien in Kapitel 3 gezeigt haben, kann Telearbeit in unterschiedlichen arbeitsrechtlichen Formen praktiziert werden. Zu unterscheiden sind:

- reguläre Beschäftigungsverhältnisse mit Arbeitnehmerstatus,
- Beschäftigte nach dem Heimarbeitsgesetz sowie
- formal Selbständige bzw. freie Mitarbeiter mit Werkvertrag.

In Abhängigkeit vom rechtlichen Status der Telearbeiter unterscheiden sich die sozialen Schutzrechte. Selbständige und Freiberufler sind für soziale Sicherung, Arbeitsbedingungen etc. selbst verantwortlich. Während für Heimarbeiter nach dem Heimarbeitsgesetz nur ein eingeschränkter Schutz besteht (z.B. verringerter Kündigungsschutz), genießen Telearbeiter mit Arbeitnehmerstatus den vollen arbeits-, sozial- und gesundheitsrechtlichen Schutz.

Die Art der rechtlichen Ausgestaltung der Telearbeit ist zudem ein wichtiges Kriterium ihrer Wirtschaftlichkeit. Für den Arbeitgeber ist eine freiberuflich-selbständige Tätigkeit finanziell interessanter, weil bestimmte Kosten (Lohnnebenkosten, Kosten für Equipment) von den Telearbeitern getragen werden. Bei Telearbeit im Arbeitnehmerstatus profitiert das Unternehmen im wesentlichen von der höheren Produktivität und Kreativität der ausgelagerten Mitarbeiter.

Festangestellte Telearbeiter

Der Großteil der bekanntgewordenen Telearbeitsanwender in Deutschland beschäftigt abhängig beschäftigte Telearbeiter. Nur auf diese Weise kann von Unternehmen erreicht werden, daß die in der Praxis häufig wichtigen Treuepflichten für den Telearbeiter bestehen und daß dem Arbeitgeber ein Direktionsrecht zusteht. Insbesondere bei qualifizierten Tätigkeiten ist vielfach eine lose Bindung des Mitarbeiters für das Unternehmen nicht akzeptabel.

Von Gewerkschaftsseite wird auf eine Beibehaltung des Arbeitnehmerstatus gedrungen und andere Varianten, wie Heimarbeiter oder Selbständige mit Dienst- oder Werkvertrag, wegen reduziertem oder fehlendem Arbeitnehmerschutz und sozialer Sicherung grundsätzlich abgelehnt. Wenn einvernehmliche Lösungen mit den Arbeitnehmervertretern gesucht werden, kommt somit oftmals nur die Beibehaltung des Arbeitnehmerstatus in Betracht.

Telearbeiter nach dem Heimarbeitsgesetz

Um Heimarbeiter vor unsozialen Arbeitsverhältnissen zu schützen, wurde 1951 das Gesetz für Heimarbeiter beschlossen. In Deutschland gibt es derzeit ca. 170.000 registrierte Heimarbeiter (in der Regel Frauen), wovon die meisten in gewerblichen Berufen für klassische Industriezweige tätig sind. Im Segment Büro-

Richtlinien und Regeln

heimarbeit werden hingegen nur rund 10.000 Arbeitskräfte eingesetzt.

Telearbeit nach dem Heimarbeitsgesetz wird bislang nur sehr selten praktiziert, beispielsweise von Daten- und Texterfassungskräften aus dem Verlagswesen. Es ist zudem rechtlich umstritten, ob auch höherqualifizierte Angestelltentätigkeiten überhaupt in den Geltungsbereich des Heimarbeitsgesetzes fallen.

Für die Arbeitgeber entstehen aufgrund der Praxis der Telearbeit nach dem Heimarbeitsgesetz Kostenvorteile, für die Beschäftigten stellt eine solche Erwerbsmöglichkeit - zu der es für sie häufig keine Alternative gibt - oftmals ein willkommener Zuerwerb zum Familieneinkommen dar. Andererseits sind die sozialen Nachteile nicht zu übersehen.

Selbständige Telearbeiter

Bei Menschen mit unternehmerischer Initiative und entsprechenden Qualifikationen besteht die Chance zum Aufbau einer eigenen Existenz mittels Telearbeit. Anders als bei der Existenzgründung in vielen anderen Bereichen, wie z.B. Boutiquen, Restaurants oder Reisebüros, ist der Investitionsaufwand überschaubar und begrenzt.

Dennoch stehen Selbständige und freiberufliche Telearbeiter vor erheblichen Herausforderungen. Die notwendige technische Ausstattung muß selbst finanziert werden, für die Arbeitsbedingungen ist der Telearbeiter selbst verantwortlich, Eigenverantwortung besteht auch für die soziale Absicherung, ein regelmäßiges Einkommen ist nicht immer gesichert, bezahlt wird per Werkvertrag. Dem stehen viele Vorteile gegenüber, u.a. daß die Arbeitszeit und die Arbeitsweise unkontrolliert durch Vorgesetzte selbst bestimmt werden kann.

4.4.2 Regelungsmöglichkeiten für Festangestellte

Bei Telearbeitern mit Arbeitnehmerstatus sind die Bedingungen der häuslichen Arbeit zwischen Arbeitgeber und Telearbeiter zu regeln. Dies kann individuell, sozialpartnerschaftlich oder auch per Gesetz geschehen (siehe auch Abb. 4.3).

Empfehlungen zur Telearbeit

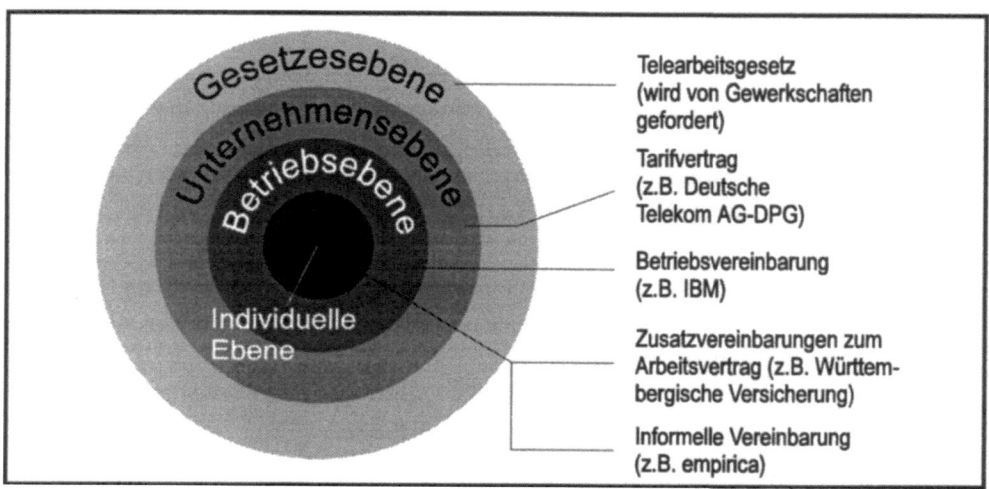

Abbildung 4.3: Regulierungsebenen für Telearbeit © *empirica*

Einzelfallbezogene Lösung	Bislang wird Telearbeit in den meisten Fällen nur einzelfallbezogen geregelt. Dies hängt auch damit zusammen, daß die große Mehrzahl bekannter Telearbeitsanwendungen zunächst nur in kleinerem Rahmen durchgeführt wird. Es kann unterschieden werden zwischen informellen Absprachen mit dem jeweiligen Vorgesetzten und Zusatzvereinbarungen zum Arbeitsvertrag. Informelle Absprachen werden insbesondere bei alternierender Telearbeit praktiziert. In einer Zusatzvereinbarung werden individuell die jeweils relevanten Aspekte, wie die Aufwandserstattung der Telearbeiter, Arbeitszeiten, Haftung, Versicherungsschutz und Datenschutzfragen schriftlich festgehalten.
Betriebsvereinbarung	Mit zunehmender Verbreitung der Telearbeit innerhalb von Unternehmen wird vielfach die Notwendigkeit gesehen, betriebsweit eine einheitliche Regelung der Telearbeit zu finden. Große Popularität erlangte die Betriebsvereinbarung von IBM zu außerbetrieblichen Arbeitsstätten vom Sommer 1991. Mittlerweile sind einige Unternehmen diesem Vorbild gefolgt und haben selbst eigene, manchmal recht pragmatische Betriebsvereinbarungen zur Telearbeit bzw. zur mobilen Arbeit mit ihrem Betriebsrat abgeschlossen (siehe auch Anhang 4).
Tarifvertrag	Die in einem Tarifvertrag festgelegten arbeitsrechtlichen Regelungen haben für das gesamte Unternehmen Gültigkeit. Einen

bundesweiten Tarifvertrag zur alternierenden Telearbeit haben u.a. die Deutsche Telekom AG und die Deutsche Postgewerkschaft (DPG) im Oktober 1995 abgeschlossen. Mit dieser tarifvertraglichen Regelung wurde die Basis geschaffen, um in mehreren einjährigen Pilotprojekten das neue Arbeitsplatzmodell bei der Deutschen Telekom zu erproben (siehe auch Anhang 4).

Telearbeitsgesetz Während ein spezielles Telearbeitsgesetz von Gewerkschaftsseite gefordert wird, sind andere der Auffassung, daß die Telearbeit mit den bestehenden gesetzlichen Regelungen auskommen kann und durch konstruktive Zusammenarbeit zwischen den verschiedenen Interessengruppen betriebs- bzw. unternehmensinterne Lösungen gefunden werden können. Das Bundesministerium für Arbeit und Sozialordnung läßt zur Zeit in einem Gutachten überprüfen, ob entsprechender Handlungsbedarf für den Gesetzgeber besteht.

4.4.3 Zusammenarbeit mit dem Betriebsrat

Eine oft gestellte Frage ist die nach den Rechten des Betriebsrates. Da nur fünf wahlberechtigte Arbeitnehmer notwendig sind, um einen Betriebsrat zu bilden, dürften solche Fragen auch für Unternehmen ohne Betriebsrat von Interesse sein.

Die Rechte des Betriebsrates sind umfangreich. Zwar kann er rein rechtlich die Einführung der Telearbeit nicht verhindern, faktisch sehr wohl. Der Betriebsrat hat nämlich:

- umfangreiche Unterrichtungs- und Beratungsrechte sowie
- Mitbestimmungsrechte in sozialen und personellen Angelegenheiten.

Einführungswillige Unternehmen sind daher gut beraten, den Betriebsrat rechtzeitig zu informieren und schon in der Planungsphase mit in die Verantwortung zu ziehen. Eine gute Möglichkeit, den Betriebsrat aus erster Hand zu informieren, ist gegeben, wenn ein Betriebsratsmitglied selbst als Telearbeiter tätig wird.

Bei der Einführung der Telearbeit ist die Zustimmung des Betriebsrates notwendig. Vermieden werden sollte auf alle Fälle, daß die Einführung der Telearbeit in aller Stille vorbereitet wird. Ein vor diese Tatsache gestellter Betriebsrat dürfte eher zur Ablehnung neigen als einer, der bereits in der Frühphase mit gestalten und Einfluß nehmen konnte.

Ferner ist empfehlenswert, mit einer Pilotphase zu beginnen. In der Zwischenzeit besteht die Möglichkeit, den Betriebsrat mit positiven Ergebnissen zu überzeugen. Sollte der Betriebsrat sich gegen eine Ausweitung der Telearbeit auf das gesamte Unternehmen zunächst sperren, wird er erfahrungsgemäß durch die Forderung der Mitarbeiter in Zugzwang gebracht.

4.4.4 Regelungstatbestände einer Vereinbarung

Bei einer größeren Zahl von Telearbeitern empfehlen wir eine Betriebsvereinbarung abzuschließen, um für alle Telearbeiter einheitliche Regelungen zu schaffen. Anfangs - bei wenigen Telearbeitern - können allerdings individuelle Vereinbarungen ausreichen.

Wie erwähnt liegen zahlreiche Beispiele mit entsprechenden Formulierungsbeispielen vor (Muster einer Zusatzvereinbarung (vgl. Godehardt 1994), Betriebsvereinbarungen, Tarifverträge), an denen man sich orientieren kann. Die exakten Formulierungen sind den jeweiligen betrieblichen Bedingungen anzupassen. Wir empfehlen, einen pragmatischen Ansatz zu verfolgen, der den Beteiligten genügend Flexibilität beläßt.

Nachfolgend werden die wichtigsten Aspekte angesprochen und entsprechende Empfehlungen gegeben:

Allgemeines

Zwar kann prinzipiell Telearbeit auch mit einer arbeitsvertraglichen Flexibilisierung einher gehen. In den allermeisten Fällen dürfte jedoch mit Telearbeit keine Statusänderung verbunden werden. Zudem weisen wir an dieser Stelle ausdrücklich darauf hin, daß Telearbeit nicht von oben verordnet werden, sondern bei der Einführung der Telearbeit das Prinzip der Freiwilligkeit gelten sollte.

Krankheit, Urlaub, Verdienst

Festangestellte Telearbeiter mit Arbeitnehmerstatus genießen den gleichen arbeitsrechtlichen Standard wie betrieblich Beschäftigte. Damit haben sie beispielsweise Anspruch auf den gesetzlichen Mindesturlaub, auf Lohnfortzahlung im Krankheitsfall und an Feiertagen etc. Auch hinsichtlich des Einkommens und der Al-

Richtlinien und Regeln

tersversorgung ergeben sich für Telearbeiter keine Veränderungen.

Zugang zur häuslichen Arbeitsstätte

Aufgrund Artikel 13 Grundgesetz ist ein Zutrittsrecht des Arbeitgebers, der Arbeitnehmervertreter oder staatlicher Stellen wie der Gewerbeaufsicht ohne Einwilligung des Telearbeiters auszuschließen. Es besteht keine Verpflichtung des Arbeitgebers, die Einhaltung arbeitsrechtlicher Bestimmungen sicherzustellen und zu kontrollieren. Wir empfehlen aufgrund der Fürsorgepflicht des Arbeitgebers, Telearbeiter über arbeitsschutzrechtliche und ergonomische Bestimmungen zu informieren und zu beraten.

Ausstattung des Telearbeitsplatzes

Die Büroausstattung am häuslichen Arbeitsplatz (Schreibtisch, Stuhl, Schreibtischlampe etc.) wird zumeist von den Telearbeitern selbst gestellt. Einige Unternehmen stellen auf Wunsch Büromöbel leihweise zur Verfügung. Die Arbeitsmittel, wie PC, Drucker, Telefon und Modem, sollten hingegen in jedem Fall im Besitz des Unternehmens sein. Dies ist notwendig, um eine gleichfunktionale Ausstattung zu gewährleisten, notwendige Aufrüstungen zu erleichtern und Kompatibilitätsprobleme auszuschließen. Auch für Reparatur und Wartung sollte der Arbeitgeber aufkommen.

Ausstattung des Büroarbeitsplatzes

Bei alternierender Telearbeit bleibt in der Regel im Büro ein zweiter Arbeitsplatz bestehen. Durch Teilen dieses Arbeitsplatzes können nicht unerhebliche Kosten eingespart werden. Wir empfehlen, auf die Befindlichkeiten der Mitarbeiter Rücksicht zu nehmen und eine Arbeitsplatzteilung nur innerhalb von Arbeitsteams vorzunehmen. Bei Telearbeitern, die nur gelegentlich ins Büro kommen, ist zu überlegen, ob nicht stärker als bisher im Büro Besprechungsräume oder -ecken (Kommunikationsplatz statt Arbeitsplatz) eingerichtet werden sollen.

Aufwandserstattung

Es ist gängige Praxis, daß die anfallenden Telekommunikationskosten von den Unternehmen getragen werden. Der Nachweis kann am besten über einen separaten Telefonanschluß und ggf. detaillierte Rechnung erfolgen. Ein eventueller Anspruch auf einen Essensgeldzuschuß besteht üblicherweise nur an den Tagen, an denen im Büro gearbeitet wird. Fahrtkosten zwischen Heimarbeitsplatz und Büro werden in der Regel nicht erstattet. Die Höhe der Aufwandserstattung, die dem Telearbeiter für Strom, Heizung, Reinigung, Mietanteil und Nutzung eigener Möbel ge-

Empfehlungen zur Telearbeit

 währt wird, wird von den Telearbeit betreibenden Unternehmen unterschiedlich festgelegt. Unsere Empfehlung an Unternehmen ist, einen Pauschalbetrag zu vereinbaren und, was die Höhe des Betrages betrifft, eher großzügig zu verfahren. Eventuell ist es aus Gründen der Verwaltungsvereinfachung sinnvoll, anstatt monatlicher Pauschalen eine Einmalzahlung zu gewähren.

Arbeitszeit	Es empfiehlt sich, nach dem Vorbild der IBM-Betriebsvereinbarung bei der häuslichen Arbeitszeit zwischen betriebsbestimmter und selbstbestimmter Arbeitszeit zu trennen. Allerdings sollte der Anteil selbstbestimmter Zeit so groß wie möglich sein, um dem Telearbeiter die nötige Flexibilität zu belassen. Überstunden werden im allgemeinen nur anerkannt, wenn sie im voraus angeordnet wurden. Außerdem ist es nicht üblich, Fahrtzeiten zwischen Wohnung und Büro als Arbeitszeit anzuerkennen.
Leistungskontrolle und Zeiterfassung	Obwohl eine maschinelle Ermittlung der Arbeitszeit (Logon-Logoff) zur Kontrolle möglich ist, empfehlen wir, darauf zu verzichten. Sinnvoll erscheint uns hingegen, wie es auch zumeist praktiziert wird, eine manuelle Aufzeichnung der geleisteten Arbeitszeit und Aufgaben durch den Telearbeiter, die dieser am Monatsende seinem Vorgesetzten vorlegt.
Haftung	In den vorliegenden Vereinbarungen ist die Haftung des Telearbeiters, seiner Familienmitglieder und sonstiger Dritter für Beschädigung oder Abhandenkommen von firmeneigenen Arbeitsmitteln auf Vorsatz und grobe Fahrlässigkeit beschränkt.
Datenschutz und Datensicherheit	Mittels diverser technischer und organisatorischer Maßnahmen können Gefahren für die Datensicherheit und den Datenschutz minimiert werden (Paßwörter, Virenschutzmaßnahmen). Ergänzend hierzu sollte aber auch mit Verpflichtungserklärungen gearbeitet werden. Darin können Telearbeiter u.a. darauf verpflichtet werden, die zur Verfügung gestellten Arbeitsmittel und Dokumente so aufzubewahren, daß Zugriff oder Einsichtnahme durch Unbefugte ausgeschlossen ist, sowie der Entsorgung von Arbeitsmaterialien besondere Aufmerksamkeit zu widmen.
Private Nutzung firmeneigener Arbeitsmittel	Ein Großteil der Telearbeit betreibenden Unternehmen untersagt nicht zuletzt aus Gründen der Sicherheit die private Nutzung der firmeneigenen Arbeitsmittel. Andere gestatten sie ausdrücklich, insbesondere für Schulung und Training. Hier gibt es unserer

Auffassung nach keine Patentlösung, vielmehr muß abhängig von der betrieblichen Situation abgewogen und entschieden werden.

Beendigung der Telearbeit

Den Telearbeitern sollte, was auch die gängige Praxis ist, nach angemessener Ankündigungsfrist ein Rückkehrrecht garantiert werden. Bei Kündigung der Mietwohnung durch den Vermieter kann sich die Ankündigungsfrist verkürzen. Genauso sollte auch für das Unternehmen das Recht bestehen, aus betrieblichen Gründen den Telearbeitsplatz aufzulösen.

4.4.5 Versicherungsrechtliche Fragen

Festangestellte Telearbeiter unterliegen wie alle anderen Arbeitnehmer dem allgemeinen Sozialversicherungsrecht. Damit kommen alle für betriebliche Arbeitnehmer geltenden Regelungen zur Anwendung, die die Kranken-, Renten-, Arbeitslosen-, Pflege- und Unfallversicherung umfassen.

Relevante versicherungsrechtliche Fragen sind u.a.:

- die Abdeckung von Arbeitsunfällen durch die gesetzliche Unfallversicherung
- die Vermeidung einer Unterversicherung bei der Hausratversicherung.

Die Berufsgenossenschaft übernimmt die Kosten für Arbeitsunfälle im häuslichen Arbeitszimmer und Wegeunfälle zwischen Arbeitsort und Wohnung. Über das Arbeitszimmer hinaus besteht auch in anderen Räumen der Wohnung Versicherungsschutz, wenn der Unfall in ursächlichem Zusammenhang mit der versicherten Tätigkeit besteht. Dies hat das Bundessozialgericht in seinem Urteil vom 8.12.94 (AZ: 2RU 12/94) entschieden.

In der Hausratversicherung sind im allgemeinen alle Gegenstände, auch diejenigen, die dem Versicherten nicht gehören, mitversichert. Um eine Unterversicherung zu vermeiden, sollten Telearbeiter mit der Versicherungsgesellschaft eine Vereinbarung treffen, wonach die beim Telearbeiter befindliche technische Ausstattung aus der Hausratversicherung herausgenommen wird. Unternehmen sollten ihre Telearbeiter entsprechend aufklären.

4.5 Technikangebot und Anforderungen an die Technik

Technik

Eine für alle Zwecke einsetzbare Ausstattung des Telearbeitsplatzes gibt es nicht. Welche technischen Systeme für die Informationsverarbeitung und Informationsübermittlung sinnvollerweise eingesetzt werden sollten, hängt vom Tätigkeitsfeld und den Kommunikationsanforderungen des Telearbeiters, von der Organisationsform bzw. der Zahl der am gleichen Ort einzurichtenden Arbeitsplätze sowie der vorhandenen systemtechnischen Ausstattung des Unternehmens bzw. Kunden ab (siehe Abb. 4.4).

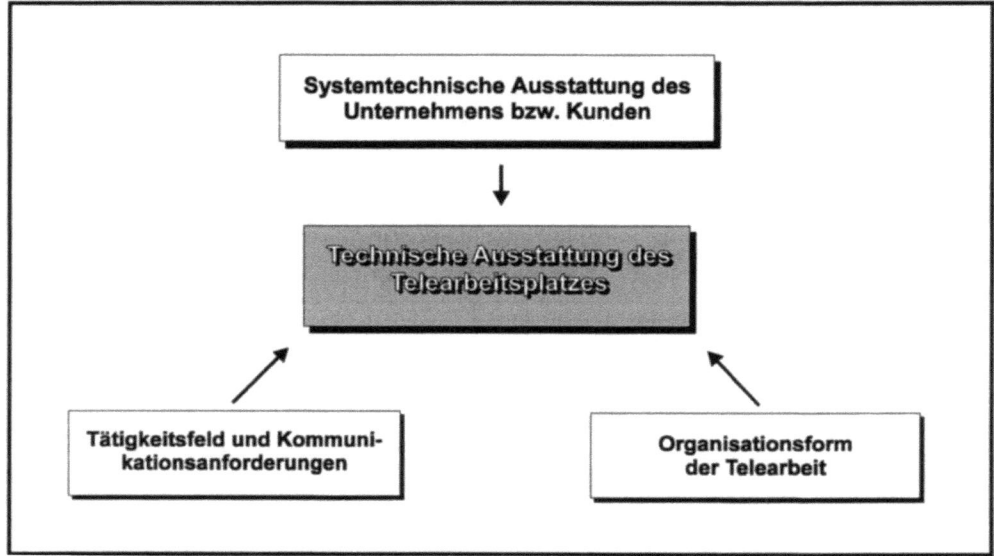

Abbildung 4.4: Einflußfaktoren für die Technikausstattung © *empirica*

Tätigkeitsfeld Je nach Tätigkeitsfeld des zukünftigen Telearbeiters ergeben sich unterschiedliche Anforderungen an die technische Ausgestaltung. Graphik und Design (z.B. Werbegraphiker) stellen andere Ansprüche an die Ausstattung als Datenbankverwaltung (Logistik, Kundenverwaltung) oder einfache Textverarbeitung (Wissenschaftler und Journalisten). Ähnliches gilt für die notwendige Kommunikationstechnik, die abhängig ist von den im Rahmen der Telearbeit zu unterstützenden Kommunikationsfunktionen, wie Dokumentenaustausch, Kundengespräch oder Konferenz.

Organisationsform

Auch die Organisationsform der Telearbeit spielt für die technische Ausstattung des Telearbeitsplatzes eine erhebliche Rolle: Soll der Mitarbeiter (fast) nur von zu Hause aus arbeiten, muß durch entsprechende Übertragungstechnik die Kommunikation mit dem Betrieb sichergestellt werden und der Arbeitsplatz - anders als bei alternierender Telearbeit - für alle Arbeitsanforderungen eingerichtet sein. In Telearbeitszentren können alle Arbeitsplätze über ein lokales Netzwerk (LAN) miteinander und mit einem leistungsfähigen Server (Host) verbunden sein. Der Host kann rechenintensive Aufgaben übernehmen, so daß nicht jeder Einzelplatz über eine komplette Ausstattung verfügen muß.

Systemtechnische Ausstattung

Außerdem spielt die systemtechnische Umgebung im Betrieb (bzw. beim Kunden) eine entscheidende Rolle. Um Kompatibilitätsprobleme von vornherein auszuschließen, sollte sich die technische Ausstattung am Telearbeitsplatz an der vorhandenen bzw. geplanten Ausstattung und den Softwareanwendungen im Unternehmen orientieren.

Nachfolgend wird zunächst ein Überblick zu den für Telearbeit relevanten Endgeräten, Softwarelösungen und Telekommunikationsdiensten gegeben. Im Anschluß daran geht es darum, den Entscheidungsträgern Hilfen an die Hand zu geben, wie Anforderungen an die technische Ausrüstung des Telearbeitsplatzes, die organisationsinterne und externe Kommunikation und die Wartung aufgestellt werden können.

4.5.1 Technikangebot im Überblick

Heute wird kaum noch eine informationsverarbeitende Tätigkeit ohne elektronische Werkzeuge verrichtet, sei es im zentralen Betrieb oder in Form der Telearbeit. Auch gibt es kaum noch einen Fall, in dem es sich nicht lohnen würde, Telearbeitern den Zugang zu Daten bzw. die Möglichkeit der Datenlieferung über ein Telekommunikationsnetz zu geben.

Ein Telearbeitsplatz setzt sich aus den folgenden Komponenten zusammen (vgl. ZVEI-VDMA 1995, Becker et al. 1995):

- Hardware (Rechner, Drucker, Modem, Telefon, Faxgerät, Bildtelefon)

Empfehlungen zur Telearbeit

- Software (Betriebssystem, Anwendungssoftware, Kommunikationssoftware)
- Telekommunikation (ISDN, öffentliches Fernsprechnetz, Datex-P, Standleitung, Onlinedienste, Mobilfunk)

Alle drei Komponenten sind einerseits unabhängig voneinander, d.h. Hardware, Software und Telekommunikationsnetze und -dienste können von verschiedenen Herstellern bzw. Anbietern in der Regel frei miteinander kombiniert werden. Andererseits bestehen technische Abhängigkeiten zwischen den Komponenten. So kann beispielsweise die notwendige Hardware erst anhand der Mindestanforderungen der zu benutzenden Softwareapplikationen ermittelt werden. Nachfolgend werden die Technikkomponenten näher erläutert[6].

4.5.2 Hardware

Personal-Computer

Einfache Bedienbarkeit durch graphische Benutzeroberfläche und erhöhte Leistungsfähigkeit haben den Personal-Computer (PC) zu einem Massenprodukt gemacht. Seit Beginn der 90er Jahre sind aufgrund dieser massenhaften Verbreitung und der starken Konkurrenz unter den Hardware-Herstellern die Preise für leistungsfähige Systeme enorm gefallen. Ein für die Telearbeit geeigneter PC ist in der Grundausstattung ab etwa 3.000 DM zu haben, wobei neben der Systemeinheit (Mainboard mit CPU), Monitor (15"), Tastatur und Maus sowie teilweise auch ein Drukker (Tintenstrahl- oder Lasertechnik) enthalten sind. PCs mit einem Intel- oder kompatiblen Prozessor (386, 486 oder Pentium) sind am weitesten verbreitet. Alternativ dazu werden Macintosh-Computer der Firma Apple eingesetzt sowie vereinzelt Unix-Systeme.

Workstation

Bei graphik- und rechenintensiven Anwendungen wie z.B. im Medien- oder Designbereich kommen leistungsfähige Workstations (SUN Sparc, DEC AlphaStation, SGI Indigo2 etc.) zum Ein-

---

[6] Obwohl in unserer schnellebigen Zeit ein Buch hierfür sicher nicht das ideale Medium ist, werden einige Hinweise auf spezielle Produkte und Preise gegeben, um dem Leser zumindest Anhaltspunkte zu geben (Stand Frühjahr 1996).

Technikangebot und Anforderungen an die Technik

satz. Der Preis einer solchen Workstation liegt bei 20.000 DM und mehr.

Laptop	Für Telearbeiter im mobilen Einsatz bieten sich Laptops bzw. Notebooks an, die überallhin mitgenommen werden können. Mobile Systeme sind zur Zeit etwa um den Faktor 1,5 teurer als vergleichbare stationäre Systeme. Hierbei muß aber berücksichtigt werden, daß ein zweites System am betrieblichen Arbeitsplatz unter Umständen entfallen kann, sofern der Mitarbeiter alternierende Telearbeit betreibt.

Telefon und Faxgerät	Neben Rechnern und Peripheriegeräten sind am Telearbeitsplatz auch kommunikationstechnische Endgeräte unverzichtbar. An erster Stelle ist dabei natürlich das Telefon zu nennen, für mobile Telearbeiter entsprechend ein Funktelefon. Ein separates Faxgerät oder ein Kombinationsgerät (Telefon, Fax und eventuell auch Anrufbeantworter in einem Gerät) kann hinzukommen, alternativ können auch Computer, Drucker und Scanner mit entsprechender Software dessen Funktion erfüllen.

Modem	Wird für den Datenaustausch zwischen dem PC zu Hause und der Zentrale das herkömmliche analoge Telefonnetz als Übertragungsmedium genutzt, ist als zusätzliche Hardware lediglich ein Modem erforderlich, welches die digitalen Daten in elektrische Schwingungen umsetzt. Für die Übertragung kleinerer Datenmengen, wie kurze Textdokumente, E-Mail oder Faxe ist ein einfaches Faxmodem nach dem Standard V.32bis (maximale Übertragungsraten von 14.400 bit/s) für ein effektives Arbeiten ausreichend. Solche Geräte sind bereits für weniger als 200 DM zu bekommen. Schnellere Übertragungen sind mit Highspeed-Modems möglich, die eine Übertragungsgeschwindigkeit von 28.800 bit/s (V.34 - Standard) erreichen und derzeit noch etwas teurer.

ISDN-Karte	Ein ISDN-Anschluß für den heimischen Telearbeitsplatz bringt zwar im Vergleich zum Modem höhere Investitionskosten mit sich, bietet aber eine wesentlich höheren Bandbreite (2 parallele Übermittlungs-(B)-Kanäle mit je 64.000 bit/s). Weitere Vorteile sind die Verfügbarkeit mehrerer Rufnummern, die bestimmten Endgeräten zugeordnet werden können, und die Anrufweiterschaltung, was gerade für Telearbeiter interessant ist, die Kundenbetreuung oder Servicetätigkeiten von zu Hause aus durchführen. Zudem vollzieht sich der Verbindungsaufbau im ISDN wesentlich schneller (<2 Sekunden), was für zeitkritische Anwendungen (z.B. häufige kurzfristige Datenbankzugriffe/-abfragen) relevant ist, und die Verbindung ist stabiler. Um sowohl den PC als auch andere Endgeräte, z.B. ein normales Telefon (analog), zu verwenden, ist eine Telefonanlage erforderlich (ab 800 DM). Der PC wird über eine ISDN-Karte an das Netz angeschlossen.

Videokonferenz-System

Wird an die Einrichtung eines Videokonferenz-Systems (z.B. ProShare, PictureTel) gedacht, ist ISDN aufgrund der großen Datenmengen unerläßlich. Die Kosten für Komplettsysteme (Lautsprecher, Bildkamera, Mikrofon, Software) sind mit ca. 5.000 DM anzusetzen (mit stark sinkender Tendenz). Obwohl bereits das erste Teilnehmerverzeichnis für Videokommunikationsanschlüsse erschienen ist, steht die Bildtelefonie derzeit noch nicht im Vordergrund der Nutzung. Wenn erst die Videokommunikation auf breiter Front Einzug in die Unternehmen genommen hat, werden sich sicher auch neue Anwendungspotentiale für Telearbeit eröffnen. Bislang ist es jedoch noch nicht allzu sinnvoll, solche Systemlösungen bei Telearbeitern zu installieren, zu denen ein entsprechender Gegenpart in der Zentrale oder andernorts fehlt.

4.5.3 Software

Die erforderliche Software gliedert sich in drei Kategorien:

- Systemsoftware (Betriebssystem)

- Anwendungssoftware (Programme für Standardanwendungen wie Textverarbeitung, Tabellenkalkulation, Graphik, Datenbanken etc.)

- Kommunikationssoftware (notwendige Programme zur Bedienung der Telekommunikation)

Betriebssystem

Die verbreitetsten Betriebssysteme sind MS-DOS/Windows (Microsoft), OS/2 Warp (IBM) und System 7.5 (Apple Macintosh). Während die ersten beiden hardware-unabhängig sind (Intel- oder kompatibler Prozessor), ist das System 7.5 grundsätzlich an die Hardware von Apple (Macintosh) gebunden. Mit MS-DOS alleine wird heute kaum noch gearbeitet, da es technisch veraltet ist (Speicherbegrenzung, 16-Bit-Architektur). Derzeit sind nahezu 80 Prozent aller PCs mit der Kombination MS-DOS/Windows ausgestattet, was auf das bestehende umfangreiche Softwareangebot für Windows zurückzuführen ist.

Anwendungssoftware

Generell gilt, daß am Telearbeitsplatz die gleiche System- und Anwendungssoftware benutzt werden sollte wie in der Zentrale, damit Umstellungsprobleme vermieden werden. Für alle Betriebssysteme bieten mehrere Hersteller komplette Softwarepakete an. Solche Pakete, z.B. von Lotus (Smart Suite) oder Microsoft (Office), liegen im Preis etwa bei 700-1.000 DM und decken die meisten Standard-Anwendungen (Text, Tabellen, Kalkulation, Graphik, Datenbank, Präsentation) ab. Bei bestimmten Tätigkeiten müssen zusätzlich Programmiersprachen, Softwarewerkzeuge oder CAD/CAM-Werkzeuge lokal installiert werden. In den Fällen, wo Telearbeiter von zu Hause aus auf Großrechnern arbeiten, greifen sie über Telekommunikationsleitungen auf die jeweiligen zentralen Host-Anwendungen zurück.

Die Bedeutung einer harmonisierten Arbeitsoberfläche, sowohl zu Hause wie auch im Betrieb, sollte nicht unterschätzt werden. Selbst bei bereits vertrauter Anwendungssoftware wird oft bemängelt, daß die Bedienung der einzelnen Applikationen nicht einheitlich ist und ständiges Umdenken erfordern bzw. lange Einarbeitungszeiten mit sich bringen. Apple Computer sind von solchen Problemen weniger betroffen, die Software ist in der Regel einheitlich gestaltet. Bei Windows und OS/2 Warp setzt sich im Laufe der Zeit für die meisten Standardanwendungen ein mehr oder weniger einheitliches Erscheinungsbild in der Bedienung und Präsentation der Software durch.

Kommunikationssoftware

Nachdem ein Arbeitsplatzsystem definiert wurde, muß über die zu verwendende Kommunikationssoftware entschieden werden. Für die Kommunikation werden zumeist E-Mail-Systeme (Marktführer sind neben Shareware-Produkten Microsoft Mail und cc-Mail) genutzt, die Unternehmen auch bereits intern nutzen, egal ob auf Großrechnern oder in PC-Netzwerken. Die E-Mail-Software wird entweder lokal bei den Telearbeitern installiert, oder die Telearbeiter nutzen das in der Zentrale installierte E-

Mail-System über eine Telekommunikationsverbindung vom dezentralen Arbeitsplatz aus.

4.5.4 Telekommunikationsnetze und -dienste

Die Kommunikation zwischen Telearbeitsplatz und zentralem Betrieb kann auf unterschiedlichem Wege realisiert werden. Aufgrund ihrer historisch bedingten Monopolstellung wird die Übertragungstechnologie in Deutschland in der Regel von der Deutschen Telekom AG gestellt. U.a. stehen folgende Netze und Dienste zur Verfügung:

- öffentliches Fernsprechnetz
- Datex-P
- Direktverbindung (Standleitung)
- Integrated Services Digital Network (ISDN)
- Online-Dienste
- Mobilfunk

Öffentliches Fernsprechnetz

Im öffentlichen Fernsprechnetz wird zwei Teilnehmern eine Leitung zur Verfügung gestellt, wobei die Auslastung der Verbindung keine Rolle spielt. Die Kosten werden nach Verbindungsdauer berechnet und sind abhängig von der Tageszeit bzw. dem Wochentag (sechs Zeitzonen) sowie der überbrückten Entfernung (vier Entfernungszonen). Neben Anwendungen wie Telefonieren und Faxen kann mittels Einsatz eines Modems das herkömmliche Fernsprechnetz auch zur Datenfernübertragung genutzt werden (max. 28.800 bit/s).

Datex-P

Der Übertragungsdienst Datex-P der Telekom vermittelt Datenpakete. Dabei werden die Daten in sequentielle Pakete zerteilt und über das Netz zum Empfänger geschickt. Die Kosten werden nach übertragener Datenmenge abgerechnet. Die Kosten pro Kilobyte (Kb) sind gestaffelt, je größer die Datenmenge, desto geringer ist der Preis pro Kb. Zu den Übertragungskosten kommen noch - wie beim Telefon - eine einmalige Anschlußgebühr und die monatliche Grundgebühr abhängig von der Übertragungsgeschwindigkeit (zwischen 9.600 bit/s und 1,92 Mbit/s).

Technikangebot und Anforderungen an die Technik

Direktverbindung	Die Telekom bietet ferner die Möglichkeit an, eine Verbindungsleitung fest zwischen zwei Teilnehmern einzurichten. Die monatlichen Gebühren richten sich nach der Entfernung und der bereitgestellten Übertragungsgeschwindigkeit (1.200 bit/s bis max. 1,92 Mbit/s). Die Kostenberechnung gestaltet sich allerdings recht kompliziert über Ortsbereiche und Staffelung über Kilometerentfernungen. Maximal fallen für eine 1,92 Mbit/s-Verbindung 4.000.- DM monatlich an.
ISDN	ISDN vereinigt viele Dienste in einem Anschluß und gewährleistet eine störungsfreie Verbindung. Die bisher getrennten Dienste für die Übermittlung von Sprache, Daten, Text und Bild sind funktional in einem Netz integriert (siehe Abb. 4.5).

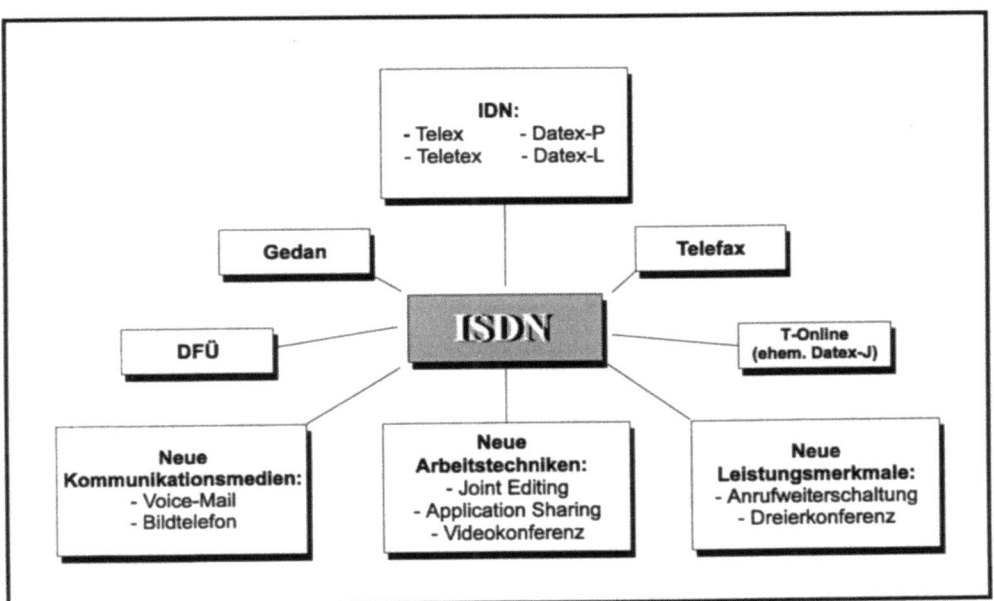

Abbildung 4.5: ISDN: Dienst-Integration und neue Arbeitsmöglichkeiten © empirica

ISDN-Teilnehmerzahlen nehmen rasch zu (Ende 1995 850.000 Basisanschlüsse), nicht zuletzt weil es möglich ist, die Leitung gleichzeitig für mehrere Zwecke zu nutzen. Beispielsweise können Telearbeiter zur selben Zeit telefonieren und faxen bzw. eine Verbindung zum Firmenrechner aufrechterhalten. Ferner hat die Telekom ISDN-Neukunden finanzielle Anreize für den Übergang zu ISDN angeboten. Der Kostenunterschied zwischen einem ISDN-Basisanschluß und einem Doppelanschluß wurde drastisch verringert. Die Übermittlungskosten sind die gleichen, wie bei einem analogen Telefonanschluß (0,12 DM/ Einheit).

Online-Dienste

Gerade bei vielen, räumlich weit voneinander entfernten Kommunikationsverbindungen können Online-Dienste eine interessante Alternative sein. Vor allem das Internet ist recht preisgünstig zu erreichen. Neben der monatlichen Grundgebühr fallen Verbindungskosten an. Hinzu kommen die Telefongebühren, deren Höhe von der Nähe zum Einwählknoten abhängt. Eine Übersicht zu den kommerziellen Anbietern von Online-Diensten (Stand Frühjahr 1996) gibt die Tabelle 4.3.

Anbieter	America Online	CompuServe	Microsoft Network	T-Online
Starttermin	Winter 1995	Januar 1991	August 1995	August 1995 (früher BTX und Datex-J)
Teilnehmerzahl in Deutschland	ca. 70.000	ca. 280.000	ca. 50.000	ca. 1.100.000
Zugänge	z.Z. 51 Einwählknoten im Bundesgebiet	elf Einwählknoten im Bundesgebiet	14 Einwählknoten im Bundesgebiet	überall zum Ortstarif erreichbar
Gesellschafter	Bertelsmann, America Online Inc.	CompuServe Inc.	Microsoft Corp.	Deutsche Telekom AG

Tabelle 4.3: Online-Dienste im Vergleich © empirica

Mobilfunk

Seit der Marktöffnung für private Netz- und Dienstanbieter erlebt der Mobilfunk in Deutschland einen Boom. Ende 1995 verzeichneten die drei Anbieter DeTeMobil (C-Netz, D1), Mannesmann Mobilfunk (D2) und E-Plus zusammen bereits 3,7 Mio. Teilnehmer. Zwar wurden die Preise für die Übertragung mehrfach gesenkt, dennoch liegen sie z.T. noch weit über den Festnetztarifen.

4.5.5 Technikausstattung am Telearbeitsplatz

Dem Telearbeiter muß in der Regel dieselbe Funktionalität am dezentralen Arbeitsplatz geboten werden wie dem Mitarbeiter mit gleicher Tätigkeit in der Zentrale. Anpassungen der Systemlösungen werden dann nicht nur für Telearbeiter, sondern für alle gleichartig tätigen Mitarbeiter geplant und vollzogen. Ein weiterer Vorteil ist, daß Probleme, auf die Telearbeitern stoßen, auch in der Zentrale auftreten und dort für alle gelöst werden können.

häuslicher Telearbeitsplatz

Für häusliche Telearbeitsplätze sind folgende Anforderungen zu beachten: Damit die Arbeitsplatzeinrichtung auch bei kleinerem Raumangebot in der Wohnung Platz finden kann, muß die Gestaltung der Arbeitsplatzes mit Kommunikationsendgeräten, Monitor etc. besonders kompakt sein. Unterlagen und ggf. Equipment müssen abgeschlossen werden können. Wird der gleiche Netzanschluß für private und berufliche Kommunikation eingesetzt, bedarf es einer Möglichkeit, ohne großen Aufwand geschäftliche und private Kommunikationskosten zu trennen (z.B. Einzelgebührennachweis).

Telearbeitszentrum

Sind mehrere Telearbeitsplätze in einem Telearbeitszentrum zusammengefaßt, sollten diese zur Bündelung der Ressourcen und ggf. der Kommunikationsschnittstellen mit LAN-Techniken miteinander vernetzt werden. Unter anderem kann so eine komfortablere Netzverbindung zum zentralen Büro wirtschaftlicher betrieben werden, als wenn jeder Arbeitsplatz individuell versorgt wird.

mobile Telearbeit

Besondere Anforderungen treten für mobile Telearbeiter auf. Tragbare Rechner erreichen inzwischen die Leistung von Desktop-Geräten, es sei denn, ein großer Bildschirm ist beispielsweise bei Grafikanwendungen erforderlich. LAN-Karten und Funk-Modems erlauben relativ problemlose Kommunikation von unterwegs bzw. bei der Rückkehr ins zentrale Büro. Sogenannte „Docking Stations" ermöglichen die Verwendung des Notebooks als Kern der Ausstattung am Telearbeitsort.

4.5.6 Interne und externe Kommunikation

Welche kommunikationstechnischen Lösungen am besten für die Informationsübermittlung zwischen Telearbeiter und Zentrale bzw. Telearbeiter und externen Kommunikationspartnern eingesetzt werden, ist abhängig von der jeweiligen Kommunikationsfunktion. Nachfolgend werden verschiedene Kommunikationszwecke näher betrachtet.

Mitteilungen und Benachrichtigungen

Bei Mitteilungen handelt es sich zumeist um kurze Hinweise, wie Gesprächswünsche („rufen Sie bitte Herrn Müller an"), Bestätigungen eines Ereignisses („der Vertrag von XY ist eingetroffen") oder Ankündigungen von Terminen („die Besprechung findet um 14 Uhr statt"). In der Zentrale können solche Mitteilungen persönlich überbracht werden, es kann telefoniert werden oder eine kurze Nachricht schriftlich auf einem Zettel festgehalten werden. Mehr und mehr nimmt hierfür auch die Nutzung von E-Mail zu und wird dadurch gleichzeitig für Telearbeiter verfügbar.

Zugriff auf Papierdokumente und Objekte

In vielen Tätigkeitsbereichen kommen mehr oder weniger häufig Situationen vor, in denen auf nicht-elektronische Informationen zurückgegriffen werden muß, die nicht am Telearbeitsort verfügbar sind. Für den Telearbeiter gibt es verschiedene Möglichkeiten, Zugriff auf diese für seine Arbeit notwendigen Objekte und Papierdokumente zu erhalten.

Bei alternierender Telearbeit kann der Telearbeiter selbst dafür sorgen, daß an Telearbeitstagen alle als notwendig bekannten Objekte bzw. Dokumente vorliegen. Die Verwendung der „gelben" Post kann eine wirtschaftliche Lösung sein, wenn die Erhöhung der Laufzeit im jeweiligen Geschäftsprozeß durch die Postlaufzeit von ca. 1 Tag kein Ausschlußkriterium darstellt. Beispielsweise kann es für die Erfassung von Belegen ausreichen, wenn diese täglich per Post zugeschickt werden. Kurierdienste können in besonders dringenden Fällen eingesetzt werden. Bei häufiger Nutzung wird jedoch die Wirtschaftlichkeit der Telearbeit in Frage gestellt.

Bei Papierdokumenten, die nur lesbar vorliegen müssen, kommt auch Telefax in Frage. Gebundene Originale müssen allerdings in der Regel zunächst kopiert werden. Die Verwendung eines Flachbettscanners mit anschließender Datenübertragung des gescannten Dokuments kann bei entsprechender Softwareunterstützung der Verwendung des Telefax überlegen sein.

Anlieferung von Arbeitsergebnissen

In der Regel werden Arbeitsergebnisse als Dokumente digital in die Zentrale übertragen. Dieser Transfer wird zunehmend durch Workflow-Systeme gesteuert. Vereinzelt ist es aber auch noch gegenwärtig günstiger, bei nicht-zeitkritischen Daten von großem Volumen die Briefpost einzusetzen. Dies dürfte sich aufgrund sinkender Telekommunikationskosten jedoch schnell ändern, und die Zahl der Fälle, in denen es sich rentiert, physikalischen Transport für elektronisch verfügbare Information einzusetzen, wird gegen Null tendieren.

Besprechungen

Mit der mittlerweile verfügbaren Software zur Unterstützung von Arbeitsplatzkonferenzen ist es möglich, den Inhalt eines Bildschirms bzw. eines Fensters dem Gesprächspartner zu zeigen. Softwareanwendungen, die an einem Ort verfügbar sind, können auch dem Gesprächspartner zur Bedienung angeboten werden.

Die Videokonferenz bringt viele der Qualitäten der persönlichen Anwesenheit mit sich. Zudem bewegen sich die Kosten mittlerweile in Regionen, die eine Nutzung der Videokommunikation am Arbeitsplatz wirtschaftlich werden lassen. Vereinzelt wird bereits versucht, dieses Kommunikationsmedium einzusetzen, um informelle Kommunikation mit räumlich entfernten Telearbeitern zu verbessern und so der Gefahr der Isolierung zu begegnen.

Wie bei allen Kommunikationsmedien ist es jedoch erforderlich, daß das Medium von allen Beteiligten genutzt wird. Werden solche Möglichkeiten nur für Telearbeiter und z.B. den Vorgesetzten vorgesehen, sind die meisten Kollegen über dieses Medium nicht zu erreichen. Bevor sie für Telearbeiter eingesetzt wird, sollte die Videokommunikation daher bereits einen Platz in der innerbetrieblichen Kommunikation gewonnen haben, insbesondere auch innerhalb der Zentrale.

Anbindung an Zentral-LAN und Host

Viele der oben genannten Kommunikationsarten lassen sich gut realisieren, wenn Telearbeiter Zugriff auf das zentrale LAN (Local Area Network) haben. Ein Telearbeitsstandort kann über Festverbindung oder über ISDN an ein zentrales LAN angebunden werden. ISDN ist für viele Telearbeitssituationen kostengünstiger.

167

Um die Kosten einzugrenzen, werden durch einen „Router" Verbindungen bei Bedarf auf- und abgebaut.

Eine zeichenorientierte Terminal-Emulation für Host-Zugriffe erfordert in der Regel eine relativ geringe Übertragungskapazität. Daher sind in solchen Fällen weder Festverbindungen noch Wählverbindungen, die in festen (größeren) Zeiteinheiten tarifiert werden, ökonomisch sinnvoll zu betreiben. Hier sollten nicht-verbindungsorientierte Dienste mit volumen- statt zeitabhängiger Tarifierung gewählt werden (Datex-P, ISDN-D-Kanal).

Externe Kommunikation

Für die externe Kommunikation kommen nur Kommunikationssysteme in Frage, die beim Gesprächspartner verfügbar sind. Für Privatkunden kann in der Regel nur von telefonischer und postalischer Erreichbarkeit ausgegangen werden. Für gewerbliche Kunden bzw. Geschäftspartner kann neben dem Telefon heute die Verfügbarkeit von Telefax vorausgesetzt werden. Obwohl sich EDI (Electronic Data Interchange) und Electronic-Mail schnell verbreiten, kann man aber noch nicht davon ausgehen, daß jeder Geschäftspartner hiermit erreichbar ist. Bildtelefon und Videokonferenz haben eine noch sehr geringe Durchdringung und kommen daher für die allgemeine Außenkommunikation nur in wenigen Fällen in Frage.

Virtual Private Networks (VPN) bieten eine nach außen und innen einheitliche Kommunikationsumgebung und ein einheitliches Rufnummernsystem. Jeder dem VPN angeschlossene Mitarbeiter verfügt über die gleichen Funktionen - Kurzwahl, Rufweiterschaltung, geschlossene Benutzergruppen, Konferenzen, Netzzugänge zu Drittnetzen bzw. öffentlichen Netzen etc. Externe Kommunikationspartner merken nicht ohne weiteres den Unterschied, ob sie von der Zentrale oder von einem Telearbeitsplatz aus bedient werden.

Für die Telearbeiter nachteilig ist die Tatsache, daß viele gegenwärtige VPN-Lösungen davon ausgehen, daß an jedem angeschlossenen Standort viele Mitarbeiter permanent lokalisiert sind. Während dies für Satellitenbüros zutrifft, muß für alternierende, mobile und Teleheimarbeit geprüft werden, ob Standorte, die nur an einigen Tagen in der Woche und nur von einem Mitarbeiter besetzt sind, wirtschaftlich effektiv in das VPN eingebunden werden können.

4.5.7 Wartung

Bedeutung der Verfügbarkeit

Telearbeiter sind darauf angewiesen, daß ihre Ausrüstung funktionsfähig bleibt. Bei einem Systemausfall können sie nicht mehr arbeiten, die vorübergehende Verwendung des Arbeitsplatzes eines Kollegen kommt nicht in Frage, und ggf. ist Hilfe lange unterwegs. Offensichtlich ist die Frage der Verfügbarkeit für Vollzeit-Teleheimarbeiter noch bedeutsamer als für alternierende Telearbeiter, zumindest dann, wenn letztere jederzeit die Arbeit zwischen Telearbeitsplatz und zentralem Büro umdisponieren können.

Die Verfügbarkeit der Technik wird von der Zuverlässigkeit der Einzelbestandteile, von deren Wartungsfreundlichkeit (wie schnell und einfach Fehler behoben werden können) und von der Reaktionsfähigkeit des Wartungsdienstes (wie lange nach Meldung eines Fehlers die Wartung aufgenommen wird) beeinflußt.

Bei der Beschaffung der Technik sollten daher neben Qualität, Leistungsmerkmalen und Beschaffungspreis sorgfältig die Unterschiede in Zuverlässigkeit und Wartungsfreundlichkeit der kritischen Systemkomponenten bewertet werden. Hierbei können teuere Lösungen aufgrund von arbeitserleichternden Features, größerer Zuverlässigkeit, geringeren Wartungskosten oder längerer Lebensdauer im Endeffekt Lösungen vorzuziehen sein, die nur in der Anschaffung günstiger sind.

Organisation der Wartung

Die Organisation der Wartung schließt die Mitarbeit der Telearbeiter ein. Telearbeiter sollten befähigt werden, zumindest eine erste Diagnose von Problemen selbst durchführen zu können. Es ist zu überprüfen, ob Telearbeiter individuell Unterstützung bei der Diagnose von den Help-Diensten der Software- bzw. Hardware-Hersteller anfordern können.

Ergänzend sollte möglichst eine zentrale Stelle für die Betreuung der Telearbeiter eingerichtet werden. Ist deren Zahl ausreichend groß, kann unter Umständen eine Wartungsmannschaft vorgehalten werden, die bei Problemen vor Ort Hilfe leisten kann. Bei der wachsenden Zahl von Unternehmen, die Geräte-Instandsetzung auf Spezialanbieter verlagert haben, muß geprüft werden, ob der entsprechende Vertrag auf Telearbeiter ausgedehnt werden kann.

Da Reparaturen in der Werkstatt unter Umständen mehrere Tage dauern können, muß der notwendige Ersatz in der Zwischenzeit organisiert werden. Für selbständig tätige Telearbeiter kommen individuelle Wartungsverträge mit Gerätelieferanten in Frage. Hier soll darauf geachtet werden, daß ein Ersatzgerät gestellt wird.

Wartungsorganisation

Die Wartungsorganisation besteht aus zwei Teilen: regelmäßige und ad hoc Wartung. Bei der regelmäßigen Wartung werden Komponenten auch dann ausgetauscht, wenn sie noch voll funktionsfähig sind. Je höher die Folgekosten bei unerwartetem Ausfall, desto eher sind vorbeugende Ersatzlösungen langfristig wirtschaftlich. Tendenziell sind die Folgekosten bei Vollzeit-Telearbeitern höher, so daß vorbeugende Austauschmaßnahmen häufiger wirtschaftlich sein werden.

Ausbildung des Wartungspersonals

Ausschlaggebend ist die Ausbildung des Wartungspersonals. Es muß beachtet werden, daß Telearbeiter oft über eine breite Palette von Hardware - PC, Modem, Fax, Drucker - und Software verfügen, für die in der Zentrale jeweils Spezialisten zuständig sind. Für Telearbeiter zuständige Techniker im Außendienst sollten für die gesamte Palette der Hardware eine entsprechende Schulung erhalten.

Dokumentation und Schulung

Die Telearbeiter müssen mit ausführlicher und verständlicher Dokumentation versorgt werden. Ferner ist eine Schulung der Telearbeiter notwendig, die diese in die Lage versetzt, einfache Fehler (z.B. Sicherungsersatz, lose Verbindungskabel) selbst beheben zu können. Ein Basistraining hilft auch, wenn Hilfe angefordert werden muß und eine Ferndiagnose mit Hilfe der Telearbeiter durchgeführt wird.

4.6 Wirtschaftlichkeit der Telearbeit

Der wirtschaftlichen Dimension der Telearbeit kommt eine große Bedeutung zu, denn aus betrieblicher Sicht wird Telearbeit nur dann nachgegangen, wenn die wirtschaftliche Tragfähigkeit gegeben ist bzw. realistische Aussichten diesbezüglich bestehen.

Die nachfolgenden Ausführungen gliedern sich wie folgt:

- Zunächst werden die verschiedenen Kostenelemente angesprochen. Hierzu zählen u.a. Kosten für die technische Ausstattung, die Telekommunikationskosten und die Planungs- und Schulungskosten im Rahmen der Telearbeitseinführung.

- Anschließend wird die Nutzenseite thematisiert, wobei wir zwischen Einspareffekten, der höheren Produktivität und sonstigen Nutzenfaktoren, die sich in der Regel allerdings nur qualitativ beschreiben lassen, unterscheiden.

- Neben der argumentativen Gegenüberstellung von Kosten und Nutzen der Telearbeit wird auf eine anschauliche Darstellung besonderer Wert gelegt. Dementsprechend werden Modellrechnungen sowohl für Unternehmen als auch Telearbeiter durchgeführt.

4.6.1 Kosten der Telearbeit

Ausstattung eines Telearbeitsplatzes

Der notwendige Ausstattungsgrad des häuslichen Arbeitsplatzes hängt in erster Linie von der Art der Tätigkeit des Telearbeiters sowie der Intensität der Kommunikation mit der Unternehmenszentrale und den diesbezüglichen Ansprüchen an Kommunikationsform, Schnelligkeit und Qualität ab.

Besteht die Tätigkeit insbesondere aus dem Schreiben von Texten und der Bearbeitung von Statistiken, wie bei Wissenschaftlern, Beratern, Journalisten, Übersetzern, Werbetextern, Schreibkräften oder Buchhaltern, dann ist eine Standardaustattung völlig ausreichend. Müssen hingegen graphische Darstellungen erstellt bzw. versendet werden, wie bei Konstrukteuren, Grafikern oder Programmierern, dann ist eine gehobene Ausstattung des Telearbeitsplatzes sinnvoll bzw. notwendig.

Die wesentlichen Komponenten für einen Telearbeitsplatz sind Computer, Telefon, Modem und entsprechende Software. Als Standardausstattung für einen Telearbeiter sind etwa 5.500 DM zu veranschlagen. In Tabelle 4.4 sind die Größenordnungen der einzelnen Posten angegeben. Möglich sind auch Komplett-Pakete (Multimedia-PCs) oder Apple-Macintosh-Systeme, die sich qualitativ und preislich im gleichen Rahmen bewegen.

Standardausstattung für normale Schreibarbeiten und einfache Textgestaltung, wie Berichterstellung, Auftragsbearbeitung, Statistiken, etc.	
• PC mittlerer Leistungsklasse inkl. Systemsoftware	2.500,- DM
• Bildschirm (15")	600,- DM
• Tintenstrahl-Drucker	500,- DM
• Telefon-Zweit-Anschluß*	100,- DM
• High-Speed Modem (V.34; 28.800bps)*	300,- DM
• Komforttelefon	100,- DM
• Anwendungsprogramme (Office-Paket)	700,- DM
• Kommunikationssoftware	200,- DM
• Softwareimplementierung	500,- DM
Gesamtkosten:	**5.500,- DM**
*) Alternativ ist auch ein ISDN-Anschluß möglich. Anstelle des Modems ist dann eine (passive) ISDN-Karte für den Anschluß an einen PC erforderlich. Die Anschaffungskosten bleiben in etwa im gleichen Rahmen.	

Tabelle 4.4: Technik-Ausstattung für einen Telearbeitsplatz Typ 1 © empirica
(Einfache Ausstattung)

Für gehobene Ansprüche bzw. Anforderungen sind Anschaffungskosten von etwa 10.000 DM zu erwarten. Ein Computer der oberen Leistungsklasse (Pentium, Power PC) mit mindestens 16 Mb Hauptspeicher ist vor allem dann empfehlenswert, wenn mit modernen Betriebssystemen, wie OS/2 Warp oder Windows 95, gearbeitet werden soll. Sollen größere Datenmengen als Textdateien übertragen werden, ist ein ISDN-Anschluß dem Modem vorzuziehen. In der nachfolgenden Tabelle 4.5 sind die einzelnen Posten für einen Telearbeitsplatz mit anspruchsvoller Ausstattung aufgeführt.

Anspruchsvolle Ausstattung für Programmierung oder graphikorientierte Anwendungen, wie Layouting, DTP, Bildbearbeitung, etc.	
• Schneller Rechner, große Festplatte, 16 Mb, inkl. Systemsoftware	3.500,- DM
• Großer Bildschirm (20")	2.200,- DM
• Farbdrucker (Tintenstrahl)	1.000,- DM
• ISDN-Anschluß	100,- DM
• aktive ISDN-Karte für den PC	500,- DM
• Multifunktionales Telefon (Rufweiterschaltung)	400,- DM
• Anwendungsprogramme (incl. Graphik-Software)	1.500,- DM
• Kommunikationssoftware	300,- DM
• Softwareimplementierung	500,- DM
Gesamtkosten:	**10.000,- DM**

Tabelle 4.5: Technik-Ausstattung für einen Telearbeitsplatz Typ 2 © empirica
(Anspruchsvolle Ausstattung)

Wiederum andere Anforderungen bestehen bei Telearbeitern, die mobil sind und ihre technische Ausstattung daher mit sich führen müssen. Die Kosten für Einrichtung eines mobilen Telearbeitsplatzes für Außendienstler, Servicetechniker oder Geschäftsreisende liegen - je nach Niveau des Notebooks - zwischen 7.000 DM und 9.000 DM, d.h. auf etwa vergleichbarem Niveau wie bei häuslichen Arbeitsplätzen.

Erheblich teurer wird allerdings die Einrichtung eines Telearbeitsplatzes, wenn der Wunsch nach Videokommunikation hinzukommt. Derzeit ist diesbzgl. mit zusätzlichen Kosten von ca. 5.000 DM pro Arbeitsplatz inklusive Lautsprecher und Dokumentenkamera zu rechnen. Eine Investition, die allerdings nur dann in Frage kommt, wenn potentielle Gesprächspartner bereits mit entsprechender Technik ausgestattet sind. Müssen diese hingegen ebenfalls ausgestattet werden, steigen nicht nur die Kosten entsprechend, sondern es ist zudem noch mit zusätzlichen Reibungsverlusten in der Eingewöhnungsphase zu rechnen.

Ausstattung in der Zentrale

Mit der technischen Ausstattung beim Telearbeiter ist es jedoch oft nicht getan. Vielmehr fallen unter Umständen auch zusätzliche Kosten für die Technikausstattung in der Zentrale an. Diese betreffen die Kosten des betrieblichen Arbeitsplatzes bei alternierender Telearbeit und eventuell Kosten für notwendige Zusatzeinrichtungen.

Die Kosten für die technische Ausstattung der Telearbeit sind in erster Linie von der gewählten Organisationsform abhängig. Muß - wie bei alternierender Telearbeit - neben dem häuslichen Telearbeitsplatz auch noch ein betrieblicher beibehalten werden, dann sind die Kosten natürlich höher, als wenn der betriebliche Arbeitsplatz entfallen kann. Vergleichsweise kostenmindernd ist die Situation hingegen, wenn der betriebliche Arbeitsplatz mit anderen Arbeitskräften, seien es andere Telearbeiter oder herkömmliche Teilzeitkräfte, geteilt werden kann.

Aber auch auf andere Weise können bei der Einrichtung von Telearbeitsplätzen zusätzliche Technikkosten in der Zentrale anfallen. Beispielsweise kann es notwendig werden, eine zuvor nicht vorhandene ISDN-Nebenstellenanlage einzurichten oder Router zur Weiterleitung ankommender Gespräche an die Telearbeiter anzuschaffen.

Laufende Telekommunikationskosten

Die laufenden Telekommunikationskosten, insbesondere von Online- und Videoverbindungen, sind bislang ein von den an Telearbeit interessierten Unternehmen viel beachteter Faktor. Es gibt Unternehmen, die eine Ausweitung der Telearbeit auf Teleheimarbeitsplätze außerhalb der Region nicht zuletzt von der Entwicklung der Datenübertragungskosten abhängig machen.

Um über die Stichhaltigkeit solcher Äußerungen nähere Angaben machen zu können, wurden an zwei anschaulichen Beispielen unter Zugrundelegung des seit 1.1.1996 gültigen Tarifkonzeptes der Deutschen Telekom AG die anfallenden monatlichen Telekommunikationskosten berechnet:

- Nutzungstyp 1 steht offline mit seiner Unternehmenszentrale 45 Minuten pro Arbeitstag in Verbindung.

- Nutzungstyp 2 unterhält 5 Stunden täglich eine Online-Verbindung zur Unternehmenszentrale. Für Sprachkommunikation kommen täglich weitere 0,5 Stunden hinzu.

Die Notwendigkeit, dauerhaft eine Verbindung aufrecht zu erhalten, besteht dort, wo die Software auf dem Großrechner betrieben wird. Dies ist beispielsweise bei Banken, Versicherungen oder IuK-Herstellern der Fall. Hingegen ist überall dort, wo die Software lokal betrieben wird, wie insbesondere bei vielen Kleinunternehmen, eine Entkopplungsmöglichkeit gegeben.

Weitere Annahmen zur unternehmensinternen Kommunikation zwischen Telearbeiter und Zentrale sowie in umgekehrter Richtung sind den Beispielrechnungen zu entnehmen. Es wird angenommen, daß die unternehmensexterne Kommunikation sich nicht von einem traditionellen Arbeitsplatz in der Zentrale unterscheidet. Möglicherweise auftretende Kosten, die aufgrund der Weiterleitung externer Gespräche an die Telearbeiter entstehen, bleiben hier unberücksichtigt.

Für die Beispielrechnungen mußten zudem die Entfernung zwischen Wohnort des Telearbeiters und Unternehmenszentrale sowie die wöchentliche Zahl der Heimarbeitstage festgelegt werden. Unser Beispiel-Telearbeiter wohnt außerhalb des kostengünstigen Citybereichs und arbeitet wöchentlich 2 Arbeitstage am häuslichen Arbeitsplatz. Berechnet wurden jedoch sämtliche Varianten, die die vier Entfernungszonen und fünf Wochentage berücksichtigen.

Nutzungstyp 1: Offline-Arbeitsplatz

Ein Telearbeiter arbeitet an 2 Tagen die Woche zu Hause (alternierende Telearbeit). Er wohnt etwa 25 km von seinen Büro-Arbeitsplatz entfernt (Tarifbereich Region 50). Die Fachkraft tauscht mehrmals täglich Dokumente und Daten per Modem über einen normalen Telefonanschluß mit der Unternehmenszentrale aus. Außerdem fallen zusätzliche Kommunikationskosten an für Anfragen/Rückfragen, kurze Besprechungen und Ergänzungen/Bemerkungen, die vorher im Büro im direkten Kontakt zum Mitarbeiter durchgeführt wurden. Die tägliche Verbindungsdauer beträgt in der Summe durchschnittlich 45 Minuten. Darunter fallen Telefongespräche, E-Mails, Faxe und Übertragungen kleiner Textdateien (File Transfer). Ein Drittel der Verbindungszeit ist vormittags (26 Sek./Einheit), die restliche Verbindungsdauer fällt in den Nachmittag (30 Sek./Einheit). Unter diesen Annahmen entstehen folgende Kosten inklusive Mehrwertsteuer (siehe Tab. 4.6):

Empfehlungen zur Telearbeit

Kosten für Regionalbereich (Region 50)		
Vormittagstarif (9.00-12.00)	Nachmittagstarif (12.00-18.00)	Gesamt
26 Sekunden/Einheit	30 Sekunden/Einheit	
Pro Tag:		
15 Min. verbunden = 5,40 DM	30 Min. verbunden = 7,20 DM	12,60 DM
Pro Monat:		
Monatliche Grundgebühr Telefonanschluß:		24,60 DM
Monatliche Übertragungskosten (12,60 DM x 8 Tage):		100,80 DM
Monatliche Gesamtkosten für Telekommunikation		**125,40 DM**

Für andere Entfernungsbereiche und Heimarbeitstage pro Woche sind die monatlichen Kosten unter denselben Annahmen wie folgt:

Tarifzone	Arbeitstage pro Woche zu Hause				
	1 Tag	2 Tage	3 Tage	4 Tage	5 Tage
City	46,20 DM	67,80 DM	89,40 DM	111,00 DM	132,60 DM
Region 50	75,00 DM	**125,40 DM**	175,80 DM	226,20 DM	276,60 DM
Region 200	132,60 DM	240,60 DM	348,60 DM	456,60 DM	564,60 DM
Fern	139,80 DM	255,00 DM	370,20 DM	485,40 DM	600,60 DM

Tabelle 4.6: Telekommunikationskosten Nutzungstyp 1 (Offline) © *empirica*

Nutzungstyp 2: Online-Arbeitsplatz

Ein Telearbeiter arbeitet ebenfalls an 2 Tagen zu Hause. Die Entfernung des Arbeitsplatzes zur Unternehmenszentrale liegt tariflich im Regionalbereich (Region 50). Der Mitarbeiter arbeitet mit Anwendungen und firmeninternen Datenbanken, die auf dem Rechner in der Zentrale liegen. Dazu ist er täglich 5 Stunden mit der Zentrale über einen Host verbunden (Online-Dialog).

Die Verbindung erfolgt über einen ISDN-Anschluß und besteht 2 Stunden vormittags und 3 Stunden nachmittags. E-Mail, Fax und Daten können über die Online-Verbindung ohne weitere Kosten mit der Zentrale ausgetauscht werden. Neben den Übertragungskosten für die Dialog-Verbindung fallen noch Kosten für Telefonate von einer Gesamtdauer von 29 Minuten an (Annahme: drei kurze Telefonate à 3 Minuten und zwei lange Telefonate à 10 Minuten). Tabelle 4.7 gibt eine Übersicht zu den anfallenden Kosten (inkl. Mehrwertsteuer).

Kosten für Regionalbereich (Region 50)					
Vormittagstarif (9.00-12.00)		Nachmittagstarif (12.00-18.00)			Gesamt
26 Sekunden/Einheit		30 Sekunden/Einheit			
Pro Tag:					
1x Kurztelefonat	= 0,84 DM	2x Kurztelefonate	=	1,44 DM	2,28 DM
1x Langtelefonat	= 2,88 DM	1x Langtelefonat	=	2,40 DM	5,28 DM
2 Stunden Online	= 33,24 DM	3 Stunden Online	=	43,20 DM	76,44 DM
Gesamt	= 36,96 DM	Gesamt	=	47,04 DM	**84,00 DM**
Pro Monat:					
Monatliche Grundgebühr ISDN-Anschluß:					64,00 DM
Monatliche Übertragungskosten (84,12 DM x 8 Tage):					672,00 DM
Monatliche Gesamtkosten für Telekommunikation					**736,00 DM**

Für andere Entfernungsbereiche und Heimarbeitstage pro Woche ergeben sich unter denselben Annahmen folgende monatliche Kosten:

Tarifzone	Arbeitstage pro Woche zu Hause				
	1 Tag	2 Tage	3 Tage	4 Tage	5 Tage
City	169,60 DM	275,20 DM	380,80 DM	486,40 DM	592,00 DM
Region 50	400,00 DM	**736,00 DM**	1.072,00 DM	1.408,00 DM	1.744,00 DM
Region 200	802,24 DM	1.540,48 DM	2.278,72 DM	3.016,96 DM	3.755,20 DM
Fern	850,24 DM	1.636,48 DM	2.422,72 DM	3.208,96 DM	3.995,20 DM

Tabelle 4.7: Telekommunikationskosten Nutzungstyp 2 (Online) © empirica

Empfehlungen zur Telearbeit

Berechnungs-ergebnisse

Die Berechnungsergebnisse zeigen, daß sich die Übertragungskosten zwischen beiden Nutzungstypen stark unterscheiden. Unter den gemachten Annahmen zum Kommunikationsverhalten liegen die monatlichen Telekommunikationskosten bei Offline-Verbindungen (File-Transfer-Anwendungen) bei der größten Entfernungszone und bei häuslicher Telearbeit an allen fünf Wochentagen bei maximal 600 DM. Anders ist es bei Online-Verbindungen (Dialoganwendungen). Die hier anfallenden Verbindungskosten für Telearbeiter außerhalb des City-Bereichs, d.h. in einer Entfernungszone von mehr als 20 km, erreichen eine beachtliche Höhe und dürften auf einführungswillige Unternehmen abschreckend wirken.

Andererseits kann durch intelligente Kommunikationssoftware die kostenpflichtige Online-Zeit erheblich reduziert werden. Der sog. Short-Hold-Mode spart Online-Zeiten ein, indem er automatisch Offline-Bearbeitungszeiten erkennt und die Online-Verbindung abbricht. Auf diese Weise lassen sich die Kosten für Online-Verbindungen, je nach Kommunikationsverhalten, erheblich reduzieren.

Tendenziell werden die Telekommunikationsgebühren durch den sich verstärkenden Wettbewerb in der Telekommunikation weiter sinken. Schon das neue Tarifkonzept der Deutschen Telekom AG, bei dem die Tarife im Fernbereich merklich billiger geworden sind, sowie geringere ISDN-Grundgebühren können zu einer Belebung der Telearbeit beitragen. Die angekündigten Großkundenrabatte können eine ähnliche Wirkung entfalten.

Aufwandserstattung für das häusliche Arbeitszimmer

Neben den Kosten für die technische Ausstattung des Telearbeitsplatzes zu Hause und den laufenden Telekommunikationskosten sind noch Kosten für die Erstattung von Strom- und Heizkosten zu berücksichtigen. Hierbei gibt es bei den Telearbeit praktizierenden Unternehmen sehr unterschiedliche Regelungen. Meist werden monatliche Pauschalen in unterschiedlicher Höhe bezahlt (z.B. IBM 40 DM, Württembergische Versicherung 150 DM inklusive Telefon), z.T. werden mit der Begründung von auftretenden direkten Kosteneinsparungen für Telearbeiter, z.B. bei den Pendelkosten, aber auch keine Unternehmenszuschüsse gegeben. Sonstige Kosten für die häusliche Büroausstattung, wie Mobiliar oder Mietanteil, bleiben zumeist den Telearbeitern überlassen.

Planungs- und Schulungskosten

Nicht unerhebliche Kostenfaktoren sind die durch die Einführung der Telearbeit im Unternehmen entstehenden Planungskosten und diejenigen zur Schulung der Betroffenen.

Zur Vorbereitung der Telearbeitseinführung im Unternehmen wird sich in der Regel eine Arbeitsgruppe mit den Beteiligten aus unterschiedlichen Abteilungen bilden. In einer Kostenrechnung sind daher die Kosten für deren Arbeitszeit mit zu berücksichtigen. Vermutlich wird auch ein externer Experte mit herangezogen, dessen Kosten ebenfalls einfließen müssen. Eventuell fallen zudem weitere Kosten im Rahmen einer Begleitforschung an bzw. zur Inspektion des häuslichen Arbeitsplatzes.

Vor Beginn der Telearbeitseinführung müssen Schulungsmaßnahmen für Telearbeiter, deren Manager und möglichst auch der im Büro verbleibenden Kollegen durchgeführt werden. Neben dieser einmaligen Einführungsschulung sind eventuell auch laufende Schulungsmaßnahmen sinnvoll. Die im Zusammenhang mit beiden Maßnahmen entstehenden Kosten für den Zeitaufwand der Beteiligten, den Schulungsleiter sowie Entwicklung und Druck des Schulungsmaterials sind in der Kostenrechnung zu berücksichtigen.

Organisations- und Managementkosten

Im Rahmen des laufenden Betriebs der Telearbeit fallen im Vergleich zum traditionellen Bürobetrieb weitere Kosten an:

- Da die Koordinierung und Kontrolle von Telearbeitern schwieriger ist als von Mitarbeitern, die sich in räumlicher Nähe aufhalten, muß auch diesbezüglich mit zusätzlichen Kosten gerechnet werden.

- Zu berücksichtigen sind außerdem die zusätzlichen Kosten für den Postweg zum Telearbeiter und möglicherweise höhere Kopierkosten für Papierdokumente, die vom Telearbeiter mit nach Hause genommen werden.

- Ferner entstehen Kosten durch die Aufrechterhaltung einer Hotline für Telearbeiter. Hierbei müssen die Arbeitskosten des Technikers in Rechnung gestellt werden.

Lohn- und Lohnnebenkosten

Bei Beibehaltung des Normalarbeitsverhältnisses und gleichbleibendem Gehalt bleiben Lohn- und Lohnnebenkosten für Telearbeiter unverändert. Anders ist es, wenn sich die arbeitsvertragliche Regelung ändert. Durch die Umwandlung vom Arbeitnehmerverhältnis in Heimarbeit nach dem Heimarbeitsgesetz oder in freiberufliche Tätigkeit kann das Unternehmen erhebliche Einsparungen insbesondere bei den Lohnnebenkosten bzw. durch die Möglichkeit des bedarfsgerechten Einsatzes solcher Telearbeiter erzielen. Beachtet werden muß hierbei jedoch, daß Unternehmen mit einer solchen Strategie auf Widerstand der Gewerkschaften und breiter Arbeitnehmerschichten stoßen können. In unserer Modellrechnung wird daher auch eine Festanstellung des Telearbeiters unterstellt.

4.6.2 Nutzen der Telearbeit

Einspareffekte

Wie gerade angesprochen, können Unternehmen Kosteneinsparungen im Zusammenhang mit Telearbeit durch Wandlung des Arbeitnehmerverhältnisses erzielen. Geringere Kosten treten in der Regel auch dann auf, wenn Unternehmen bislang firmenintern durchgeführte Dienste nach außen vergeben (Outsourcing-Maßnahmen). Ähnliches gilt für die Vergabe von Aufträgen ins zum Teil wesentlich kostengünstigere Ausland, wofür es bereits zahlreiche Beispiele sowohl bei einfachen Daten- oder Texterfassungsaufgaben als auch bei höherqualifizierten Tätigkeiten, etwa der Softwareprogrammierung, gibt. Im Vergleich hierzu bietet das Lohntarifgefälle im Inland zur Zeit nur ein geringes Einsparpotential für Unternehmen.

Einspareffekte für Unternehmen können aber auch bei Beibehaltung des Arbeitnehmerverhältnisses entstehen, insbesondere wenn die Kosten für Büro- bzw. Liegenschaftsflächen gesenkt werden können. Dies ist in erster Linie dann der Fall, wenn ausschließlich Teleheimarbeit betrieben wird, die eine Einsparung von Büroflächen ermöglicht. Anders ist es bei alternierender Telearbeit. Vergleichsweise kostensenkend wirkt hier allerdings die Einrichtung von Arbeitsplätzen, die sich mehrere Personen teilen.

Daneben sind ggf. weitere direkte Einspareffekte möglich. Der Arbeitgeber kann durch die Einrichtung von Telearbeitsplätzen freiwillige Sozialleistungen, wie Zuschuß für Mittagessen oder Fahrtkosten, einsparen. Oder das Unternehmen benötigt aufgrund der Telearbeit weniger Parkplatzflächen.

Produktivität der Mitarbeiter

Ein oft entscheidender wirtschaftlicher Vorteil entsteht durch die höhere Produktivität der Telearbeiter. Zahlreiche Studien berichten übereinstimmend über Produktivitätssteigerungen. Allerdings unterscheiden sich die Angaben erheblich, die Steigerungsraten schwanken zwischen 10% und 50%.

Ein Grund für die höhere Produktivität ist, daß die Telearbeiter großteils unabhängig von den normalen Bürozeiten ihren individuell optimalen Arbeitsrhythmus selbst bestimmen können. Diese Flexibilität steigert die Motivation und Leistungsbereitschaft. Möglicherweise trägt auch eine eingeschränkte Vergleichsmöglichkeit der eigenen Leistung zur Arbeitsintensivierung bei.

Oft herrscht im Betrieb eine hektische und streßbeladene Arbeitsatmosphäre, Großraumbüros erschweren die Konzentrationsfähigkeit, und Fragen von Kollegen oder eingehende Telefonanrufe halten von der eigentlichen Arbeit ab. Produktivitätsgewinne resultieren daher auch daraus, daß man in der Regel zu Hause ungestörter arbeiten kann.

Zu höherer Produktivität trägt ferner bei, daß Telearbeiter, die alternierend zu Hause und im Büro tätig sind, gezwungen sind, sich und ihre Arbeit besser zu organisieren sowie effektiver zu kommunizieren. Bedingt durch bürounübliche Arbeitszeiten der Telearbeiter wird zudem eine bessere Kapazitätsauslastung kapitalintensiver Anlagen ermöglicht.

Qualitative Nutzenaspekte

Ein Großteil des Nutzens für ein Unternehmen, der durch die Einführung der Telearbeit entsteht, ist jedoch nicht oder nur schwierig zu messen. Qualitative Vorteile entstehen u.a. durch:

- ein qualitativ besseres Angebot für den Kunden,
- qualitativ bessere Arbeitsergebnisse,
- größere Flexibilität des Unternehmens,
- größere Mitarbeitermotivation,
- bessere Betriebsorganisation,
- geringerer Krankenstand,
- die Bindung qualifizierter Mitarbeiter bzw. geringere Fluktuation sowie
- das Image eines „guten Arbeitgebers".

Man kann versuchen, einige dieser Vorteile zu quantifizieren. Dies betrifft beispielsweise die entfallenden Rekrutierungskosten, wenn anstatt neue Mitarbeiter auszuwählen und einzuarbeiten, Personen im Erziehungsurlaub als Telearbeiter weiterbeschäftigt werden können. Auch der mit der Einführung der Telearbeit verbundene geringere Krankenstand kann als Kostenersparnis in eine Kosten-Nutzen-Rechnung Eingang finden.

4.6.3 Modellrechnungen zur Wirtschaftlichkeit

Nachfolgend werden zwei Modellrechungen zur Wirtschaftlichkeit der Telearbeit durchgeführt, eine aus Unternehmenssicht und eine aus der Sicht des Telearbeiters.

Beispielrechnung für Unternehmen

Von einigen Betrachtern wird insbesondere die Wirtschaftlichkeit der alternierenden Telearbeit, d.h. der Organisationsform mit zwei Arbeitsplätzen, in Frage gestellt. Andere sind der Ansicht, daß ohne arbeitsvertragliche Flexibilisierung Telearbeit nicht kostendeckend zu betreiben sei.

Beispielrechnung für Unternehmen

Typ 1: alternierende Telearbeit (2 Heimarbeitstage), mittlere bis hohe Qualifikation (monatlich 10.000 DM Lohn- und Lohnnebenkosten); Abschreibung 3 Jahre

Kosten:

direkte Kosten:	pro Monat:
- Technik für häuslichen Arbeitsplatz (einmalig 5.500,- DM):	150,- DM
- laufende TK-Kosten (TK zwischen zu Hause-Büro und Büro-zu Hause):	125,- DM
- laufende Kosten für Pauschale für Strom, Heizung etc.:	50,- DM
- laufende Kosten für Postversand und zusätzliche Kopien:	35,- DM
indirekte Kosten (bei 10 Telearbeitern):	
- Planungskosten (einmalig 50.000,- DM - 5.000,- DM pro Telearbeiter):	140,- DM
- Schulungskosten (einmalig 10.000,- DM - 1.000,- DM pro Telearbeiter):	30,- DM
- Hotline 1/2 Std. pro Woche - à 100 DM pro Std.):	20,- DM
Gesamtkosten:	**550,- DM**

Nutzen:

direkte Kostenersparnis:	
- höhere Produktivität des Telearbeiters (10%):	1.000,- DM
- geringerer Krankenstand (2 Tage pro Jahr - 1.200,- DM im Jahr):	100,- DM
- eingesparte Sozialleistungen (Essenszuschuß, Fahrgeldzuschuß):	40,- DM
Kostenersparnis durch Einsparung von Büroraum und Desk-Sharing	
(3 eingesparte Arbeitsplätze bei 10 Telearbeitern):	
- Einsparung von Technikausstattung im Büro (einmalig 16.500,- DM):	45,- DM
- Einsparung von Büromöbeln (einmalig 9.000,- DM):	25,- DM
- laufende Einsparung von Büroraum (45 qm - à 20,- DM Miete - insg. 900,- DM):	90,- DM
alternativ zu eingesparten Sozialleistungen:	
(- laufende Einsparung von Parkplatzkosten (1.600,- DM im Jahr):	40,- DM)
Gesamtnutzen:	**1.300,- DM**

Kosten-Nutzen-Verhältnis:	**+750,- DM**

Tabelle 4.8: Beispielrechnung für Unternehmen © *empirica*

Empfehlungen zur Telearbeit

Annahmen

Für unsere Modellrechnung (siehe Tab. 4.8) wählen wir deshalb das Beispiel der alternierenden Telearbeit, hier mit zwei Heimarbeitstagen und drei Bürotagen pro Woche. Der Telearbeiter ist weiterhin festangestellt mit vollem arbeitsrechtlichen Schutz wie ein Büroangestellter. Er wohnt 25 km vom Bürostandort entfernt, d.h. hinsichtlich der Telekommunikationskosten fallen Kosten der Zone Region 50 an. Er verfügt über eine mittlere bis gehobene Qualifikation. Dem Unternehmen entstehen monatliche Lohn- und Lohnnebenkosten von 10.000 DM.

In der Berechnung werden jeweils nur die zusätzlichen Kosten bzw. der zusätzliche Nutzen im Vergleich zum herkömmlichen Arbeitsplatz dargestellt. Sämtliche einmaligen Kosten werden binnen drei Jahren abgeschrieben. Anders als in den vorangegangenen Kapiteln wird zwischen direkten und indirekten Kosten unterschieden.

Als direkte Kosten, die dem Telearbeiter direkt zuordenbar sind, werden die Kosten für die technische Ausstattung des häuslichen Arbeitsplatzes, die laufenden TK-Kosten, die pauschale Kostenerstattung für das häusliche Arbeitszimmer und Kosten für Postversand und Kopien berücksichtigt. Was die Telekommunikationsverbindung betrifft, wird der Nutzungstyp 1 (Offline) verwendet.

Die indirekten Kosten sind diejenigen, die nicht jedem einzelnen Telearbeiter direkt zurechenbar sind. Angenommen wird der Fall, daß das Unternehmen ein Pilotprojekt mit 10 Telearbeitern durchführt. Derzeitige Praxis in Deutschland ist es nämlich, mit kleinen Projekten und wenigen Telearbeitern anzufangen. (Im größeren Maßstab mit Telearbeit zu beginnen - z.B. etwa 10% der Mitarbeiter einer Betriebsstätte - ist derzeit nur in wenigen Ausnahmefällen der Fall.) Die entstandenen Kosten für Planung, Schulung und Hotline müssen entsprechend auf 10 Telearbeiter verteilt werden.

Mögliche weitere Kostenfaktoren werden in die vorliegende Modellrechnung nicht einbezogen. So werden für die notwendige Koordination keine Zusatzkosten angenommen. Es wird unterstellt, daß diese durch die im Rahmen der Einführung der Telearbeit erfolgte Verbesserung der Betriebsorganisation ausgeglichen werden. Zudem fallen in unserem Beispiel keine zusätzlichen Kosten für die Technik in der Zentrale an.

Der Nutzen bzw. die Kostenersparnis setzt sich aus folgenden direkt zuordenbaren Faktoren zusammen: Der mit Abstand wichtigste Aspekt ist der der höheren Produktivität der Telearbeiter. Wir unterstellen hier eine Produktivitätssteigerung von - vorsichtig geschätzt - 10%. Ferner profitiert das Unternehmen von einem geringeren Krankenstand. Gegenüber den Bürobeschäftigten spart das Unternehmen zudem bei den Sozialleistungen, beispielsweise für Essen oder Fahrgeld (oder in einem alternativen Ansatz an Kosten für die Bereitstellung von Parkplatzflächen).

Nutzen für das Unternehmen entsteht aber auch durch die Möglichkeit der Büroraumeinsparung und das Teilen des betrieblichen Arbeitsplatzes. Realistisch erscheint es, bei zehn Telearbeitern eine Einsparung von drei Arbeitsplätzen zu unterstellen.

Berechnungsergebnisse

Betrachtet man das Ergebnis unserer Modellrechnung, dann zeigt sich ein recht hoher Nutzenüberschuß für das Unternehmen. Unter den erfolgten Annahmen erzielt das Unternehmen pro Telearbeiter und Monat einen monetären Nutzen von 750 DM bzw. 9.000 DM im Jahr. Umgerechnet auf drei Jahre und zehn Telearbeiter ergibt dies die stattliche Summe von 270.000 DM.

Auch eine andere Rechnung macht die Wirtschaftlichkeit der Telearbeit deutlich. Den anfänglichen Investitionskosten des Unternehmens für Planung, technische Ausstattung und Schulung von 115.000 DM steht zu Beginn nur eine Kostenersparnis von 25.500 DM für die technische Ausstattung und Büromöbel in der Zentrale gegenüber. Bedingt durch den Nutzenüberschuß hätte sich die Investition unter den getroffenen Annahmen jedoch bereits nach weniger als einem Jahr (11 Monate) amortisiert.

Bei einer größeren Zahl von Telearbeitern bzw. einer späteren Ausweitung wird die Bilanz noch positiver. Viele Kostenfaktoren, aber insbesondere die Planungskosten steigen unterproportional mit der Anzahl der zu schaffenden Telearbeitsplätze, entsprechend sinken sie bezogen auf den einzelnen Telearbeitsplatz. Ferner bleibt zu bedenken, daß in der Berechnung die allermeisten qualitativen Vorteile der Telearbeit nicht enthalten sind.

Empfehlungen zur Telearbeit

Beispielrechnung für Telearbeiter

Bislang wurde die Wirtschaftlichkeit der Telearbeit allein aus der Sicht des Unternehmens betrachtet. Doch auch für den Telearbeiter stellt sich die Frage, ob sich Telearbeit für ihn rechnet.

Annahmen

Daher wird analog zur Modellrechnung für Unternehmen auch eine für den Telearbeiter durchgeführt (siehe Tab. 4.9). Die Charakteristika und Verhaltensannahmen des Beispiel-Telearbeiters sind identisch mit der Modellrechnung aus Unternehmenssicht. Auch hier werden die einmaligen Kosten auf eine Laufzeit von drei Jahren umgerechnet.

Beispielrechnung für Telearbeiter	
Typ 1: alternierende Telearbeit (2 Heimarbeitstage), mittlere bis hohe Qualifikation (monatlich 10.000 DM Lohn- und Lohnnebenkosten); Abschreibung 3 Jahre	
Kosten:	**pro Monat:**
- Einrichtung des Telearbeitsplatzes (einmalig 2.500,- DM):	70,- DM
- laufende Kosten für anteilige Kaltmiete (16 qm à 12,- DM):	190,- DM
- weniger zusätzliche Sozialleistungen:	40,- DM
Gesamtkosten:	**300,- DM**
Nutzen:	
- Einsparung von Fahrtkosten (einfache Distanz 25 km; pro km 0,52 DM):	210,- DM
- Kosteneinsparung für Verpflegung (5,- DM pro Heimarbeitstag):	40,- DM
- Kosteneinsparung für Kleidung (600,- DM im Jahr):	50,- DM
Gesamtnutzen:	**300,- DM**
Kosten-Nutzen-Verhältnis:	**+/- 0,- DM**

Tabelle 4.9: Beispielrechnung für Telearbeiter © empirica

Auf der Kostenseite sind zunächst die Kosten für die Einrichtung des häuslichen Arbeitszimmers, d.h. insbesondere für Schreibtisch, Stuhl, abschließbaren Schrank, Schreibtischlampe und eventuell einige Büroutensilien relevant. Hinzu kommen die laufenden Kosten für die anteilige Miete. Nebenkosten für Strom und Heizung bleiben hingegen unberücksichtigt, weil sie vom

Unternehmen erstattet werden. Mit in die Berechnung einzubeziehen ist der Tatbestand, daß das Unternehmen dem Telearbeiter an den Heimarbeitstagen keine zusätzlichen Sozialleistungen (z.B. Essenszuschuß) gewährt.

Auf der Nutzenseite stehen die eingesparten Fahrtkosten an erster Stelle. Weitere Nutzenfaktoren kommen für den Telearbeiter hinzu. In der Modellrechnung in Ansatz gebracht werden Kosteneinsparungen für Verpflegung und Kleidung.

In der Berechnung nicht berücksichtigt wurde hingegen die Absetzbarkeit der Kosten des Arbeitszimmers bei der Einkommensteuererklärung. Ab 1996 ist diese nur noch möglich, wenn mehr als die Hälfte der Gesamtarbeitszeit am häuslichen Schreibtisch gearbeitet wird.

Berechnungsergebnisse

Das Ergebnis der Modellrechnung zeigt, daß sich in unserem Beispiel für den Telearbeiter Kosten und Nutzen die Waage halten. Rein monetär betrachtet wird mit größerer Entfernung zwischen Wohnort und Büroarbeitsort das Ergebnis für den Telearbeiter positiv, mit geringerer Entfernung negativ.

Andererseits muß jedoch berücksichtigt werden, daß - und dies gilt hier vielleicht noch stärker als für das Unternehmen - für den Telearbeiter eine ganze Reihe qualitativer Faktoren positiv zu Buche schlagen. Hierzu gehören u.a.:

- höhere Zeitsouveränität
- mehr Zeit für die Familie und Hobbys
- weniger Pendelstreß
- größere Wahlfreiheit bei der Wohnstandortwahl
- angenehmere Arbeitsatmosphäre
- eigenverantwortliche Gestaltung des Arbeitsablaufs
- Möglichkeit der Mitbenutzung der Technikausstattung für private Zwecke (falls vom Arbeitgeber erlaubt)
- höhere Produktivität und dadurch Zufriedenheit.

Resümee

Die Einschätzung der Wirtschaftlichkeit der Telearbeit ist aufgrund der Vielfalt der Kosten- und Nutzenelemente nicht einfach. Sie hängt in starkem Maße von der jeweiligen Ausprägung der Telearbeitsanwendung ab, d.h. von der Organisationsform, dem rechtlichen Status der Telearbeiter, der eingesetzten Technik etc.

Manche Betrachter schätzen die Wirtschaftlichkeit der alternierenden Telearbeit als kritisch ein, weil hier zwei Arbeitsplätze pro Mitarbeiter, einer im Betrieb und einer zu Hause, bereitgestellt werden müssen. Es zeigt sich jedoch, daß die vergleichsweise höheren Investitionskosten schon nach kurzer Zeit allein durch die höhere Produktivität der Telearbeiter kompensiert werden. Durch Teilen der Infrastruktur im Büro (Shared Desk, Touch Down Office) kann zudem die wirtschaftliche Attraktivität der alternierenden Telearbeit noch gesteigert werden.

Ein entscheidender Faktor sind die laufenden Telekommunikationskosten. Beim Offline-Modell (File-Transfer-Anwendungen) ist die Telearbeit - auch in Form alternierender Telearbeit - wirtschaftlich zu betreiben. Schon nach kurzer Zeit können die einmaligen Investitionskosten, insbesondere durch die höhere Produktivität der Telearbeiter, mehr als ausgeglichen werden. Anders ist es hingegen beim Online-Modell (Dialoganwendungen). Hier fallen bislang nur innerhalb des 20 km-Nahbereichs so niedrige TK-Kosten an, daß sie der Wirtschaftlichkeit der Telearbeit nicht im Wege stehen.

Hier nicht in Ansatz gebracht wurde die Möglichkeit, den rechtlichen Status des Telearbeiters zu verändern. Durch freie Mitarbeiterverhältnisse können die Personalkosten (und Lohnnebenkosten) für Unternehmen merklich gesenkt werden - ein Tatbestand, der zwar für Unternehmen wirtschaftlich besonders lukrativ ist, jedoch mit der gewerkschaftlichen Forderung nach Beibehaltung des Arbeitnehmerstatus kollidiert.

4.7 Hinweise und Empfehlungen für Telearbeiter

Empfehlungen

Bislang haben sich unsere Empfehlungen primär an die Verantwortlichen im Unternehmen gerichtet. Aber mehr noch als auf alle anderen Beteiligten kommen auf die Telearbeiter nicht unerhebliche Veränderungen zu. In diesem Kapitel wollen wir daher auch an ihre Adresse Empfehlungen formulieren, um einen guten Start in die Telearbeit zu gewährleisten.

Wie aufgrund der bisherigen Ausführungen deutlich wurde, ist die Spannweite möglicher Telearbeitsanwendungen äußerst groß. In Tabelle 4.10 werden typische Telearbeiter gegenübergestellt, die sich deutlich hinsichtlich Tätigkeit, Zeitmodell, Motivation, eingesetzter Technik und möglichen Problemfeldern unterscheiden. Um dieser Vielfalt gerecht zu werden, müssen unsere Hinweise an die Telearbeiter allgemein gehalten werden.

Angesprochen werden zunächst die Einrichtung des häuslichen Arbeitsplatzes und die persönliche Einstellung auf die neue Arbeitsweise. Daneben bedarf es gewisser Vereinbarungen mit anderen, seien es nun Vorgesetzte oder Kollegen, die eigene Familie bzw. Nachbarn oder Bekannte sowie Vermieter, Behörden oder andere Institutionen. Im Anhang 5 sind zudem die wichtigsten Empfehlungen in Form einer Checkliste für Telearbeiter zusammenfassend aufgelistet.

4.7.1 Einrichtung des häuslichen Arbeitsplatzes

separater Arbeitsplatz

Vorteilhaft ist es, wenn für den häuslichen Arbeitsplatz ein eigener Raum zur Verfügung steht, der genügend Platz für Geräte, Arbeits- und Hilfsmittel bietet. Zudem kann bei einem eigenen Arbeitsraum die Tür geschlossen werden, um Ablenkungen oder eindringenden Lärm zu vermeiden. Umgekehrt können dadurch Mitbewohner vor Störungen durch Bürolärm (Drucker, Lüfter) geschützt werden. Steht kein separater Raum in der Wohnung zur Verfügung, sollte der Arbeitsplatz in einem Raum eingerichtet werden, der zumindest von anderen Familienmitgliedern während der Arbeitszeit nicht frequentiert wird. Keinesfalls sollte es sich um einen nur temporär nutzbaren Arbeitsplatz handeln.

	Typ 1	Typ 2
Telearbeiter	zumeist Frauen 25-35 Jahre	zumeist Männer 30-50 Jahre
Tätigkeit	Sachbearbeitung, Softwareentwicklung	Beratung, Journalismus, Management
Zeitmodell (zu Hause : Büro)	Teilzeit 4:1 bzw. 9:1	Vollzeit 1:4 bzw. 2:3
Motivation	Vereinbarung von Familie und Beruf, Weiterbeschäftigung im Erziehungsurlaub	ungestörtes Arbeiten in häuslicher Umgebung, flexible Arbeitszeiten
Technik	Online-Verbindung und Telefon	File-Transfer, Fax und Telefon
Probleme	berufliche und soziale Kontakte	Verfügbarkeit von Bürodienstleistungen
	Typ 3	**Typ 4**
Telearbeiter	zumeist Frauen 25-50 Jahre	zumeist Männer 30-50 Jahre
Tätigkeit	Daten- und Texterfassung	Verkaufs-Außendienst Servicetechniker
Zeitmodell	unregelmäßige Beschäftigung	Vollzeit (Arbeitsort überwiegend beim Kunden oder unterwegs)
Motivation	Zuerwerb zum Familieneinkommen	kürzere Anfahrtswege zum Kunden, flexible Arbeitszeiten
Technik	Diskettenversand oder Bote, Telefon, Fax	tragbarer Rechner, DFÜ und Telefon
Probleme	ungeschütztes Beschäftigungsverhältnis	Auflösung des Büroarbeitsplatzes

Tabelle 4.10: Typische Telearbeiter © empirica

Strom- und Telefon-Anschluß	Rechtzeitig vor Aufnahme der Telearbeit ist zu bedenken, daß im vorgesehenen Arbeitszimmer genügend Steckdosen für die elektrischen Geräte (PC, Modem, Drucker, Schreibtischlampe sowie eventuell Faxgerät, Anrufbeantworter etc.) zur Verfügung stehen. Außerdem muß ein Telefonanschluß vorhanden sein, wobei eine TAE-Anschlußdose verwendet werden sollte, an die neben dem Telefon zwei weitere Zusatzeinrichtungen (z.B. Modem und Anrufbeantworter) angeschlossen werden können. Die Notwendigkeit eines ISDN-Anschlusses oder eines zweiten Telefonanschlusses hängt von der Familiengröße und der Art der Tätigkeit des Telearbeiters bzw. vom beruflichen Kommunikationsbedarf ab. Bei intensiver Telekommunikationsnutzung oder Online-Tätigkeit ist ein solcher unentbehrlich und erleichtert zudem die Kostenabrechnung mit dem Arbeitgeber.
ergonomische Einrichtung	Normale Haushaltsmöbel sind nicht unbedingt für Büroarbeit geeignet. Äußerst wichtig ist ein Stuhl, der eine ergonomisch sinnvolle aufrechte Sitzposition ermöglicht, und ein Schreibtisch, dessen Höhe verstellbar ist bzw. für Computerarbeit (Keyboard, Bildschirmposition) geeignet ist. Die Anschaffung entsprechender Büromöbel ist nicht unbedingt kostengünstig. Vielleicht ist es dem Telearbeiter aber auch möglich, aus den Unternehmensbeständen leihweise geeignete Büromöbel zu erhalten. Ferner sollte am häuslichen Arbeitsplatz - genauso wie im zentralen Büro - für ausreichende Beleuchtung gesorgt werden bzw. eine Blende gegen direkte Sonneneinstrahlung vorhanden sein.
Arbeitsmittel	Zudem ist es sinnvoll, den Arbeitsplatz so zu gestalten, daß sich häufig genutzte Arbeitsmittel (z.B. Telefon, Manuals, Lexika, etc.) in Reichweite befinden und eine genügend große Ablagefläche zur Verfügung steht. Um einen möglichst reibungslosen Start der Heimarbeit zu gewährleisten, sollte auch rechtzeitig an solche vermeintlichen Kleinigkeiten wie die Beschaffung von Büroutensilien (z.B. Schreibstifte, Papier, Locher, Hefter, Lineal, Schere, Büroklammern, Disketten, Taschenrechner, Diktiergerät, Adreß- und Telefonregister und Terminkalender) gedacht werden.
technische Ausstattung	Die technische Ausstattung dürfte in der Regel vom Arbeitgeber gestellt werden. Wie an anderer Stelle bereits ausgeführt, ist dabei auf eine gleichwertige und kompatible technische Ausstattung analog zu der im Zentralbüro zu achten. Dies gilt bei den

meisten Tätigkeiten auch für Geräte wie Drucker oder Fax (zumindest Fax-Karte im PC, um Faxe empfangen zu können), die im Büro gemeinschaftlich genutzt werden. Auch bei Telearbeitern sollte ein strahlungsarmer Monitor selbstverständlich sein.

Datensicherheit

Ein weiterer wichtiger Aspekt ist die Datensicherheit. Steht ein eigenes Arbeitszimmer zur Verfügung, hat dies den zusätzlichen Vorteil, daß dieser Raum abgeschlossen und damit Unbefugten (Kinder, private Besucher) der Eintritt verwehrt werden kann. Darüber hinaus ist es aus Gründen der Datensicherheit sinnvoll, einen abschließbaren Schreibtisch oder Schrank anzuschaffen, worin nach getaner Arbeit Computer, Disketten, wichtige Firmenunterlagen etc. verschlossen werden können. Zum Schutz vor Viren sollte jede fremde Diskette zunächst mittels eines Virensuchprogramms überprüft werden.

Empfangsmöglichkeit

Für Telearbeiter, die auch zu Hause persönliche Kontakte mit Kunden, Kollegen oder Kooperationspartnern haben, ist eine geeignete Empfangsmöglichkeit wichtig. Falls das Arbeitszimmer hierzu nicht groß genug ist, kann es auch das Wohn- oder Eßzimmer sein, wenn es schnell für den Besuch hergerichtet werden kann. Ideal wäre es zudem, wenn ein separater Eingang für dienstliche Besucher zur Verfügung stünde.

4.7.2 Persönliche Einstellung auf die neue Arbeitsweise

Dem Telearbeiter gibt die neue Arbeitsweise eine wesentlich größere Freiheit, die zwar mit vielen Chancen, aber auch mit gewissen Gefahren verbunden sein kann. Um zu Hause produktiv arbeiten zu können, bedarf es einer gewissen Selbstdisziplin, die im Zentralbüro aufgrund der sozialen Kontrolle durch Vorgesetzte oder Kollegen und fehlender Ablenkungsmöglichkeiten so nicht gefordert ist. Nachfolgend werden einige Hinweise gegeben, von denen wir hoffen, daß sie es Telearbeitern sowohl erleichtern, sich zu motivieren, als auch am Ende eines Arbeitstages Schluß zu machen.

täglicher Arbeitsplan

Ein wichtiger Punkt ist es unserer Auffassung nach, durch die Gestaltung von Arbeitsplatz und -umfeld eine ablenkungsfreie Arbeitsatmosphäre zu schaffen, die sich vom Rest des Hauses unterscheidet. So kann man sich besser auf die eigentliche Arbeit konzentrieren. Hilfreich ist es ferner, einen realistischen täglichen Arbeitsplan aufzustellen, an den man sich natürlich auch halten sollte.

Arbeitskleidung

Für manche Telearbeiter kann es sinnvoll sein, auch zu Hause Bürokleidung zu tragen, weil dies ihnen ein stärkeres Arbeitsgefühl vermittelt. Andere werden sich in lässiger Alltagskleidung wesentlich wohler fühlen. Deshalb dürfte dieser Hinweis - zumindest solange sich das Bildtelefon noch nicht durchgesetzt hat - nur für einen Teil der Telearbeiter relevant sein.

geregelte Arbeitszeiten

Wichtig für Telearbeiter ist es unserer Erfahrung nach, auch zu Hause mehr oder weniger geregelte Arbeitszeiten einzuhalten. Diese werden sicher abhängig sein von den betrieblichen Anforderungen, von eigenen Kreativitätsphasen, privaten Interessen sowie familiären Rahmenbedingungen. Hat man für sich einen eigenen Arbeitsrhythmus gefunden, kann man auch so flexibel sein, sich Ausnahmen von der Regel zu genehmigen, solange betriebliche Belange dem nicht entgegen stehen.

Selbstorganisation

Telearbeit verlangt vom Telearbeiter, sich selbst besser zu organisieren. Insbesondere bei alternierender Telearbeit muß vielfach im voraus bedacht werden, welche Unterlagen an welchem Arbeitsort benötigt werden. Sinnvoll kann es in diesem Zusammenhang sein, sich Duplikate von nicht elektronisch verfügbaren und damit nicht per File-Transfer zugänglichen Dokumenten zuzulegen. Ein guter Tip ist es ferner, Telefonate möglichst zusammenzulegen, um genügend Zeit für ungestörtes Arbeiten am Stück zur Verfügung zu haben.

regelmäßige Pausen

Für viele engagierte Telearbeiter ist nicht die Eigenmotivation das Problem, sondern Wege zu finden, von der Arbeit wieder loszukommen. Insbesondere bei Arbeiten am Computer sollten jedenfalls allein aus gesundheitlichen Gründen regelmäßige und ausreichende Pausen eingelegt werden. Arbeitnehmer, die viel am Bildschirm arbeiten, haben einen Anspruch auf regelmäßige Unterbrechungen dieser Arbeit durch anderweitige Tätigkeiten oder zusätzliche Pausen, wie unlängst das Bundesarbeitsgericht entschieden hat (AZ: 1ABR 47/95).

arbeitsbezogene Ideen festhalten

In Absprache mit der Familie sollten zudem Zeiten festgelegt werden, zu denen nicht gearbeitet wird, um dem Workaholic-

193

Phänomen zu begegnen und mögliche Gefahren für den Familienfrieden abzuwenden. Aber auch hierbei gilt, keine Regel ohne Ausnahme: Es sollte soviel Flexibilität bestehen, um auch außerhalb dieser Zeiten dennoch gute arbeitsbezogene Ideen festhalten zu können.

4.7.3 Vereinbarungen und Umgang mit anderen Personen

Telearbeit in der eigenen Wohnung bedarf neben der Einrichtung des häuslichen Arbeitsplatzes und der individuellen Einstellung auf diese neue Arbeitsform auch gewisser Vereinbarungen mit anderen Personen und Institutionen. Hierzu werden nachfolgend Hinweise und Empfehlungen gegeben.

Berufliche Kontakte

Absprachen mit Vorgesetzten

Aufgrund der Einführung der Telearbeit wird es für Telearbeiter notwendig, mit dem jeweiligen Vorgesetzten gewisse Absprachen zu treffen. Diese betreffen zunächst einmal die Arbeitszeit, wobei zwischen derjenigen im Betrieb und derjenigen zu Hause unterschieden werden kann. Bei letzterer ist zudem weiter zu differenzieren zwischen betriebsbestimmter Zeit, d.h. derjenigen Zeit, in der der Telearbeiter erreichbar sein muß (z.B. die Kernarbeitszeit), und derjenigen Zeit, die er frei wählen kann. Ferner ist es notwendig, gemeinsam mit dem Vorgesetzten den Modus der Aufgabenplanung und Kontrolle zu erarbeiten. In manchen Fällen ist es sinnvoll, die Verantwortlichkeiten und Zuständigkeiten auf mehrere Köpfe zu verteilen, so daß die Aufgaben abwesender Telearbeiter von Kollegen übernommen werden können.

Telearbeit und Kollegen

Gegenüber den Kollegen ist es ratsam, Telearbeit nicht als etwas Besonderes herauszustellen, sondern als eine mögliche Arbeitsform neben anderen. Erfahrungsgemäß müssen manche im Büro verbleibenden Kollegen erst mehrmals darauf hingewiesen werden, daß es nicht als unhöfliche Störung empfunden wird, den Telearbeiter bei Fragen oder Problemen zu Hause anzurufen.

internes Mail-System

Asynchrone Kommunikationsformen haben den Vorteil, Störungen zu vermeiden. Telearbeiter sollten darauf dringen, daß bürointerne Kommunikation sehr viel stärker mittels Electronic Mail erfolgt. Durch die Anwendung eines internen Mail-Systems haben auch Telearbeiter aktuellen Zugang zu Informationen.

Hinweise und Empfehlungen für Telearbeiter

Meetings — Trotz aller Fortschritte bei der technisch vermittelten Kommunikation dürfte es nach wie vor für viele Telearbeiter sinnvoll sein, an bestimmten Tagen ins Büro zu kommen. Persönliche Besprechungen und Team- oder Abteilungs-Meetings lassen sich an Büroarbeitstagen konzentrieren. Darüber hinaus kann der Versuch unternommen werden, durch Festsetzung einer Tagesordnung und (bessere) Vorbereitung, Meetings effektiver zu gestalten.

Hotline — Telearbeiter sind - anders als im Büro - zu Hause bei technischen Problemen zunächst einmal auf sich allein gestellt. Daher ist vor dem Start der häuslichen Arbeit sicherzustellen, daß bei akuten technischen Problemen telefonische Hilfestellung bzw. Unterstützung gewährleistet wird.

externe Kommunikation — Schließlich darf nicht vergessen werden, Kunden, Lieferanten, Kooperationspartner etc. hinsichtlich der Aufnahme der Telearbeit zu informieren. In manchen Fällen ist es angebracht, die private Telefonnummer weiterzugeben bzw. auf die Visitenkarte drucken zu lassen. Zumindest sollten die Sekretärin oder Kollegen im Büro jeden Anruf registrieren und den Telearbeiter entsprechend informieren. ISDN bietet die Möglichkeit der Anrufweiterschaltung vom Büroanschluß zum Anschluß des Telearbeiters. Sinnvoll kann in diesem Zusammenhang eine Kombination mit einem häuslichen Anrufbeantworter sein.

Private Kontakte

Vereinbarungen mit der Familie — Die häusliche Arbeit sollte weitestgehend ungestört vom Dingen des privaten Alltags möglich sein. Dies ist nicht der Fall, wenn die physische Anwesenheit des Telearbeiters mit seiner jederzeitigen Verfügbarkeit gleichgesetzt wird und Dinge, wie beispielsweise zwischendurch Einkäufe erledigen, Kinder unterhalten oder nicht zeitkritische Fragen beantworten, an ihn herangetragen werden. Um dies zu vermeiden, sollten am besten schon vor dem Beginn der Telearbeit Abmachungen mit der Familie getroffen werden, um bei den Familienmitgliedern erst gar keine falschen Erwartungen zu wecken.

keine Parallelaufgaben — Bestimmte Störungen, wie beispielsweise die Post anzunehmen, können jedoch ohne weiteres vom Telearbeiter hingenommen werden, denn Vergleichbares ist auch im Büro üblich. Keineswegs können jedoch parallel zur Arbeit andere Aufgaben erledigt werden, wie Kinder oder Pflegebedürftige zu betreuen. Hierfür sollte eine zweite Person anwesend sein.

Nachbarn und Bekannte informieren
Die Situation nun ganz oder teilweise zu Hause zu arbeiten, ist auch für Nachbarn und Bekannte neu. Diese sollten daher rechtzeitig bzgl. der neuen Arbeitsweise informiert werden, um einerseits Gerüchte oder Mißverständnisse zu vermeiden (arbeitslos, „krank feiern") und andererseits tagsüber unerwünschte Besuche zum Kaffeeklatsch, Bitten um kleine Gefälligkeiten, ablenkende Telefonate etc. zu verhindern.

Vermieter informieren
Sinnvoll ist es darüber hinaus, ggf. den Vermieter hinsichtlich der Aufnahme der Telearbeit zu informieren.

Sonstige Organisationen

Bedingungen klären
Wir empfehlen, schon vor Beginn der Telearbeit alle relevanten finanziellen und rechtlichen Fragen mit dem Arbeitgeber zu klären, um zu vermeiden, daß eine der beiden Seiten von falschen Voraussetzungen ausgeht. Die jeweilige Regelung kann zunächst individuell erfolgen und in Form einer Zusatzvereinbarung zum Arbeitsvertrag schriftlich festgehalten werden. Bei einer größeren Anzahl von Telearbeitern im Unternehmen sollten allerdings einheitliche Regelungen in einer Betriebsvereinbarung getroffen werden.

versicherungsrechtliche Fragen klären
Im Zusammenhang mit der Telearbeit sind auch versicherungsrechtliche Fragen zu klären. Der Telearbeiter sollte seiner Hausratversicherung rechtzeitig mitteilen, daß er zu Hause Telearbeit betreibt, das entsprechende Equipment sich in Firmeneigentum befindet und bei einem Schadensfall die Versicherung des Unternehmens einspringt.

steuerrechtliche Fragen klären
Steuerrechtlich relevante Fragen sind mit der Buchhaltung, dem Steuerberater bzw. dem Finanzamt zu klären. Die jüngste Änderung der Steuergesetzgebung (Jahressteuergesetz 1996) besagt, daß ein Arbeitszimmer zu Hause steuerrechtlich nur noch anerkannt wird, wenn mehr als 50% der beruflichen Tätigkeit dort verbracht wird. Die private Anschaffung von Arbeitsmitteln, wie Büromöbel oder Computer, werden hingegen nach wie vor bei der Einkommenssteuererklärung steuermindernd anerkannt.

5 Zusammenfassung

5.1 Was ist Telearbeit und wie wird sie sich entwickeln?

1. Der Telearbeitsbegriff wird nicht immer eindeutig verwendet. Entscheidende Dimensionen dieser Form der Arbeitsorganisation sind der Technikeinsatz, Arbeitsort und Arbeitszeit sowie die Rechtsform des Arbeitsverhältnisses.

2. Insgesamt fünf Grundformen der Telearbeit lassen sich unterscheiden: Arbeiten zu Hause (Teleheimarbeit), Arbeiten abwechselnd zu Hause und im Büro (alternierende Telearbeit), Telearbeit im Telearbeitszentrum (Satelliten-, Nachbarschaftsbüro oder Telehaus), mobile Telearbeit sowie virtuelle Unternehmen.

3. Telearbeit kann allen Beteiligten Vorteile bieten: den Unternehmen durch Kosten- und Wettbewerbsvorteile, den Telearbeitern durch Einsparung der Pendelwege und größere Zeitsouveränität und der Gesellschaft durch Umweltentlastung, Förderung strukturschwacher Regionen und Erschließung neuer Wachstums- und Beschäftigungsfelder.

4. Durch den Einsatz der Telearbeit werden andererseits aber auch Nachteile befürchtet, wie beispielsweise soziale Isolation oder Karriereeinbußen bei Telearbeitern, mangelnde Datensicherheit oder das Abwandern von Arbeitsplätzen ins Ausland.

5. Telearbeit hat eine mittlerweile mehr als 20jährige Geschichte. Ein Ursprung ist die Telecommuting-Diskussion in den USA über die Substitution von physischem Verkehr durch Telekommunikation. Andere Entwicklungen, wie der Wunsch insbesondere von Frauen nach flexiblen Arbeitsbedingungen oder die Förderung der Telematik in ländlich-peripheren Regionen, kommen hinzu.

6. In Deutschland ist beim öffentlichen Interesse an Telearbeit ein wellenförmiges Auf und Ab festzustellen. Seit Anfang der 90er Jahre ist das Interesse an Telearbeit wieder stark gestiegen. Gleichzeitig hat ein deutlicher Imagewandel der Telearbeit stattgefunden.

7. Frühere Prognosen der Diffusion der Telearbeit waren sehr euphorisch. Angaben zur derzeitigen Verbreitung weichen stark voneinander ab. Die empirica-Untersuchung bietet erstmals internationale Vergleichsdaten: Großbritannien ist eindeutig der Vorreiter in Europa. In Deutschland ist die Telearbeit hingegen nur relativ gering verbreitet.

8. Im letzten Jahrzehnt ist das Interesse an Telearbeit enorm gestiegen. Dies gilt gleichermaßen für Bevölkerung bzw. Erwerbstätige und Unternehmen. Eine auf dieser Basis durchgeführte Potentialabschätzung zeigt das große Potential der Telearbeit auf. Demnach werden allein in Deutschland derzeit 2,5 Millionen Telearbeitsplätze als realisierbar eingeschätzt.

9. Die technischen Voraussetzungen für Telearbeit haben sich in den letzten Jahren wesentlich verändert: Endgeräte wurden billiger und sind weit verbreitet, Kommunikationssoftware ist verfügbar; aufgrund der Liberalisierung ist auch im Telekommunikationssektor mit stärkerer Angebotsvielfalt und Preissenkungen zu rechnen.

10. Sich verändernde Rahmenbedingungen werden die Diffusion der Telearbeit positiv beeinflussen: Die wirtschaftliche Situation führt bei den Unternehmen zum Nachdenken über neue Formen der Arbeitsorganisation (Business Process Reengineering und Flexibilisierung). Unter den Beschäftigten steigt der Wunsch, Beruf und Privatleben besser zu vereinbaren. Die Gewerkschaften haben ihre anfangs strikt ablehnende Haltung gegenüber Telearbeit gewandelt und sind bereit, neue Arbeitsformen mitzugestalten.

11. Auch von politischer Seite wird die Telearbeit als förderungswürdig eingestuft. Einen Schub erhält sie insbesondere durch die Politik der Europäischen Kommission (Stichwort: Information Society). Aber auch auf Bundes- (BMBF) und

Landesebene (z.B. media NRW, Bayern Online) sind mittlerweile Initiativen zur Förderung der Telearbeit gestartet worden.

12. Die erwarteten Wirkungen des Einsatzes der Telearbeit auf der gesellschaftlichen Ebene sind vielfältig: Sie soll Arbeitsplätze schaffen, die regionale Entwicklung ankurbeln, die Verkehrsmisere beheben und benachteiligte Gruppen besser in den Arbeitsmarkt integrieren.

13. Noch vorhandene Hindernisse für die Ausbreitung der Telearbeit können überwunden werden. Notwendig ist es, die Innovationsbereitschaft des Managements zu wecken. Auch heute noch nicht vorhandene Komplettangebote hinsichtlich der Technik würden sicher zur Beschleunigung der Diffusion der Telearbeit beitragen. Sehr hilfreich ist ferner, wenn Praxisbeispiele publik gemacht und Einführungshilfen gegeben werden, wie es in diesem Buch versucht wird.

5.2 Welche Anwendererfahrungen wurden gemacht?

14. Mittlerweile liegen langjährige Erfahrungen mit Telearbeit in Unternehmen vor. U.a. bietet die von empirica geleitete TELDET-Untersuchung die Möglichkeit, Erfahrungen von europaweit 56 Telearbeitsanwendungen gegenüberzustellen. Von den Erfahrungen können an Telearbeit interessierte Unternehmen profitieren.

15. Das Einsatzpotential der Telearbeit ist branchenübergreifend, wenn auch derzeit die Verbreitung in der Computerindustrie und den unternehmensbezogenen Dienstleistungen wie Banken und Versicherungen am stärksten ist. In vielen Groß- und Kleinunternehmen wird bereits Telearbeit betrieben. Unternehmen mittlerer Größe halten sich etwas zurück. Telearbeit ist zudem bislang vornehmlich ein Phänomen der Verdichtungsräume.

16. Unter den Telearbeitern haben bislang Frauen einen recht hohen Anteil. Entgegen manchen Erwartungen wird Telearbeit häufig von Erwerbstätigen mit mittlerer und hoher Qualifikation betrieben. Was die Altersstruktur betrifft, so

Zusammenfassung

gehören Telearbeiter zumeist der mittleren Altersgeneration an.

17. In der Anfangszeit der Telearbeit waren Daten- und Texterfassung, Programmieren und Übersetzen die klassischen Telearbeits-Tätigkeitsfelder. Nicht zuletzt aufgrund der technischen Entwicklung sind heute prinzipiell alle Informationstätigkeiten potentielle Anwendungsfelder der Telearbeit, d.h. auch Sachbearbeitung und Managementaufgaben, selbst dann, wenn größerer Kommunikations- und Ressourcenbedarf besteht.

18. Unter den Organisationsformen dominiert - sieht man einmal von der mobilen Telearbeit ab - die alternierende Telearbeit. Die (isolierte) Teleheimarbeit, die in den 80er Jahren noch im Mittelpunkt der Diskussion stand, wird unter abhängig Beschäftigten nur in besonderen Fällen praktiziert. Telearbeitszentren wurden in Deutschland bislang nur wenige eingerichtet

19. Die mit der Einführung der Telearbeit verbundenen Zielsetzungen der Unternehmen sind unterschiedlich: Sie reichen von Kosteneinsparung über Eingehen auf Mitarbeiterwünsche, um leistungsfähige Mitarbeiter zu halten, bis hin zum Sammeln eigener Erfahrungen, z.B. als Anbieter von Produkten und Dienstleistungen der Telekommunikation. Zunehmend führen die Unternehmen aber auch Telearbeit aus strategischen Gründen ein, beispielsweise mit dem Ziel größerer Flexibilität des Mitarbeitereinsatzes, größerer Kundennähe oder der Erreichung neuer Mitarbeiterpotentiale.

20. Andere Telearbeitsanwendungen gehen primär von den Erwerbstätigen selbst oder primär der Politik aus. Selbständige Telearbeiter bieten Tele-Services an, formen virtuelle Unternehmen oder schließen sich zu Netzwerken zusammen. Um gesellschaftlich wünschenswerte Ziele zu erreichen, werden zudem Telearbeitsprojekte von staatlicher Seite angeregt und gefördert.

21. Das Spektrum möglicher arbeitsvertraglicher und rechtlicher Regelungen ist groß. Zahlreiche Betriebsvereinbarungen und Tarifverträge zur Telearbeit zeigen, wie für beide Seiten, Ar-

beitgeber und Telearbeiter (sowie ihre Interessenvertreter), befriedigende Lösungen gefunden werden können.

22. In manchen Fällen ist Telearbeit mit der Aufnahme einer Teilzeittätigkeit verbunden. Auf diese Weise lassen sich Kinderwunsch und Berufstätigkeit für viele Mütter (und einige Väter) vereinbaren. Das Unternehmen profitiert, weil qualifizierte Mitarbeiter gehalten werden können.

23. Es gibt einige Vorreiter, die im Zusammenhang mit Telearbeit weit fortgeschrittene Technik (z.B. Videokommunikation) anwenden. Andererseits zeigen die Erfahrungen, daß die gängigen Kommunikationsanforderungen auch mit relativ einfacher Technik (E-Mail, Fax, ISDN, Telefon) erfüllbar sind.

24. Sprach- und Datenkommunikation zwischen Telearbeitsplätzen und Zentralbüro lassen sich zu akzeptablen Kosten durchführen. Dort, wo dauerhaft Online-Verbindungen benötigt werden, fallen hingegen Datenübertragungskosten in nicht unerheblicher Höhe an.

25. Als nicht immer einfach erweist sich das alltägliche Management der Telearbeit. Mitarbeiter, die es gewohnt sind, eigenständig zu arbeiten, und Manager, die seit jeher einen ergebnisorientierten Führungsstil anwenden, haben die besten Voraussetzungen um Telearbeit erfolgreich zu praktizieren.

26. Die Evaluation durchgeführter Telearbeitsprojekte zeigt u.a. folgende Vorteile für Unternehmen auf: höhere Produktivität der Mitarbeiter, eingesparte Kosten für Liegenschaften, größere Mitarbeitermotivation, Kundennähe, Flexibilität sowie Imageverbesserung.

27. Auch die Vorteile der Telearbeit für Beschäftigte überwiegen die möglichen Nachteile. Vorteile liegen auf der Hand: freie Zeiteinteilung, Vereinbarkeit von Familie und Beruf, weniger Pendelaufwand. Mögliche Nachteile wie soziale Isolation, Karriereknick oder Selbstausbeutung können vermieden werden.

Zusammenfassung

28. Entscheidungsträger in Unternehmen, die die Dienst- und Servicequalität ihres Unternehmens verbessern, Büroraumkosten einsparen bzw. ansonsten notwendigen Umzug vermeiden, bewährte Mitarbeiter halten bzw. qualifizierte Mitarbeiter rekrutieren oder zur Bewältigung von Arbeitsspitzen externe Kapazitäten einsetzen wollen, sollten sich eingehender mit dem Thema Telearbeit befassen.

5.3 Wie sollte Telearbeit implementiert werden?

29. Hinsichtlich der Einführung der Telearbeit wird ein Phasenmodell vorgeschlagen. Dieses beginnt mit einer Motivierungs- und Sensibilisierungsphase und einer Machbarkeitsanalyse. Es folgt die eigentliche Pilotprojektgestaltung. Weitere Projektphasen sind das Day-to-day-Management, die Erfolgskontrolle sowie ggf. die spätere Ausweitung des Projektes.

30. Nach Ansicht der Autoren, sollten interessierte Unternehmen die Einführung der Telearbeit weitestgehend in die eigenen Hände nehmen. Externen Beratern kann die Rolle des Moderators, Know-how-Vermittlers und Evaluators zukommen.

31. Es kann empfohlen werden, bei der Einführung der Telearbeit schrittweise vorzugehen. Die Erfahrung zeigt, daß es sich als günstig erweist, mit einem kleinen Pilotprojekt zu beginnen.

32. Ferner ist zu beachten, daß alle Beteiligten frühzeitig mit einbezogen werden. Dies gilt insbesondere für das oberste Management und den Betriebsrat. Der Promotor (oder active champion) hat eine große Bedeutung für die erfolgreiche Realisierung der Telearbeit.

33. Unter den Organisationsformen der Telearbeit ist die alternierende Telearbeit am einfachsten zu realisieren. Zudem können Nachteile der Teleheimarbeit, wie die Gefahr der beruflichen und sozialen Isolation, vermieden werden.

34. Aus Gründen der Kosteneinsparung ist bei alternierender Telearbeit sogenanntes „Desk Sharing" möglich. Die Einrichtung von sogenannten „Touch Down Offices" ist wegen der zu erwartenden Widerstände zumindest derzeit in Deutsch-

land nicht zu empfehlen. Da der Bedarf für persönliche Besprechungen im Büro steigt, sollten sich die Arbeitsplätze im Büro hin zu Kommunikationsplätzen entwickeln.

35. Um erste Erfahrungen mit der Telearbeit zu sammeln, bietet sich an, mit solchen Projekten zu beginnen, die auch dem Interesse der Mitarbeiter stark entgegenkommen. Typische Beispiele für den Einstieg in die Telearbeit sind Sachbearbeitung oder Softwarenentwicklung von Mitarbeitern im Erziehungsurlaub, die Fernwartung von DV-Anlagen rund um die Uhr, Berichterstellung oder Konzeptentwicklung in ungestörter häuslicher Umgebung oder die Einbindung von Außendienstmitarbeitern.

36. Dank der technischen Entwicklung lassen sich heutzutage auch Tätigkeiten mit hohem Kommunikations- und Ressourcenbedarf dezentralisieren. Prozeßorientierte Informationstechnologien (Workflow, Groupware) erleichtern die Einbindung der Telearbeiter in die Geschäftsprozesse des Unternehmens.

37. Die Auswahl der richtigen Mitarbeiter kann eine entscheidende Rolle spielen. Da Telearbeit in hohem Maße auf gegenseitigem Vertrauen beruht, ist es vorherrschende Praxis, bei der Auswahl der Telearbeiter auf langjährige Mitarbeiter zu bauen, deren Eignung man am besten einschätzen kann.

38. Eine Grundvoraussetzung für produktives Arbeiten zu Hause ist, daß auch dort eine professionelle Arbeitsumgebung mit ergonomischer Arbeitsplatzgestaltung bereitsteht. Wir empfehlen hierzu, dem Telearbeiter entsprechende Hinweise zu geben und Beratung anzubieten.

39. Wichtiger als die Schulung für Telearbeiter im Umgang mit technischen Dingen ist vielfach das Erlernen telearbeitsspezifischer Sachverhalte, wie der persönlichen Arbeitsorganisation und des Zeitmanagements. Neben Telearbeitern sollten auch Führungskräfte und diejenigen Mitarbeiter, die im Büro verbleiben, auf die Telearbeit vorbereitet werden.

40. Die für Telearbeit notwendige Technik ist auf dem Markt zu relativ günstigen Preisen verfügbar. Schon mit 5.000 DM kann ein häuslicher Arbeitsplatz mit PC, Drucker, entspre-

chender Software, Telefon und ISDN-Anschluß ausgestattet werden.

41. Bei der Technikauswahl sollte der Grundsatz der gleichfunktionalen Ausstattung wie im Büro befolgt werden. Der Heimarbeitsplatz sollte keinesfalls schlechter als derjenige im Büro ausgestattet werden. Von einer besseren Kommunikationsausstattung ist nicht nur aus Kostengründen abzuraten, weil erfahrungsgemäß nur diejenigen Kommunikationstechniken Anwendung finden, deren Nutzung auch unter den Bürokräften üblich ist.

42. Für Probleme der Datensicherheit reichen in vielen Fällen technische Lösungen nicht aus. Wichtig ist es daher, entsprechende Verhaltensregeln aufzustellen bzw. Verpflichtungserklärungen abzuschließen. Im übrigen gilt, daß durch Telearbeit, wie in vielen anderen Bereichen auch, bereits im normalen Büro vorhandene Probleme deutlicher sichtbar gemacht werden.

43. Die deutschen Gewerkschaften stehen einer arbeitsvertraglichen Flexibilisierung äußerst ablehnend gegenüber. Wir empfehlen, bei Mitarbeitern, die zu Telearbeitern werden, den Arbeitnehmerstatus beizubehalten.

44. Hinsichtlich der arbeitsrechtlichen Regelung für Festangestellte reicht in vielen Fällen zunächst eine individuelle Zusatzvereinbarung zum Arbeitsvertrag aus. Bei späterer Ausweitung der Telearbeit im Unternehmen sollte mit Betriebsrat bzw. Gewerkschaft eine Betriebsvereinbarung bzw. ein Tarifvertrag abgeschlossen werden. Hierzu liegen bereits zahlreiche Vorbilder vor, in denen die diversen Sachverhalte einvernehmlich geregelt wurden.

45. Großzügige Regelungen bei der Aufwandsentschädigung werden in der Regel von Telearbeitern mit besonderer Motivation und höherer Arbeitseffektivität belohnt. Wir empfehlen, bei der Telearbeit strikt nach dem Prinzip der Freiwilligkeit zu verfahren und den Telearbeitern ein Rückkehrrecht zuzugestehen.

46. Das richtige Management ist ausschlaggebend für den dauerhaften Erfolg der Telearbeit. Anwesenheitskontrolle und

„Über-die-Schulter-schauen" muß durch an Zielvorgaben und Arbeitsergebnissen orientierte Managementtechniken ersetzt werden. Von elektronischer Leistungskontrolle ist abzuraten, sie ist nicht nur umstritten, sondern zumeist auch ungeeignet.

47. Kommunikationswege müssen organisiert und technisch unterstützt werden. Es ist der richtige Mix aus persönlichen Treffen und elektronisch vermittelter Kommunikation zu finden. Asynchronen Kommunikationsformen wie E-Mail kommt dabei eine große Bedeutung bei der formellen wie informellen Kommunikation zwischen Telearbeitern und Kollegen bzw. Vorgesetzten zu.

48. Telearbeiter dürfen hinsichtlich Weiterbildungs- und beruflichen Aufstiegsmöglichkeiten nicht benachteiligt werden. Beförderungs- und Beurteilungskriterien müssen überdacht werden.

49. Kosten-Nutzen-Rechnungen zeigen, daß die Telearbeit wirtschaftlich zu betreiben ist. Die Investitionskosten für technische Infrastruktur, Planung, etc. lassen sich schon nach relativ kurzer Zeit kompensieren. Ein wichtiger Kostenfaktor sind die laufenden Kommunikationskosten. Der entscheidende Nutzen entsteht durch die höhere Produktivität der Telearbeiter.

50. Arbeit zu Hause ist mit einer gewissen Umstellung sowohl für den Telearbeiter als auch seine persönliche Umgebung verbunden. Telearbeitern kann u.a. empfohlen werden, einen täglichen Arbeitsplan aufzustellen und mehr oder weniger geregelte Arbeitszeiten einzuhalten sowie mit der Familie Abmachungen zu treffen, die ungestörtes Arbeiten ermöglichen.

Zusammenfassung

Anhang 1: Anwender

Oft wird danach gefragt, wer und in welcher Form Telearbeit betreibt. Die nachfolgende Auflistung von 100 ausgewählten Unternehmen bzw. Selbständigen, die in Deutschland Telearbeit durchführen, gibt hierzu einen Überblick.

Da sich, was die Verbreitung der Telearbeit betrifft, seit Erscheinen der 1. Auflage einiges getan hat, haben wir uns entschlossen, die Liste deutscher Telearbeitsanwender gründlich zu überarbeiten. Aufgenommen wurden in der Regel nur Unternehmen und Institutionen, deren Telearbeitsaktivitäten bereits durch die Medien bekannt geworden sind. Die notwendigen Recherchen wurden von empirica im Sommer 1997 durchgeführt.

Anhand der Übersicht wird deutlich, daß in Deutschland ein breites Spektrum von Telearbeitsanwendungen existiert. Dies betrifft nicht nur die Organisationsformen, sondern auch die arbeitsvertraglichen Regelungen, die durchgeführten Tätigkeiten, die beteiligten Branchen und die mit der Einführung der Telearbeit verfolgten Ziele.

Anhang 1: Anwender

Unternehmen, Standort	Organisationsform, Rechtsform	Zahl der Telearbeiter, Tätigkeitsfeld	Bemerkungen
Adolf Würth GmbH (Schraubenhersteller) Schwäbisch Hall	mobile Telearbeit, Festangestellte	2.500 Außendienstmitarbeiter in Vertrieb u. Kundendienst	Ziel: Effizienzsteigerung
Allianz Lebensversicherung AG Stuttgart	alternierende Telearbeit, Festangestellte	150 Mitarbeiter: Erziehungsurlaub, Sachbearbeitung, Stab u. RZ	Begleitforschung; Betriebsvereinbarung; Ausweitung geplant
Artur Fischer GmbH & Co KG (Prod. Gewerbe) Waldachtal (BW)	Teleheimarbeit und alternierende Telearbeit, Festangestellte	4 Mitarbeiter (2 Frauen) in Datenbankerstellung bzw. –pflege, Programmierung	Ziel: Effizienzsteigerung, Know-how-Erhalt; Ausweitung geplant
AZ Direct Marketing Bertelsmann GmbH Gütersloh	Teleheimarbeit, Festangestellte, Mitarbeiter n. d. HeimarbeitsG	300 Mitarbeiterinnen, Erfassung und Pflege von Datenbeständen	Ziel: Kostenersparnis, Stärkung der Wettbewerbsfähigkeit
Balcke-Dürr AG (Anlagenbau) Ratingen	virtuelles Team, Festangestellte (BRD), Selbständige (Indien),	20 Ingenieure in Indien, 12 in der BRD (Telearbeitszentrum)	Ziel: Kostensenkung und Verkürzung der Koordinationszeit
Bausparkasse Schwäbisch Hall AG Schwäbisch Hall	alternierende und mobile Telearbeit, Festangestellte (ID) u. Selbständige (AD)	7 alternierende, 25 im Bereitschaftsdienst, ca. 3.000 mobile Telearbeiter	Zeitliche Befristung der alternierenden Telearbeit um soziale Isolation zu verhindern
Bayer AG Leverkusen	diverse Organisationsformen	180 Mitarbeiter: Sachbearbeitung, Vertrieb, Forschung, Informatik, Produktmanagement	Ziel: Flexibilisierung, Motivation, Mitarbeiterbindung; Betriebsvereinbarung
Bayerische Vereinsbank AG München	alternierende Telearbeit, Festangestellte	15 Bankkaufleute, Juristen, u.a.	Ausweitung geplant; Betriebsvereinbarung
Bertelsmann Distributions GmbH Gütersloh	Teleheimarbeit, Festangestellte	5 in Callcenter, 6 in Softwareentwicklung bzw. Marketing	Ziel: Produktivitätssteigerung, Kostenersparnisse; Ausweitung
Birkenbihl (Unternehmensberatung) (bei München)	mobile Telearbeit (Wohnmobil), Selbständige	Managementtrainerin	Ziel: Selbständigkeit
BMW AG München	alternierende Telearbeit, Festangestellte	105 Mitarbeiter in Entwicklung u. Produktion, 230 Sonstige	Ausweitung des Pilotprojekts „TWIST"; Betriebsvereinbarung

Unternehmen, Standort	Organisationsform, Rechtsform	Zahl der Telearbeiter, Tätigkeitsfeld	Bemerkungen
Bönders GmbH (Spedition) Krefeld	alternierende Telearbeit, Festangestellte	8 Mitarbeiter (3 Frauen) in Buchhaltung u. Sachbearbeitung	Motivationsschub durch mehr Flexibilität der Mitarbeiter
Bonnscript GmbH (Übersetzungsunternehmen) Bonn	Teleheimarbeit, überwiegend Freiberufler	57 Übersetzer (etwa 50 % Frauen)	grenzüberschreitende Telearbeit Deutschland/Großbritannien
Bundesamt für Sicherheit in der Informationstechnik (BSI) Bonn	alternierende Telearbeit, Festangestellte	5 Frauen: Sachbearbeiterinnen, Referentinnen, Schreibkraft	Ziel: Einschätzung von Sicherheitsgefährdungen, etc.; Pilotprojekt, Ausweitung geplant
BM für Arbeit und Sozialordnung Bonn	alternierende Telearbeit Festangestellte	12 Schreibkräfte u. Sachbearbeiter (davon 11 Frauen)	Pilotprojekt: Vereinbarkeit von Familie und Beruf; Dienstvereinbarung
BM für Bildung, Wissenschaft, Forschung und Technologie Bonn	alternierende Telearbeit, Festangestellte	20 Schreibkräfte, Sachbearbeiter, Abteilungsleiter, u.a.	Pilotprojekt, Ziel: Erfahrung sammeln; Dienstvereinbarung; Begleitforschung
BM für Wirtschaft Bonn	alternierende Telearbeit, Festangestellte	20 Schreibkräfte, Sachbearbeiter, Referenten	Pilotprojekt, Ziel: Effizienzsteigerung; Dienstvereinbarung
Burda GmbH Offenburg	Fernwartung, Festangestellte	8 DV-Leute zur Überwachung der EDV-Systeme	auf Mitarbeiterwunsch, Ausweitung geplant; Betriebsvereinbarung
Commerzbank AG Frankfurt/Main	mobile u. alternierende Telearbeit, Festangestellte	37 Mitarbeiter in Kundenberatung, Sekretariat, Vertrieb, EDV u.a.	u.a. Desk Sharing; 3 Pilotprojekte; Betriebsvereinbarung
Concept GmbH Wiesbaden u.a.	Telekooperation	Zusammenarbeit von 18 Unternehmen der Multimediabranche	Telekom-gefördertes Projekt TREVIUS
Continentale Versicherung Dortmund	alternierende Telearbeit, Teleheimarbeit, Festangestellte	23 Mitarbeiter aus Schreib- und Kundendienst, Stabsbereich	Ziel: Effektivitätssteigerung, besserer Kundenservice; Projekt TeleVers, Ausweitung

Anhang 1: Anwender

Unternehmen, Standort	Organisationsform, Rechtsform	Zahl der Telearbeiter, Tätigkeitsfeld	Bemerkungen
Control Data GmbH Frankfurt	alternierende Telearbeit, Festangestellte	90 Berater im EDV-Bereich mit Home-Office (5 Frauen)	Vorbild: amerikanische Muttergesellschaft; Betriebsvereinbarung
Datex Perfekt GmbH Küps (Oberfranken)	privates Teleservice-Center	300 Mitarbeiter (i.d.R. Frauen); Datenerfassung, Auftragsbearbeitung	Außenstellen in Pressig und Markt Indersdorf
debis Systemhaus Radolfszell	mobile Telearbeit, Festangestellte	15 Vertriebsmitarbeiter	Home Office; Betriebsvereinbarung
Dekra Stuttgart	mobile Telearbeit	600 Vertriebsbeauftragte, Prüfingenieure	Ziel: besserer Kundenservice
Deutsche Telekom AG Bonn	alternierende Telearbeit, Festangestellte	167 Mitarbeiter in 7 Pilotprojekten	Tarifvertrag mit DPG; Begleitforschung; Ausweitung geplant
Digit Text Wiesbaden	Online-Schreibbüro Teleheimarbeit, Freiberufler	5 Schreibkräfte	Ziel: Erhöhung von Mitarbeitermotivation u. Unternehmensattraktivität
DKV AG (Versicherung) Köln	Teleheimarbeit, alternierende u. mobile Telearbeit, Festangestellte u. Selbständige	52 Mitarbeiter in Vertrieb, EDV-Betreuung, Systemadministration	Ziel: Kostenreduzierung, Vereinbarkeit von Familie und Beruf; Ausweitung geplant
Dortmunder Systemhaus Dortmund	alternierende Telearbeit, Festangestellte	15 Mitarbeiter der Stadtverwaltung	Pilotprojekt, Ziel: Abschluß einer Dienstvereinbarung
Dresdner Bank AG Frankfurt	alternierende Telearbeit, Festangestellte, zumeist Teilzeitkräfte	30 Mitarbeiter (27 Frauen): Personal, EDV, Kredit, Controlling, u.a.	Ziel: Know-how-Erhalt, Vereinbarkeit von Familie u. Beruf; Betriebsvereinbarung
empirica GmbH (Forschung und Beratung) Bonn	alternierende und mobile Telearbeit, Festangestellte	12 Mitarbeiter: Berater, Manager u. Buchhalterin	auf Wunsch qualifizierter Mitarbeiter; Notebookpool
Fischer & Scholz (Werbeagentur) Berlin	Teleheimarbeit, mobile Telearbeit	Werbemanager Werbetexter	auf Mitarbeiterwunsch

Unternehmen, Standort	Organisationsform, Rechtsform	Zahl der Telearbeiter, Tätigkeitsfeld	Bemerkungen
Froitzheim Fotosatz GmbH Bonn	Teleheimarbeit, Freiberufler und Selbständige	8 Frauen, Texterfassung und Dateneingabe	Ziel: Arbeitsreserve, Kapazitätspuffer
Gemeinderat Stuttgart	mobile Telearbeit	computerunterstützte Parlamentsarbeit	Telekom-gefördertes Projekt CUPARLA
Genossenschafts-Rechenzentrale Norddeutschland Oldenburg, Lehrte	alternierende Telearbeit, Festangestellte	60 Softwarespezialisten (Bereitschaftsdienst außerhalb der Dienstzeiten)	Ziel: schnellere Fehlerbehebung; Tarifvertrag mit HBV
Gesellschaft für automatische Datenverarbeitung (GAD) Münster	Teleheimarbeit, alternierende Telearbeit, Festangestellte	260 Programmierer, Anwendungs- und Systementwickler, Vertriebsberater	Ziel: Zufriedenheit der Mitarbeiter, mehr Flexibilität, Fernwartung
Heilit + Woerner Bau-AG Dresden, Rostock	mobile Telearbeit	Baustellenleiter auf fünf Baustellen	BMBF-gefördertes Projekt: TeleBau
Hewlett-Packard GmbH Bad Homburg, Böblingen	mobile (mit Home Office) und alternierende Telearbeit, Festangestellte	300 in Kundendienst/ Vertrieb, 20 in Sachbearbeitung, Softwareentwicklung, etc.	Ziel: u.a. Kundennähe, Leistungssteigerung des Außendienstes; Betriebsvereinbarung
HYPO-Bank (Bayer. Hypotheken- u. Wechselbank AG) München	alternierende Telearbeit, Festangestellte	28 Mitarbeiter in Kundenberatung und Kreditbearbeitung	Mitarbeiterwunsch (zumeist Erziehungsurlaub); Betriebsvereinbarung
IBM Deutschland GmbH Stuttgart	alternierende und mobile Telearbeit, Festangestellte	400 Mitarbeiter in Stab, Verwaltung u. Softwareentwicklung; 3000 im Vertrieb	2 Betriebsvereinbarungen, 1 Tarifvertrag; Ausweitung geplant; Begleitforschung
ICL Technology GmbH Düsseldorf	mobile Telearbeit	40 Mitarbeiter in Wartung, Kundenservice und Vertrieb	Ziel: Effizienzsteigerung
IKTT Forum e.V. Erbach (Odenwald)	Telehaus (von Verein betrieben)	Informatiker	Bereitstellung von Büroraum
Integrata AG Tübingen	alternierende Telearbeit, Festangestellte	200 Mitarbeiter: Berater, Programmierer, Ausbilder, etc.	Ziel: Flexibilisierung, Effektivitätssteigerung; Betriebsvereinbarung; Eigenevaluation

Anhang 1: Anwender

Unternehmen, Standort	Organisationsform, Rechtsform	Zahl der Telearbeiter, Tätigkeitsfeld	Bemerkungen
Intel Semiconductor GmbH Feldkirchen (Bayern)	mobile Telearbeit (mit Home Office), Festangestellte	70 Mitarbeiter in Marketing und Vertrieb	Ziel: Kundennähe, Kosteneinsparung; Betriebsvereinbarung
Kommunale Gemeinschaftsstelle (KGSt) Köln	alternierende Telearbeit, Festangestellte	4 Mitarbeiter (1 Frau), Beratung, Forschung und Entwicklung	Ziel: Raumeinsparung; Betriebsvereinbarung
Konstruktionsbüro Pollozek Wieseth (bei Ansbach)	selbständige Teleheimarbeiterin	Maschinenbautechnikerin	Ziel: Aufbau eigener Existenz
Kraftversorgung Rhein-Wied AG Neuwied	Fernwartung, Festangestellte	Mitarbeiter in der Anlagensteuerung und Überwachung	Die Netzleitstelle muß nicht mehr 24 h am Tag besetzt sein
Kraftwerk-Union (KWU) Erlangen	alternierende Telearbeit, Festangestellte	50 Mitarbeiter in unterschiedlichen Bereichen	Ziel: Rentabilitätssteigerung; Ausweitung geplant; Pilotprojekt
Landesamt für Datenverarbeitung u. Statistik Brandenburg Potsdam	alternierende Telearbeit, Teleoffice, Festangestellte	9 Mitarbeiter (5 Frauen) aus verschiedenen Bereichen	Pilotprojekt; Dienstvereinbarung
Landesversicherungsanstalt (LVA) Hannover	Teleheimarbeit, Festangestellte	10 Frauen im nichttechnischen Dienst	Erziehungsurlaub; Dienstvereinbarung
Landratsamt Fürth Fürth	alternierende Telearbeit, Festangestellte	7 Beschäftigte im Sozialdienst	Ziel: Vereinbarkeit von Familie und Beruf
Landwirtschaftlicher Versicherungsverein (LVM) Münster	alternierende Telearbeit (Desk Sharing), Festangestellte	400 Mitarbeiter: Versicherungskaufleute, Programmierer, Führungskräfte, etc.	permanente Ausweitung; Betriebsvereinbarung; Begleitforschung
Loewe Opta GmbH Kronach	mobile Telearbeit	40 Vertriebsmitarbeiter und technischer Kundendienst	Ziel: Kundenserviceverbesserung und Flächeneinsparung
Lotus Development Gmbh München	mobile Telearbeit, Teleheimarbeit, Festangestellte	17 Verkaufsmitarbeiter	Ziel: Kosteneinsparung; weiterer Ausbau je nach Bedarf

Unternehmen, Standort	Organisationsform, Rechtsform	Zahl der Telearbeiter, Tätigkeitsfeld	Bemerkungen
Lufthansa Systems GmbH Frankfurt/M.	alternierende Telearbeit, Festangestellte	5 Mitarbeiter (3 Frauen): Programmierung u. Systementwicklung	Ziel: Motivation; Begleitforschung; Betriebsvereinbarung
Lufthansa Systems GmbH Hamburg	Offshore Office Work, Satellitenkommunikation	Datenerfassung und -korrektur in Indien	Ziel: billige Arbeitskräfte
Minne Media (Werbebranche) Leipzig	Telearbeit von Selbständigen	10 freie Mitarbeiter werden in Teamarbeit eingebunden	Trend zum virtuellen Werbestudio
NCR GmbH Augsburg	mobile Telearbeit mit Home Office, Festangestellte	20 Vertriebsmitarbeiter und 2 Softwareentwickler	Ziel: Umweltentlastung u. Zeitersparnis; Betriebsvereinbarung
Odenthal (Textverarbeitung) Scheuring (Bayern)	freiberufliche Teleheimarbeit	20 Mitarbeiter (15 Frauen): Texterfassung u. Korrekturlesen	Zuerwerb zum Familieneinkommen
Parker-Prädifa (Dichtungshersteller) Bietigheim-Bissingen	mobile Telearbeit, Festangestellte	Vertriebsmitarbeiter	Ziel: Zeitersparnis und Produktivitätssteigerung
Pixelpark GmbH (Multimedia-Agentur) Berlin	mobile und alternierende Telearbeit, Festangestellte und Selbständige	120 Multimediaexperten und Kundenberater	Ziel: Firmenpräsenz, höhere Flexibilität, virtuelle Unternehmensstruktur
PragmaText (Journalistenbüro) Kaiserslautern	Netzwerk von Freiberuflern	4 vorher arbeitslose Journalisten	Telearbeit statt Arbeitslosigkeit
Philips Medizin Systeme Hamburg	mobile Telearbeit, Festangestellte	500 Außendienstler im technischen Kundendienst u. Vertrieb	Ziel: Effizienzsteigerung
Praxisgemeinschaft Kirchbach, Kasparek, Jung (Ärzte) Aachen	alternierende Telearbeit, Selbständige	3 Ärzte	Ziel: Effektivitätssteigerung, flexiblere Arbeitszeitgestaltung
Profi Partner GmbH (Softwareentwicklung) Aachen	alternierende Telearbeit; Festangestellte und Freiberufler	8 DV-Fachleute	Mitarbeiterwunsch

Anhang 1: Anwender

Unternehmen, Standort	Organisationsform, Rechtsform	Zahl der Telearbeiter, Tätigkeitsfeld	Bemerkungen
Programmier Service GmbH (PSG) München	Telearbeitszentrum für Körperbehinderte	150 Programmierer	Zielgruppe: Behinderte
Provinzial Versicherung Kiel	Teleheimarbeit, alternierende Telearbeit, Festangestellte	41 Mitarbeiter: Versicherungskaufleute, Programmierer, Mathematiker, u.a.	Ziel: Raum- u. Fluktuationskostensenkung; Betriebsvereinbarung
Publicom (Verlag) Aichach (bei Stuttgart)	virtuelles Unternehmen	Redakteure, Grafiker	Ziel: Flexibilität bei Mitarbeitereinsatz
Punkt Komma Strich (Werbeagentur) Freiburg	Teleheimarbeit, Festangestellte	Werbedesigner	Ziel: Erhalt qualifizierter Mitarbeiter
Quantum GmbH (Softwarehaus) Dortmund	Offshore Office Work in Osteuropa	Softwareentwickler	Ziel: niedrigere Kosten, Eroberung neuer Absatzmärkte
Rauser Advertainment GmbH (Computerspiele) Reutlingen	virtuelles Unternehmen, Freiberufler	70 Softwareentwickler, Grafiker, u.a.	Ziel: weltweite Rekrutierung von Spezialisten
Reemtsma (Tabak) Hamburg	mobile Telearbeit, Festangestellte	300 Außendienstler im Verkauf	Ziel: besserer Kundenservice
Reprotechnik Dortmund (RTD) GmbH Dortmund	Teleheimarbeit, Festangestellte	2 Mitarbeiter aus dem Bereich Grafik	Ziel: höhere Flexibilität, Kosteneinsparung
Rheinland Versicherungs AG Neuss	alternierende Telearbeit, Festangestellte	8 Versicherungskauffrauen und Sachbearbeiterinnen	Ziel: Vereinbarkeit von Familie und Beruf; Pilotprojekt
Rhode & Schwarz GmbH & CoKG München	Offshore Office Work in Ungarn und Weißrußland	Softwareentwickler	Ziel: Kostensenkung, Erschließung neuer Absatzmärkte
Sabre (Tochter von American Airlines) Frankfurt	Teleheimarbeit, Reisebüroangestellte und freie Mitarbeiter	Reisebuchungen durchführen	Ziel: Einsatz als Kapazitätspuffer
Sächsisches Innenministerium Dresden	Telekooperation	Vergabe von Schreibtätigkeiten an externe Auftragnehmer	BMBF-gefördertes Projekt: TeleScript

Unternehmen, Standort	Organisationsform, Rechtsform	Zahl der Telearbeiter, Tätigkeitsfeld	Bemerkungen
Sellbytel (Teleservices) Nürnberg	Telearbeitszentren bzw. Callcenter, Festangestellte	220 Mitarbeiter (90 Frauen): Kundenberatung, Marketing, Verkauf	Ziel: Mitarbeitermotivation, Unternehmensimage
Siemens AG München	alternierende und mobile Telearbeit, Festangestellte	200 Mitarbeiter in u.a. Softwareentwicklung, CAD, Rechnungswesen, 1.500 im Vertrieb	Ziel: Effizienzsteigerung, Motivation; Betriebsvereinbarung, Begleitforschung
Siemens AG München	Offshore Office Work in Indien	250 Softwareentwickler	Ziel: Kosteneinsparung
Siemens Nixdorf Informationssysteme München	alternierende und mobile Telearbeit, Teleheimarbeit, Festangestellte	2.500 Außendienstler, 100 Mitarbeiter mit Back Office Funktion, 50 im Callcenter	Ausweitung in Richtung Virtual-Office geplant; Betriebsvereinbarung
Sony Deutschland GmbH Köln	mobile Telearbeit mit Home-Office, Festangestellte	140 Vertriebsleute, 10 Mitarbeiter (4 Frauen) im Callcenter-Bereich	Ziel: Büroraumeinsparung; Ausweitung geplant
Software AG Darmstadt	Teleheimarbeit, alternierende Telearbeit	10 Softwareentwickler, Sachbearbeiter, u.a.	Telearbeit nur in Einzelfällen
Springer Verlag Heidelberg	Offshore Office Work in Indien	Fotosatzerstellung	Ziel: Kostenersparnis
Stadtverwaltung Arnsberg (NRW)	alternierende Telearbeit, Festangestellte	13 Mitarbeiter der Stadtverwaltung	Pilotprojekt, Dienstvereinbarung
Steuerberatung Stange Itzehoe	alternierende Telearbeit, Festangestellte	2 Frauen in Datenerfassung und Finanzbuchhaltung	Ausweitung geplant
StollCom AG & Co (EDV-Dienstleistungen) Köln	alternierende Telearbeit, Festangestellte	14 Mitarbeiter (3 Frauen) in Personalwesen, Controlling, Marketing,	Ziel: Erhalt qualifizierter Mitarbeiter
Tarkett GmbH (prod. Gewerbe) Konz (Rheinland-Pfalz)	festangestellte Telearbeiter	12 Mitarbeiter: Fernwartung, Verwaltungsbereich	Ausweitung geplant, Betriebsvereinbarung
Telearbeitszentrum Prignitz Wittenberge	Teleservicezentrum, Callcenter	Telefondienstleistungen und andere Teledienstleistungen	Start in 1997, Ziel: Schaffung von Arbeitsplätzen

Anhang 1: Anwender

Unternehmen, Standort	Organisationsform, Rechtsform	Zahl der Telearbeiter, Tätigkeitsfeld	Bemerkungen
Telehaus Wetter (Hessen)	Telearbeitszentrum, Festangestellte	16 Mitarbeiterinnen; breites Dienstleistungsspektrum	Einrichtung von 2 Satellitenbüros in Marburg
TeleService Fränkische Schweiz Waischenfeld (Oberfranken)	Telearbeitszentrum	3 Vollzeitkräfte, 2 Beschäftigte auf 610,-DM Basis, breites Dienstleistungsspektrum	Ziel: Schaffung von Arbeitsplätzen, Wirtschaftsförderung im ländlichen Raum
TeleService Kronach	Telearbeitszentrum	12 Teilzeitkräfte, 4 Arbeitsplätze im Schichtbetrieb	Ziel: Förderung von Telearbeitsplätzen im ländlichen Raum
Telestube im Landkreis Hof Helmbrechts (Oberfranken)	Telearbeitszentrum	Dienstleistungen im Bereich Telearbeit	Umwandlung in eigenständige Gesellschaft
Telezentrum Altötting (Oberbayern)	Telearbeitszentrum, alternierende Telearbeit	5 Mitarbeiter: Büro- u. EDV-Dienstleistungen	Büro einer Unternehmensberatung
Telezentrum Deggendorf (Niederbayern)	Telearbeitszentrum (Träger VHS)	17 Arbeitzplätze, diverse Bürodienstleistungen	weitere Telehäuser in Bernried, Hengersberg u. Stephansposching
Telezentrum Retzstadt (Unterfranken)	Satellitenbüro, Telearbeits- u. Teleservicecenter	kommunale Angestellte, Projekt TASC	Einrichtung eines Gründerzentrums
Tektronix (Elektrotechnik) Köln	mobile Telearbeit mit Home Office	30 Mitarbeiter in Vertrieb und Marketing	Ziel: größere Kundennähe, Büroflächeneinsparung
Versandhaus Witt Weiden	externer Teleservice als Teleheimarbeit	Auftragserfassung und Kundenbetreuung	Ziel: 24 Stunden Kundenservice
Volksfürsorge Hamburg	alternierende Telearbeit, Festangestellte	5 Frauen: Schreibdienst, Anwendungsentwicklung	Mitarbeiterwunsch, Erziehungsurlaub
Württembergische Versicherung Stuttgart	alternierende und mobile Telearbeit, Festangestellte	30 Versicherungskauffrauen, 7 Manager, 70 Schadensbearbeiter	Ziel: u.a. Personalreserve aktivieren; Projekt TeleVers

Anhang 2: Befragungsergebnisse

Im Rahmen des von der Europäischen Union geförderten TELDET-Projektes hat empirica gleichlautende repräsentative Umfragen in den größeren Staaten Europas nämlich Deutschland, Frankreich, Großbritannien, Italien und Spanien durchgeführt. Eine Befragung wurde an Entscheidungsträger in Unternehmen (Decision Maker Survey - DMS), eine zweite an die Bevölkerung (ab 14 bzw. 15 Jahren) (General Population Survey - GPS) gerichtet.

Befragt wurden:

- 5.347 Bürger aus einer repräsentativen Stichprobe der erwachsenen Bevölkerung und
- 2.507 Entscheidungsträger aus einer repräsentativen Stichprobe der Betriebsstätten.

Die Bevölkerungsbefragung diente der Erhebung von Kenntnisstand, Telearbeitsbereitschaft und Telearbeitspraxis in der Bevölkerung. Bei der Analyse der Ergebnisse kann zudem zwischen diversen soziodemographischen Gruppen unterschieden werden.

Die Entscheidungsträger wurden zu ihrem Verantwortungsbereich befragt, ob Telearbeit bereits praktiziert wird, an welchen Formen der Telearbeit sie interessiert sind und welche Tätigkeiten ihrer Ansicht nach für Telearbeit geeignet sind. Zudem haben sie Auskunft über die für sie wichtigen Hinderungsgründe für die weitere Ausbreitung der Telearbeit gegeben.

Nachfolgend werden in Ergänzung zu den in Kapitel 2 abgedruckten Abbildungen und Tabellen weitere ausgewählte Ergebnisse in graphischer bzw. tabellarischer Form dargestellt.

Anhang 2: Befragungsergebnisse

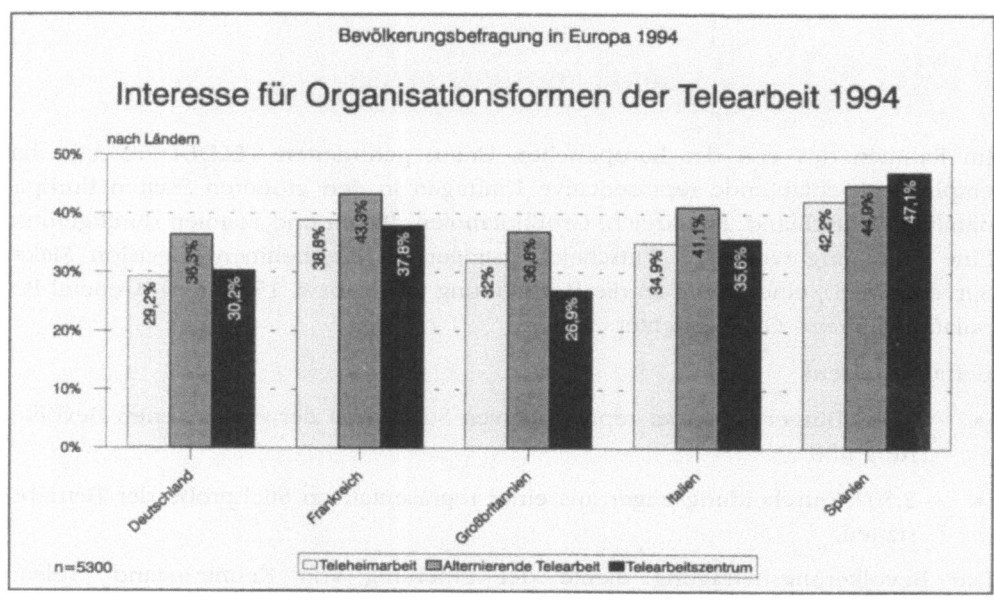

Abb 1 Interesse an Organisationsformen der Telearbeit in der Bevölkerung   Quelle empirica

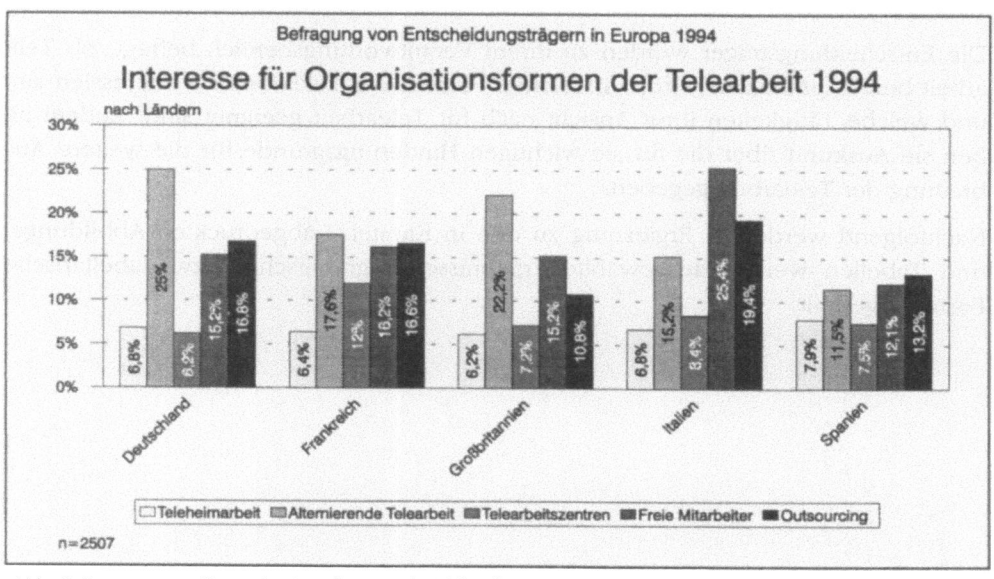

Abb 2 Interesse an Organisationsformen der Telearbeit in Unternehmen   Quelle empirica

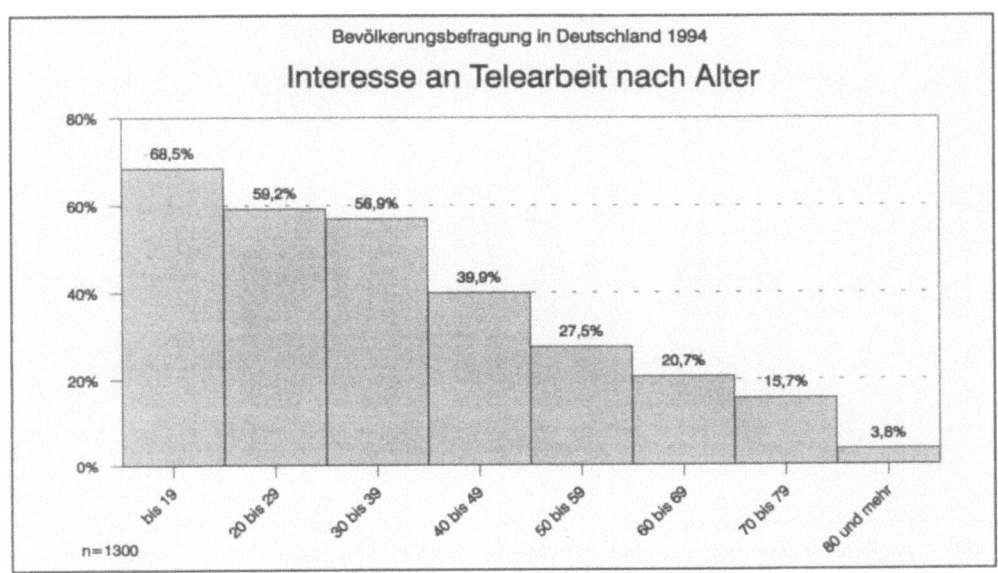

Abb. 3: Interesse an Telearbeit nach Alter   *Quelle: empirica*

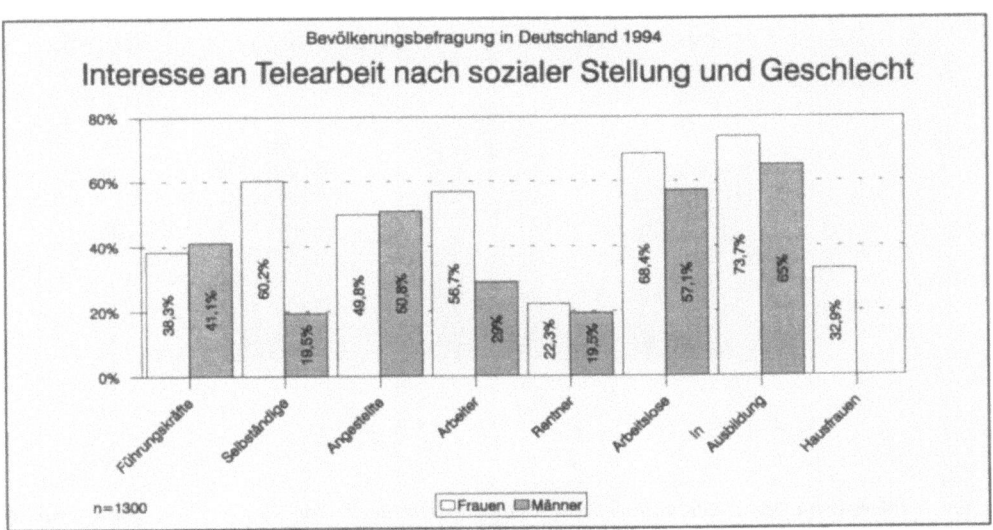

Abb. 4: Interesse an Telearbeit nach sozialer Stellung und Geschlecht   *Quelle: empirica*

Anhang 2: Befragungsergebnisse

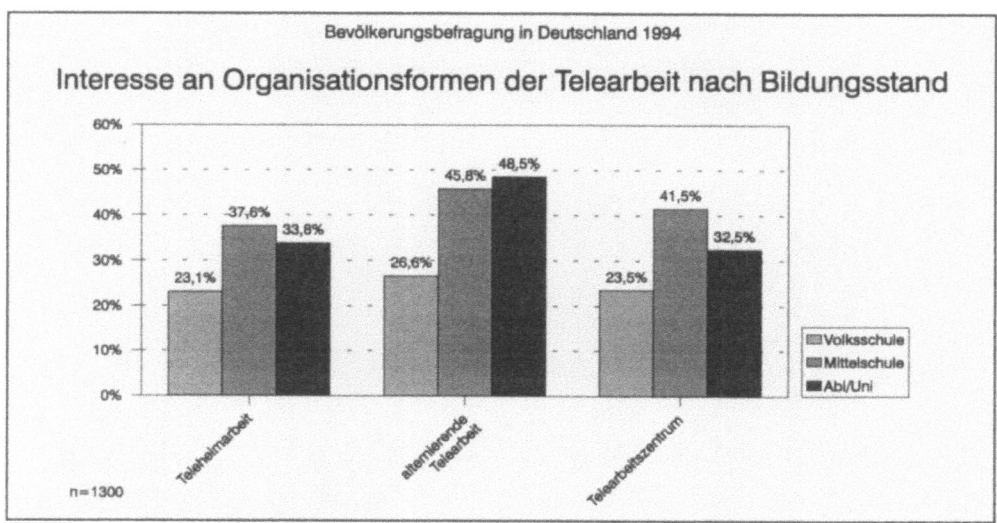

Abb 5. *Interesse an Organisationsformen der Telearbeit nach Bildungsstand* Quelle empirica

Abb 6. *Interesse an Organisationsformen der Telearbeit nach Haushaltsgröße* Quelle empirica

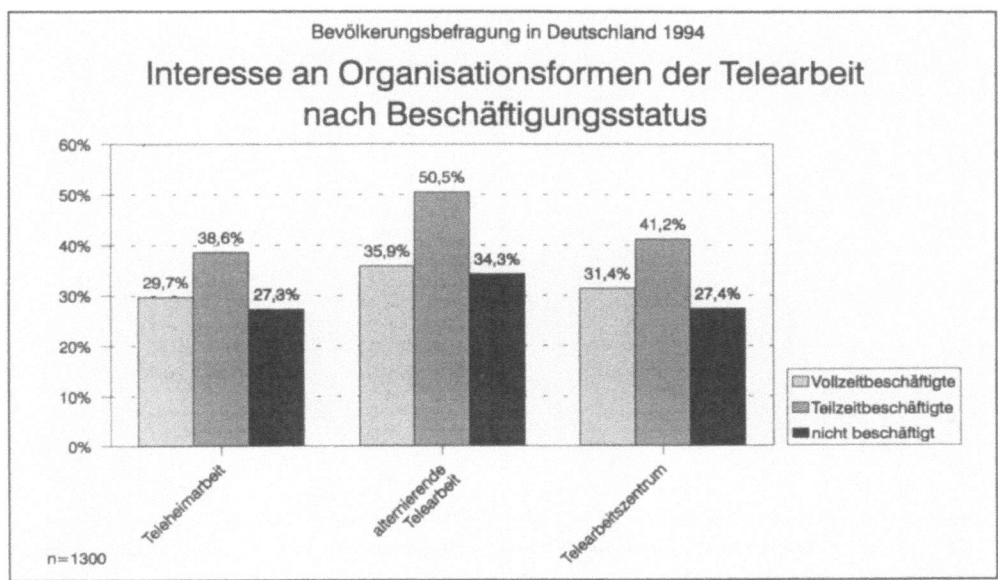

Abb. 7: Interesse an Organisationsformen der Telearbeit nach Beschäftigungsstatus   Quelle: empirica

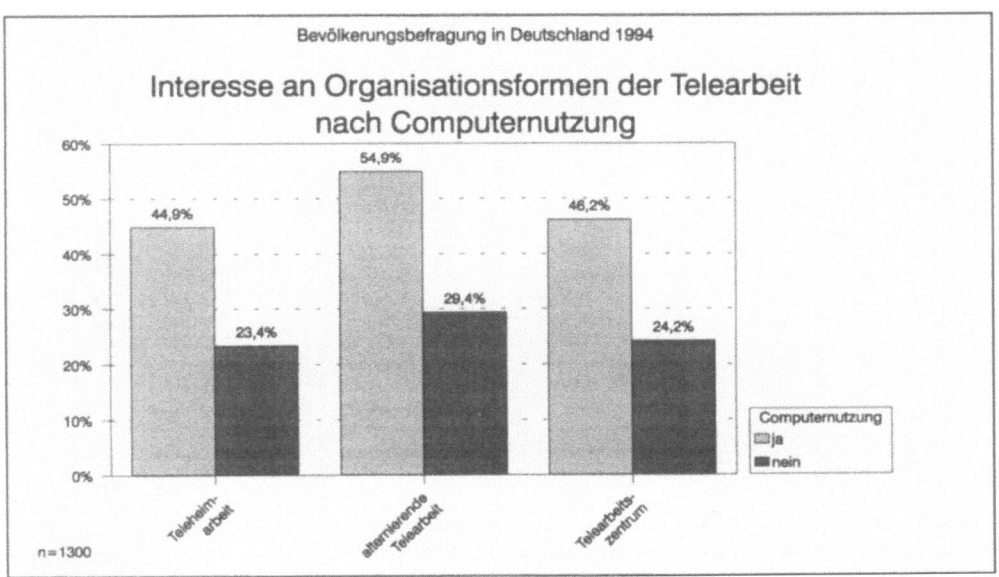

Abb. 8: Interesse an Organisationsformen der Telearbeit nach Computernutzung   Quelle: empirica

Anhang 2: Befragungsergebnisse

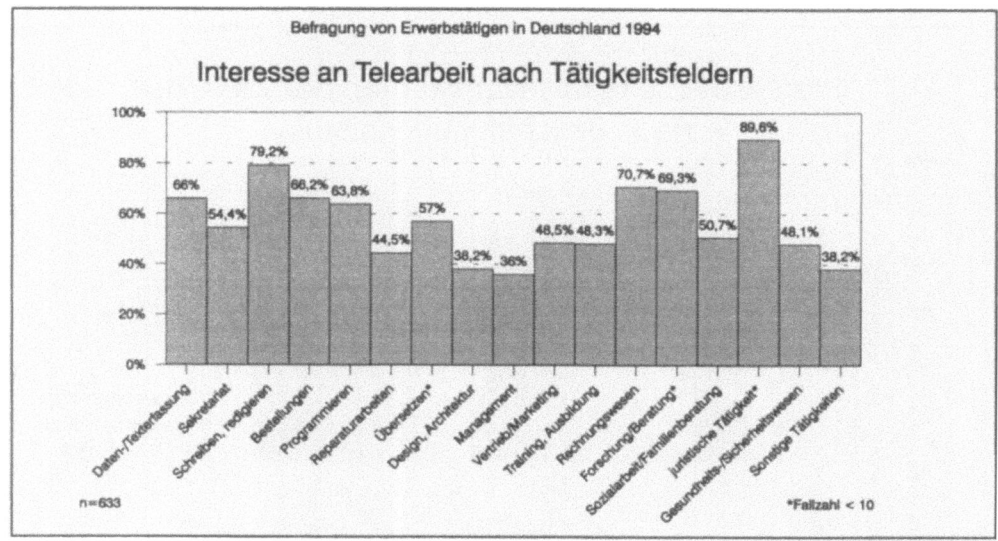

Abb. 9 *Interesse der Erwerbstätigen an Telearbeit nach Tätigkeitsfeldern* Quelle empirica

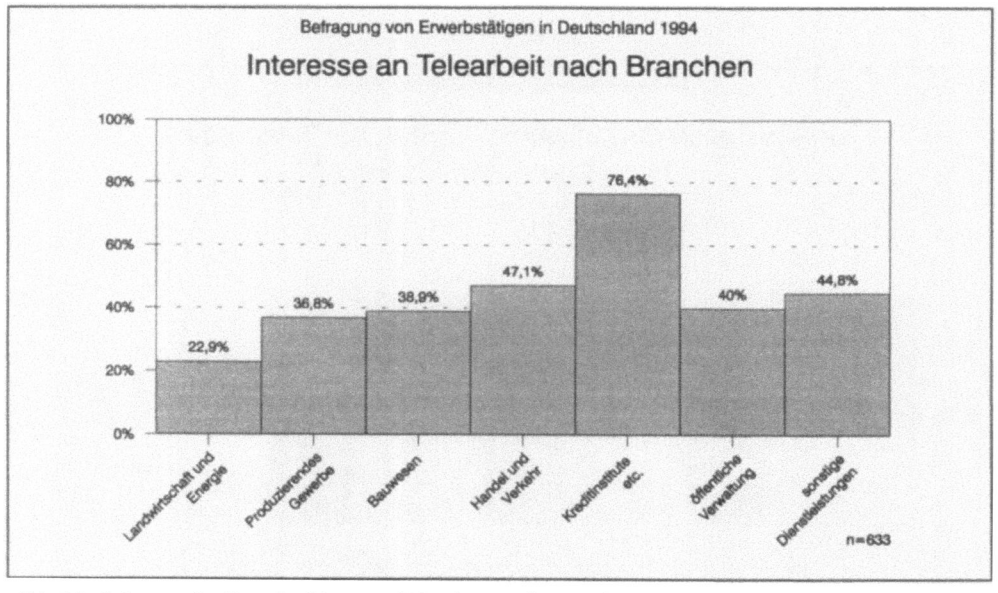

Abb. 10 *Interesse der Erwerbstätigen an Telearbeit nach Branchen* Quelle empirica

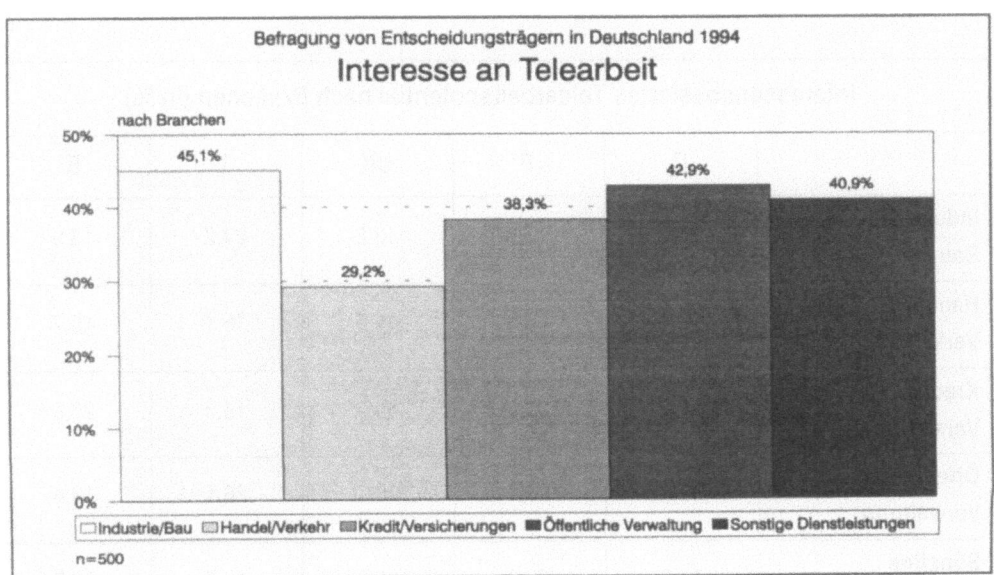

Abb. 11: Interesse der Entscheidungsträger an Telearbeit nach Unternehmensgröße Quelle: empirica

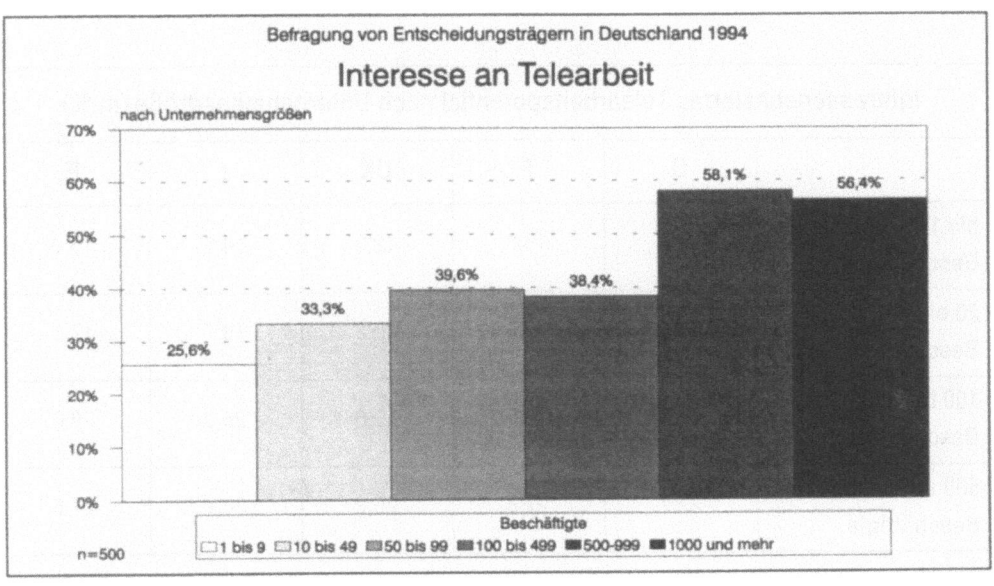

Abb. 12: Interesse der Entscheidungsträger an Telearbeit nach Branchen Quelle: empirica

Anhang 2: Befragungsergebnisse

Interessensbasiertes Telearbeitspotential nach Branchen (in %)					
	D	F	UK	I	E
Industrie/ Bau	15,7	17,5	13,2	24,2	13,9
Handel/ Verkehr	13,8	16,3	15,5	15,1	15,7
Kredit/ Versicherung	29,3	31,6	34,0	14,3	20,6
Öffentliche Verwaltung	17,2	28,1	18,7	26,1	13,4
Sonstige Dienstleistungen	18,3	23,0	15,2	16,7	32,7

Tab 1 Telearbeitspotential nach Branchen   Quelle empirica

Interessensbasiertes Telearbeitspotential nach Unternehmensgröße (in %)					
	D	F	UK	I	E
bis 19 Beschäftigte	11,4	18,0	12,3	14,8	15,0
20 bis 99 Beschäftigte	17,8	19,3	10,3	19,7	17,1
100 bis 499 Beschäftigte	16,4	28,0	19,6	26,0	26,0
500 und mehr Beschäftigte	22,7	27,8	25,2	30,4	27,6

Tab 2 Telearbeitspotential nach Unternehmensgröße   Quelle empirica

Anhang 3: Fallstudien

Nachfolgend wird das breite Spektrum der Telearbeit anhand von 25 Fallstudien präsentiert. Die Telearbeitsanwendungen, die im Text des Kapitels 3 an den verschiedensten Stellen erwähnt werden, sind in alphabetischer Reihenfolge aufgelistet. Es besteht somit für den Leser die Möglichkeit, diese im Zusammenhang kennenzulernen. Die Beschreibung erfolgt anhand einer einheitlichen Struktur, der Umfang wurde auf jeweils 3-4 Seiten beschränkt.

Die vorangestellte Übersicht gibt einen kurzen Überblick zu den wesentlichen Charakteristika der einzelnen Fallstudien. Sie macht deutlich, daß die ausgewählten Telearbeitsanwendungen für unterschiedliche Telearbeitstypen stehen und sich merklich hinsichtlich Organisationsform, rechtlicher Regelung des Arbeitsverhältnisses, Branche, Zahl der Telearbeiter, Tätigkeitsfeld und verfolgter Zielsetzung unterscheiden.

Die notwendigen empirischen Erhebungen (Stand 1994/95) erfolgten größtenteils im Rahmen des EU-Projektes TELDET. 16 der hier vorgestellten Anwenderunternehmen wurden in diesem Projekt untersucht. Die sonstigen 9 Fallstudien sind auf andere empirica-Untersuchungen zurückzuführen, oder die erforderlichen Informationen wurden speziell für diese Publikation erhoben.

Wir haben uns bemüht, deutsche Beispiele zu finden, da ausländische Erfahrungen nicht immer in allen Einzelheiten auf die hiesige Situation übertragbar sind. Für bestimmte Telearbeitstypen sind jedoch in Deutschland keine entsprechenden Anwendungen zu finden, oder sie sind nicht in einem so weit fortgeschrittenen Projektstadium, daß man über entsprechende Erfahrungen berichten könnte.

Daher haben wir uns entschlossen, neben 13 deutschen auch 12 aussagekräftige Beispiele aus dem Ausland aufzunehmen. Hierbei dominiert eindeutig der europäische Telearbeits-Vorreiter Großbritannien mit 6 Telearbeitsanwendungen. Die weiteren aufbereiteten Fallstudien kommen aus Belgien, Finnland, Frankreich, Irland, den Niederlanden und der Schweiz.

Nr.	Unternehmen/ Institution, Standort	Land	Branche	Organisationsform, arbeitsrechtliche Situation
1	ABB Brüssel	B	Versicherung	alternierende Telearbeit festangestellte Teilzeitkräfte
2	ACORN Televillages Stoke Edith, Hereford	UK	Immobilien- & Entwickungsgesellschaft	Wohnsiedlung mit Telearbeitsplätzen
3	Archipelago Südwesten Finnlands	SF	diverse	alternierende Telearbeit, Telecottage; Festangestellte und Selbständige
4	British Telecom Southampton	UK	TK-Anbieter	Teleheimarbeit Festangestellte
5	CompuServe GmbH Unterhaching	D	EDV-Dienstleistung	alternierende Telearbeit Festangestellte
6	Digital Equipment C. Newmarket	UK	Computer-Hersteller	mobile Telearbeit Festangestellte
7	Dresdner Bank AG Frankfurt	D	Kreditinstitut	Teleheimarbeit festangestellte Teilzeitkräfte
8	empirica GmbH Bonn	D	Forschung und Beratung	alternierende Telearbeit Festangestellte
9	Fotosatz Froitzheim GmbH Bonn	D	Fotosatzbetrieb	Teleheimarbeit Selbständige
10	Gateway 2000 Dublin	IRL	Computer-Hersteller	Callcenter Festangestellte
11	IBM Deutschland GmbH Stuttgart	D	Computer und Software	alternierende Telearbeit Festangestellte
12	ICL Enterprise Sys. Wokingham	UK	Computer-Hersteller	Teleheimarbeit festangestellte Teilzeitkräfte
13	Integrata AG Tübingen	D	Software und Beratung	alternierende Telearbeit Festangestellte
14	Konstruktionsbüro Pollozek (bei Ansbach)	D	Maschinenbau	selbständige Telearbeiterin

Nr.	Anzahl der Telearbeiter, Tätigkeitsfeld	Ziel, Anlaß	Bemerkungen
1	4 Übersetzerinnen	Pilotversuch	detaillierte Regeln
2	diverse Tätigkeitsfelder	neues Konzept des Siedlungsbaus	private Finanzierung
3	200 Telearbeiter mit diversen Tätigkeiten	Regionalentwicklung	Förderung durch Arbeitsministerium
4	20 Berater von Geschäftskunden (telefonisch)	größere Kundennähe, eigene Erfahrungen sammeln	detaillierte Regeln, weitere Projekte
5	3 Mitarbeiter der Kundendienstabteilung	Büroraumeinsparung und besserer Kundenservice	Pläne zur Ausweitung
6	99 Außendienstler (Vertrieb, Beratung, Service)	Steigerung der Konkurrenzfähigkeit, Kosteneinsparung	Schließung des Zentralbüros, Evaluierung
7	20 Programmiererinnen (zumeist im Erziehungsurlaub)	Erhalt qualifizierter Mitarbeiter	Betriebsvereinbarung in Vorbereitung
8	7 Telearbeiter (Berater, Manager und Buchhalterin)	auf Wunsch qualifizierter Mitarbeiter	informelle Regeln
9	6 Texterfasserinnen	Kapazitätspuffer, Kostensenkung	langjährige Erfahrung
10	150 Mitarbeiter in Telemarketing und Televerkauf	Aufbau einer Niederlassung in Europa	grenzüberschreitende Telearbeit
11	370 Fach- und Führungskräfte; 2000 mobile Telearbeiter	eigene Erfahrungen sammeln	erste Betriebsvereinbarung, Evaluation
12	230 Softwareentwickler, Manualerstellung, Management	Erhalt qualifizierter und Rekrutierung neuer Mitarbeiter	Vorreiter seit 1969, detaillierte Regeln
13	200 Programmierer, Berater, Ausbilder	Wunsch der Mitarbeiter, Förderung durch Vorstand	Vorreiter, Eigenevaluation
14	Maschinenbautechnikerin	Aufbau eigener Existenz	gefördert vom Bayer. Landwirtschaftsministerium

Nr.	Unternehmen/ Institution, Standort	Land	Branche	Organisationsform, arbeitsrechtliche Situation
15	Mercury Communications Ltd. London	UK	TK-Anbieter	alternierende Telearbeit + Desk-Sharing, Festangestellte
16	Niederländisches Verkehrsministerium Den Haag, u.a.	NL	öffentlicher Dienst	alternierende Telearbeit Festangestellte
17	PragmaText Kaiserslautern, u.a.	D	Journalistenbüro	Netzwerk von Freiberuflern
18	Programmier Service GmbH München	D	EDV-Dienstleistung	Telearbeitszentrum für Körperbehinderte
19	Rank Xerox Ltd. London	UK	IT-Hersteller	Teleheimarbeit Selbständige
20	Rauser Advertainment GmbH Reutlingen	D	Entwickler von Computerspielen	virtuelles Unternehmen
21	Schweizer Kreditanstalt Zürich	CH	Kreditinstitut	9 Satellitenbüros Festangestellte
22	Telehaus Wetter Wetter (Hessen)	D	Tele-Service-Unternehmen	Telearbeitszentrum Festangestellte, ABM-Kräfte
23	Telergos Paris	F	Tele-Service-Unternehmen	Satellitenbüros im ländlich-peripheren Raum
24	TeleService Fränkische Schweiz Waischenfeld (Oberfranken)	D	Tele-Service-Unternehmen	Telearbeitszentrum, Unternehmensgründung
25	Württembergische Versicherung AG Stuttgart	D	Versicherung	Teleheimarbeit festangestellte Teilzeitkräfte mobile Telearbeit

Nr.	Anzahl der Telearbeiter, Tätigkeitsfeld	Ziel, Anlaß	Bemerkungen
15	unterschiedliche Tätigkeitsfelder	Büroflächeneinsparung, Flexibilisierungsstrategie	Telearbeitsberatung
16	400 Angestellte in unterschiedlichen Tätigkeitsfeldern	Verkehrsvermeidung	öffentliche Förderung, Evaluierung
17	4 vorher arbeitslose Journalisten	Telearbeit statt Arbeitslosigkeit	Unternehmensgründung
18	150 Programmierer	Zielgruppe: Behinderte	langjährige Praxis
19	70 Manager	Outsourcing, Kosteneinsparung	Dokumentation
20	70 Softwareentwickler, Grafiker etc.	weltweite Rekrutierung von Spezialisten	Jungunternehmer
21	220 Programmierer	Mitarbeiterrekrutierung in peripheren Regionen	langjährige Praxis
22	anfangs 12 Frauen (heute 9)	Zielgruppe: Frauen	Förderung durch Hess. Landesregierung
23	95 Texterfasserinnen	auf Teleservice basierendes Unternehmenskonzept	Förderung durch DATAR und France Telecom
24	6 Mitarbeiter, breites Dienstleistungsspektrum	Förderung des ländlichen Raumes	gefördert vom Bayer. Landwirtschaftsministerium, Evaluation
25	20 Sachbearbeiterinnen im Erziehungsurlaub; 70 mobile Kfz-Sachverständige	Anlaß: Personalreserve aktivieren	einvernehmliches Vorgehen mit Betriebsrat

Anhang 3: Fallstudien

ABB: Telearbeit im Übersetzungsdienst

Überblick

ABB ist eine belgische Versicherungsgesellschaft mit ihrem zentralen Verwaltungsbüro in Brüssel. 500 unabhängige, flächendeckend über das ganze Land verteilte Vertreter erledigen ihre Arbeit mittels Computer und Telekommunikation. Sie haben Zugang zu den Zentraldatenbanken in Brüssel und können von zu Hause oder von ihrem Büro aus den Kunden neue Verträge zusenden.

Im folgenden wird ein Telearbeitspilotprojekt bei ABB beschrieben, bei dem vier Angestellte der Übersetzungsabteilung zu Telearbeitern wurden. Das Projekt erstreckte sich zunächst über einen Zeitraum von einem Jahr und wurde anschließend um ein weiteres Jahr verlängert.

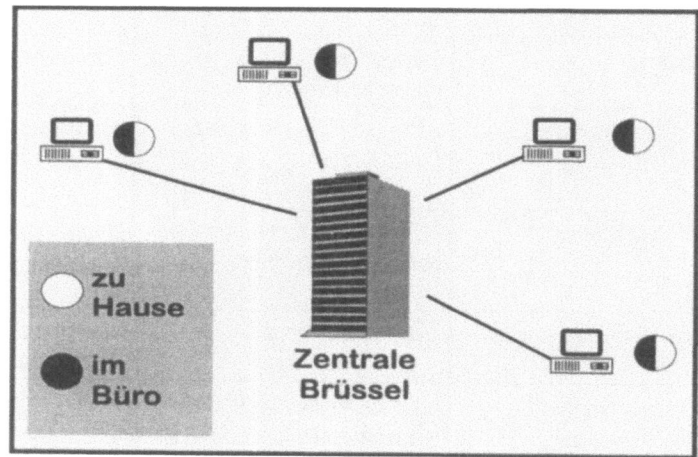

Einführung der Telearbeit

Als 1992 die Telearbeit als eine große organisatorische Herausforderung für Unternehmen erkannt wurde, entschloß sich ABB, deren Möglichkeiten zu testen. Mittels eines praktischen Versuchs sollten die Auswirkungen der Telearbeit für Unternehmen und Telearbeiter herausgefunden werden.

Die Übersetzungsabteilung wurde ausgewählt, da hier ein großes Interesse an der Möglichkeit, zu Hause zu arbeiten, bestand und bereits Erfahrungen im Umgang mit PCs vorhanden waren.

Die Leitung des Telearbeitsprojektes übernahm die Planungsabteilung. Zudem wurden die Gewerkschaften über das Projekt informiert. Die Auswahl der Telearbeiter verlief auf freiwilliger Basis.

Vertragliche Gestaltung, Technikausstattung und Management der Telearbeit

Das Management von ABB definierte präzise die Arbeitskonditionen und legte diese in speziellen Zusatzvermerken in den Arbeitsverträgen fest. Die wichtigsten Elemente hierbei sind:

- ABB stellt den Telearbeitern einen Bürostuhl und die technische Ausstattung zur Verfügung. Jeder Telearbeiter erhält einen PC und ein Modem, mit dem er Zugang zu den Zentraldaten erhält. Als Anwendungssoftware wurden Textverarbeitung, E-Mail, Terminplaner und Übersetzungssoftware implementiert.

- In einer Zusatzklausel wird der Fremdgebrauch der zur Verfügung gestellten Ausrüstung verboten. Der Gebrauch ist lediglich für ABB-Arbeiten und den persönlichen Bedarf erlaubt.

- Für die Arbeitsplatzausstattung sind die Telearbeiter verantwortlich. Zu Beginn des Versuches überprüfte ABB, ob die Ausstattung eines jeden Telearbeiters zu Hause zufriedenstellend war.

- Pro Monat erhält jeder Telearbeiter von ABB 500 BF (ca. 25 DM) zur Deckung der Heizungs- und Elektrizitätskosten.

- Die Telearbeiter haben einen Doppelstatus. Während ihrer Arbeit zu Hause unterliegen sie den Arbeitsbedingungen, die in ihrem Arbeitsvertrag vereinbart wurden. Arbeiten sie im Zentralbüro, so sind sie an die allgemeingültigen Arbeitsregeln, die für alle Angestellten gelten, gebunden.

- Die Telearbeiter können ihre Arbeitszeit frei bestimmen, jedoch müssen sie die Arbeit zu Hause zwischen Montag und Freitag ausführen. Für die Arbeit zu Hause wird ihnen eine spezielle Aufgabe zugeteilt, für deren ordnungsgemäße Erledigung sie selbst verantwortlich sind. ABB ist dazu verpflichtet, die Telearbeiter mit Arbeit zu versorgen, die einer Arbeitszeit von 7-8 Stunden pro Tag entspricht.

- Im Krankheitsfall werden zwei Möglichkeiten unterschieden:
  - Arbeitsunfähig: in diesem Fall ist es dem Telearbeiter weder möglich, zum Unternehmen zu kommen, noch eine Arbeit zu verrichten.
  - Bewegungsunfähig: in diesem Fall ist der Telearbeiter nicht fähig, zum Unternehmen zu kommen, jedoch kann er seine Arbeit zu Hause weiter fortsetzen.

- Grundsätzlich ist das Unternehmen dazu verpflichtet, seine Angestellten während der Arbeitszeit und auf dem Arbeitsweg zu versichern. Im Fall der Telearbeit ist der Arbeitsplatz das Haus, und die Arbeitszeiten sind frei wählbar. Die Versicherung muß demzufolge alle potentiellen Arbeitsstunden des Angestellten abdecken.

Mit den Telearbeitern wurden folgende Punkte vereinbart:

- Jeden Montag findet ein Meeting mit allen Angehörigen der Übersetzungsabteilung im Zentralbüro statt. Die für die Telearbeiter verantwortliche Person nimmt an dem Meeting teil und kann im Falle von auftretenden Problemen direkt reagieren.

- Jeden Tag müssen mindestens zwei Angestellte im Zentralbüro anwesend sein, um auftretende Arbeitsspitzen zu bewältigen und um die neuen Übersetzungsaufträge zu verteilen. Einen Tag pro Woche muß jeder Telearbeiter im Zentralbüro Dienst tun. Durchschnittlich arbeiten die Telearbeiter 3 Tage die Woche zu Hause und 2 Tage im Zentralbüro.

- Der Abteilungsleiter und die Personalabteilung bestimmen die Menge der Arbeit, die jedem Telearbeiter zugeteilt wird. Diese richtet sich nach zu übersetzenden Seiten und einer bestimmten Arbeitsstundenzahl pro Tag.

Erfahrungen und zukünftige Pläne

Die im Rahmen des Pilotversuches durchgeführte Begleitforschung gelangte zu einem grundsätzlich positiven Ergebnis. Eine höhere Konzentration, geringere Fehlerzahl in den Übersetzungen, effektiveres Zeitmanagement, Zeit- und Geldgewinn, besseres Familienleben und Streßreduzierung wurden als Vorteile der Telearbeit erkannt. Als negative Effekte wurden der Verlust an sozialen Kontakten und Karriereeinbußen genannt.

Die Untersuchung richtete sich zudem an die Nicht-Telearbeiter der Übersetzungsabteilung. Es zeigte sich, daß die Telearbeit auch von den Kollegen akzeptiert und gebilligt wird. Jedoch ist nach deren Einschätzung ihre eigene Arbeitsproduktivität gesunken, da sie ein breiteres Spektrum an Tätigkeiten bewältigen müssen als zuvor. Kommen die Telearbeiter ins Büro, so wird eine Menge Zeit damit verloren, den Kollegen den aktuellen Entwicklungsstand zu berichten. Zwar besteht vielfach ebenfalls ein Interesse an Telearbeit. Da die geeigneten Räumlichkeiten zu Hause fehlen, ist sie jedoch oft nicht möglich.

Ferner zeigte die Untersuchung, daß die Telearbeit die Arbeitsproduktivität bis zu 20% steigern kann. Darüber hinaus kann durch die Ausweitung der Telearbeit in andere Abteilungen eine Einsparung an Büroraum und hierdurch eine Reduzierung der laufenden Geschäftskosten erreicht werden.

Die Erfahrungen des einjährigen Versuchsprojektes zeigten, daß individuelle Vereinbarungen der Telearbeiter mit ihren Vorgesetzten völlig ausreichen.

Vermerke in den Arbeitsverträgen erwiesen sich als bestes Mittel, die Arbeitsbedingungen der Telearbeiter festzulegen. Arbeitszeit, Arbeitsstunden, Besitzverhältnisse der Ausstattung und Erstattungspauschalen für Strom etc. erwiesen sich als wichtige Inhalte der Arbeitsverträge.

Telearbeit bei ABB ist trotz der positiven Untersuchungsergebnisse nach wie vor limitiert. Die Ausweitung in andere Abteilungen wird dadurch behindert, daß die Büroangestellten hauptsächlich mit Akten zu tun haben und von daher auf Papier angewiesen sind. Da diese Akten nur im Zentralbüro aufbewahrt werden, besteht nach wie vor die Notwendigkeit, auch im Zentralbüro zu arbeiten. Diese Situation wird von ABB heute als Haupthinderungsgrund für die Diffusion der Telearbeit im Versicherungssektor angesehen.

Anhang 3. Fallstudien

ACORN Televillages: neue Siedlungskonzepte durch Telearbeit

Überblick

ACORN Televillages ist eine Immobilien- und Entwicklungsgesellschaft, die zur Unterstützung der Telearbeit spezielle Siedlungen konzipiert und errichtet. 1988 entwickelte ACORN das Konzept Telehamlet und in Folge das Konzept Televillage. Gebäude, in denen Personen leben und arbeiten können, und Infrastruktur werden von ACORN im städtischen Umland oder in ländlichen Gebieten erstellt und später verkauft oder vermietet. Die Organisationsform eines Teledorfes wird allgemein im Bereich der Telearbeit als sehr innovativ und als einzigartige Entwicklung angesehen.

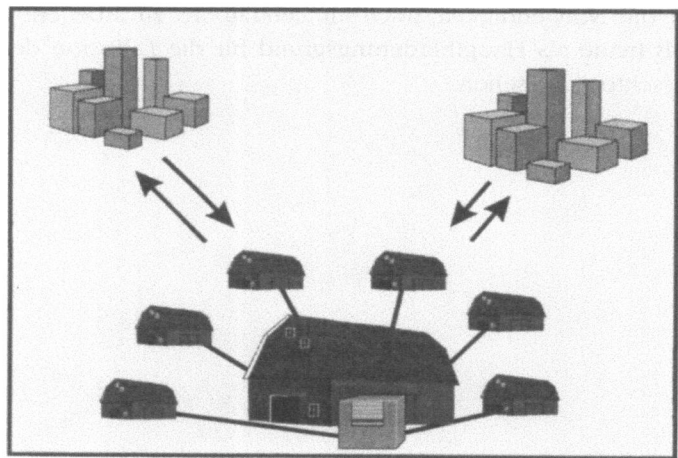

Das Projekt Telehamlet befindet sich in Stoke Edith, Hereford. Seit der Fertigstellung des 1. Hauses 1991 ist das Projekt in Betrieb. Mittlerweile leben und arbeiten 11 Personen in acht Häusern, mit separaten Arbeitsräumen für die Telearbeiter. Von ACORN selbst sind 2 Angestellte als Telearbeiter im Telehamlet tätig, die restlichen Telearbeiter sind selbständig bzw. arbeiten für andere Unternehmen. Hierdurch ergibt sich ein breites Branchen- und Tätigkeitsspektrum (Vermögensentwicklung, Innenarchitektur, Reiseveranstalter, Produktmarketing, Landschaftsarchitektur und internationaler Lebensmittelhandel).

Mit dem zweiten Televillage in Crickhowell, Powys, Wales soll der Bevölkerung vor Ort Arbeitsplätze angeboten werden, um ihr die bisherigen Pendelfahrten zu ersparen (Anteil der Pendler 65%). Im Sommer 1995 standen die Räumlichkeiten für Büros, Werkstätten und Arbeitsräume zur Verfügung. Insgesamt soll das Televillage 34 Gebäude, einen großen Innenhof, 1.100 qm Bürofläche und Apartments umfassen. Zudem steht ein altes umgebautes Farmhaus inmitten des Innenhofes als Gemeinschaftsbürohaus (Telecottage) zur Verfügung. Alle Häuser und Büros sind über ein LAN verbunden. Die Bewohner können ihren Arbeitsplatz frei wählen, sei es zu Hause, in einem Büro des Televillages oder im Telecottage. Zur Zeit haben mehr als 200 Unternehmen und Einzelpersonen ihr Interesse an einem Platz im Televillage angemeldet.

Einführung der Telearbeit

Entwicklung und Organisation von Telehamlets bzw. Televillages werden von einer Vielzahl von Faktoren beeinflußt:

- Outsourcingmaßnahmen großer Unternehmen
- steigende Selbständigkeit
- technische Entwicklungen, die Telearbeit vereinfachen
- wandelnde Arbeitsstrukturen, wie z.B. ein höherer Anteil an weiblichen Angestellten
- der wachsende Anteil erwerbstätiger Frauen
- steigendes Umweltbewußtsein
- Wunsch nach Leben auf dem Land.

Mit dem von ACORN verfolgten Televillage-/Telehamletkonzept kann der im Rahmen der Teleheimarbeit bestehenden Isolationsgefahr begegnet werden. Weitere Vorteile werden im Bereich des Umweltschutzes gesehen, wie z.B. verringerter Schadstoffausstoß, energieeffizientes Wohnen etc. Ferner sieht ACORN in der Telearbeit die Möglichkeit, die laufenden Geschäftskosten zu reduzieren, die Lebensqualität zu steigern und eine zusätzliche Marktchance mit dem neuen Produkt Telearbeit.

Schwerwiegende Probleme traten vor allem dann auf, wenn Behörden in das Planungsverfahren einbezogen werden mußten. Vor allem bei der Beantragung der Genehmigungen und im Vorfeld der Realisierung kam es dadurch zu erheblichen Verzögerungen. Eine Folge für das Projekt Televillage war, daß die ursprünglichen Planungen, die 400 Häuser vorsahen, erheblich auf die heutigen 34 Häuser reduziert werden mußten. Für die Zukunft werden jedoch die oben genannten Zahlen angestrebt.

Die Anforderungen der potentiellen Käufer wurden bei der Planung mit einbezogen. Auch wurde begonnen, das Projekt bei der lokalen Bevölkerung und den örtlichen Behörden bekannt zu machen. Ziel war es, der Öffentlichkeit das Potential der Telearbeit zu verdeutlichen und eine größere Akzeptanz zu erreichen. Mittlerweile sehen die lokalen Instanzen Televillages als Beitrag zur Lösung der Probleme des ländlichen Raumes (Entvölkerung und Arbeitslosigkeit) und sind zu Förderungen bereit. Als weiterer Schritt soll das Konzept Televillage bei Unternehmen und Einzelpersonen vermarktet werden.

Vertragliche Gestaltung, Technikausstattung und Management der Telearbeit

Der Großteil der Telearbeiter des Telehamlet-Projektes sind selbständig. Die Arbeitsbedingungen für die wenigen angestellten Telearbeiter hängen von den unterschiedlichen Unternehmen und den jeweiligen Telearbeitsformen ab.

Die Grundausstattung der Telearbeiter beinhaltet Telefon, Fax, PC, Drucker und Anrufbeantworter. Zudem werden eine Reihe von Netzwerkmöglichkeiten und Software genutzt, u.a. ein LAN, das die einzelnen Telehäuser und die neu entstehenden Teledörfer miteinander verbindet.

Erfahrungen und zukünftige Pläne

Obwohl keine offizielle Untersuchung der Auswirkungen des Telehamletprojektes vorliegt, konnten Verbesserungen der Produktivität und Qualität der Arbeit festgestellt werden. Zudem war der Kostenfaktor im Televillage geringer als der an traditionellen Standorten. Weitere positive Effekte treten in den Bereichen Flexibilität, Lebensstandard, Pendelkosten, Luftverschmutzung und Energieverbrauch auf. Darüber hinaus konnten ein Wachstum der lokalen Wirtschaft, der lokalen Aktivitäten und ein größerer Gemeinschaftssinn erreicht werden.

ACORN erwartet in den nächsten Jahren einen starken Zuwachs der Telearbeiter in Teledörfern. Gründe hierfür sind zum einem die positiven Effekte dieser Arbeits- und Lebensweise und zum anderen die weitere Entwicklung der Telearbeit, die weitere Arbeitstätigkeiten einbeziehen wird.

Für die Zukunft plant ACORN weitere Teledörfer. Beispielsweise liegen Pläne für ein 400 Gebäude großes Teledorf vor, mit dessen Bau 1996 begonnen werden soll. Zudem wurden bereits weitere Standorte in Irland für ähnliche Projekte begutachtet.

Archipelago Finnland: Telearbeit in der Regionalentwicklung

Überblick

Das Telearbeitsprojekt Archipelago, das Arbeitsplätze in 16 Gemeinden einer Inselgruppe im Südwesten Finnlands neu entwickeln soll, wurde 1987 von der Universität Turku entwickelt. Auf diesen Inseln leben 60.000 Menschen, von denen 4.500 ohne direkte Verbindung zum Festland sind. Die Wirtschaft der Region basiert auf Fischfang, Landwirtschaft und Tourismus und ist in den sechs größten Orten konzentriert. Aufgrund der rückständigen Wirtschaft sind die Inselgruppen von hoher Arbeitslosigkeit und starken Abwanderungen betroffen.

1991 wurde das Telearbeitsprojekt mit Unterstützung des Finnischen Arbeitsministeriums gestartet. Die Telearbeiter in diesem Projekt sind teils Angestellte und teils Selbständige. Sie arbeiten entweder von zu Hause aus oder in einem der lokalen Telecottages. 1994 waren ca. 200 Telearbeiter in dieses Projekt einbezogen, deren Tätigkeiten von einfacher Schreibarbeit bis hin zum Programmieren reichen. 40 der insgesamt 150 Auftraggeber vergeben mittlerweile langfristige Aufgaben an die Telearbeiter, der Rest lediglich kurzfristige Arbeiten.

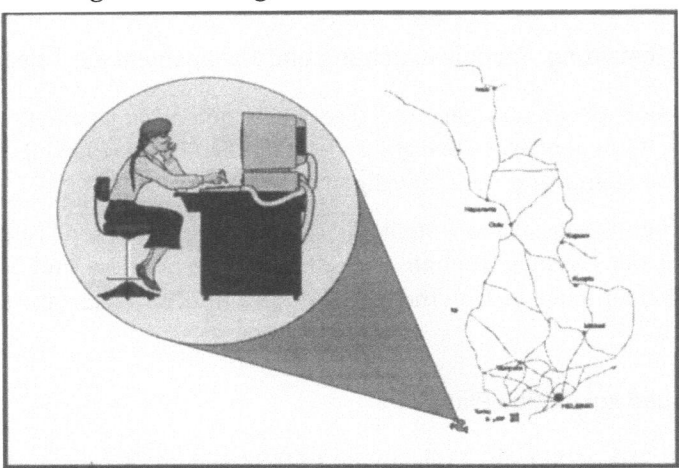

Einführung der Telearbeit

Zu Beginn des Projektes wurden zahlreiche Studien erstellt, um sich ein Bild über die Wirtschafts- und Sozialstruktur der Inselgruppe zu machen. Auf dieser Basis wurden erste Ausbildungsprogramme für Unternehmer entwickelt. Zudem konnten die Ergebnisse von den lokalen Behörden für eine bessere Wirtschaftsplanung genutzt werden.

In Trainingskursen, die über einen Zeitraum von 3-4 Monaten liefen, wurden die Teilnehmer hinsichtlich Fähigkeiten und Know-how, die für die Gründung und den Betrieb eines Unternehmens notwendig sind, geschult. Weitere Trainingsinhalte waren Unternehmensführung, Marketing und Umgang mit IuK-Technologie. Zusätzliche Ausbildungskurse wurden von der regionalen Erwachsenenbildung angeboten.

Ferner wurde von den Planern des Projektes eine Datenbank mit den Qualifikationen und Interessen der potentiellen Telearbeiter erstellt. Eine weitere Datenbank enthielt Informationen über den Bedarf nach Mitarbeitern in der finnischen Wirtschaft. Beide Datenbanken werden regelmäßig miteinander verglichen, um einen potentiellen Arbeitgeber mit dem geeigneten Telearbeiter zusammenzubringen.

Von wesentlicher Bedeutung für die Entwicklung des Projektes war ein erfolgreiches Marketing. 1994 wurde hierfür die Fleximarketing Association gegründet. Aufgabe dieser Association ist es, neue Kunden in den Industrieregionen Finnlands anzuwerben und Aufträge an die Telearbeiter weiterzuleiten. Zudem wurde die Zusammenarbeit zwischen den 16 Gemeinden, den Arbeitsämtern der Region und den Telecottages verstärkt.

Vertragliche Gestaltung, Technikaustattung und Management der Telearbeit

Die vertraglichen Bestimmungen und die verwendeten Managementmethoden sind bei dem hier vorliegenden Fallbeispiel vielfältig. Sie hängen jeweils von dem momentanen Arbeitgeber und dem jeweiligen Telearbeiter ab.

Die Fleximarketing Association stellt die Vermittlung zwischen Telearbeitern und Auftraggebern her. Weitere zentrale Aufgaben der Association sind Marketing, Ausbildung der Telearbeiter in Unternehmersführung und im Umgang mit einem Computernetzwerk.

Erfahrungen und zukünftige Pläne

Mit dem Projekt konnten 40 Vollzeit- und 60 Teilzeitarbeitsplätze, die mittlerweile ohne öffentliche Unterstützung rentabel wirtschaften, geschaffen werden. Zum Teil kann der Erfolg des Projektes auf die aufgeschlossene Haltung der Auftraggeber zurückgeführt werden. Zudem erwies sich die Telearbeit als vorteilhaft bezüglich Produktivität, Arbeitsqualität und Bürokosten. Zum Teil besteht auf seiten der Arbeitgeber immer noch ein Informationsdefizit bezüglich des Projektes.

In Zukunft wird man verstärkt auf die Vermarktung der neu geschulten Telearbeiter und deren Fähigkeiten setzen, um die ursprünglich angestrebten 200 Telearbeitsplätze zu schaffen. Zudem werden Kurse für Telearbeit auch weiterhin ein wichtiger Kernpunkt des Projektes bleiben.

Die öffentlichen Förderungsmittel liefen Ende 1994 aus. Um die weitere Existenz der Telecottages und der Telearbeit zu sichern, ist man seitdem bemüht, neue Kunden in den großen Industrieregionen Finnlands und Schwedens anzuwerben. Die hierzu gegründete Fleximarketing Association kann gerade einzelnen Telearbeitern, die nur in einem kleinen Aktionsraum agieren, helfen, neue Kunden in entfernteren Städten zu gewinnen.

Anhang 3: Fallstudien

British Telecom Southampton: größere Kundennähe durch Telearbeit

Überblick

In den letzten Jahren führte British Telecom (BT) eine Reihe von Telearbeitsvorhaben durch, die sich auf unterschiedliche Unternehmensbereiche, wie z.B. Verkauf, Marketing, Beratung und Technik erstreckten. Zudem wurden unterschiedliche Formen der Telearbeit, wie alternierende Telearbeit, Desk-Sharing und Teleheimarbeit, erprobt. Das bekannteste Programm aus dieser Versuchsphase ist das Telearbeitsprojekt Inverness, bei dem 11 weibliche Angestellte im Telefonauskunftsdienst für die Dauer von 12 Monaten ihren Arbeitsplatz nach Hause verlegten. Ziel war es, herauszufinden, inwieweit Telearbeit in diesem Tätigkeitsfeld machbar ist und welche Ausstattung hierzu benötigt wird. Aufgrund der Ergebnisse sah sich BT ermutigt, weitere Telearbeitsprojekte zu starten. Nach vorsichtigen Schätzungen plant BT, von den 150.000 Angestellten mehr als 1.000 als Teleheimarbeiter und weitere 5.000 als mobile Telearbeiter arbeiten zu lassen.

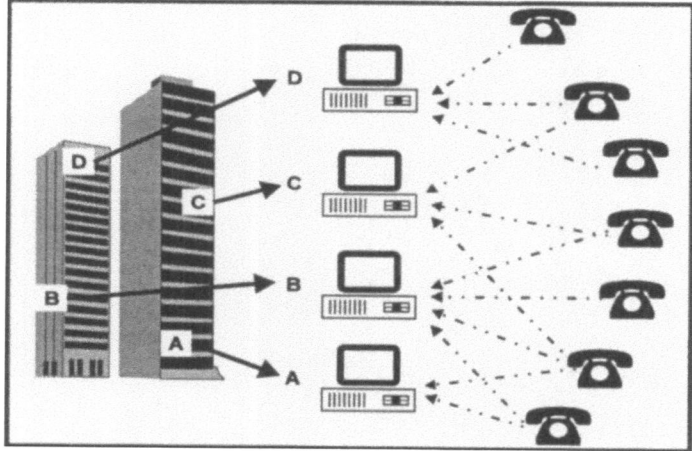

Einführung der Telearbeit

Das hier angesprochene Telearbeitsprojekt wurde in der Niederlassung Southampton mit 20 Angestellten der Verkaufsabteilung gestartet. Sämtliche Auskunftsfunktionen wurden in Form der Teleheimarbeit ausgelagert. Hauptsächlich wurden die Verkaufsanfragen der Geschäftskunden bearbeitet (Bedarf neuer Unternehmen bzw. Betreuung bestehender Unternehmen).

Zwei Hauptinteressen veranlaßten British Telecom, Telearbeit einzuführen. Zum einen lag das Interesse im eigenen Geschäftsbereich als Telekommunikationsanbieter. Der zweite Grund basiert auf den sehr positiven Resultaten vorangegangener Projekte.

Die größten Vorteile für den Arbeitgeber werden in der größeren Flexibilität in Zeiten von Arbeitsspitzen, dem verbesserten Kundendienst, der Reduzierung der Abwesenheit und Verspätung, der Steigerung der Produktivität und der Reduktion der Fixkosten gesehen. Für den Angestellten sind es der geringere Streß, die größere Flexibilität und die hohe Zufriedenheit mit der Arbeitsorganisation.

Das Telearbeitsprojekt Southampton wurde im Dezember 1994 von einem Manager ins Leben gerufen, der bereits zuvor am erwähnten Telearbeitsprojekt in Inverness teilgenommen hatte. Vorweg wurden Untersuchungen durchgeführt, mit deren Hilfe die zweckmäßigste Technik gefunden werden sollte. Im Anschluß an diese Untersuchungen wurde ein Implementierungsplan entwickelt. Dieser umfaßte die Bereiche Kommunikation, Veröffentlichung und Werbung, Auswahl der Telearbeiter, Vorbereitung und Training sowie technische Ausstattung.

Die Auswahl der Telearbeiter erfolgte auf freiwilliger Basis. Es wurden eine Reihe von Eignungskriterien herangezogen, wie z.B. Arbeitsleistung, separates Arbeitszimmer und ein geeignetes Wohnumfeld.

Für die Implementierung wurden von BT Richtlinien aufgestellt. Diese Richtlinien, von Management und Gewerkschaft genehmigt, decken Bereiche der Gesundheit und Sicherheit, Arbeitsbedingungen und andere arbeitsrechtliche Gesichtspunkte ab. Weiterhin wurde sichergestellt, daß die Telearbeiter aufgrund ihrer Tätigkeit nicht diskriminiert werden. Es ist beabsichtigt, diese Richtlinien in eine formelle unternehmensinterne Telearbeitspolitik einzubeziehen.

Vertragliche Gestaltung, Technikausstattung und Management der Telearbeit

Die Telearbeiter erhalten einen Standardarbeitsvertrag wie alle übrigen Angestellten von BT, jedoch wurden spezielle Zusatzpunkte in die Verträge aufgenommen:

- Ausstattungskosten: BT sorgt für die gesamte technische Ausstattung und Büromöbel und übernimmt zudem sämtliche Telekommunikationskosten.
- Aufwandserstattung: Zusätzliche Kosten für Heizung und Elektrizität werden von BT in Form einer pauschalen monatlichen Vergütung bezahlt. Der Telearbeiter muß jedoch entsprechende Belege und Nachweise seiner Ausgaben vorlegen.

- Fahrtkosten: Sämtliche Pendelkosten zwischen Wohnung der Telearbeiter und Zentralbüro für Berufszwecke werden erstattet.

- Versicherung: BT bietet für die Wohnung der Telearbeiter arbeitsrelevante Versicherungen. Sollten zusätzliche Kosten in der Hausratversicherung entstehen, so werden diese von BT übernommen.

- Überwachung und Privatsphäre: Kontrolleure sind dazu berechtigt, die Telearbeiter anzurufen und deren Wohnung nach Voranmeldung (mindestens 24 Stunden vorher) zu besichtigen.

Alle Telearbeiter des Southampton-Projektes arbeiten auf Teilzeitbasis, wobei bestimmte Kernstunden mit jedem Telearbeiter vereinbart werden. Sie werden nach denselben Tarifen bezahlt wie andere Angestellte des Unternehmens.

Die technische Ausstattung beinhaltet einen PC mit ISDN Board, Telefon und Bildtelefon. Die genutzte Software ermöglicht einen Anschluß an den Zentralcomputer und dessen Datenbanken über Electronic-Mail, Terminal-Emulation und Groupware. Jeder PC wird mit zwei ISDN-Leitungen versorgt, die Verbindungen zu Kunden und deren Datenbanken sowie zum Hauptbüro herstellen können. Die Sicherung der Datenbanken wird mittels Paßwörtern gewährleistet. Zudem können die Arbeitsstationen verschlossen werden.

In bezug auf das Management der Telearbeit wird wie folgt vorgegangen:

- Management-Training: Es wurde festgestellt, daß Telearbeiter nicht in der Form wie Büroangestellte geführt werden können.

- Bezahlung: Die Telearbeiter werden nach demselben Tarif bezahlt wie die Nicht-Telearbeiter. Bei Erfüllung vorgegebener Ziele ist eine zusätzliche Zahlung in Form eines Bonus beabsichtigt.

- Kontrolle: Ablieferungstermine treten bei der an die Telearbeiter vergebenen Arbeit nicht auf. Dennoch werden Leistungsziele gesetzt, die regelmäßig vom Management überprüft werden. Es werden jedoch nicht nur die Arbeiten der Telearbeiter kontrolliert, sondern vielmehr die gesamten Arbeiten bezüglich eines Arbeitsprojektes, d.h. auch die der Büroangestellten.

- Face-to-face-Kontakte: Persönliche Treffen zwischen Management und Telearbeiter finden auf einer monatlichen Basis statt. Zudem bestehen zusätzliche Kontakte via Bildtelefon. Besuche vor Ort sind einmal im Jahr geplant, sie sollen der Kontrolle der Gesundheits- und Sicherheitsbedingungen dienen.

Erfahrungen und zukünftige Pläne

Derzeit ist es noch zu früh, um über fundierte Erfahrungen und Ergebnisse des Southampton-Projektes berichten zu können. Dennoch wird erwartet, daß die positiven Ergebnisse aus früheren Projekten bestätigt werden. Bezüglich des Projektes in Southampton ist bei guten Ergebnissen eine Ausweitung auf 200 Telearbeiter und 5 Telearbeitszentren geplant.

Bei British Telecom besteht großes Interesse daran, Telearbeit innerhalb des Unternehmens auszuweiten. Zudem hat BT eine Tochtergesellschaft für Telearbeitsberatung gegründet, die Kunden bei der Einführung von Telearbeit unterstützen soll.

CompuServe GmbH: Kundenberatungsservice mittels Telearbeit

Überblick

CompuServe Incorporation ist als weltweit größter Telekommunikationsnetz- und Informationsserviceanbieter bekannt. Seit 1991 besteht eine deutsche Niederlassung in Unterhaching bei München. Diese ist verantwortlich für Deutschland, Österreich, die Schweiz sowie Polen und Rußland. Ende 1994 wurden 135 Angestellte beschäftigt. Die Zuwachsrate beträgt zur Zeit 20 Angestellte pro Quartal. Für April 1996 ist eine Beschäftigtenzahl von 250 vorgesehen. Aufgrund der sich ausdehnenden Geschäftsbeziehungen und der steigenden Anzahl an Mitarbeitern leidet das Unternehmen unter starker Raumknappheit. Vor diesem Hintergrund entschloß sich CompuServe, Telearbeit einzuführen.

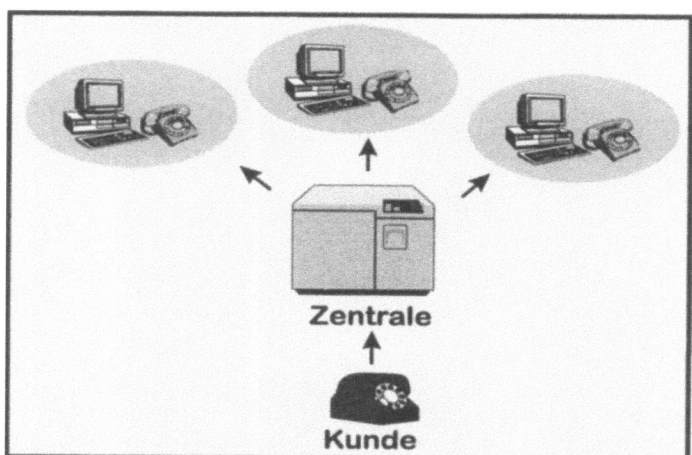

Einführung der Telearbeit

Seit 1995 wird in der deutschen Filiale Telearbeit praktiziert. Betroffen sind bislang drei Telearbeiter der Kundendienstabteilung. Die Teilnahme an dem Telearbeitsprogramm ist freiwillig, es wurden vom Unternehmen nur erfahrene und vertrauenswürdige Angestellte ausgewählt. Die Telearbeiter und ihre Kollegen im Zentralbüro erhalten Kundenanfragen per Telefon oder elektronisch via Netzwerk und reagieren auf diese über denselben Weg. Die Telearbeiter arbeiten im Zeitraum von 9 bis 20 Uhr an zuvor vereinbarten Stunden. CompuServe beabsichtigt, diesen Zeitraum auf 22 Uhr zu verlängern und aufs Wochenende auszudehnen.

Im Unternehmen wird die Form der alternierenden Telearbeit praktiziert. Hierdurch soll gesichert werden, daß die Telearbeiter auch weiterhin mit dem Unternehmen verbunden bleiben. Jedem Telearbeiter soll im Zentralbüro auch weiterhin ein Arbeitsplatz zur Verfügung stehen, wenn auch nur mittels Desk-Sharing.

Telearbeit wird dazu genutzt, den Bedürfnissen der Angestellten entgegenzukommen (Telearbeit wird von den Angestellten sehr positiv bewertet), einen besseren Kundenservice (größerer Zeitraum der Servicebereitschaft) bereitzustellen und einen Umzug in ein größeres Gebäude zu vermeiden. Zur Zeit besteht in der Niederlassung Unterhaching ein enormer Platzbedarf für die Unterbringung der Neuangestellten. Das Unternehmen hat kein Interesse an einem Umzug und ist zudem nicht in der Lage, innerhalb kürzester Zeit ein neues, größeres Gebäude zu errichten.

Erleichtert wurde die Einführung der Telearbeit durch die Erfahrungen der Muttergesellschaft in den USA. Diese stellen eine wichtige Grundlage für die Entwicklung und den Aufbau der Telearbeit in Deutschland dar. Weitere Unterstützung erfolgte durch einen Universitätsprofessor, der intensive Kenntnisse auf dem Gebiet der Telearbeit besitzt, und eine Beratungsgesellschaft, die langjährige Erfahrung in der Telearbeit aufweisen konnte.

Innerhalb des Unternehmens waren der Vorstandsdirektor und der Leiter der Kundendienstabteilung die Initiatoren der Telearbeit. Die Implementierung war eine gemeinsame Aktion der betroffenen Angestellten, der verantwortlichen Manager des Informationservices und der Geschäftsleitung. Weder Personalabteilung noch Betriebsrat wurden mit einbezogen.

Vertragliche Gestaltung, Technikaustattung und Management der Telearbeit

Das Telearbeitsprogramm ist freiwillig. Alle Telearbeiter sind männlich, arbeiten Vollzeit und haben, wie auch die sonstigen Angestellten von CompuServe, einen Angestelltenstatus. Arbeitszeiten werden mit den jeweiligen Vorgesetzten abgesprochen. In den Verträgen sind spezielle Zusatzbestimmungen vorhanden, die die Erstattung von Extrakosten und Versicherungskosten regeln. Zudem wurde den Telearbeitern zugesichert, bei Bedarf wieder einen festen Arbeitsplatz im Zentralbüro zu bekommen. Bei den vertraglichen Regelungen hat man sich an der Betriebsvereinbarung der IBM Deutschland GmbH orientiert, jedoch sind sie im Falle CompuServe weniger umfangreich.

Die Ausstattung der Telearbeiter beinhaltet einen PC, der mittels Modem und Online-Verbindung mit dem Zentralcomputer verbunden ist. Das genutzte Netzwerk ist ISDN. Eintreffende Anrufe werden automatisch zu dem jeweils freien Mitarbeiter geleitet. Die Kosten für Ausrüstung und Kommunikation werden vom Unternehmen übernommen. Via Online-Monitoring ist das Management in der Lage, die Arbeit der Telearbeiter zu kontrollieren. Zudem ermöglicht dieses System einem jeden Telearbeiter, seine eigene Arbeit abzuschätzen und Zielvorgaben festzulegen.

Erfahrungen und zukünftige Pläne

Die Telearbeitsvereinbarungen erwiesen sich sowohl für das Unternehmen als auch für die Telearbeiter als praktikabel und äußerst vorteilhaft. Beide Seiten sind mit den Arbeitsbedingungen zufrieden. CompuServe erkannte, daß die alternierende Telearbeit für das Unternehmen die geeignetste Form ist, da hierdurch die Identifikation mit dem Unternehmen erhalten werden kann. Insgesamt konnten folgende positive Erfahrungen gemacht werden:

- Mit Hilfe der neuen Telekommunikationstechnologien wie ISDN ist eine schnellere Datenübertragung möglich. Zwar bestanden zu Anfang einige Probleme mit den ISDN-LAN Verbindungen, die jedoch weitgehend gelöst wurden. Der Aufbau einer Verbindung zum Zentral-LAN konnte von 16 Minuten auf 3 Minuten reduziert werden.

- Der Vergleich der Arbeitskosten zeigt, daß die Kosten für einen Telearbeitsplatz geringer sind als die eines Büroarbeitsplatzes.

- Mit der Hilfe der flexibleren Arbeitsform konnten qualifizierte Arbeitskräfte gehalten werden, die ansonsten das Unternehmen verlassen hätten.

Die jetzigen drei Telearbeiter, die aus der Kundendienstabteilung stammen, haben einen sehr intensiven Interaktionsbedarf mit anderen Angestellten im Büro und sind zum Teil Ausbilder für andere Mitarbeiter. Deshalb gelangte das Unternehmen zu der Auffassung, daß die nächsten Telearbeiter aus einer geringer qualifizierten Angestelltengruppe kommen sollen.

Zur Zeit liegen konkrete Pläne vor, die Telearbeit auf andere Arbeitsbereiche auszudehnen. CompuServe beabsichtigt, jedem Mitarbeiter Telearbeit als eine Arbeitsmöglichkeit anzubieten. Voraussetzung hierfür ist, daß die Arbeitsergebnisse zufriedenstellend sind und ausreichende Arbeitserfahrung vorliegt. Die angebotene Telearbeitsform wird die alternierende Telearbeit in Form von Desk-Sharing sein.

Digital Equipment Corporation: Kostenreduzierung durch Telearbeit

Überblick

Digital Equipment Corporation wurde 1960 gegründet und beschäftigt zur Zeit 85.000 Mitarbeiter weltweit in der Produktion von Minicomputern, Workstations und PC-Computern. Zudem bietet das Unternehmen einen Netzwerkentwicklungsdienst und eine Reihe weiterer Unterstützungs- und Beratungsdienste an.

Digital erlebte in den letzten Jahren einen Rückgang seiner Umsätze auf dem Markt für Großrechner und Minicomputer. Die Konsequenz war eine großangelegte Umstrukturierung des Unternehmens mit dem Ziel, die Konkurrenzfähigkeit zu steigern und das Geschäft wieder profitabel zu machen. Im Zuge dieser Umstrukturierung wurden Arbeitsplätze abgebaut und Fixkosten reduziert. Hierzu wurden Programme mit flexibler Arbeitsgestaltung und Telearbeit gestartet.

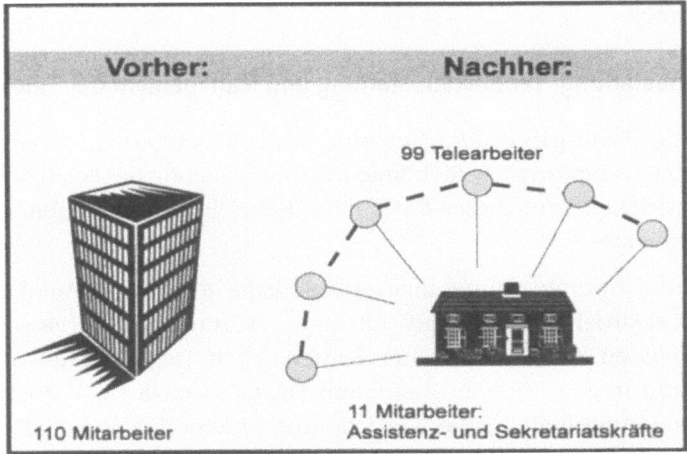

Einführung der Telearbeit

Eines dieser Programme ist das Telearbeitsprojekt Newmarket. Dieses Programm beinhaltete die komplette Schließung des Büros in Newmarket mit seinen 110 Angestellten, gleichzeitig jedoch die Öffnung eines neuen Telearbeitscenters mit elf Verwaltungs- und Sekretariatsangestellten. 99 Mitarbeiter wurden zu Teleheimarbeitern oder zu mobilen Telearbeitern. Im Durchschnitt arbeiten diese Telearbeiter 1-1,5 Tage zu Hause, den Rest der Woche entweder vor Ort bei den Kunden, unterwegs oder im Telecenter. Die Arbeitsbereiche liegen in Verkauf und Marketing, Beratung und in der Instandhaltung.

Zu Beginn der Projektplanung wurde eine Studie verfaßt, in der neue Strategien der Geschäftsorganisation untersucht wurden. Man erkannte darin Telearbeit und flexible Arbeitsgestaltung als geeignete Mittel zur Steigerung der Konkurrenzfähigkeit. Infolge der Untersuchung wurde eine Projektmanagementgruppe gegründet, die aus Repräsentanten der lokalen Niederlassungen und des Geschäftsmanagements, Kommunikationsexperten, Netzwerkberatern und Arbeitsgestaltungsberatern gebildet wurde. Alle Mitglieder dieser Gruppe waren Angestellte von Digital.

Zwischen der Bekanntgabe der beabsichtigten Schließung des Newmarket-Büros und der endgültigen Schließung lag eine achtmonatige Einführungsphase. Die betroffenen Mitarbeiter wurden in Zielgruppen auf die kommenden Veränderungen vorbereitet und informiert. Zudem erhielt jeder Mitarbeiter die Möglichkeit, an einer Schulung über die Grundzüge der Telearbeit teilzunehmen. Zugleich wurde ein Simulationszentrum eingerichtet, in dem die Angestellten praktische Erfahrungen sammeln konnten.

Vertragliche Gestaltung, Technikausstattung und Management der Telearbeit

Auf vertraglicher Seite gab es lediglich eine formelle Änderung in den Arbeitsverträgen. Digital hatte ursprünglich Richtlinien für ausschließliche Teleheimarbeiter erarbeitet und entwickelte auf dieser Basis neue Klauseln für die mobilen Arbeiter des Newmarket-Projektes.

Digital stellt und bezahlt die gesamte erforderliche technische Ausstattung. Zudem können die Telearbeiter bei Bedarf auf einen Wartungsservice zurückgreifen. Die Telearbeiter müssen keine zusätzlichen Kosten durch Telekommunikation, Elektrizität und Heizung tragen. Zudem übernimmt Digital zusätzliche Versicherungskosten und riet seinen Angestellten, die Versicherungsunternehmen, bei denen sie versichert waren, über die Telearbeitsvereinbarungen zu informieren.

Alle Mitarbeiter sind mit PC und zum Teil zusätzlich mit Laptops ausgestattet, die je nach Wunsch mit dem Zentralcomputer verbunden sind. Die gängigen Anwendungsprogramme sind MS-Windows, MS-Word, Excel und Powerpoint sowie nach Bedarf diverse andere Programme. Je nach den jeweiligen Anforderungen werden Faxgeräte, Anrufbeantworter, Electronic-Mail und Multitech Modems genutzt. Zur Zeit wird die Nutzung von ISDN und Killerstream diskutiert. Zur Datensicherung wird ein automatisches Rückrufverfahren angewendet (ACB Automatic Call Back).

Die Managementmethoden innerhalb des Unternehmens sind seit jeher zielorientiert, mit Schwerpunkt auf Arbeitsqualität. Die Arbeitsziele werden zwischen Managern und Telearbeitern jährlich vereinbart, und Fortschritte in der Erreichung der Ziele werden regelmäßig kontrolliert. Zusätzlich werden zur Motivationssteigerung Anreizprämien vergeben. Diese werden jährlich bei außergewöhnlicher Leistung ausgezahlt.

Eine Online-Überwachung wird nicht praktiziert. Es wird ein elektronisches Time-Sheet-System verwendet. Stichproben in Form von Hausbesuchen werden nur zur Kontrolle der Gesundheits- und Sicherheitsregeln durchgeführt. Berichte der Kunden werden in gewissem Grad dazu genutzt, die Leistung der Telearbeiter zu bewerten. Letztendlich managen die Telearbeiter sich und ihre Arbeit außerhalb des Telecenters selbst.

Die Kommunikation zwischen Managern und Telearbeitern wird per Telefon, Electronic-Mail und in persönlichen Treffen organisiert. Regelmäßig finden Teammeetings mit maximal acht bis zehn Personen und zu einem jeweils festen Zeitpunkt ein generelles Angestelltentreffen statt. Hinzu kommen eine Reihe von informellen Treffen. Eine Schwierigkeit bei der Einführung des Projektes ergab sich in bezug auf Angestelltentreffen in einem größeren Rahmen. Da diese nicht in der Häufigkeit veranstaltet wurden, wie Angestellte und Manager forderten, ist beabsichtigt, in Zukunft ein solches Meeting alle zwei Monate abzuhalten.

Erfahrungen und zukünftige Pläne

Zur Zeit wird eine Evaluation der Auswirkungen der Telearbeit durchgeführt. Die ersten Erkenntnisse dieser Untersuchung lassen Verbesserungen in verschiedenen Bereichen erkennen. Es konnten eine höhere Produktivität der Angestellten aufgrund der flexiblen Arbeitsgestaltung, eine Qualitätssteigerung der Arbeitsleistung und eine gestiegene Arbeitsmoral festgestellt werden.

Da das Telearbeitsprojekt von Beginn an auf das gesamte Personal des Büros Newmarket ausgerichtet war, besteht kaum eine Möglichkeit, das Projekt auszuweiten.

Dresdner Bank AG: Vereinbarkeit von Familie und Beruf

Überblick

Die Dresdner Bank AG verfügt neben der Zentrale in Frankfurt über 17 weitere Niederlassungen in der Bundesrepublik Deutschland. Im Jahr 1993 betrug die Bilanzsumme des Unternehmens 230 Mrd. DM; in der AG wurden 38.315 Mitarbeiterinnen und Mitarbeiter beschäftigt.

Seit Anfang 1993 führt die Dresdner Bank AG das Pilotprojekt „Außerbetriebliche Arbeitsstätten" durch. Damit ist die Dresdner Bank eines der ersten Kreditinstitute in Deutschland, die Telearbeit als offizielle Unternehmenspolitik betreiben. Ende 1994 waren 13 Mitarbeiterinnen der Frankfurter Zentrale als Telearbeiterinnen tätig. Es wird durchgehend alternierende Telearbeit durchgeführt, d.h. die Mitarbeiterinnen arbeiten in der Regel zu Hause und kommen - jeweils individuell geregelt - einmal wöchentlich bzw. vierzehntägig in die Zentrale.

Einführung der Telearbeit

Der Telearbeit als zukunftsorientierter Form der Arbeitsorganisation wird von der Dresdner Bank eine hohe Bedeutung zugesprochen. Als Leitmotiv gilt: „Nur wer sich frühzeitig mit den neuen Arbeitsformen auseinandersetzt, wird sie morgen auch erfolgreich einsetzen können." Unter dieser Maxime wurde beschlossen, das Pilotprojekt „Außerbetriebliche Arbeitsstätten" durchzuführen.

Die Initiative zur Telearbeit bei der Dresdner Bank ging vom Management aus. 1992 wurde ein Arbeitskreis ins Leben gerufen, an dem vier Konzernstäbe - Organisation, Recht, Personal sowie Immobilien und Verwaltung - beteiligt waren. In diesem Arbeitskreis wurden die notwendigen Vorarbeiten zur rechtlichen, personellen und organisatorisch-technischen Gestaltung des Tele-Arbeitsverhältnisses vorbereitet. Der regional zuständige Betriebsrat und auch der Gesamtbetriebsrat wurden über den Stand der Arbeiten unterrichtet.

Nach Abschluß der Vorarbeiten und der Durchführung von Informations- und Schulungsveranstaltungen für die betroffenen Mitarbeiterinnen nahmen Anfang 1993 die ersten sechs Mitarbeiterinnen ihre Tätigkeit als Telearbeiterin auf. Diese erste Pilotphase war auf ein Jahr befristet. Zunächst war die Teilnahme am Telearbeitsprojekt der Dresdner Bank AG in zweifacher Hinsicht begrenzt: einerseits wurden nur Mitarbeiterinnen berücksichtigt, die im Erziehungsurlaub waren, zum anderen nur Mitarbeiterinnen aus dem Konzernstab Organisation mit dem Tätigkeitsfeld Software-Entwicklung (Neuentwicklung und Anpassung bankeigener Software).

Anfang 94 wurde aufgrund der bisherigen positiven Erfahrungen entschieden, das Telearbeitsprojekt weiter auszudehnen. Fortan wurde der Tätigkeitskreis ausgedehnt, hinzu kamen Mitarbeiterinnen aus anderen Abteilungen (z.B. Personalstab). Voraussetzung für die Aufnahme der Telearbeit ist die Eignung des Tätigkeitsfeldes. Hierzu zählen konzeptionelle Aufgaben, die Vorbereitung von Präsentationen, die Erstellung von Dokumentationen bzw. Berichten, die Vorbereitung von Software-Tests und das Testen einzelner Software-Module, die Pflege bestehender Programme, der Vergleich von PC-Software-Produkten etc. Ende 1994 waren insgesamt 13 Mitarbeiterinnen als Telearbeiterinnen tätig: neun aus dem Konzernstab Organisation sowie vier aus anderen Konzernstäben.

Vertragliche Gestaltung, Technikausstattung und Management der Telearbeit

Mit jeder Telearbeiterin wurde ein Teilzeitarbeitsvertrag abgeschlossen, der durch eine Zusatzvereinbarung das Telearbeitsverhältnis betreffend ergänzt wird. Laut Arbeitsvertrag müssen die Telearbeiterinnen nicht zu bestimmten Zeiten erreichbar sein, in einzelnen Fällen wurden jedoch solche Ansprechzeiten individuell mit dem Vorgesetzten vereinbart. Außerdem hat es sich für die meisten als zweckmäßig erwiesen, einen eigenen Stundenplan aufzustellen. Abwesenheit, Fehlzeiten und Urlaub werden wie bei allen anderen Mitarbeitern gehandhabt. Die Bezahlung erfolgt gemäß Tarifvertrag des privaten Bankgewerbes. Die Telearbeiterinnen bearbeiten die ihnen übertragenen Aufgaben selbständig und eigenverantwortlich. Sie erhalten eine pauschale Aufwandsentschädigung für Heizungs- und Stromkosten. Die Arbeitsmittel wie PC, Telefon, Fax und Drucker sowie gegebenenfalls Mobiliar werden von der Bank zur Verfügung gestellt. Die entsprechenden Kosten, inklusive der Kosten für entsprechende Versicherungen, übernimmt das Unternehmen. Vertreter der Bank bzw. des Betriebsrates haben Zutritt zur Privatwohnung nur nach vorheriger Zustimmung der Telearbeiterin. Telearbeiterinnen dürfen zudem bei Fortbildungsmaßnahmen keine Benachteiligung erfahren.

Die Telearbeiter der Dresdner Bank AG verfügen zu Hause über einen PC und sind über ISDN an die Bank angebunden. Ein Gateway-Server in der Bank prüft die Zugangsberechtigung, und von dort werden sie an die bankeigene Entwicklungsanlage weitervermittelt. Die Praxisanlage ist aus Datensicherheitsgründen nicht erreichbar. Als Betriebssysteme werden DOS und Windows sowie als Anwendungssoftware diverse Textverarbeitungsprogramme sowie bankeigene Software verwendet. Die Telearbeiter verfügen zudem über einen zweiten Telefonanschluß sowie ein Faxgerät, einen Anrufbeantworter und einen Tintenstrahldrucker. Die technische Ausstattung ist somit identisch mit derjenigen im Büro in der Zentrale. Einige Telearbeiterinnen haben dort noch einen eigenen Arbeitsplatz zur Verfügung, andere teilen sich diesen mit den Kollegen.

Um Datenschutz und Datensicherheit im Rahmen der Telearbeit zu gewährleisten, gibt es folgende Prozeduren: Die bankeigenen Unterlagen sind zu Hause verschlossen aufzubewahren, zudem ist auf den einzelnen PCs eine Sicherheitssoftware installiert. Die Telearbeiter müssen sich mit Paßwort und Mitarbeitercode einwählen.

Bzgl. Beaufsichtigung und Kontrolle wird bei der Dresdner Bank AG wie folgt verfahren: In Besprechungen im Büro - dies können Vier-Augen-Gespräche oder auch Teambesprechungen sein - werden die Ziele gemeinsam vereinbart. Die Arbeitsergebnisse werden später in Relation zu diesen Zielen bewertet. Zusätzlich kommunizieren Vorgesetzte und Telearbeiter mittels Telefon und/oder Fax (Rückfragen, Abstimmungen).

Hinsichtlich der Kommunikation zwischen Telearbeitern und Kollegen, die keine Telearbeit verrichten, ist die Eigeninitiative beider gefordert. Das Zustandekommen der Kommunikation ist in diesen Fällen um so einfacher, je intensiver die Kontakte vor Beginn der Telearbeit waren. Der enormen Bedeutung der informellen Kommunikation für den Erfolg der Zusammenarbeit wird u.a. dadurch Rechnung getragen, daß für die Telearbeit auch keine neuen Mitarbeiter, sondern nur langjährige Bankangestellte rekrutiert werden, die bereits über gute interne Kontakte verfügen.

Neben der abteilungsbezogenen formellen und informellen Kommunikation finden in unregelmäßigen Abständen zentral organisierte Informationsveranstaltungen für die Telearbeiterinnen und ihre Vorgesetzten statt. Ziel dieser Veranstaltungen ist die Förderung der Kommunikation der Telearbeiterinnen bzw. ihrer Vorgesetzten untereinander sowie die Information aller Beteiligten über neue Entwicklungen rund um das Pilotprojekt.

Erfahrungen und zukünftige Pläne

Die bisherigen Erfahrungen zeigen, daß die mit der Einführung der Telearbeit verfolgten Ziele erreicht wurden. Telearbeit erfordert heute nach Auffassung der Dresdner Bank AG dank fortgeschrittener Technik keine in sich abgeschlossenen Aufgabengebiete mehr, so daß sich Teamaufgaben trotz räumlicher Trennung der Teammitglieder zufriedenstellend bearbeiten lassen.

Die Einführung der Telearbeit bei der Dresdner Bank AG hat zu keiner Veränderung der praktizierten Managementmethoden geführt. Die Führungsleitsätze der Dresdner Bank - zielorientierte, mitarbeiterbezogene und situationsbestimmte Führung - sind auch auf Telearbeit anwendbar. Die räumliche (und zeitliche) Trennung stellt jedoch auch höhere Anforderungen an die Selbstorganisation der Vorgesetzten.

Die Vorgesetzten sind bislang sehr zufrieden hinsichtlich der Produktivität und der Qualität der Arbeit durch die Telearbeiter. Die Telearbeiter selbst beurteilen die größere Flexibilität positiv. Der Zeitgewinn wird für die Kinderbetreuung aufgewendet, ein Plus an Freizeit für sich selbst ist eher die Ausnahme. Ebenfalls positiv bemerkbar machen sich die geringeren Kosten und der geringere Zeitaufwand für den Weg vom und zum Arbeitsplatz.

Im Zusammenhang mit den Kosten stellt sich auch die Frage, inwieweit nicht der Arbeitsplatz in der Zentrale entfallen könnte. Das Weiterbestehen des Büroarbeitsplatzes wurde anfangs von den Telearbeiterinnen gewünscht und war auch ein wichtiger Punkt für den Betriebsrat. Heute sind die Telearbeiterinnen der Auffassung, daß sie diesen festen Arbeitsplatz nicht mehr benötigen.

Als Nachteil der Telearbeit wurde festgestellt, daß die Häufigkeit der sozialen Kontakte abnimmt. Die Telearbeiterinnen kommen daher heute häufiger als zu Beginn des Projektes und aus eigenem Interesse in die Bank, nicht zuletzt weil gerade auch die informellen Kontakte als wichtig eingeschätzt werden. Nach Einschätzung der Mitarbeiterinnen und der Verantwortlichen bei der Dresdner Bank AG sind persönliche Gespräche nicht durch bislang bekannte Kommunikationstechnik ersetzbar.

Die Dresdner Bank AG beabsichtigt, aufgrund der insgesamt positiven Erfahrungen mit dem Telearbeitsprojekt die Zahl ihrer Telearbeitsplätze zu erhöhen (im Frühjahr 1996 waren es 20). Voraussetzung hierfür ist in erster Linie die Übereinstimmung von Bank- und Mitarbeiterinteressen.

empirica GmbH: Telearbeit als Reaktion auf Mitarbeiterwünsche

Überblick

Im Forschungs- und Beratungsunternehmen empirica mit Sitz in Bonn haben hochqualifizierte Mitarbeiter die Möglichkeit, zeitweise zu Hause zu arbeiten, wo sie neben Telefon und PC über Telefax und E-Mail Anschluß an das firmeninterne Rechnernetz verfügen. Die alternierende Telearbeit ermöglicht eine produktive Erledigung von konzeptionellen oder Formulierungsarbeiten, die ansonsten durch in Büroumgebungen typische Störfaktoren behindert werden, und reduziert den z. T. extrem hohen Pendelaufwand der Mitarbeiter. Diese Form der Arbeitsorganisation wird im Unternehmen bislang nur durch Absprachen innerhalb von Arbeitsteams und mit der Geschäftsleitung informell geregelt.

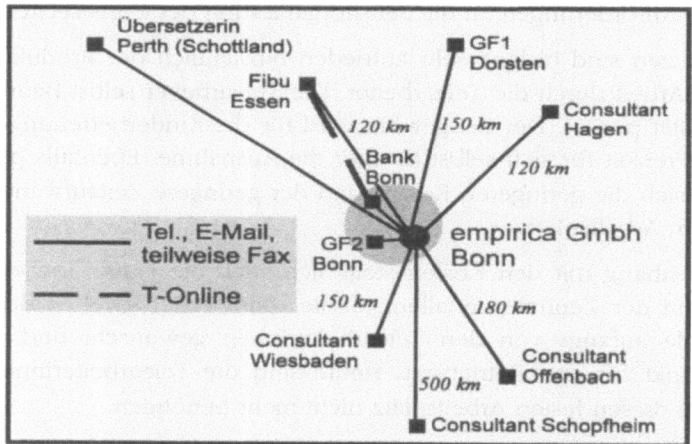

Einführung der Telearbeit

Die Anfänge der Telearbeit bei der empirica gehen auf die Initiative eines leitenden Mitarbeiters zurück, der schon Mitte der 80er Jahre in erster Linie aufgrund der großen Distanz zwischen Wohnort und Büro zwei Tage wöchentlich zu Hause arbeitete. Mit dem Aufkommen tragbarer Rechner konnte später auch die Zeit für die Überwindung der langen Pendeldistanz oder auf Dienstreisen in der Bahn produktiv genutzt werden.

Aufgrund der hierbei gemachten positiven Erfahrungen kamen später auch andere Mitarbeiter in den Genuß dieser flexiblen Arbeitsweise. Heute sind bei der empirica sieben Mitarbeiter regelmäßig zu Hause tätig. Die zwei Geschäftsführer und vier Consultants arbeiten jeweils alternierend an 1-2 Tagen pro Woche am häuslichen Schreibtisch. Hinzu kommt eine Buchhalterin, die Teleheimarbeit betreibt und nur an wenigen Tagen im Jahr das Bonner Büro aufsucht. Darüber hinaus arbeiten aber auch andere Mitarbeiter gelegentlich in den eigenen vier Wänden, beispielsweise zwischen arbeitsfreien Tagen oder aus privaten Gründen.

Die Gründe für die Einführung der Telearbeit sind von Fall zu Fall unterschiedlich. Teilweise sind es die sehr weiten Pendelentfernungen, die bei Neueinstellungen diese Form der Arbeitsorganisation nahelegten bzw. die Rekrutierung eines aufgrund seiner Qualifikation gesuchten Mitarbeiters erst ermöglichten. Teilweise ist es die Möglichkeit, zu Hause ungestört von eingehenden Telefonanrufen oder sonstigen Ablenkungen im Büro konzeptionell und inhaltlich produktiv zu arbeiten.

Zu der häuslichen Telearbeit kommt bei empirica noch die mobile Telearbeit hinzu. Für alle Mitarbeiter besteht die Möglichkeit, auf Geschäftsreisen Notebooks aus dem firmeneigenen Gerätepool zu nutzen. Andere Mitarbeiter, insbesondere solche mit großer Pendeldistanz, verfügen über einen persönlichen (aber ebenfalls firmeneigenen) tragbaren Rechner, mit dem sie in der Bahn von und auf dem Weg zur Arbeit weiterarbeiten.

Je nach Bedarf wird eine Übersetzerin, die in Schottland ansässig ist, für empirica tätig. Vorlagen werden per Fax ausgetauscht, die Arbeitsergebnisse elektronisch über CompuServe übermittelt. Mit den vielen Kooperationspartnern im In- und Ausland arbeitet das Unternehmen schon mehrere Jahre erfolgreich mittels Fax, Electronic Mail und Datenfernübertragung zusammen. Der Informationsaustausch über den traditionellen Postweg ist schon lange die Ausnahme.

Vertragliche Gestaltung, Technikausstattung und Management der Telearbeit

Die häusliche Telearbeit wird bei der empirica nur informell geregelt. Der Arbeitnehmerstatus der Telearbeiter bleibt unverändert bestehen. Hinsichtlich Arbeitszeiten gibt es individuelle Absprachen zwischen der Geschäftsleitung und den Telearbeitern. Die Investitionskosten für die technische Ausstattung des zusätzlichen Heimarbeitsplatzes - der Büroarbeitsplatz bleibt bestehen - und die laufenden Telekommunikationskosten übernimmt das Unternehmen. Zuschüsse zur Einrichtung eines Arbeitszimmers bzw. für Strom und Heizung werden hingegen nicht gegeben.

Die technische Ausstattung der Telearbeiter besteht aus Telefon, Fax (teilweise), PC und Drucker. Über E-Mail haben sie Zugriff auf das interne Rechnernetz und können sowohl Nachrichten senden und empfangen als auch Dateien wechselseitig überspielen.

Die interne Kommunikation läuft an Telearbeitstagen über Telefon, Fax und E-Mail. Insbesondere die elektronische Post hat sich als asynchrone Kommunikationsform bestens bewährt. Es kann zeitversetzt kommuniziert werden, wichtige Informationen können mehreren Mitarbeitern gleichzeitig übermittelt werden, und das Stör- und Ablenkungspotential ist gering.

Für den abteilungs- und projektübergreifenden Informationsaustausch werden interne Workshops (vierzehntägig) und Mitarbeiter-Meetings (monatlich) zu regelmäßigen und langfristig festgelegten Terminen durchgeführt. Da es sich mit einer Ausnahme um alternierende Telearbeiter handelt, bleibt an den Büroarbeitstagen genügend Zeit für informelle Gespräche zwischen den Mitarbeitern.

Um das Störpotential gering zu halten, kennen nur wichtige externe Kommunikationspartner die privaten Telefon- und Faxnummern der Telearbeiter. Die Sekretariatskräfte sind zudem angewiesen, Gesprächswünsche externer Anrufer per interner Mail festzuhalten. Die Telearbeiter können dann selbst entscheiden, ob und wann sie zurückrufen wollen.

Die Mitarbeiter der empirica sind es gewohnt, eigenverantwortlich zu handeln. Hinsichtlich der Projektplanung gibt es keine Unterschiede zwischen Telearbeitern und Büroangestellten. Gemeinsam mit den Projektverantwortlichen werden Projektziele formuliert und Termine festgelegt. Telearbeiter wie Büroangestellte füllen individuell Arbeitszeiterfassungsbögen aus. Eine Veränderung des Führungsverhaltens war daher nicht notwendig.

Erfahrungen und zukünftige Pläne

Wie eingangs angesprochen bringt die Telearbeit viele Vorteile. Gewisse Schwierigkeiten traten allerdings auch auf. Beispielsweise haben manchmal Telearbeiter wichtige Unterlagen im Büro vergessen oder können umgekehrt Mitarbeiter im Bonner Büro bei Abwesenheit der Telearbeiter nicht auf dringend benötigte Schriftstücke zugreifen. Durch bessere Selbstorganisation der Telearbeiter konnten diese insbesondere in der Anfangszeit auftretenden Probleme jedoch mittlerweile weitestgehend überwunden werden. Viele Probleme sind zudem nicht telearbeitsspezifisch, sondern treten genauso auch bei Mitarbeitern mit häufiger Reisetätigkeit auf.

Aufgrund des eindeutigen Übergewichts der positiven Aspekte der Telearbeit geht das Unternehmen auf entsprechende Mitarbeiterwünsche ein und fördert die Praxis der Telearbeit unter seinen Mitarbeitern. Hauptmotiv ist die höhere Arbeitsproduktivität, die die häusliche Telearbeit ermöglicht, eine Erfahrung, die die beiden Geschäftsführer auch für sich selbst machen konnten.

Fotosatz Froitzheim GmbH: Telearbeit in der Fotosatzerstellung

Überblick

Das Fotosatzunternehmen existiert seit 1929 und hat seinen Sitz in Bonn. 1976 begann das Unternehmen mit der Umstellung auf die Fotosatzerstellung, die 1981 abgeschlossen wurde. Derzeit beschäftigt das Unternehmen über 65 festangestellte Mitarbeiter. Hinzu kommen 6 Telearbeiterinnen, die für die Texterfassung zuständig sind. Zusätzlich werden Aufträge an ein Texterfassungsunternehmen vergeben. Sowohl die Anzahl der Mitarbeiter, die Produktpalette (zusätzlich Desktop Publishing) als auch der Umsatz haben sich in den letzten Jahren stark positiv verändert.

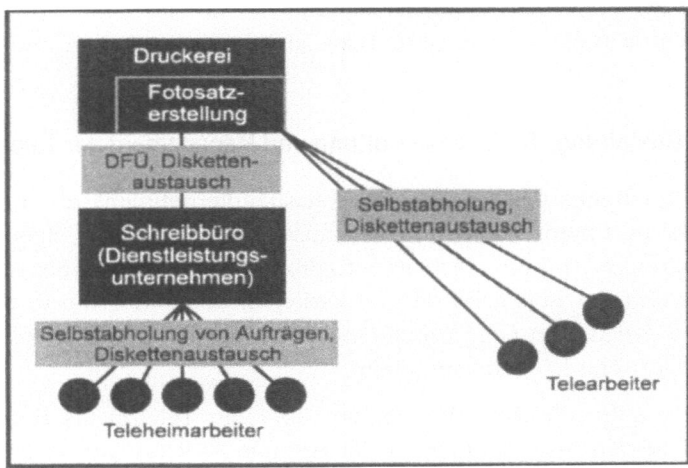

Einführung der Telearbeit

Das Unternehmen bietet die Fotosatzerstellung als Dienstleistung an. Oftmals müssen die dafür erforderlichen Texte zunächst erfaßt werden. Da in diesem Bereich der Arbeitsanfall extrem schwankend ist, beschäftigt man keine festangestellten Schreibkräfte, sondern greift auf zu Hause arbeitende freie Mitarbeiterinnen zurück.

Die Telearbeiterinnen sind zwischen 25 und 50 Jahre alt und leben im näheren Umkreis von Bonn. Sie werden für weniger umfangreiche, vor allem aber zeitkritische Texterfassungsaufgaben eingesetzt.

Die Telearbeitsinitiative geht zurück auf das Jahr 1968, als die Firma einigen qualifizierten Perforatorinnen, die aufgrund der Geburt von Kindern ihren Beruf aufgeben wollten, ihre Wohnungen mit Perforationsgeräten ausstattete und sie als freie Mitarbeiterinnen weiterbeschäftigte. Mittlerweile verfügen alle telearbeitenden Mitarbeiterinnen über einen Personal Computer für die Erfassung von Texten für die Fotosatzerstellung.

Um alle Aufträge kostengünstig und schnell erledigen zu können werden zusätzlich seit mehr als 15 Jahren Aufträge an das bereits erwähnte Texterfassungsunternehmen vergeben, ein klassischer Fall von Outsourcing.

Das Texterfassungsunternehmen, das laufend Aufträge von Fotosatz Froitzheim erhält, hat seinen Sitz in einer kleinen ländlichen Gemeinde im Umland von Augsburg. Es handelt sich um ein Ein-Personen-Unternehmen, das zwischen 20 und 36 Teleheimarbeiter mehr oder weniger regelmäßig mit Aufträgen versorgt. Die Anzahl der Teleheimarbeiter wuchs zunächst ständig, hat sich aber mittlerweile wieder reduziert, da immer mehr Autoren ihre Texte elektronisch erfassen und auf Disketten liefern.

Vertragliche Gestaltung, Technikausstattung und Management der Telearbeit

Sowohl die Teleheimarbeiterinnen des Fotosatzunternehmens als auch diejenigen des Texterfassungsunternehmens arbeiten ausschließlich in ihrer eigenen Wohnung. Einen sehr geringen Teil ihrer Arbeitszeit verbringen sie mit der Selbstabholung der Textvorlagen und der Rückgabe der auf Disketten erfaßten Texte in den jeweiligen Unternehmen. Bei diesen Gelegenheiten werden auch selten auftretende Probleme bzw. organisatorische Dinge besprochen.

Ansonsten verfügen alle Telearbeiterinnen über ein Telefon als Kommunikationsmedium. Bei beiden Unternehmen ist der gesamte Arbeitsablauf exakt durchorganisiert. Für alle Beteiligten ist dieser Arbeitsprozeß zur Routinearbeit geworden. Kommunikation zwischen Teleheimarbeiterinnen und Mitarbeitern in den Unternehmen findet kaum statt. Dies wird auch von beiden Seiten nicht erwartet. Die Unternehmen sind an einer schnellen und kostengünstigen Texterfassung interessiert. Die Teleheimarbeiterinnen erzielen mit ihrer Teilzeittätigkeit (im Durchschnitt arbeiten sie 10 - 20 Std./Woche) ein zusätzliches Haushaltseinkommen, was angesichts der Situation auf dem Arbeitsmarkt anders für sie kaum möglich wäre.

Die Telearbeiterinnen beider Unternehmen arbeiten mit Personal Computern, die selbst finanziert werden müssen. Aufgrund der räumlichen Nähe zum Unternehmen erfolgt die Übermittlung der Textvorlagen und Arbeitsergebnisse über Selbstabholung bzw. per Fahrdienst. Das Texterfassungsunternehmen erhält die Textvorlagen in der Regel per Post oder in eiligen Fällen per Telefax. Die Arbeitsergebnisse werden entweder auf Diskette gespeichert per Post oder mittels Datenfernübertragung (DFÜ) an das Fotosatzunternehmen geliefert.

Die Telearbeiterinnen sind alle formal selbständig und arbeiten auf 590 DM Basis. Zwischen allen Beteiligten besteht eine Auftraggeber-Auftragnehmer Beziehung. Die Kontrolle erfolgt ausschließlich über das Arbeitsergebnis.

Erfahrungen und zukünftige Pläne

Für das Fotosatzunternehmen bietet die geschilderte Organisationsform viele Vorteile. Dadurch daß die gesamte Texterfassung ausgelagert bzw. von freien Mitarbeitern durchgeführt wird, können die Lohnkosten gering gehalten werden. Zudem entsteht dem Unternehmen keinerlei Beschäftigungsrisiko bei einem möglichen Auftragsrückgang.

Es wird erwartet, daß in den nächsten Jahren die Anzahl der Telearbeiter, die für das Fotosatzunternehmen direkt oder indirekt tätig sind, weiter sinken wird, da die Kunden zunehmend ihre Texte selber erfassen. Vermutlich wird die reine Texterfassung als eigenständige Dienstleistung keine große Zukunft mehr haben. Das Texterfassungsunternehmen versucht dies durch Aufträge im Bereich Korrekturlesen auszugleichen.

Gateway 2000: Telemarketing und Televertrieb

Überblick

Gateway 2000 beschäftigt in den USA ca. 4.000 Arbeitskräfte. Die Produkte werden direkt auf dem Markt mittels Telemarketing- und Televerkauf vertrieben. Seit Oktober 1993 betreibt der US-amerikanische Computerhersteller auch Produktions- und Vertriebsstätten in Dublin, von wo der Vertrieb der Produkte auf dem europäischen Markt erfolgt. Als zusätzliche Dienstleistung steht dem Kunden ein technischer Hilfsdienst zur Verfügung. Die Einrichtung in Dublin kann als „off Shore" Telecenter beschrieben werden. Kunden aus ganz Europa können mittels Freileitungen bedient werden.

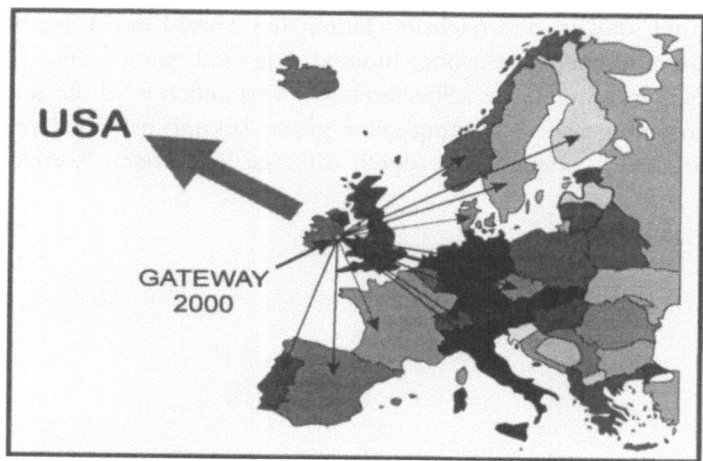

Einführung der Telearbeit

Der Aufbau der europäischen Niederlassung in Dublin erfolgte aufgrund mehrerer Gründe. Zum einen verfolgte Gateway eine Expansion seiner Tätigkeiten auf dem Weltmarkt, zum anderen war eine Niederlassung in Europa unumgänglich, um sich hier etablieren zu können. Zudem sollten durch größere Kunden- und Marktnähe ein größerer Marktanteil und eine bessere Konkurrenzfähigkeit erreicht werden. Mit der Liberalisierung der Absatz- und Beschäftigungsgesetze in der EU wurde dieser Schritt erleichtert.

Die irische „Industrial Development Authority IDA" förderte den Aufbau der Niederlassung Dublin in Form von Finanzbeihilfen und logistischer Unterstützung. Außerdem verbilligte die Telecom Eirean Ferngespräche ins und aus dem europäischen Ausland nach Irland, was zu einem Ansiedlungsboom von Industrieunternehmen und anderen Organisationen mit Direktvertrieb und Telemarketing in Dublin beitrug.

Die Vorteile der Telearbeit für Gateway liegen in der höheren Kosteneffizienz durch den direkten Verkauf auf dem Markt und in der effektiveren Unterstützung der Kunden, da direkter Kontakt mit dem Kunden und nicht erst über andere Vertriebspartner besteht.

Der Aufbau der Niederlassung Dublin erfolgte innerhalb kürzester Zeit. Zu Beginn wurde ein grober Rahmenplan aufgestellt. Es wurde vereinbart, daß nach 71 Tagen das Telecenter Dublin den Betrieb aufnehmen sollte. Eine 50 Mann starke Spezialeinheit, die aus Vertretern sämtlicher Unternehmensabteilungen gebildet wurde, war für die Anwerbung und Ausbildung der anfänglich 125 Arbeitskräfte, den organisatorischen Aufbau und die Inbetriebnahme verantwortlich.

Die Anwerbung qualifizierter Arbeitskräfte vergab Gateway an lokale Personalagenturen. Auswahlkriterien für die zukünftigen Mitarbeiter waren eine geeignete Persönlichkeit für Telefontätigkeiten, gute Lernfähigkeit bezüglich der internen Trainingsprogramme und die notwendige Teamfähigkeit.

Vertragliche Gestaltung, Technikausstattung und Management der Telearbeit

Von den derzeit insgesamt etwa 300 Angestellten arbeiten 150 als Telearbeiter. Der Frauenanteil beträgt 55%. Das Durchschnittsalter liegt bei 24 Jahren. Die Telearbeiter stammen aus verschiedenen Ländern Europas.

Der Unterschied zwischen Telearbeitern und Nicht-Telearbeitern besteht lediglich im Aufgabenbereich. Erstere sind ausschließlich im Televerkauf tätig. Der Arbeitsort ist hingegen bei Telearbeitern und Nicht-Telearbeitern der gleiche. Theoretisch besteht für die Telearbeiter die Möglichkeit, auch zu Hause zu arbeiten, jedoch wird dies momentan von keinem Telearbeiter praktiziert.

Alle Angestellten haben einen standardisierten Arbeitsvertrag, wobei keinerlei Unterschiede zwischen Telearbeitern und Nicht-Telearbeitern bestehen. Die Telearbeiter haben feste Arbeitszeiten in Form von 2 Schichten, morgens und nachmittags. Das Büro ist täglich 13 Stunden von 8 Uhr bis 21 Uhr geöffnet. Bezahlt werden die Telearbeiter monatlich und erhalten wie Vertreter eine Verkaufsprovision. Vor und während ihrer Tätigkeit werden sie mittels eines Trainings betreut. Zuvor durchlaufen sie einen sechsmonatigen Vorbereitungskurs, mit dem Ziel, ihre Persönlichkeit und Qualifikation weiter zu entwickeln.

Alle Telearbeiter haben ihren eigenen PC mit Faxkarte, ein Telefon und einem Drucker. Die genutzte Software umfaßt Textverarbeitung, Datenbanken, E-Mail, Dateitransfer und Voice-Mail. Alle Telearbeiter haben einen direkten Zugang zu den Datenbanken des Zentralcomputers. Kommt es zu einem Versagen der technischen Ausstattung der Telearbeiter, so können diese an einem Ersatzschreibtisch ihre Arbeit fortsetzen.

Um Datenschutz und Datensicherheit zu gewährleisten werden unternehmensinterne Sicherheitsmaßnahmen praktiziert. Gateway hat einen Weg eingeschlagen, der die Sicherheitsbedürfnisse des Unternehmens und die Autonomie/Privatssphäre und Motivation der Angestellen ausbalanciert.

Mittels Online-Überwachung des Telefonsystems ist eine Kontrolle jeder Person zu jedem Zeitpunkt möglich. Diese soll nicht dazu dienen, jeden einzelnen Mitarbeiter zu kontrollieren, sondern es ist mit ihr möglich, allgemeine Effizienzdaten zu gewinnen. Termine und Ziele werden zwischen Angestellten und Managern gegenseitig abgesprochen.

Die Telearbeiter wurden in Teams aufgeteilt, die in regelmäßigen Meetings ihre aufgabenbedingten Probleme und Ziele diskutieren. Schwerpunkt ist und bleibt das Selbstmanagement der Telearbeiter. Zudem werden regelmäßige Telefonate und Meetings dazu genutzt, die eigenen Erfahrungen weiterzugeben.

Erfahrungen und zukünftige Pläne

Die Produktivität konnte im Laufe der Zeit erhöht werden, jedoch unterliegt sie Schwankungen. Viel Zeit und Anstrengungen wurden darauf verwendet, die Motivation der Angestellten zu steigern, da diese als der primäre Grund für die Produktivitätsschwankungen gesehen wird. So wurden z.B. zwanglose Treffen und gemeinsame sportliche Aktivitäten organisiert, um ein günstiges Betriebsklima zu schaffen.

Insgesamt wird die Investition von Gateway als sehr lohnend angesehen. Innerhalb kurzer Zeit konnte das Unternehmen seinen Marktanteil auf dem britischen Markt erheblich steigern. Die Telearbeit wird hierbei als ein wesentlicher Bestandteil dieses Erfolges gesehen.

IBM Deutschland GmbH: die außerbetriebliche Arbeitsstätte

Überblick

Die IBM Deutschland GmbH hat 1993 mit 22 000 Mitarbeitern einen Umsatz von 12,5 Milliarden DM erzielt. Der Sitz der Holding ist Berlin, ein Großteil der Betriebsstätten befindet sich jedoch im Stuttgarter Raum.

Die IBM-Betriebsvereinbarung zur außerbetrieblichen Arbeitsstätte wurde 1991 verabschiedet. Etwa 370 Mitarbeiter sind unter dieser Vereinbarung alternierend als Telearbeiter tätig, d.h. sie haben zu Hause und im Büro jeweils einen Arbeitsplatz. Das Tätigkeitsspektrum der Telearbeiter ist vielseitig und reicht vom Programmieren über Systemwartung, Entwicklung und Kundenservice bis zur Ausarbeitung von Schulungsunterlagen. Die räumliche Verbreitung konzentriert sich auf den Großraum Stuttgart mit den Städten Stuttgart, Böblingen und Sindelfingen sowie das jeweilige Umland.

Einführung der Telearbeit

Ein wesentliches Unternehmensziel der IBM Deutschland ist die Flexibilisierung in jeder Beziehung: einmal im Hinblick auf die Arbeitsgestaltung, zum anderen im Hinblick auf die Kundenorientierung. Ziel ist es, daß Mitarbeiter für interne wie externe Kunden schneller erreichbar und länger verfügbar sind, um allgemein in allen Bereichen die Kundenzufriedenheit durch besseren Service zu erhöhen. Hierbei spielt die Telearbeit eine wichtige Rolle.

Ein weiteres Motiv für die Einführung der Telearbeit war die Hoffnung auf eine hohere Produktivität und Effizienz. Einmal bedingt durch die größere Zeitsouveränität der Mitarbeiter, zum anderen durch Schreibtischteilung, um Liegenschaftsflächen einzusparen (Strategie für die Zukunft). Weitere Motive sind Qualifikationserhaltung bei weiblichen wie männlichen Mitarbeitern, die eine bessere Vereinbarkeit von Familie und Beruf wünschen.

Die jeweilige Führungskraft entscheidet nach betrieblichen Erfordernissen und unter Berücksichtigung sozialer Gegebenheiten, welcher Mitarbeiter teilnehmen darf. Besonders geeignet sind motivierte, selbstbewußte Mitarbeiter mit einem hohen Grad an Selbstdisziplin, die eigenverantwortlich handeln können. Arbeitsaufgabe und Arbeitsorganisation müssen dazu geeignet sein, ganz oder teilweise von zu Hause aus erbracht zu werden.

Hinsichtlich der Wirtschaftlichkeit sind hier nicht so sehr die Endgerätekosten, sondern die Leitungskosten das entscheidende Kriterium. Die durchschnittlichen Kosten für eine Telekommunikationsverbindung betragen bei IBM momentan 318,- DM pro Anschluß. Hingegen würde sich bei monatlichen Leitungskosten von ca. 4.000,- DM (5 Stunden à 20 Arbeitstage) in der größten Entfernungszone (entfernungsabhängige Gebührenregelung) Telearbeit für die Firma nicht rechnen. Entsprechende Anträge von weit außerhalb wohnenden Mitarbeitern wurden und werden deshalb abgelehnt.

Hinzu kommen noch soziale Kriterien. So wurde es Mitarbeiterinnen im Erziehungsurlaub gestattet, zu Hause zu arbeiten, was sich zumindest nur langfristig für das Unternehmen rechnet. Ansonsten gibt es einige weitere Sozialfälle, z.B. Mitarbeiter mit behinderten Kindern und dementsprechend erhöhtem Betreuungsaufwand.

Vertragliche Gestaltung, Technikausstattung und Management der Telearbeit

Der sehr bekannt gewordenen Betriebsvereinbarung von IBM vom Sommer 1991 ist als erster nicht-technischer Innovation der Innovationspreis der deutschen Industrie verliehen worden. Sie ist sozialpartnerschaftlich ausgehandelt worden, richtet sich an sämtliche festangestellte Mitarbeiter des Unternehmens und regelt die mit der praktizierten alternierenden Telearbeit verbundenen Belange wie die häusliche Infrastruktur und ihre Finanzierung, Aufwandserstattung, Arbeitszeit, Haftung, Versicherungsschutz und Datenschutz.

Der Arbeitnehmerstatus bleibt in der bestehenden Form erhalten, alle betrieblichen Regelungen oder Personalprogramme gelten unverändert oder sinngemäß. Die Einrichtung der außerbetrieblichen Arbeitsstätte ist freiwillig. Sie erfolgt auf Antrag des Mitarbeiters, erfordert jedoch die Zustimmung der Führungskraft. Die Investitionskosten und die laufenden Kosten für den Arbeitsplatz trägt das Unternehmen, zudem erhält der Telearbeiter für Energie, Reinigung etc. eine monatliche Pauschale von 40,- DM vergütet. Telefonkosten werden gegen Nachweis erstattet. Die Arbeitszeiten werden individuell zwischen Führungskraft und Mitarbeiter abgesprochen. Der Telearbeiter führt ein Arbeitstagebuch, in dem alle vergütungsrelevanten Zeiten dokumentiert werden und das am Monatsende der Führungskraft vorgelegt wird.

Die informations- und kommunikationstechnische Ausstattung der IBM-Telearbeiter ist sehr unterschiedlich und abhängig von ihrem Tätigkeitsfeld. So gibt es beispielsweise Dozenten, die permanent online an ein Lernsystem angekoppelt sind, während andere nur über PC, Telefon und Drucker verfügen und gar nicht mit dem Großrechner verbunden sind. Viele brauchen ein System zu Hause, um Informationen (elektronische Handbücher oder Verkaufsdaten) vom Zentralrechner zu bekommen, bei anderen ist interaktive Nutzung nicht notwendig. Manche arbeiten acht Stunden am Tag am Bildschirm, andere betrachten nur eine Stunde vormittags die Electronic-Mail oder schauen sich nur kurz am Wochenende Kundentermine im elektronischen Kalender an.

Hinsichtlich der Datensicherheit wurden diverse Vorkehrungen getroffen, um sicherzustellen, daß nur berechtigte Mitarbeiter Zugang haben. Zudem verfügt IBM über ein Sicherheitsstufen-System; nur Daten bestimmter Sicherheitsstufen (nicht die oberste Kategorie) dürfen nach Hause gelangen. Die Verbindung zwischen Unternehmen und Telearbeiter erfolgt über den automatischen Rückruf vom Rechenzentrum, so daß die entstehenden Kosten zu Lasten des Unternehmens gehen.

IBM verfügt über einen Help Desk für Systemausfall und Anwendungsprobleme. Bei Geräteausfall von fest installierten Geräten kommt der technische Außendienst nach Hause; handelt es sich um ein Notebook, wird dieses beim nächsten Bürotermin von den Mitarbeitern mit ins Büro gebracht.

Die alternierenden Telearbeiter suchen mindestens einmal in der Woche das Büro auf. Wochenlange Abwesenheit kommt in der Regel nicht vor. Manager stellen die erforderliche Kommunikation mit dem Telearbeiter insbesondere mittels Vier-Augen-Gesprächen und Abteilungsbesprechungen sicher. Die elektronischen Medien haben hier nach Auffassung von IBM, und dies gilt selbst für Video, ihre Grenzen. Ansonsten erfolgt die Kommunikation mit den Telearbeitern über Telefon, z.T. auch über den privaten Fax-Anschluß oder über Electronic-Mail. Da die Technik immer billiger wird, unterstützt sie die Entwicklung zur Telearbeit sehr stark. Als letzte Barriere wird jedoch auf das Problem der hohen Leitungskosten verwiesen.

Alle Mitarbeiter bei IBM werden mit "Management by Objectives" geführt, bei IBM nennt man das "Führen durch Zielvereinbarung". Diese Führungskultur ist im Unternehmen seit langem etabliert. Das Prozedere ist output-orientiert; kontrolliert werden die vorher festgelegten Ergebnisse, der Weg zur Zielerreichung ist jedem Mitarbeiter freigestellt. Zwischen Mitarbeitern im Büro und Mitarbeitern in außerbetrieblichen Arbeitsstätten besteht hierbei kein Unterschied.

Erfahrungen und zukünftige Pläne

Mit der Begleitforschung des Telearbeitsvorhabens hat man ein externes, unabhängiges Universitätsinstitut in Tübingen beauftragt. Die Ergebnisse (Glaser/Glaser 1995) werden als überaus positiv für alle Beteiligten eingeschätzt. Die befragten Mitarbeiter mit außerbetrieblicher Arbeitsstätte empfinden ihre neue Arbeitsform als sehr vorteilhaft, wenngleich natürlich auch einige Umstellungen notwendig sind, die gut bewältigt werden. Beispielsweise wurde genannt, daß man die Kinder dazu erziehen müßte, während der Arbeit nicht ständig ins Zimmer zu kommen.

Bei der Beurteilung des Telearbeitsprojektes muß man die sehr günstigen Voraussetzungen bei IBM berücksichtigen. So sind die technischen Voraussetzungen sehr gut. Außerdem wird im Unternehmen bereits seit langem zielorientiert geführt. Schließlich handelt es sich bei IBM um ein sehr dezentrales Unternehmen, das sich zwar im Raum Stuttgart konzentriert, dort aber an vielen Orten Betriebsstätten besitzt, so daß hinsichtlich technischer und organisatorischer Voraussetzungen kaum Unterschiede zur Telearbeit bestehen.

Aufgrund der Befragung der Telearbeiter und Manager kommt man zu der Einschätzung, daß die Produktivität um 10-20 % höher als bei reiner Büroarbeit liegt, in manchen Fällen noch höher. Die Gründe für die erhöhte Produktivität liegen im ungestörten Arbeiten und daran, daß man Ideen sofort aufgreifen und ausprobieren kann. Weiterhin kann man die Arbeitszeit stärker den beruflichen Erfordernissen anpassen und den persönlichen Arbeitsrhythmus stärker berücksichtigen. Gerade im Bereich der Kommunikation mit Übersee erweist sich die Telearbeit als sehr vorteilhaft. Die Arbeit kann in den Abend verlegt werden, um aufgrund der Zeitunterschiede besser mit amerikanischen Partnern kommunizieren zu können.

Das absolut positive Ergebnis hat IBM ermutigt, Telearbeit weiter zu verfolgen. So gibt es Überlegungen, den Telearbeitern im Büro keinen festen Arbeitsplatz mehr zuzuweisen, sondern einen flexiblen. Ein weiterer Bereich, der derzeit intensiv angegangen wird, ist der mobile Arbeitsplatz für den Vertrieb und den technischen Außendienst. Insgesamt 2.000 Notebooks wurden zur Arbeit unterwegs (beim Kunden, im Zug etc.) ausgegeben. Häusliche Arbeitsplätze werden bei diesem Modell allerdings nicht eingerichtet.

ICL Enterprise Systems: Telearbeit in der Softwareentwicklung

Überblick

Das Unternehmen ICL Enterprise Systems mit Stammsitz in Wokingham, Berkshire (UK), beschäftigt ca. 550 Mitarbeiter. Neben der Herstellung und dem Verkauf von Computern, ist die Firma in Entwicklung und Vertrieb von Software tätig.

Mit der Einführung der Telearbeit im Unternehmen reagierte ICL auf den zunehmenden Verlust von qualifizierten Arbeitskräften, vorwiegend Frauen, die aufgrund familiärer Gründe ausschieden. Hauptmotivation waren zum einen der Erhalt von qualifizierten Arbeitskräften, die zuvor von ICL ausgebildet worden waren, und zum anderen die Rekrutierung von neuen Arbeitskräften.

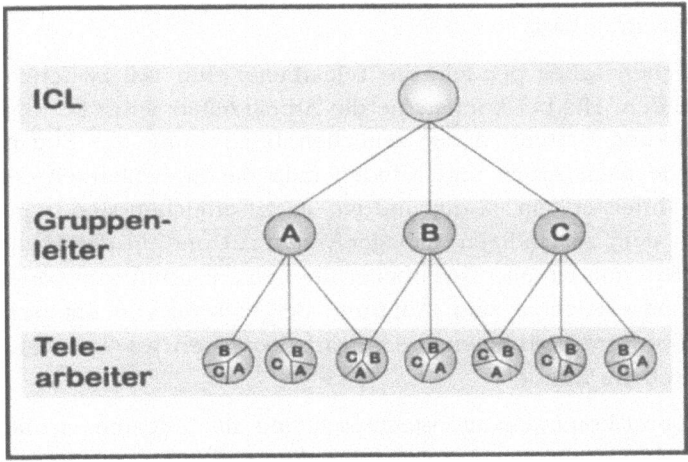

Einführung der Telearbeit

Als Telearbeitspionier startete ICL bereits 1969 ein eigenes Telearbeitsprojekt und entwickelte im Laufe der Jahre seine eigene Telearbeitspolitik. Begonnen wurde mit weiblichen Angestellten, die nach der Geburt ihres Kindes weiterhin berufstätig bleiben wollten. Heute beläuft sich die Zahl der Telearbeiter auf 230. Das Telearbeitsprogramm umfaßt die Bereiche Softwareentwicklung, Erstellung von Manuals und Management. Aufgrund der Größe des Programms wurden eine Reihe von Richtlinien aufgestellt, wie Telearbeit einzuführen ist. Um Telearbeiter werden zu können, müssen bestimmte Kriterien erfüllt werden, wie z.B. berufliche Qualifikation, Zuverlässigkeit und organisatorische Fähigkeiten.

In den 80er Jahren wurde der Bereich Systemanalyse und Programmierung neu organisiert. Seitdem werden mehrere Telearbeiter zu einem sogenannten „Resource-Pool" zusammengefaßt, aus dem spezielle projektbezogene Teams zusammengestellt werden können. Angeleitet werden diese Teams von Gruppenleitern, die für die Motivation und Arbeitsorganisation zuständig sind.

Zwei Fünftel aller ICL-Mitarbeiter sind Telearbeiter. Die Telearbeiter sind zu 90% weiblich, zwischen 25 und 60 Jahren alt und weisen eine mindestens fünfjährige Berufserfahrung auf. Die Telearbeiter sind in der Regel Teilzeitkräfte und arbeiten im Durchschnitt 21 Stunden pro Woche.

Vertragliche Gestaltung, Technikausstattung und Management der Telearbeit

Die große Mehrheit der ICL-Telearbeiter hat einen normalen Arbeitnehmerstatus und dieselben Rechte wie jeder andere Mitarbeiter. Lediglich 10% arbeiten als Selbständige auf Werkvertragsbasis.

Bei ihrer täglichen Arbeit pendeln die Telearbeiter zum Teil zwischen Heimarbeitsplatz und Kunden. Hierbei können sie die Arbeitszeiten selbst bestimmen. Die einzige Beschränkung besteht in der zeitlichen Begrenzung des Zugangs zum Zentralcomputer. Je nach Arbeit und Kunden muß die Erreichbarkeit der Telearbeiter jederzeit gewährleistet sein. Wann und wo sie zu erreichen sind, wird eine Woche im voraus mit dem zuständigen Manager vereinbart und an das Hauptbüro weitergegeben. Zudem müssen alle Telearbeiter über einen Anrufbeantworter während ihrer Abwesenheit erreichbar sein. Aufgrund der Vielzahl von unterschiedlichen Systemen und Software verbringen die Telearbeiter einen wachsenden Teil ihrer Arbeitszeit direkt beim Kunden.

Informations- und kommunikationstechnisch sind alle Telearbeiter mit Telefon, Personal Computer, Modem mit Telefon-Wählverbindung zum Zentralrechner und Electronic-Mail ausgestattet. Die Kommunikation findet hauptsächlich telefonisch und über Electronic-Mail statt, jedoch erfolgt noch immer ein Teil des Informationsaustausches über das Versenden von Unterlagen. Die Ausstattungskosten mit dem genannten Equipment liegen inklusive der erforderlichen Schulung zwischen 3.200 und 6.500 Britischen Pfund pro Telearbeiter und die laufenden Kosten zwischen 500 und 2.000 Britischen Pfund pro Jahr.

Beim Umgang mit der Telearbeit werden verschiedene Mittel zur Koordination und Kontrolle angewendet. Bestandteile des Managements sind z.B. Abgabetermine, regelmäßige telefonische Absprachen und Treffen, Teammeetings, Arbeitszeiten, Kundenfeedback, Zeitpläne und Leistungsbewertung.

Aufgrund des großen Anteils von Telearbeitern hat ICL eine Reihe von Verfahrensweisen und Richtlinien entwickelt, nach denen die Arbeit durchgeführt werden muß. Diese enthalten Anweisungen für die Bereitstellung von verschiedenen Diensten (Marketing, Qualität und Handel) und für die Durchführung diverser Prozesse (Finanz-, Personalprozesse etc.). Zudem beinhalten sie Informationen zu Karrierefragen, Dokumentationsstandards, Sicherheitsrichtlinien und zu Aspekten der Arbeitsorganisation.

Zum Teil arbeiten auch die Telearbeitsmanager als Telearbeiter. Ungefähr 60% ihrer Arbeitszeit verbringen diese Manager außerhalb ihres Arbeitsplatzes im Unternehmen, z.B. bei Arbeitstreffen mit Telearbeitern, Treffen mit Mitarbeitern anderer ICL-Abteilungen oder beim Kunden.

Die Kommunikation zwischen Telearbeitern und Managern wird in unterschiedlicher Weise organisiert. Formelle Kommunikation findet über Electronic-Mail, Telefon und Fax sowie auf Meetings statt, informelle über Telefon, Electronic-Mail-Notizbrett und private Treffen der Mitarbeiter.

Als wesentliches Mittel die Telearbeiter zu motivieren gelten speziell für Telearbeiter verfaßte Newsletter. Darüber hinaus verfügt man bei ICL über ein selbst entwickeltes Programm, mit dem Mitarbeiter ihren Weiterbildungsbedarf überprüfen können.

Erfahrungen und zukünftige Pläne

In bezug auf die Arbeitsproduktivität der Telearbeiter konnten Steigerungen von bis zu 40% festgestellt werden. Zudem verzeichneten die Manager Verbesserungen bei der Arbeitsqualität. Auf seiten der Telearbeiter machte das Unternehmen die Erfahrung, daß die Arbeitsmoral verbessert, der Lebensstil flexibler gestaltet und die Pendelkosten reduziert werden konnten.

Die Zahl der Telearbeiter bei ICL blieb in den vergangenen Jahren nahezu konstant, lediglich Arbeitskräfte, die das Unternehmen verließen, wurden ersetzt. Außerdem unterstützt das Unternehmen informelle Telearbeit, bei der die noch zentral beschäftigten Mitarbeiter einen Teil ihrer Arbeitszeit zu Hause arbeiten können.

Anhang 3: Fallstudien

Integrata AG: Telearbeitsvorreiter in Deutschland

Überblick

Das 1964 gegründete Software- und Beratungsunternehmen Integrata hat seinen Sitz in Tübingen und verfügt über mehrere Geschäftsstellen in Deutschland sowie in Österreich und der Schweiz. Mit seinen ca. 600 Mitarbeitern gehört es zu den größten Unternehmen seiner Art. In Deutschland gilt Integrata als Pionier der Anwendung von Telearbeit.

Bereits Anfang der 80er Jahre wurde im Unternehmen Telearbeit in Einzelfällen durchgeführt und über die gemachten Erfahrungen berichtet. Später bot das Unternehmen weiteren Mitarbeitern die Möglichkeit, die Wahl von Arbeitsort und Arbeitszeit flexibel zu gestalten. Heute sind etwa 200 festangestellte Mitarbeiter alternierend sowohl zu Hause als auch im Büro bzw. beim Kunden tätig.

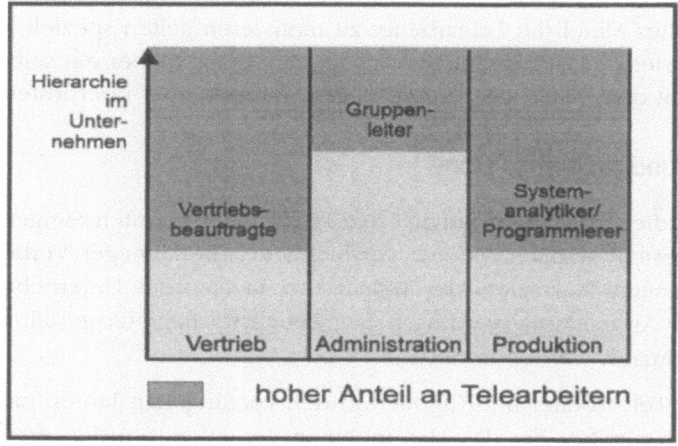

Einführung der Telearbeit

Telearbeit bei der Integrata begann 1983, als eine wissenschaftliche Mitarbeiterin und eine Programmiererin nach der Geburt ihrer Kinder gerne zu Hause in Teilzeit weiter beschäftigt werden wollten. Das Unternehmen richtete beiden einen Telearbeitsplatz ein und versorgte sie mit Aufgaben, die sie ohne großen Kommunikationsbedarf erledigen konnten. Das Anstellungsverhältnis wurde nicht geändert.

Im Anschluß an diese zeitlich befristeten Projekte ist Telearbeit bei der Integrata kontinuierlich gewachsen, wobei die Einführung von der Geschäftsleitung initiiert wurde. Den Mitarbeitern ist es überwiegend freigestellt, in Absprache mit Kollegen und Führungskräften, auch zu Hause zu arbeiten. Voraussetzung ist, daß sich ihre Tätigkeit auch für Telearbeit eignet, d.h. nicht allzu kommunikationsintensiv ist oder den Zugriff auf nur zentral vorhandene Ressourcen erfordert.

Derzeit sind bei Integrata ca. 200 Mitarbeiter alternierend auch von zu Hause aus tätig. Die durchschnittliche Dauer der Telearbeit, so ergab eine eigene Befragung aus dem Jahr 1991, liegt bei 9,5 Stunden pro Woche, wobei einzelne Mitarbeiter auch bis zu 30 Stunden wöchentlich zu Hause arbeiten. Zu den Tätigkeiten, die zu Hause erledigt werden, gehören an erster Stelle konzeptionelle Arbeiten und alle Arbeiten im Zusammenhang mit Referententätigkeiten, gefolgt vom Erstellen von Statistiken und Berichten, Literaturstudium, Telefonaten und Programmierung. Bei den zu Hause durchgeführten Tätigkeiten handelt es sich also überwiegend um Arbeiten, die der Ruhe und Konzentration bedürfen und nicht sehr kommunikationsorientiert sind.

Interessant ist, daß mit steigender beruflicher Position, der Anteil der Heimarbeit steigt. Beim Integrata-Management ist regelmäßige Arbeit zu Hause eine Selbstverständlichkeit. Telearbeit ist zudem in den einzelnen Sparten Vertrieb, Administration und Produktion unterschiedlich ausgeprägt. Sie reicht im Vertrieb und der Produktion deutlich weiter in die unteren Rangstufen als in der Verwaltung, die mehr auf die Infrastruktur des Büros angewiesen ist.

Vertragliche Gestaltung, Technikausstattung und Management der Telearbeit

Telearbeit bei Integrata geschieht ausschließlich auf freiwilliger Basis. Alle Telearbeiter befinden sich in einem festen Anstellungsverhältnis und sind sozial abgesichert. Es gibt keine Arbeit auf Abruf, das Beschäftigungsrisiko wird weiterhin vom Unternehmen getragen.

In der Regel verfügen die Telearbeiter zu Hause über einen eigenen, selbst finanzierten PC. Für die berufliche Nutzung erhalten sie eine pauschale Vergütung von 3,- DM pro Arbeitsstunde, wobei über die monatliche Spesenabrechnung abgerechnet wird. Auch die anfallenden Telefonkosten werden vom Unternehmen übernommen.

Frühzeitige Erfahrungen im Umgang mit der Videokommunikation sammelte Integrata in einem ISDN-Bildtelefon-Pilotprojekt. Für den Pilotversuch standen fünf ISDN-Bildtelefone zur Verfügung. Je ein Gerät befand sich in der Zentrale in Tübingen, den Geschäftsstellen Stuttgart und Frankfurt sowie zu Hause bei den Projektleitern in Bonn und in Waldbronn bei Karlsruhe. Damit verfügten beide Projektleiter über die Möglichkeit, Projektleitung mit Teleheimarbeit zu verbinden.

Bei der Durchführung des Projektes wurde die Erfahrung gemacht, daß nach anfänglicher Skepsis die Akzeptanz der neuen Technik mit steigender Nutzungszeit zunahm. Die Benutzer empfanden die Gespräche mit dem Bildtelefon als hilfreich, motivierend und angenehm. Die Mehrzahl der Gespräche hatte eine Länge von mehr als 20 Minuten und diente überwiegend der Projektsteuerung und der Mitarbeiterführung, was die Bedeutung des Bildtelefons als Führungsinstrument unterstreicht. Als wirtschaftlicher Vorteil wird die Reduktion der Dienstreisen auf das notwendige Minimum herausgestellt.

Um die unternehmensinterne Kommunikation zu erleichtern, wurde der Freitag als fester Bürotag eingerichtet. Ansonsten ist jeder Mitarbeiter verpflichtet, das Sekretariat über seinen jeweiligen Aufenthaltsort zu informieren, um die Erreichbarkeit zu gewährleisten.

Erfahrungen und zukünftige Pläne

Integrata hat in den Jahren 1988 und 1991 im Hinblick auf die Praxis der Telearbeit eigene Umfragen unter seinen Mitarbeitern durchgeführt. Insgesamt wird die Telearbeit als sehr positiv beurteilt. Die Befragten sehen einen wesentlichen Vorteil der Telearbeit in der ruhigen und störungsfreien Atmosphäre zu Hause. Auch die Möglichkeit zur freien Zeiteinteilung und das Arbeiten nach dem eigenen Biorhythmus ist insbesondere für kreative Tätigkeiten äußerst wichtig und wird von den Telearbeitern als motivierend und effektivitätssteigernd empfunden. Nachteile, wie die mangelnde Kommunikation und dadurch bedingte drohende Isolation, werden von den Befragten lediglich bei hohem Heimarbeitsanteil als Gefahr angesehen.

Die praktizierte Arbeitsform macht sich auch für das Unternehmen positiv bemerkbar. Zum einen profitiert Integrata von der höheren Motivation und Arbeitsproduktivität der Telearbeiter, zum anderen ist die offene und selbstbestimmte Arbeitsatmosphäre im Unternehmen ein Wettbewerbsvorteil bei der Suche nach qualifizierten Arbeitskräften. Hingegen sind die Nachteile für das Unternehmen eher gering. Als solche empfunden werden die erhöhten Anforderungen an das Management, da Aufgaben, Arbeitsabläufe und die Kommunikation stärker geplant werden müssen, sowie vereinzelt die eingeschränkte Verfügbarkeit der Telearbeiter.

Da die Vorteile der Telearbeit eindeutig die Nachteile überwiegen, wird die alternierende Telearbeit bei Integrata auch in Zukunft den Mitarbeitern als eine Möglichkeit der Arbeitsorganisation angeboten. Zu einer Ausweitung wird es allerdings kaum kommen, da im Unternehmen das Potential für Telearbeit bereits weitgehend ausgeschöpft ist.

Konstruktionsbüro Pollozek: Telearbeit auf dem Bauernhof

Überblick

Frau Pollozek betreibt auf dem heimischen Hof bei Ansbach ein eigenes Konstruktionsbüro, von dem aus sie für eine Reihe namhafter Industrieunternehmen CAD-Konstruktionen ausführt. Hierbei nutzt sie modernste Computertechnologie und ist in der Lage, online auf Datenbestände ihrer Kunden zuzugreifen. Mit ihrem Einpersonen-Unternehmen erwirtschaftet Frau Pollozek derzeit einen Jahresumsatz von ca. 100.000 DM. Als wichtige Trends, die diese Form der Telearbeit in dem o.g. Tätigkeitsbereich positiv beeinflußt haben, lassen sich auf der einen Seite zunehmend verbesserte technische Möglichkeiten für die Auftragserledigung und auf der anderen Seite steigender Kostendruck und damit zunehmende Bereitschaft zum Outsourcing auf seiten potentieller Kunden nennen.

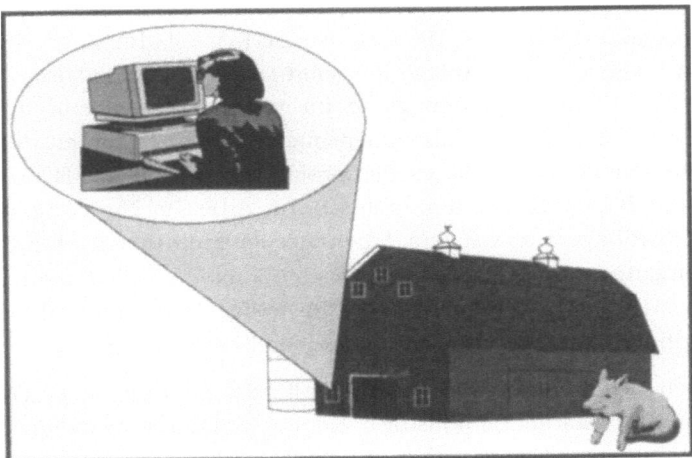

Einführung der Telearbeit

Als Frau Pollozek auf den landwirtschaftlichen Betrieb ihres Mannes übersiedelte, war die Krise in der Landwirtschaft bereits deutlich zu spüren. Vor diesem Hintergrund führte die ökonomische Situation des eigenen landwirtschaftlichen Betriebes zu der Überlegung, den erlernten Beruf als Konstrukteurin wieder aufzunehmen. Gleichzeitig bestand jedoch der dringende Wunsch, weiterhin auf dem eigenen Hof leben und arbeiten zu können.

Hierbei galt es zunächst, einen Geschäftsplan zu entwickeln, der mit den Erfordernissen des landwirtschaftlichen Betriebes in Einklang zu bringen war. Da es außer Frage stand, daß der Hof auch weiterhin bewirtschaftet werden sollte, wurde von dem Ehepaar Pollozek von Anfang an die Notwendigkeit erkannt, beide Tätigkeitsbereiche innovativ zu entwickeln und aufeinander abzustimmen. Der eigene Hof wurde stets als Gesamtbetrieb mit verschiedenen ökonomischen Standbeinen betrachtet.

Aus eigener Initiative besuchte Frau Pollocek zunächst einen Ausbildungslehrgang für ein PC-basiertes CAD System (AUTOCAD), den sie auch selbst finanzierte. An bestehende Kontakte und Erfahrungen anknüpfend, begann Frau Pollozek zunächst, für verschiedene Auftraggeber Konstruktionsaufträge am klassischen Reißbrett sowie am PC auszuführen.

Ein Förderprogramm des bayerischen Landwirtschaftsministeriums bot Frau Pollozek 1992 die Chance zu einer wesentlichen Erweiterung der bis dahin vorhandenen Angebotspalette. Im Rahmen eines Pilotprojektes nahm sie an einem Ausbildungskurs für ein Workstation-basiertes CAD System (CATIA) teil. Im Zuge dieses Projektes wurde in eine eigene CATIA Anlage investiert sowie der Datenaustausch über ISDN ermöglicht. Das Förderprogramm zielte im wesentlichen darauf ab, bayerischen Landwirten eine zusätzliche Einkommensquelle durch Telearbeit zu ermöglichen. Die Konzeptentwicklung für dieses Pilotprojekt wurde mit der Handelskammer für Oberfranken in Bayreuth, der Bundesanstalt für Arbeit in Nürnberg, dem Landesarbeitsamt für Nordbayern sowie dem Arbeitsamt Bayreuth durchgeführt. Der erste 72-wöchige Lehrgang begann Mitte des Jahres 1991 mit 15 Teilnehmern. Im darauffolgenden Jahr wurde auf dem Bauernhof die nötige Hard- und Software installiert, und somit konnten auch die ersten Aufträge bearbeitet werden.

Zum direkten Kundenkreis von Frau Pollozek gehören u.a. Dynamit Nobel (Zulieferer in der Automobilindustrie), Krauss (Sondermaschinenbau), MAN (Fertigungsmittel), Siemens (Elektromotoren) etc. Die Konstruktionen von Frau Pollozek werden mittlerweile weltweit eingesetzt, z.B. in der Automobilindustrie von Ford, BMW, Mercedes, VW und anderen. Die direkten Auftraggeber sind im Umkreis von 6 bis 200 km ansässig, wovon ein großer Teil als Stammkundschaft bezeichnet werden kann.

Der Kundenwerbung und -pflege wird eine große Bedeutung beigemessen. Gezielte Marketingaktivitäten wie etwa die Erstellung einer Broschüre, die unter dem Slogan "Hightech von Pollozek" die gesamte Breite der angebotenen Leistungen in Wort und Bild illustriert, oder Besuche einschlägiger Messen werden eingesetzt, um neue Kunden zu gewinnen. Der Hauptanteil der Auftragsakquisition erfolgt jedoch durch Weiterempfehlung bisheriger Kunden.

Vertragliche Gestaltung, Technikausstattung und Management der Telearbeit

Frau Pollozek ist als selbständige Konstrukteurin tätig, die keine festangestellten Mitarbeiter beschäftigt. Bei Arbeitsspitzen hilft gelegentlich ein in der Nähe ansässiger Konstrukteur aus, der ansonsten als festangestellter Mitarbeiter einer Firma täglich in das 35 km entfernte Crailsheim pendelt. Falls die zukünftige Umsatzentwicklung dies zuläßt, könnten sich jedoch beide Seiten durchaus eine Zusammenarbeit auf anderer Basis vorstellen. Vertragliche Vereinbarungen bestehen vor diesem Hintergrund daher lediglich mit den Auftraggebern.

In technischer Hinsicht kann bei der Auftragserledigung auf modernste Technologie zurückgegriffen werden. Daneben wird ganz bewußt auch die Möglichkeit angeboten, auf klassischer Konstruktionsbasis am Zeichenbrett zu arbeiten. Dies ist besonders wichtig, da auf seiten der Kunden unterschiedliche technische Voraussetzungen bestehen und viele Auftraggeber nicht über die nötige Infrastruktur verfügen, um PC oder Workstation-basierte Konstruktionen intern zu handhaben. Die Arbeitsergebnisse werden daher, je nach den Voraussetzungen beim Kunden, direkt über ISDN versendet bzw. auf Diskette oder Datenband zum Kunden geschickt. Teilweise werden die Arbeitsergebnisse zudem auf Papier abgeliefert. Bisher nutzen ca. 10% aller Kunden den Datentransfer über ISDN.

Grundsätzlich besteht die Möglichkeit, daß sich der Kunde über ein vergebenes Paßwort in das System einloggt und auf für ihn bereitgehaltene Datenbestände direkten Zugriff erhält. Gleiches ist auch in entgegengesetzter Richtung auf dem System des Kunden möglich. In der Praxis ist ein solches Vorgehen bisher jedoch eher die Ausnahme, da die meisten Firmen nicht über die hierfür nötigen technischen und organisatorischen Möglichkeiten verfügen.

Aus arbeitsorganisatorischer Sicht ist eine flexible Auftragsbearbeitung von entscheidender Bedeutung. Dies bezieht sich zum einen auf die z.T. unregelmäßig akquirierten Aufträge, die sehr oft hohe Arbeitsspitzen mit sich bringen, aber auch auf die Erfordernisse, die der landwirtschaftliche Betrieb stellt. Ein Achtstundentag kann von Frau Pollozek vielfach nicht eingehalten werden.

Zur Kommunikation mit dem Kunden werden alle gängigen Kommunikationsmittel eingesetzt; je nach Bedarf werden Briefpost, Telefon, Faxgerät oder Modem genutzt. Trotz der sehr guten Telekommunikationsmöglichkeiten kann auf persönliche Treffen mit den Kunden in den meisten Fällen nicht verzichtet werden, da sich ein Konstruktionsauftrag in der Regel als komplexer Prozeß darstellt, bei dem Kundenwünsche und Auftragsrealisierung immer wieder aufeinander abgestimmt werden müssen. In der Regel treffen sich Frau Pollozek und ihr jeweiliger Kunde zu ein- bis zweistündigen Gesprächen entweder beim Auftraggeber oder auf dem eigenen Hof.

Erfahrungen und zukünftige Pläne

Frau Pollozek erwartet nicht, daß sich das Auftrags- und Umsatzvolumen in absehbarer Zeit wesentlich erhöhen wird. Die relativ schlechte gesamtwirtschaftliche Situation schlägt sich auch in den Auftragseingängen nieder. Auf der einen Seite sind die Unternehmen zwar gezwungen, Kosten zu senken und somit eher geneigt, Aufträge nach außen zu vergeben. Auf der anderen Seite wird jedoch generell sparsamer mit Auftragsvolumina umgegangen.

Vor dem oben beschriebenen Hintergrund der fehlenden kommunikationstechnischen Infrastruktur bei den Unternehmen hofft Frau Pollozek für die Zukunft, daß eine informationstechnische "Aufrüstung" auf seiten ihrer Kunden die eigene Marktposition stärken wird. Allgemein wird die zukünftige Verbreitung von selbständiger Telearbeit eher vorsichtig eingeschätzt. Als Hinderungsgründe werden vor allem die hohen Investitionskosten genannt sowie der recht hohe Erfahrungsbedarf bei der Auftragsakquisition und -abwicklung. Die Kooperation mehrerer Telearbeiter wird als hilfreich angesehen, z.B. bei auftretenden Arbeitsspitzen oder sonstigen Problemen.

Mercury Communications Limited: Telework Portfolio

Überblick

Das Unternehmen Mercury Communicatons entstand 1984 als ein lizenzierter Telekommunikationsanbieter (Public Telecom Operator) in Großbritannien. Derzeit beschäftigt das Unternehmen annähernd 10.000 Mitarbeiter an 85 Standorten. Der Umsatz lag 1994 bei 1 Mrd. Britische Pfund.

Bei Mercury werden die unterschiedlichsten Formen flexibler Arbeit praktiziert, wobei die Telearbeit eine zentrale Rolle einnimmt. Mercury-Telearbeiter arbeiten in Form alternierender Telearbeit, aber auch in Telearbeitszentren.

Einführung der Telearbeit

Ausgangspunkt der Einführung der Telearbeit war die Notwendigkeit, mittels flexibler Arbeitsformen teure Büroflächen besser zu nutzen bzw. einzusparen. Folgende weitere Ziele wurden mit dem Anfang der 90er Jahre begonnenen flexiblen Telearbeitsprogramm verfolgt:

- Erhalt der Stellung als führender attraktiver Arbeitgeber
- Reaktion auf Bedürfnisse und Anforderungen der Angestellten
- Langfristige Einsparungen
- "Legalisieren" der bisherigen inoffiziellen Telearbeitsformen

- Zunutzemachen der bisherigen Erfahrungen mit der Telearbeit und deren Vermarktung als Dienstleistungsangebot am Markt.

Vor diesem Hintergrund wurde 1991 das Location Independent Working Projekt (LIW) gestartet. Zuständig für die Implementierung war eine Führungsgruppe mit Repräsentanten der Fachabteilungen, der Vermögensverwaltung, der Verkaufs-, der Marketing- und der Kundendienstabteilung unter Vorsitz des Personaldirektors. Heute bietet LIW allen Managern und deren Mitarbeitern eine breite Palette an Arbeitsformen, mit deren Hilfe die optimalen Rahmenbedingungen ausgesucht werden können, um den Anforderungen anderer Abteilungen, Projektgruppen und einzelner Angestellter gerecht zu werden. Angeboten werden folgende Arbeitsformen:

- alternierende Telearbeit von Vollzeit- und Teilzeitkräften an 2-3 Tagen pro Woche und je nach Bedarf und Auftrag

- Desk-Sharing für Mitglieder eines Arbeitsteams, die während ihrer Arbeit zwischen unterschiedlichen Standorten wechseln und ihre Arbeiten über einen gemeinsamen Gruppenkalender organisieren

- Touch-Down Offices: Büroarbeitsplätze, die Mitarbeiter direkt oder über Vorabbuchung an jedem beliebigen Firmenstandort in Anspruch nehmen können und die gleichzeitig Zugang zu allen zentral gespeicherten Daten bieten

- Nutzung von Nachbarschaftsbüros/Telearbeitszentren

- Job-Sharing

- Flexibler Erziehungsurlaub

- Flexibles Karriere-Unterbrechungsprogramm

- Flexible Arbeitszeiten

- Flexible befristete Arbeitsverträge.

Die Aufstellung der unternehmensinternen Richtlinien und die Durchführung der Auswahlverfahren wurden an die regionalen und lokalen Personaldirektoren übertragen. Kriterien mußten zum einen für die Auswahl der geeigneten Tätigkeiten und zum anderen für die Auswahl der Teilnehmer festgelegt werden. Zudem wurden sowohl Telearbeiter als auch deren Manager auf die zukünftige Tätigkeit als Telearbeiter mittels spezieller Seminare vorbereitet.

Bei Mercury hat man frühzeitig die Möglichkeit erkannt, mit einer eigenen Telearbeitspolitik und einer entsprechenden Produktpalette anderen Unternehmen diese anbieten und verkaufen zu können. Hierzu bietet Mercury seinen Kunden ein spezielles Produkt an: „Telework Portfolio". Dieses umfaßt ein Spektrum nutzbarer Informations- und Kommunikationstechniken sowie Unterstützungshilfen zum Aufbau unterschiedlicher Telearbeitsprojekte. Bislang konnte über 125 Unternehmen mit diesem Produkt geholfen werden, neue Arbeitsmethoden in ihren Unternehmen einzuführen.

Die erste betroffene Gruppe des Programms war 1993 die Verkaufsabteilung, die zuvor auf insgesamt acht einzelne Gebäude verteilt war und nun in zwei Hauptgebäuden zusammengelegt wurde. Eines dieser Gebäude wurde komplett umgebaut, um den Angestellten die verschiedenen Möglichkeiten des Ein-Personen-Schreibtisches, des Desk-Sharing bzw. eines Touch-Down-Arbeitsplatzes zu bieten. Das zweite Gebäude ist ein kompletter Neubau. Ursprünglich hatten alle 280 Mitarbeiter einen eigenen Schreibtisch zur Verfügung. Mit den neuen Organisationsformen konnte jedoch Platz für mehr als 600 Angestellte bereitgestellt werden.

Vertragliche Gestaltung, Technikausstattung und Management der Telearbeit

Zur Zeit liegen keine konkreten vertraglichen Vereinbarungen für die Teilnehmer des Telearbeitsprogrammes vor. Sie bleiben weiterhin normale Angestellte des Unternehmens mit denselben Rechten und Pflichten wie alle anderen auch. Die Verantwortung, wer an welchem Arbeitsprojekt mitarbeitet und wie die Arbeit organisiert wird, liegt bei den jeweiligen Gruppen- bzw. Projektleitern. Arbeitsplatz, Arbeitszeit, Erreichbarkeit und andere Punkte hängen von dem jeweiligen Bedarf des Teams und von der Situation des einzelnen Mitarbeiters ab. Innerhalb eines Rahmens, der durch interne Grundsätze und Regeln festgelegt wird, können die Arbeitsbedingungen und das Arbeitsumfeld frei gestaltet werden. Zusätzlich sind interne Regeln vorhanden, die die Sicherheit und das Vertrauen zwischen Telearbeiter und Manager betreffen.

Speziell für die Mitglieder eines Teams werden Meetings von einem Koordinator oder einer Sekretärin mit festem Sitz in einem lokalen Mercury Büro organisiert. Für Ablauf und Organisation der Meetings sind spezielle Verfahrensweisen und Abläufe vorhanden.

In bezug auf Überwachung und Kontrolle der Telearbeiter existieren keine speziellen Richtlinien, und es besteht kein Unterschied im Management der Telearbeiter im Vergleich zu anderen Angestellten im Hauptbüro bzw. in den Regionalbüros. Vorrangige Aufgaben und Terminarbeiten werden von den Teamleitern an die jeweils erreichbaren Büroangestellten oder Telearbeiter weitergeleitet.

Der Ausstattungsgrad mit Informations- und Telekommunikationstechnologie ergibt sich aus dem jeweiligen Bedarf des Teams und durch die individuellen Anforderungen der einzelnen Telearbeiter. Alle Telearbeiter sind überall mit dem Mercury System über einen unternehmenseigenen Telekommunikationsservice vernetzt. Formelle Kommunikation erfolgt über Electronic-Mail, Telefon, Fax, teamspezifische Terminprogramme und Meetings.

Erfahrungen und zukünftige Pläne

Mit der Einrichtung gemeinsamer Arbeitsplätze konnte das Ziel, teure Büroflächen einzusparen bzw. besser auszunutzen, erreicht werden. Durch die Mehrfachnutzung von Arbeitsplätzen konnten insgesamt 2,5 Mio. Britische Pfund an Gebäudeausstattungskosten eingespart werden.

Eine Untersuchung des wirtschaftlichen Nutzens der Telearbeit zeigte, daß die Payback-Periode pro Beschäftigtem bei 45 Wochen im Topmanagement und bei 73 Wochen im mittleren Management liegt. Hierbei wurden die Kosten für die Einrichtung und Unterhaltung eines flexiblen Arbeitsplatzes der gestiegenen Effizienz sowie den eingesparten Unterbringungskosten und Büromieten gegenübergestellt. Sind zum Beispiel im Topmanagement 2.680 Pfund pro Jahr und Mann bzw. Frau zu investieren, so werden durch gestiegene Arbeitseffizienz und geringeren Bedarf an Büroraum 7.680 Pfund eingespart. Pro Jahr ergibt diese Differenz einen Gewinn von ca. 5.000 Pfund.

Niederländisches Verkehrsministerium: Telearbeit zur Verkehrsreduzierung

Überblick

Wie jedem anderen westlichen Industrieland bereitet der drohende Verkehrsinfarkt den Niederlanden ein großes Problem. Investitionen in öffentliche Transportmöglichkeiten, in neue Autostraßen, in zusätzliche Parkplätze und in alle Arten der Verkehrsinfrastruktur bieten keine ausreichenden Lösungen. Prognosen Ende der 80er Jahre errechneten eine Verdoppelung der Autokilometerzahl innerhalb der nächsten zehn Jahre. Vor diesem Hintergrund begann die niederländische Regierung 1990, in innovative Lösungen zu investieren. Ein Bereich, in dem enorme Lösungspotentiale gesehen wurden, war die Telearbeit.

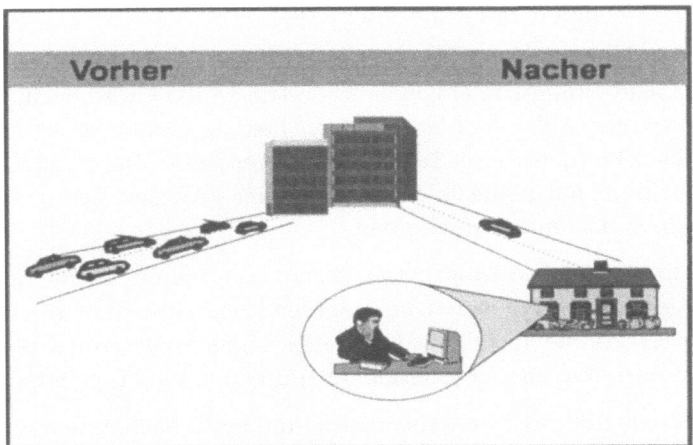

Einführung der Telearbeit

1991 begann unter Dr. Rob Lansman ein Telearbeitsprojekt im holländischen Verkehrsministerium. Zu Beginn der Planungen wurden umfassende Informationen über die Potentiale der Telearbeit gesammelt, um hieraus eine eigene Telearbeitsstrategie zu entwickeln. Auf dieser Basis entstanden konkrete Planungen für ein eigenes Telearbeitsprojekt.

Das Telearbeitsprojekt startete mit 60 Angestellten des Verkehrsministeriums aus seinen dezentralen Büros in Den Haag, Rotterdam und Amsterdam. Mit dem Ziel, repräsentative Ergebnisse zu erhalten, wurden leitende Angestellte des Ministeriums,

Personen aus der mittleren Verwaltungsebene, aber auch Sekretärinnen in das Projekt einbezogen. Als Telearbeitsform wählte man die alternierende Telearbeit.

Vertragliche Gestaltung, Technikausstattung und Management der Telearbeit

Die betroffenen Personen konnten frei wählen, ob und ggf. an wieviel Tagen pro Woche (ein bis drei Tage) sie zu Hause arbeiten möchten. Im Durchschnitt arbeiten die Telearbeiter zwei Tage zu Hause.

Die notwendige technische Ausstattung stellte das Ministerium den Telearbeitern zur Verfügung. Zur Grundausstattung gehört ein PC, Fax, Modem, Drucker und ein zweiter Telefonanschluß. Diese zweite Telefonverbindung war notwendig, um den entstehenden Datenverkehr messen und den privaten und geschäftlichen Telefonverkehr voneinander trennen zu können. Insgesamt betrug die Investition pro Telearbeiter ca. 6.000 Gulden, d.h. etwa 5.400 DM.

Um sich mit den Geräten und der Technik vertraut zu machen, wurde den Telearbeitern eine Einarbeitungszeit eingeräumt. Zudem wurde ein sogenannter Help-Desk für auftretende technische Probleme eingerichtet. Insgesamt gesehen werden 90% der auftretenden Probleme vom Telearbeiter selbst gelöst. Im Vergleich hierzu losen Mitarbeiter im Büro nur lediglich 30 bis 40% ihrer Probleme selbst, für die übrigen wird ein Computerfachmann angefordert.

Für die Telearbeit und den Umgang der Manager mit ihren Telearbeitern mußte ein neues Managementkonzept entwickelt werden. Hauptkriterium für die Bewertung der Telearbeiter konnte nicht wie bisher die reine Anwesenheit der Angestellten sein, sondern es mußte eine ergebnisorientierte Beurteilung stattfinden.

Darüber hinaus wurde vom Verkehrsministerium ein E-Mail-System eingerichtet, das es ermöglicht, den Kontakt zwischen den Managern und den Telearbeitern aufrecht zu erhalten und alle anfallenden Arbeitsberichte untereinander auszutauschen.

Erfahrungen und zukünftige Pläne

Um die Auswirkungen der Telearbeit zu ermitteln, wurde eine interne Erhebung durchgeführt. Die Vorgesetzten der Telearbeiter wurden hierin zu Produktivität, Qualität und Quantität der Arbeit ihrer Mitarbeiter befragt. 20% der Manager waren der Meinung, daß die Produktivität zugenommen hat, 80% meinten, sie sei gleich geblieben. Negative Erfahrungen konnten nicht gemacht werden. Als positive Einflußfaktoren wurden Einsparungen in der Anfahrtszeit, freie Zeiteinteilung und bessere Vereinbarkeit des Privatlebens mit dem Beruf genannt. Zum Teil kam es zu dem Phänomen, daß Telearbeiter doppelt so viel Arbeit erledigten, wie ihre Kollegen im Büro.

Hauptziel des Telearbeitsprojektes war es jedoch, Verkehr zu reduzieren. Entsprechende Verkehrseffekte der Telearbeit waren Inhalt einer separaten Studie der Hague Consulting Group. Gegenstand der Untersuchung waren die Veränderungen der Verhaltensmuster der Telearbeiter und ihrer Angehörigen, wobei konkret der Fahrtzweck (Arbeit oder Freizeit), der Zeitpunkt der Fahrt, der Tag, an dem Fahrt durchgeführt wurde (wochentags oder Wochenende), und der Modalsplit untersucht wurden. Mittels Fahrtenbüchern konnten empirische Daten erhoben werden, mit u.a. folgenden Ergebnissen:

- Die Anzahl der Fahrten der Telearbeiter ging um 17% zurück.
- Während der Verkehrsspitzenzeiten konnte die Zahl der Autofahrten sogar um 26% verringert werden.
- Geschäftsreisen wurden um 33%, Pendelfahrten um 15% und sonstige Fahrten um 14% reduziert.
- Bei den Haushaltsmitgliedern sank die gesamte Fahrtenzahl um 9% und nichtberufliche Fahrten gingen um 13% zurück.

Aufgrund dieser Ergebnisse sieht das Verkehrsministerium seine Annahme bestätigt, daß die Telearbeit mit zur Lösung der Verkehrsprobleme beitragen kann. Der niederländische Transport-Strukturplan sieht sogar eine Reduzierung des Autoverkehrs an Spitzenzeiten um 5% für das Jahr 2015 mittels Nutzung von IuK-Technologie für Telearbeit vor.

Ein weiteres Ergebnis des Pilotprojektes ist es, daß mittlerweile jedem Angestellten des niederländischen Verkehrsministeriums die Möglichkeit zur Telearbeit gegeben wird. Ende 1993 arbeiteten bereits 400 Angestellte als Telearbeiter.

Anhang 3: Fallstudien

PragmaText: Netzwerk von freiberuflichen Journalisten

Überblick

PragmaText, eine Gesellschaft bürgerlichen Rechts (GbR), wurde 1993 gegründet. Ihr Tätigkeitsfeld umfaßt journalistische Tätigkeiten im Bereich Fachartikel zu Computerthemen, Schreiben von Büchern und Loseblattwerken sowie PR- und Werbetexten. Unter dem Namen PragmaText sind vier freischaffende Journalisten hauptberuflich zu Hause tätig. Nebenbei gehen sie auch anderen Tätigkeiten, wie z.B. Schulungen oder Programmieren, nach.

Die vier Unternehmensgründer sind über ganz Süddeutschland verteilt und haben unterschiedliche Spezialgebiete (Druckbereich, Telekommunikation, Multimedia, Werbeagentur und Layout). Alle Journalisten sind informationstechnisch vernetzt und tauschen Dateien untereinander über CompuServe aus. Hierdurch ist es sehr viel einfacher, bei großer Arbeitsbelastung Aufgaben an die Kollegen weiterzugeben, und zum anderen kann derjenige Aufträge übernehmen, der auf dem jeweiligen Gebiet die meisten Kenntnisse besitzt.

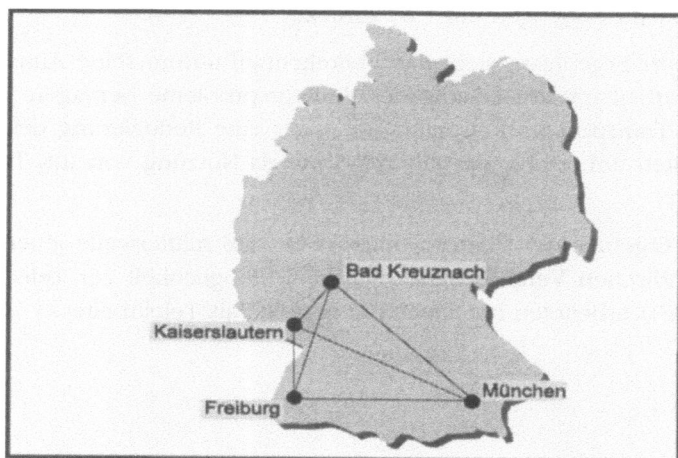

Einführung der Telearbeit

Die jetzige Form der Arbeitsorganisation bei PragmaText ist in erster Linie auf wirtschaftliche Gründe zurückzuführen. Die Unternehmensgründung kam zustande, weil mehrere der jetzigen Mitarbeiter aus unterschiedlichen Gründen zur selben Zeit arbeitslos waren. Die Unternehmensgründer kannten sich schon länger, und so wurde die Idee geboren, etwas zusammen zu machen. Da jeder unterschiedliche Stärken und Schwächen hat, war man der Auffassung, daß es gemeinsam besser geht und so einer den anderen mittragen kann.

Die Technik spielte bei der Unternehmensgründung eine große Rolle. Wenn Online-Dienste, wie CompuServe, nicht zur Verfügung gestanden hätten, wäre es nicht zur Firmengründung in der jetzigen Form gekommen. Statt dessen wäre es wahrscheinlich bei einer Zusammenarbeit von zwei relativ nah beieinander wohnenden Kollegen geblieben, die dann gemeinsam ein Büro eröffnet hätten.

Die praktizierte Form der Arbeitsorganisation und die verwendete Technik bieten Vorteile hinsichtlich Einheitlichkeit, Geschwindigkeit und Ortsunabhängigkeit. Alle Kollegen setzen das gleiche PC-System mit gleicher Software ein. Mittels CompuServe kann man sich sehr schnell Informationen zukommen lassen, und mittels der Anrufweiterschaltung werden eingehende Anrufe weitergegeben. Ein weiterer Vorteil ist es, daß man jetzt stärker zu einem Team geworden ist. Als Nachteile werden angeführt, daß für die jeweilige Abstimmung gewisse Mehrarbeit notwendig wird und die notwendige Infrastruktur (PC-Zusatzkarten, Telekommunikationsgebühren etc.) relativ kostenintensiv ist.

Vertragliche Gestaltung, Technikausstattung und Management der Telearbeit

Die Unternehmensgründer haben eine Gesellschaft bürgerlichen Rechts gegründet, in die die Gesellschafter ihre Arbeitskraft einbringen. Alle vier Gesellschafter sind Männer im Alter zwischen 35 und 40 Jahren. Es wurde ein Vertrag geschlossen, der das Innen- und Außenverhältnis regelt. Die erbrachten journalistischen Tätigkeiten werden fest umrissen, alle Gesellschafter können aber in anderen Tätigkeitsfeldern auf eigene Rechnung nebenher tätig sein.

Die technische Ausrüstung ist nicht Firmeneigentum, sondern gehört jedem Mitarbeiter selbst. Entsprechend muß jeder selbst Sorge dafür tragen. Jeder Kollege verfügt über einen eigenen PC mit CD-ROM, Scanner und Farbmonitor, hinzu kommt ein Laptop. Als Software werden zumeist Microsoft-Programme verwendet, da Journalisten hierzu unentgeltlichen Zugang haben. Derzeit werden Lotus Notes und zur Archivierung ein Dokument-Imaging-System installiert.

Bei Arbeitsengpässen ist es oberste Priorität, daß die entsprechenden Aufgaben weitergegeben werden. Es ist die Regel, daß die Kollegen sich untereinander gegenseitig abmelden, wie überhaupt ein reger Informationsaustausch besteht. Dieser erfolgt u.a. mittels File-Transfer, zudem verfügt jeder Mitarbeiter über ein Faxgerät. Die Anrufweiterleitung ermöglicht es, daß das Unternehmen für Außenstehende immer erreichbar ist. Für die unternehmensinterne Kommunikation wird in der Regel das

Telefon verwendet und zuweilen auch die Briefpost, wenn nicht allzu zeitkritische Informationen übermittelt werden müssen.

Gegenuber der früheren Tätigkeit als abhängig Beschäftigter hat sich nun sehr vieles gewandelt. Mit dem Status als freier Journalist ist Kreativität sehr viel stärker gefragt, früher hatte man eine sehr viel unflexiblere Arbeitsweise. Die lange Anfahrt von und zur Arbeitsstelle ist entfallen. Als Nachteil der jetzigen Arbeitsweise kann festgehalten werden, daß doch stark isoliert gearbeitet wird. Die Notwendigkeit regelmäßiger Treffen ist jedoch erkannt worden. So treffen sich die zwei Mitarbeiter, die den Kern des Unternehmens bilden, etwa alle 14 Tage. Dies ist jedoch nicht institutionalisiert, sondern erfolgt nach Bedarf.

Erfahrungen und zukünftige Pläne

Man ist der Ansicht, daß dank der eingesetzten Technik produktiver gearbeitet wird. Bestimmte Prozesse können durch die technische Infrastruktur automatisiert werden, beispielsweise hat demnächst jeder Mitarbeiter Zugriff auf ein Dokument-Imaging-System, wo wichtige Artikel gescannt und abgelegt werden. Dadurch entfällt die Notwendigkeit, daß jeder Mitarbeiter bestimmte Zeitschriften abonniert. Diese und andere technische Neuerungen stellen eine wesentliche Arbeitserleichterung dar bzw. können dazu beitragen, die eigene Arbeit effektiver zu gestalten. Es ist vorgesehen, demnächst ein Shared-Editing-System anzuschaffen. Generell werden von PragmaText solche Neuerungen schnell angepackt: einerseits, weil man im Metier zu Hause ist; zum anderen ist man der Auffassung, daß man wissen sollte, worüber man schreibt.

Hinsichtlich der Qualität der Arbeit, die allerdings nur subjektiv beurteilt werden kann, ist keine Änderung durch den Technikeinsatz eingetreten. Durch die notwendige technische Infrastruktur entstehen Mehrkosten (im Vergleich zu einem Zentralbüro höhere Hardwarekosten, zusätzliche Verbindungsgebühren etc.), die jedoch durch Vorteile, wie z.B. fehlende Pendelkosten, wieder aufgewogen werden.

Die Organisationsstruktur des Unternehmens hat keinen Einfluß auf Akquise oder Kundenkontakte. Diese finden in Form von Besuchen, Telefonaten, Fax oder Messebesuchen statt.

PragmaText verfolgt die Absicht, weiter zu wachsen. So soll ein Zentralbüro eingerichtet werden, in dem Halbtags- oder 590-Mark-Kräfte bestimmte administrative Tätigkeiten wie Terminplanung, Abstimmung von Außenkontakten erbringen können. Das Unternehmen würde damit in Deutschland das erste Telearbeitszentrum im journalistischen Bereich aufbauen. Darüber hinaus ist vorgesehen, daß in Zukunft weitere Journalisten ortsunabhängig für PragmaText tätig werden.

Programmier-Service GmbH: Telearbeit für Behinderte

Überblick

Die Stiftung Pfennigparade gehört zu den größten Rehabilitationszentren für Körperbehinderte im gesamten süddeutschen Raum. Sie wurde 1952 vor dem Hintergrund einer seit dem Kriegsende andauernden Polioepidemie gegründet. Seither hat sich die Stiftung Pfennigparade zu einer sozialen Institution entwickelt, die sich in erster Linie der Ausbildung, des bedarfsgerechten Wohnens und der beruflichen Eingliederung Körperbehinderter annimmt.

Es wurden zwei Grundmodelle entwickelt, die je nach individuellen Voraussetzungen attraktive Berufsmöglichkeiten für körperbehinderte Menschen bieten: Zum einen werden in eigenen Werkstätten handwerkliche Tätigkeiten angeboten. Zum anderen bieten verschiedene Dienstleistungszentren Körperbehinderten mit hoher beruflicher Qualifikation adäquate Beschäftigungsmöglichkeiten.

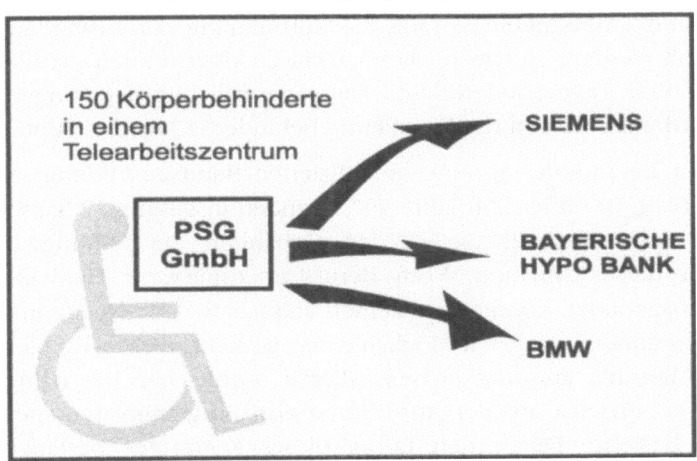

Eines dieser Dienstleistungszentren ist die PSG (Programmier Service GmbH), die als Tochterunternehmen der Stiftung Pfennigparade seit 1976 behinderten EDV- und Software-Spezialisten die Möglichkeit zur Telearbeit bietet. Eine große Zahl der insgesamt 150 PSG Mitarbeiter ist in der Software-Entwicklung beschäftigt. In diesem Bereich werden für verschiedene Kunden vielfältige Programmierarbeiten durchgeführt.

Anhang 3: Fallstudien

Einführung der Telearbeit

Die Integration von Körperbehinderten in die Gesellschaft ist das Hauptanliegen der Stiftung Pfennigparade. Hierzu gehört neben der Verfügbarkeit von behindertengerechtem Wohnraum auch die Möglichkeit, einen qualifizierten Beruf ausüben zu können. Zielsetzung ist es deshalb, beides in ausreichendem Maße zur Verfügung zu stellen.

Bei der Eingliederung schwerbehinderter Menschen in den Arbeitsalltag gibt es jedoch viele Widerstände. So stellen oft bauliche Gegebenheiten Hindernisse dar, die nur durch Spezialwissen und Engagement seitens des Arbeitgebers überwunden werden können. Die Unternehmen sehen sich jedoch häufig außerstande, den in ihrer physischen Mobilität eingeschränkten Bewerbern geeignete qualifizierte Arbeitsplätze anzubieten, auch wenn sich die technischen und organisatorischen Hindernisse vielleicht beseitigen ließen. Das Schwerbehindertengesetz, dessen Ziel die "Sicherung der Eingliederung Schwerbehinderter in Arbeit, Beruf und Gesellschaft ist", bietet diesbezüglich keine Patentlösungen. Im Gegenteil: vor jeder Kündigung eines behinderten Arbeitnehmers muß die Zustimmung der zuständigen staatlichen Stelle eingeholt werden; zudem ist dieser nicht zu Überstunden verpflichtet und hat Anspruch auf fünf Tage Sonderurlaub. Diese gesetzlichen Regelungen halten viele potentiellen Arbeitgeber von der Einstellung behinderter Mitarbeiter ab.

Es ist auch für Behinderte mit einer qualifizierten Berufsausbildung sehr schwierig, einen Arbeitsplatz zu finden. Im Jahre 1973 standen insgesamt 12 Schwerbehinderte, ausnahmslos Rollstuhlfahrer, die in den Gebäuden der Stiftung Pfennigparade wohnten, vor dieser Situation. Vom Berufsförderungswerk Heidelberg zu EDV-Spezialisten ausgebildet, konnten sie keinen adäquaten Arbeitsplatz finden. Aus dieser Situation heraus wurde nach Möglichkeiten gesucht, diesen Fachleuten die Ausübung ihres Berufes zu ermöglichen. Hierzu wurde ein Beschäftigungskonzept entwickelt, das zunächst auf der Ausführung von Programmierarbeiten für externe Auftraggeber basierte. Durch den Erfolg dieses Konzeptes bestätigt, wurde das Dienstleistungsangebot seither stetig erweitert.

Zur Zeit sind in der PSG etwa 150 Mitarbeiter, zum größten Teil Schwerbehinderte, in München und in den Niederlassungen Augsburg und Deizisau bei Stuttgart beschäftigt. Per Standleitung ist die PSG direkt mit den Rechenzentren der verschiedenen Auftraggeber verbunden. Für die Mitarbeiter, deren Mobilität eingeschränkt ist, wird ein Fahrdienst betrieben, der auch den notwendigen persönlichen Kontakt zu den Kunden im Hinblick auf Projektbesprechungen und dergleichen gewährleistet. Teilweise richten die Kunden den schwerbehinderten PSG-Mitarbeitern ein Büro in ihrem Unternehmen ein, damit aufkommende Unklarheiten direkt vor Ort geklärt werden können.

Vertragliche Gestaltung, Technikausstattung und Management der Telearbeit

Das Dienstleistungszentrum PSG ist eines von mehreren Beschäftigungsmodellen der Stiftung Pfennigparade. Durch ihre Einstufung als anerkannte Werkstatt für Behinderte erhält die PSG den Status der Gemeinnützigkeit. Sie kann deswegen ihre Dienstleistungen zu günstigen Konditionen anbieten. Auf seiten der Kunden reduziert sich bei einer Auftragsvergabe an die PSG die Ausgleichsabgabe, d.h. die Firmen, die Behindertenwerkstätten Aufträge erteilen, können 30 % der Auftragssumme auf ihre Schwerbehindertenabgabe anrechnen (§ 55 SchbG). 6 % der Arbeitsplätze bei Unternehmen mit über 15 Beschäftigten sind mit Schwerbehinderten zu besetzen, oder es ist eine monatliche Ausgleichsabgabe von 200 DM pro Arbeitsplatz zu entrichten. Neben den daraus resultierenden Kostenvorteilen für die Kunden können Körperbehinderte in der PSG einer Berufstätigkeit nachgehen, in der sie die gleichen Chancen wie Nichtbehinderte auf dem Arbeitsmarkt haben, weil ihnen durch die PSG die nötigen Sonderbedingungen geboten werden.

Die Mitarbeiter gehen ihrer Tätigkeit in der Regel in den Räumen der PSG nach, die den Anforderungen entsprechend behindertengerecht ausgerüstet sind. Individuelle Ergänzungen kommen hinzu: So stellt das Unternehmen beispielsweise Blinden Spezialtastaturen, Sehbehinderten größere Bildschirme oder computerunterstützte Vergrößerungssoftware zur Verfügung.

Da die PSG-Mitarbeiter vor ihrer Behinderung (hervorgerufen durch Krankheit oder Unfall) überwiegend in anderen Berufen tätig waren, werden sie in einer 18 bis 36 Monate dauernden Ausbildung auf ihre künftige Tätigkeit gründlich vorbereitet und geschult. Fort- und weiterbildende Maßnahmen gewährleisten ein stets aktuelles Know-how.

Die Arbeit im Bereich der Informationsverarbeitung erweist sich nach wie vor als besonders geeignet für Körperbehinderte mit einer soliden Fachausbildung. Schwerpunkt ist seit über 20 Jahren die Entwicklung von Software für Großrechner und zunehmend für Personal Computer. Weitere Tätigkeitsfelder sind Netzwerk-Operating, Hotline-Betreuung, Mikroverfilmung, Qualitätssicherung in der Röntgenmedizin sowie in zunehmendem Umfang der Scanning Service.

Erfahrungen und zukünftige Pläne

Der Umsatz der Leistungen stieg im Jahr 1994 um 5,1% von 13,8 Mio. DM auf 14,5 Mio. DM. Ursachen hierfür waren vor allem die Verbesserung der konjunkturellen

Rahmenbedingungen sowie eine weitere Konsolidierung der im Vorjahr noch problembeladenen Niederlassung Stuttgart. Lediglich die Umsätze mit einem großen Auftraggeber aus der Elektroindustrie in München gingen deutlich zurück, was jedoch durch zusätzliche Engagements, beispielsweise für Bosch und Daimler Benz, kompensiert werden konnte.

Eine Belastung der PSG stellen zur Zeit und für die nahe Zukunft dringend notwendige Fortbildungen (Anpassung an neue Techniken) dar, für die die Gesellschaft einen Zuschuß der Landesregierung von Oberbayern erwartet.

Die Auftragslage der PSG ist bis weit in das Jahr 1996 gesichert. Die Zahl der Arbeitsplätze für behinderte Mitarbeiter wird stetig steigen.

Die Zielsetzung ist, daß an allen Standorten eine breitere Geschäftsbasis geschaffen werden soll (Gewinnung neuer Kunden, die - zur Stabilisierung der Auftragslage - möglichst aus Branchen stammen sollen, welche relativ unabhängig von konjunkturellen Schwankungen sind). Bei Bewährung auf dem Markt ist ein Ausbau der Bereiche Mikroverfilmung, Scanning-Service und Qualitätssicherung bei bildgebenden Verfahren in der Medizin geplant.

Diese Expansion wird neue und qualifizierte Arbeitsplätze für Behinderte bringen. Es ist darauf zu achten, daß entsprechend mehr an Büro- und Wohnraum einschließlich pflegerischer Kapazitäten bereitgestellt wird.

Rank Xerox Ltd.: "neue Selbständigkeit" durch Telearbeit

Überblick

Das Unternehmen Rank Xerox Limited mit Hauptsitz in London und den Marktbereichen Kopierer, Telefaxgeräte, Software- und Hardwaresysteme begann bereits Anfang der 80er Jahre, eine spezielle Telearbeitspolitik zu verfolgen. Ein Grund hierfür war der zunehmende Wettbewerbsdruck, der eine Rationalisierung der Unternehmensstrukturen und wesentliche Anstrengungen im Bereich Business Reengineering erforderte. Zudem erkannte das Unternehmen den Bedarf an größerer organisatorischer Flexibilität, den Wunsch hochqualifizierter Angestellter nach mehr Unabhängigkeit und das Potential der unternehmenseigenen Systemtechnologie zur Unterstützung neuer Arbeitsmethoden.

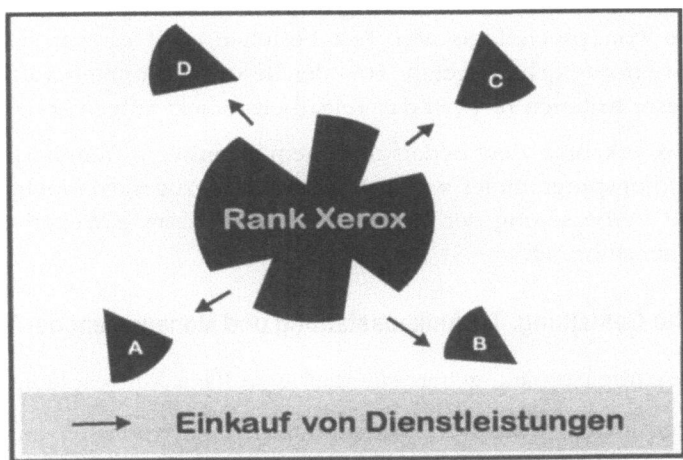

Das Telearbeitsprojekt von Rank Xerox hatte das Ziel, Dienstleistungen auszulagern, die zuvor von ehemaligen Angestellten des Unternehmens erbracht wurden. Seit 1982 wurden auf diese Weise mehr als 70 Mitarbeiter aus Abteilungen wie Marketing, Finanzen, Personal, Management und Öffentlichkeitsarbeit zu selbständigen Telearbeitern. Teilweise haben sich aus diesen Einmann-Telearbeits-Unternehmen mittlerweile prosperierende Unternehmen mit mehreren Mitarbeitern entwickelt.

Einführung der Telearbeit

Schon in der Frühphase der Telearbeit erkannte Rank Xerox deren Potential, laufende Geschäftskosten wie z.B. Bürokosten einzusparen, Allgemeinkosten zu reduzieren und den Angestellten einen flexibleren Arbeitsstil zu ermöglichen. Die Auslagerung von Diensten mittels selbständiger Telearbeiter ermöglichte Rank Xerox, nur bei Bedarf einen Service in Anspruch zu nehmen und hierfür zu zahlen. Zuvor mußte das Unternehmen qualifiziertes und teures Personal dauerhaft beschäftigen, das diese Dienste auch dann bereitstellte, wenn kein Bedarf bestand.

Für die Mehrzahl der Telearbeiter stellte sich die Selbständigkeit als sehr vorteilhaft heraus. Für viele war es eine leichte Entscheidung, Telearbeiter zu werden, da sie einen weiteren Karriereschritt und die Chance zu mehr Selbstverwirklichung beinhaltete.

Zur Auswahl der geeigneten Telearbeiter legte Rank Xerox dem Entscheidungsprozeß verschiedene Kriterien zugrunde. Die Bewerber sollten die Telearbeit in eine Vollzeit-Arbeit integrieren oder mit der Telearbeit ein weiteres zusätzliches Berufsfeld neben dem jetzigen erschließen. Neben dem eigenen Einverständnis mußte das ihrer Vorgesetzten und ihrer Lebensgefährten vorhanden sein. Zudem mußten sie eine Reihe von psychologischen Test bestehen, und es war eine geeignete Geschäftsidee erforderlich. Ungefähr 50% der Bewerber konnten aufgrund der Nichterfüllung dieser Kriterien nicht in das Telearbeitsprojekt aufgenommen werden.

Rank Xerox erkannte den Bedarf an einem intensiven Trainingsprogramm. Inhalte dieses Trainingsprogrammes waren Beratung in bezug auf Firmengründung, Finanzfragen und Verbesserung der eigenen Fertigkeiten sowie Weiterbildung im Bereich Unternehmensführung.

Vertragliche Gestaltung, Technikausstattung und Management der Telearbeit

Für das Telearbeitsprojekt gelten innerhalb von Rank Xerox folgende Regeln:

- die Angestellten müssen das Mutterunternehmen verlassen und ein bedingt unabhängiges Unternehmen gründen,
- das Telearbeitsunternehmen geht mit dem Mutterunternehmen Verträge ein, in denen die Arbeit, Qualität, Abgabetermine und Kosten festgelegt werden,
- nicht mehr als 50% des Jahresumsatzes des Telearbeitsunternehmens dürfen vom Mutterunternehmen stammen.

Zwischen Rank Xerox und den Telearbeitsunternehmen besteht ein normales Kunden-/Auftraggeberverhältnis, d.h. die Telearbeitsunternehmen werden in der gleichen Weise behandelt wie andere Diensteanbieter, mit denen ein Standardvertrag existiert. Allerdings bestehen zusätzliche vertragliche Vereinbarungen zwischen Rank Xerox und den Telearbeitern. Wichtige Punkte sind hierin die Begrenzung der Arbeit für Konkurrenten, Sicherheitsmaßnahmen zum Schutz der Unternehmensdaten und Vereinbarungen hinsichtlich der technischen Ausstattung und der notwendigen Kommunikationsanschlüsse.

In bezug auf die Loyalität zu Rank Xerox konnte festgestellt werden, daß diese keinesfalls nachläßt, sich aber eher zu einer Auftraggeberloyalität ändert. Die Effizienz konnte aufgrund verschiedener Faktoren verbessert werden. Einflußfaktoren sind z.B. das selbständige Arbeiten, eine detailliertere Definition der Aufträge und der Qualitätsanforderungen sowie verbesserte Kontrollmethoden.

Die Kommunikation zwischen den Telearbeitern und den Managern erfolgt je nach Kommunikationsform unterschiedlich, formelle Kommunikation mittels Telefon und in Meetings, informelle Kommunikation ausschließlich in Meetings.

Erfahrungen und zukünftige Pläne

Im Laufe des Projektes wurden eine Reihe von Untersuchungen durchgeführt, die die Wirkungen aufzeigen und messen sollten. Als bedeutendstes Ergebnis kann festgehalten werden, daß es im Rahmen des Telearbeitsprojektes zur Gründung von mehr als 70 neuen Unternehmen kam, von denen Rank Xerox Dienstleistungen einkaufen konnte, wobei gleichzeitig Kosten und Büroräume eingespart wurden.

Zu Beginn des Projektes war Rank Xerox nicht bewußt, daß mit dieser völlig neuen organisatorischen Entwicklung sowohl die Telearbeiter als auch die in der Firma verbleibenden Festangestellten betroffen waren. Rank Xerox mußte also lernen, beide Seiten, Telearbeiter und Festangestellte, gleich zu behandeln. Zudem wurde festgestellt, daß einige Manager sich bei der anfänglichen Entscheidung, ob ein Mitarbeiter Telearbeiter werden soll oder nicht, übergangen fühlten, und daß Trainingsbedarf im Umgang mit Telearbeitern im Bereich der vertraglichen Regelung, bei Aspekten, die den Einkauf von Diensten der Telearbeiter betreffen, sowie Motivation und Technologie besteht.

Auf seiten der Telearbeiter konnte Rank Xerox eine Verbesserung der Arbeitsqualität, eine Steigerung der Produktivität, höhere Motivation, ein flexiblerer Lebensstil sowie eine Verringerung der Pendelkosten feststellen. Einige haben sich zu prosperierenden Unternehmen (z.B. Chamberlains 85) entwickelt und bieten ihre Dienste mittlerweile einer Vielzahl von Kunden an.

Nachdem zwei der wichtigsten Vertreter des Telearbeitsprojektes Rank Xerox verlassen haben, wurde das offizielle Telearbeitsprojekt beendet. Inoffiziell verlassen immer noch Mitarbeiter das Unternehmen und machen sich selbständig. Zum Teil fehlt ihnen die vertragliche Sicherheit ihrer Vorgänger.

Rauser Advertainment GmbH: die virtuelle Organisation

Überblick

Die Rauser Advertainment GmbH mit Sitz in Reutlingen bei Stuttgart existiert seit 1989. Das Unternehmen ist im Bereich der interaktiven Werbung tätig und stellt Computerspiele her. Am Unternehmenssitz werden lediglich fünf Mitarbeiter beschäftigt, die als Festangestellte die Koordinierung der einzelnen Projekte und die Kundenbetreuung übernehmen. Die eigentliche Produktion wird von projektbezogen zusammengesetzten Teams freiberuflicher Spezialisten durchgeführt, die über ganz Deutschland bzw. die ganze Welt verstreut lokalisiert sind.

Aufgrund der gewählten Organisationsform des virtuellen Unternehmens kann auf hochspezialisierte Fachkräfte zurückgriffen und flexibel auf sich rasch ändernde Marktbedingungen reagiert werden. Die technische Entwicklung ermöglicht weitestgehend ortsunabhängiges Arbeiten. Die hohen Kommunikationskosten - selbst bei der Übertragung komprimierter Daten - erschweren heutzutage allerdings noch solche Arbeitsweisen.

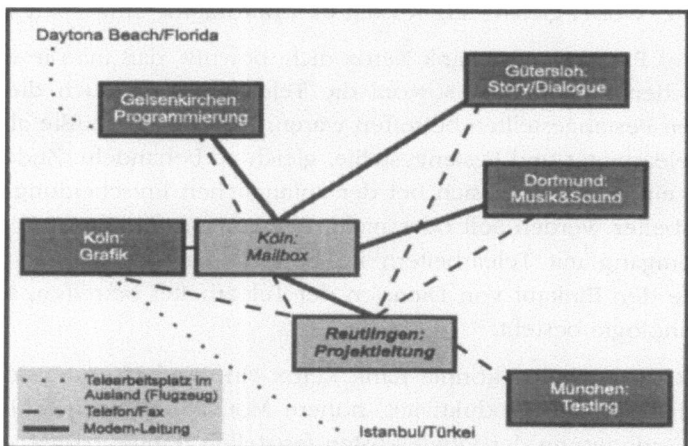

Einführung der Telearbeit

Unternehmensgründer Rauser hat sich selbst eine Marktnische für sein "Produkt" geschaffen: Hierbei handelt es sich um "interaktive Werbung" in Form von Werbe-Computerspielen, die - auf die Kommunikationswünsche des Kunden zugeschnitten - als Auftragsproduktionen konzipiert und hergestellt werden. Der Hintergedanke bei dieser unkonventionellen Art, Werbung zu betreiben, ist die Beobachtung, daß Computerspiele bei der anvisierten Zielgruppe - Jugendlichen in allen Altersklassen - auf hohe Akzeptanz stoßen und deshalb zur Verbreitung der Werbebotschaft vorzüglich geeignet sind. Hinzu kommt die Möglichkeit, anders als bei herkömmlichen Werbemitteln für die Verbreitung des Werbeträgers die Zielgruppe selbst einzuspannen, indem die Neigung jugendlicher Computerfans zum Kopieren und Weitergeben von Spielesoftware genutzt wird. Dies ist im Falle der Werbespiele vom Herausgeber nicht nur erlaubt, sondern ausdrücklich erwünscht.

Rauser hat seine Idee des "Advertainment" erfolgreich am Markt plazieren können. Eine Reihe von erfolgreichen Projekten für renommierte Kunden haben das Unternehmen bekannt gemacht und einige weitere Anbieter auf den Plan gerufen, die mit Rauser um das (wachsende) Auftragsvolumen konkurrieren. Aussicht auf Erfolg haben jedoch nur Anbieter, deren Software den vom kommerziellen Spielemarkt vorgegebenen Ansprüchen gerecht wird, da sie sonst - obwohl kostenlos verbreitet - vom Markt kaum angenommen wird und als Werbeträger untauglich ist.

Vertragliche Gestaltung, Technikausstattung und Management der Telearbeit

Das Unternehmen beschäftigt an seinem Hauptsitz in Reutlingen lediglich fünf festangestellte Mitarbeiter. Diese übernehmen zusammen mit dem Geschäftsführer die Koordinierung der einzelnen Projekte sowie die Kundenbetreuung. Die Produktion erfolgt mit einer projektbezogen zusammengestellten Mannschaft von freiberuflichen Spezialisten, welche für die Dauer des betreffenden Vorhabens an der Erstellung des "Produkts" tätig sind. Neben einer Kernmannschaft, die an fast allen bisherigen Projekten von Rauser beteiligt war, existiert ein Pool von Fachkräften, die - entsprechend ihren Kompetenzen - für sehr spezifische Tätigkeiten eingesetzt werden können. Zu jedem Zeitpunkt sind es etwa 70 Personen, die an Projekten für Rauser beteiligt sind, wobei jedoch nicht alle Vollzeit für Rauser arbeiten.

Für die projektinterne Kommunikation muß neben den traditionellen Kommunikationsmitteln Telefon und Fax, auch die Möglichkeit bestehen, die Arbeitsbeiträge der Mitarbeiter jederzeit für alle Beteiligten zugänglich zu machen. Die hierfür erforderliche Datenkommunikation wird nicht direkt zwischen den Partnern abgewickelt, sondern indirekt über eine (elektronische) Mailbox, auf welche die einzelnen Mitarbeiter fertige Arbeitsschritte in Form von Dateien per Modem oder ISDN-Leitung überspielen. Auf diesem Wege sind alle aktuellen Daten für ein bestimmtes Projekt ständig für alle Beteiligten verfügbar. Ein Programmierer kann so, sobald ein Hintergrundbild vom Grafiker fertiggestellt wurde, dieses zu jeder Tages- und Nachtzeit abrufen und in sein Programm einbauen, indem er über das öffentliche Fernsprechnetz die Mailbox in Köln anruft, sich als Befugter ausweist und dann die gesuchte

Datei auf seinen Computer überspielt. Auf dem gleichen Weg kann sich die Projektkoordinierung in Reutlingen ständig ein Bild über den Stand der Arbeit machen sowie bei Bedarf eingreifen.

Den hohen Grad an Ortsunabhängigkeit, den eine solche Arbeitsweise erlaubt, haben sich mehrere Mitarbeiter, die öfter für Rauser arbeiten, bereits zunutze gemacht. Beispielsweise hat sich ein Programmierer, der in Gelsenkirchen beheimatet ist, ein Strandhaus in Florida zugelegt und ist nun etwa 5 Monate jährlich von dort aus tätig; ein Grafiker mit Sitz in Köln arbeitet die Hälfte des Jahres von seiner Heimatstadt in der Türkei aus. Nur zum Start eines Projektes gesellen sich alle Beteiligten für ein bis zwei Tage zusammen und sprechen den Ablauf durch, danach wird auf persönliche Treffen fast ganz verzichtet. Der telefonische Austausch ist in der Anfangsphase eines Projektes recht intensiv, da hier ein hoher Bedarf an Klärung von grundsätzlichen Fragen besteht. In dieser Phase versuchen alle Freelancer in Deutschland zu sein, da sie so ihre Telefonkosten (die sie selbst tragen müssen) niedrig halten können.

Auf der anderen Seite ermöglicht es die Kooperation "über das Telefonnetz", auch Fachkompetenz aus anderen Regionen der Welt zu nutzen. Kostengründe verleiten auch Rauser dazu, sich schon heute etwa in Bangalore, Indien, einem Zentrum der südasiatischen Softwareindustrie, nach Fachkräften umzusehen, die für zukünftige Projekte in Frage kämen. Nach Meinung der Unternehmensführung ist es nur eine Frage der Zeit, bis es zu einer wahrhaft weltumspannenden Kooperation auch in diesem Feld kommen wird, da die technischen (und damit finanziellen) Barrieren rapide schwinden und die kulturellen Hindernisse abbaubar seien. Heute spielen für ein Unternehmen mit der Arbeitsweise Rausers die Telekommunikationskosten eine Hauptrolle, sie betragen, die Kosten für die Freelancer miteingerechnet, etwa 100.000 DM im Jahr. Im internationalen Wettbewerb, dem sich Rauser durch eine stärkere Ausrichtung auf länderübergreifend einsetzbare "Produkte" in Zukunft vermehrt stellen will, ergibt sich hieraus zumindest nach Auffassung der Betroffenen ein Standortnachteil für Deutschland.

Erfahrungen und zukünftige Pläne

Die hohe Fluktuation der Partner von einem Projekt zum nächsten und die schnelle technische Entwicklung des Marktes verlangen nach intensiven Bemühungen, neue und qualifizierte Kräfte für zukünftige Projekte zu rekrutieren. Rauser macht sich hierfür zunutze, daß sich bestimmte Online-Dienste, etwa CompuServe, mittlerweile als Kommunikationsmedien für die Computerbranche etabliert haben. Über CompuServe können bestimmte Qualifikationen nachgefragt werden, während Spezialisten ihre Dienstleistung feilbieten und direkt mit Arbeitsbeispielen illustrieren können. Nachdem auf diese Weise Kontakte geknüpft wurden, besteht die Möglichkeit zu einem persönlichen Treffen anläßlich einer jährlich stattfindenden Messe in London, auf der sich die ganze Branche ein Stelldichein gibt.

Die Zukunftsaussichten des Nischenmarktes sind keineswegs durchweg positiv zu beurteilen, da die technische Weiterentwicklung des Computerspielsektors die Möglichkeiten beschränkt, den wachsenden Ansprüchen der Zielgruppe gerecht werdende Spielsoftware zu konzipieren, die trotzdem noch kopierbar ist. Damit dürfte sich die Grundidee hinter dem bisherigen Konzept des Advertainment bald überlebt haben. Nur eine flexible und innovationsfreudige Anpassung an neue Entwicklungen wird in Zukunft ein Überleben der Akteure auf dem unbeständigen Markt für computergestützte Unterhaltung sicherstellen können. Rauser bereitet sich momentan auf die zukünftigen Anforderungen vor, indem er sein Know-how auf neue Tätigkeitsfelder ausdehnt, z.B. die Zukunftstechnologie "Virtual Reality".

Anhang 3: Fallstudien

Schweizerische Kreditanstalt: Satellitenbüros zur Mitarbeiterrekrutierung

Überblick

Seit Mitte der 80er Jahre betreibt die Schweizerische Kreditanstalt Telearbeit in extra hierfür eingerichteten Workcentern. Informatikerteams arbeiten hier an dezentralen Arbeitsplätzen in der Schweiz und sind dennoch eng mit dem Hauptsitz verbunden. Andere Formen der Telearbeit, wie z.B. alternierende Telearbeit oder Teleheimarbeit, werden kaum angewendet oder wenn, dann nur als zeitlich befristete Lösung.

Bis Anfang 1994 betrieb die SKA 8 Workcenter (Basel, Ilanz, Lausanne, Lugano, Luzern, St. Gallen, Winterthur und Zug) mit rund 100 Mitarbeitern. In diesen Satellitenbüros arbeiten zwischen 4 und 29 Mitarbeiter. 1995 wurde das neunte Workcenter in Bern mit 120 Mitarbeitern eröffnet. Die Workcenter sind in das Ressort "Organisation und Anwendungsentwicklung" eingebunden. Dieser Bereich ist verantwortlich für die Versorgung der Bank mit Informatikdienstleistungen.

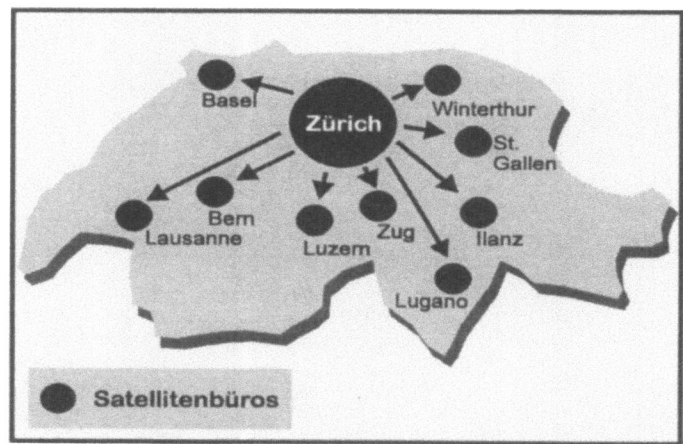

Einführung der Telearbeit

Unmittelbarer Anlaß für das Workcenter-Projekt war der Mangel an qualifizierten Mitarbeitern im Informatikbereich. Hervorgerufen wurde dieser Mangel einerseits durch die angespannte Arbeitsmarktsituation und andererseits durch den steigenden internen Bedarf an Informatikdienstleistungen.

Diese Situation veranlaßte das IT-Management, nach neuen Lösungen zu suchen. Den entscheidenden Anstoß für die Entwicklung der Workcenter gaben die Mitarbeiter selbst, die den Wunsch hatten, in der Nähe ihrer eigenen Wohnung zu arbeiten.

Folgende Punkte spielten bei der Einrichtung und Standortwahl der Workcenter eine wichtige Bedeutung:

- Bei den betreffenden Mitarbeitern handelte es sich um Schlüsselpersonen mit langjähriger Berufserfahrung.
- Der Wegfall von mehreren Stunden täglichem Arbeitsweg vermindert unnötige Belastungen der Mitarbeiter.
- Arbeitsbewilligungen für ausländische EDV-Spezialisten sind zum Teil außerhalb von Zürich leichter und schneller zu erhalten.
- Die Workcenter sollten in der Nähe zu einer größeren Filiale liegen.

Vertragliche Gestaltung, Technikausstattung und Management der Telearbeit

In der Anfangsphase wurden nur einzelne Programmieraufgaben an die Workcenter vergeben, mittlerweile jedoch sind es auch komplette Projekte bzw. Teilprojekte. Hiermit erhalten die Telearbeiter Entwicklungsmöglichkeiten, und die ausgelagerten Organisationseinheiten gewinnen zunehmend an Selbständigkeit.

Da die Projektgruppen in der Regel aus kleinen Teams gebildet werden und diese eng miteinander zusammenarbeiten, sind Regeln für Teamwork und für die Realisierung gemeinsamer Aufgaben notwendig. Als wichtig angesehen wurden hierbei die Integration im Team, eine konstruktive Kommunikation, ein Arbeiten in Kleingruppen und ein regelmäßiger Informationsaustausch.

Der Austausch von Informationen und Ergebnissen mit anderen Arbeitsgruppen und vor allem mit dem Hauptsitz erfolgt zum einem über ein elektronisches Info-Board. Hiervon konnten Mitarbeiter aus anderen Gruppen Ideen, Arbeitsresultate und Softwarekomponenten abrufen, sie verwenden und weiterentwickeln. Zum anderen erfolgt ein Austausch durch die Bildung von Quergruppen (Fachteams mit je einem Mitarbeiter aus verschiedenen Workcentern oder Teams am Hauptsitz).

Auswahlkriterien und Anforderungen an Workcentermitarbeiter sind gute Fachkenntnisse, ausgeprägte Teamfähigkeit, Selbständigkeit und Initiative - besonders bezüglich Kommunikation und Informationsbeschaffung -, hohe Eigenverantwortung und Engagement für gemeinsame Ziele.

Die Organisationsform eines Workcenters erfordert ein Management "an der langen Leine". Vertrauen sowie bewußte Kommunikation und regelmäßige Information sind essentielle Voraussetzungen. Für das Management bedeutet dies: weg von der zentral strukturierten und hierarchisch orientierten Organisation hin zu lose gekoppelten, koordinierten und sich selbst organisierenden Teams mit hoher Eigenverantwortung, in denen der Vorgesetzte die Rolle des Trainers übernimmt. Kurz gesagt, ein "Management by Objectives", bei dem Ziele nicht einfach vorgegeben, sondern gemeinsam erarbeitet werden.

Erfahrungen und zukünftige Pläne

Neuanstellungen von ausgebildeten und erfahrenen Informatikern konnten nicht im gewünschten Umfang erfolgen, da in den Regionen das gesuchte Know-how nicht immer ausreichend vorhanden war. Die Stellen in den Workcentern wurden daher verstärkt durch Hauptsitzmitarbeiter abgedeckt, die in ihre Regionen zurückkehrten. Hierdurch konnten wichtige Know-how-Träger gehalten und die Mitarbeitertreue verstärkt werden.

Aus einer internen Befragung geht hervor, daß die Mitarbeiter der Workcenter sehr motiviert sind und Störungen sowie Ablenkungen am Arbeitsplatz als geringer einstufen als ihre Kollegen am Hauptsitz. Ein bemerkenswerter Produktivitätsunterschied zum Hauptsitz ist nicht aufgetreten.

Die in den Workcentern gesammelten Erfahrungen sollen in Zukunft nicht Workcenter-spezifisch bleiben, sondern für den Aufbau neuer Center und für den Hauptsitz genutzt werden.

Telehaus Wetter: Tele-Service für Ballungsräume

Überblick

Seit Januar 1994 arbeitet in Wetter bei Marburg das erste von Frauen geführte Telehaus Deutschlands. Zwischenzeitlich wurden bis zu 12 Frauen beschäftigt. Nachdem zum Jahresende 1995 die Förderung durch die Hessische Landesregierung ausgelaufen ist, hat sich deren Zahl auf 9 verringert. Das Telehaus bietet Firmen die Übernahme von Bürodienstleistungen an und entlastet Unternehmen bei der Kundenbetreuung. Zur breiten Angebotspalette gehören ferner der Bereich Marketing, die Softwareentwicklung und -beratung sowie Schulungs- und Fortbildungsveranstaltungen. Der Kundenzuwachs ermöglichte die Einrichtung einer Zweigstelle in Marburg-Cappel.

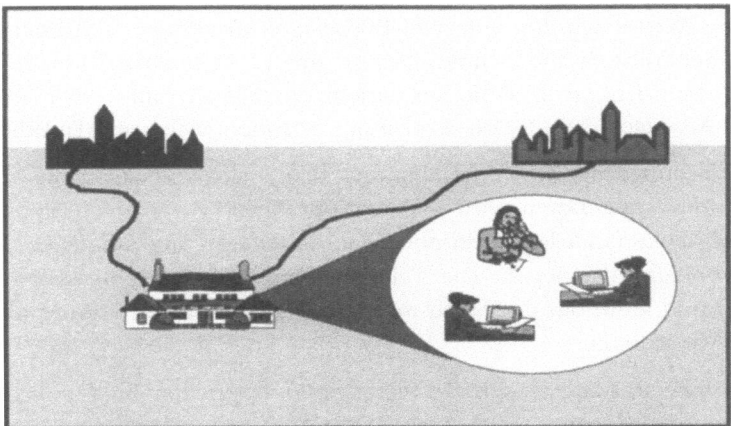

Einführung der Telearbeit

Die in den letzten Jahren stattfindende Umstrukturierung in Handwerk, Handel, Industrie und Verwaltung führt vor allem in Spitzenzeiten zu Personalengpässen. Die Unternehmen sind daher gezwungen, bestimmte Aufgaben an externe Dienstleister auszulagern. Das Telehaus Wetter nutzt diese Situation und bietet Unternehmen diverse Dienstleistungen an, wobei sich das Leistungsspektrum von klassischen Sekretariatsarbeiten bis hin zu Aufgaben im Bereich Marketing erstreckt.

Das Ziel des von der Frauenbeauftragten des Landkreises Marburg-Biedenkopf initiierten und konzipierten Projektes war und ist es, sichere und wohnortnahe Arbeitsplätze für Frauen im ländlichen Raum zu schaffen, bei denen Beruf und Familie miteinander verbunden werden können. So ist die Teilzeitarbeit ganz nach Wunsch möglich.

Alle Mitarbeiterinnen des Telehauses Wetter sind vom Unternehmen fest angestellt. Unter ihnen befinden sich seit 1996 auch einige ABM-Stellen, die zum größten Teil von sehbehinderten Mitarbeiterinnen besetzt werden. Mittlerweile trägt man sich auch mit dem Gedanken, männliche Mitarbeiter einzustellen.

Vertragliche Gestaltung, Technikausstattung und Management der Telearbeit

Das Telehaus Wetter wird vom Verein für Frauenbildung e.V. getragen. Bis Ende 1995 wurde es vom Land Hessen gefördert. Seit Jahresanfang 1996 ist man an einem von der Europäischen Kommission unterstützten Projekt beteiligt, in dem nach Wegen gesucht wird, behinderten Menschen die Eingliederung in das Berufsleben zu erleichtern.

Im Telehaus Wetter wurden auf zwei Büroetagen insgesamt 12 Arbeitsplätze eingerichtet. Daneben steht ein Schulungsraum für 12 Teilnehmer zur Verfügung. Die technische Infrastruktur besteht aus einem Novell-Netz mit 486er PCs, Desktop-Publishing-Arbeitsplätzen, ISDN-Vernetzung, Scanner, Laser- und Farbdrucker.

Das Dienstleistungsangebot des Telehauses richtet sich in erster Linie an kleine und mittlere Firmen. Angeboten wird u.a. ein Telefonservice für Unternehmer, die sich kein eigenes Sekretariat leisten können, viel unterwegs sind und Wert auf einen repräsentativen Eindruck legen. Die Telehaus-Mitarbeiterin meldet sich mit dem Firmennamen und kann das Gespräch mittels ISDN unabhängig vom Standort des Auftraggebers weiterleiten.

Die Zweigstelle in Marburg-Cappel bietet einen speziellen Büroservice, den in der Nähe ansässige Ingenieur- und Architekturbüros sowie Import- und Exportfirmen nutzen. Von Terminabsprachen über das Schreiben von Angeboten und Datenerfassung bis zum Betreuen von Gästen übernimmt die Zweigstelle des Telehauses alle üblichen Sekretariatsaufgaben.

Weitere Angebote des Telehauses betreffen die Bereiche Marketing sowie Grafik- und Layoutservice. Angeboten werden u.a. Mailingaktionen und telefonische Kundenbetreuung, Aufbau und Verwaltung von Adreßdateien sowie die Gestaltung von Briefköpfen, Logos, Präsentationsfolien, Broschüren und Plakaten.

Ein Kernbereich des Dienstleistungsbüros ist ferner die Beratung bei der Anschaffung von Hard- und Softwarekomponenten, die Konzeption von PC-Netzen und die Vernetzung räumlich entfernter PCs (ISDN-Beratung und Installation). Ein weiteres Aufgabenfeld ist die Erstellung interaktiver Demoversionen von Programmen.

Abgerundet wird das Dienstleistungsangebot des Telehauses Wetter durch Schulungs- und Fortbildungsveranstaltungen für Frauen und Mädchen sowie Firmen und Vereine (EDV-Kurse, Buchführung, Bewerbungstraining).

Erfahrungen und zukünftige Pläne

Das Telehaus Wetter bietet die Chance, durch Schaffung wohnortnaher und qualifizierter Arbeitsplätze für Frauen und unter Einbeziehung neuer Technologien, die Wirtschaftsstruktur im ländlichen Raum zu stärken und gleichzeitig einen attraktiven Dienstleistungsservice für kleine und mittelständische Betriebe aufzubauen.

Nach anfänglichen Schwierigkeiten bei der Einführung der Hard- und Software gab es für die Mitarbeiterinnen des Telehauses Wetter keine weiteren Hindernisse bei der Ausführung der Telearbeit. Die Frauen begrüßen den kurzen Anfahrtsweg von der Wohnung zum Arbeitsplatz sehr, denn so bleibt mehr Zeit für die Familie und die Versorgung der Kinder.

Insbesondere der Marketingbereich hat sich in letzter Zeit gut entwickelt. Während Firmen aus den Ballungsgebieten den Service relativ früh für sich entdeckten, kamen Kunden aus Wetter erst etwas später auf das Unternehmen zu.

Für Kunden, die Dienstleistungen des Telehauses nutzen, ergeben sich eine ganze Reihe von Vorteilen. Der Einsatz des Services ist, z.B. bei Spitzenzeiten, je nach Bedarf möglich. Die Auftraggeber, die Aufgaben auslagern, können sich auf ihre Kernaufgaben konzentrieren. Gleichzeitig können Personal-, Material- und Anschaffungskosten (z.B. für Fax, Kopierer, PC etc.) eingespart werden.

Neben der Zweigstelle in Marburg-Cappel wird vom Unternehmen derzeit noch eine zweite Zweigstelle im näheren Umkreis in einer ehemaligen Kaserne eingerichtet, die ebenfalls Bürodienstleistungen anbieten wird.

Anhang 3: Fallstudien

Telergos: Schreibdienst in der Peripherie

Überblick

1989 wurde das Unternehmen Telergos von Denis Haulin, einem ehemaligen Manager eines Versicherungsunternehmens gegründet. Telergos bezeichnet sich selbst als Teleserviceunternehmen. Der Telergos-Hauptsitz befindet sich in Paris, mit weiteren zentralen Büros in Toulouse und London. Von dort werden die Aufträge zu den ländlichen Telecentern in den Ardennen und im Meusebezirk bzw. Bernard Castle (Großbritannien) übermittelt. 1994 beschäftigte das Unternehmen 95 Personen, wobei der Hauptteil aus weiblichen Schreibkräften besteht, die in den Telearbeitszentren wohnortnahe Arbeitsplätze in ländlichen Regionen finden.

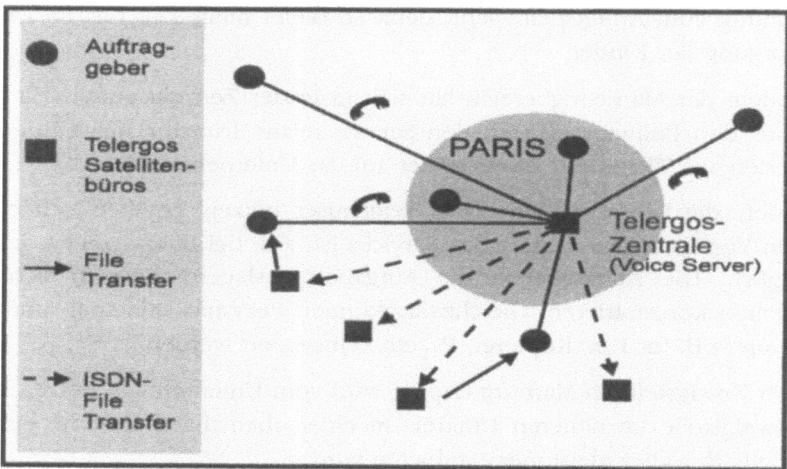

Einführung der Telearbeit

Telergos bietet einer großen Zahl an Unternehmen der freien Wirtschaft Dienste wie Sekretariatstätigkeiten und Berichterstellung an. Hauptauftraggeber sind - aufgrund der zahlreichen Kontakte des Gründers Haulin - Versicherungen, die ihre administrativen Arbeiten auslagern. Hierbei werden sowohl einfache Arbeiten, wie z.B. Eintippen von Briefen, als auch qualifizierte Aufträge, wie Erstellung und Bearbeitung von Versicherungsverträgen und Schadensberichten, vergeben. Darüber hinaus arbeitet Telergos für öffentliche Verwaltungen, für die zum Teil die Datenverarbeitung übernommen wird.

Vertragliche Gestaltung, Technikausstattung und Management der Telearbeit

Die Angestellten von Telergos haben alle einen Arbeitnehmerstatus und arbeiten teils auf Vollzeit- und teils auf Teilzeitbasis. In der Pariser Zentrale arbeiten lediglich vier Personen, die für Marketing, Buchhaltung und technische Unterstützung verantwortlich sind. Arbeitsplatz ist ausschließlich das jeweilige Telecenter. Größtenteils besitzen die Arbeitskräfte einen hohen Bildungsstand.

Die Bearbeitung der Aufträge erfolgt auf der Basis von diktierten Texten, die von den Kunden per Telefon direkt auf einen zentralen Telergos Sprach-Server in Paris gesprochen werden. Dieser ist in der Lage, durch Fragen das Gespräch mit dem Auftraggeber, beispielsweise dem Versicherungsvertreter, zu lenken. Der Auftraggeber antwortet auf die gestellten Fragen, und seine Antworten bzw. Diktate werden digital aufgezeichnet. Der Vorteil des Sprach-Servers liegt darin, daß die Informationen bzw. die einzelnen Vertragsbedingungen in einer einheitlichen Abfolge erfaßt werden.

Sobald die Angaben erfaßt sind, werden diese an den ISDN-Server des jeweiligen Telecenters übertragen, das am ehesten wieder freie Kapazitäten hat. In den dezentralen Telergos-Arbeitszentren werden die digitalen Daten von den Mitarbeiterinnen je nach Auftrag eingetippt und bearbeitet. Die Resultate erhält der Kunde wiederum per ISDN oder Modem. Zum Teil werden Daten direkt über Transpac (Datex-P) in die Datenbanken des jeweiligen Unternehmens eingegeben.

Zusätzlich bietet Telergos seinen Kunden eine weiterführende Datenverarbeitung an. Hierzu werden die Ursprungsdaten Telergos per Post zugeschickt und von den Telearbeitern in den Telearbeitszentren bearbeitet. Die Ergebnisse werden entweder über Transpac dem Kunden übermittelt oder per Post zugesand.

Jedes Telecenter hat maximal 19 Arbeitskräfte. Dies wird als eine Größenordnung angesehen, die ein verantwortlicher Manager relativ problemlos handhaben kann.

Beispielhaft soll hier kurz auf das Telecenter Montflanquin eingegangen werden, in dem mit finanzieller Unterstützung der Regionalplanungsbehörde DATAR, Arbeitsplätze im Bereich qualifizierter Datenverarbeitung geschaffen wurden. Das Telecenter Montflanquin führt speziell für das Versicherungsunternehmen GAN die Erfassung und Digitalisierung von Vertragsdokumenten durch. Zur Zeit arbeiten dort zwei Angestellte für GAN und bearbeiten im Durchschnitt ca. 150-200 Verträge pro Monat.

Weitere wichtige Auftraggeber des Telecenters Montflanquin sind CDC (ein französisches öffentliches Finanzunternehmen) und EDF (Électricité de France). Vor allem die Aufträge von CDC sind mit hochqualifizierter Datenverarbeitung im Finanzbereich verbunden. Von allen CDC-Regionalbezirken werden Daten über die Gemeindefinanzen per Post zum Telergoscenter Montflanquin geschickt, wo sie von den Telearbeitern erfaßt werden. Zum Teil findet hierbei eine erste Auswertung der Daten statt. Die Ergebnisse werden direkt via Transpac (Datex-P) zum CDC-Zentralcomputer übermittelt. Darüber hinaus erfolgt eine weiterführende Datenverarbeitung, bei der von den Telearbeitern z.B. Schuldenverzeichnisse von Gemeinden und Bewertungen über die Schuldentilgung erstellt werden. Bislang werden Orte mit mehr als 10.000 Einwohnern erfaßt, jedoch ist eine Ausweitung auf Gemeinden mit mehr als 5.000 Einwohnern geplant.

Erfahrungen und zukünftige Pläne

Das Unternehmen Telergos nutzt die Lohnkostenunterschiede, die zwischen den Wirtschaftszentren und insbesondere Paris und den ländlichen Regionen in der Peripherie bestehen. Hierdurch konnten wohnortnahe Arbeitsplätze in strukturschwachen Regionen geschaffen werden.

1993 wurde in der Nähe von Newcastle Upon Tyne das erste Telergos Center außerhalb Frankreichs eröffnet. Laut Angaben des Unternehmensleiters Denis Haulin bestehen Planungen weitere Büros in Großbritannien und Frankreich einzurichten. Zudem sind neue zusätzliche Serviceleistungen in den Bereichen Übersetzung und Desktop Publishing geplant.

TeleService Fränkische Schweiz: Telearbeitszentrum im ländlichen Raum

Überblick

Im vom Bayerischen Staatsministerium für Ernährung, Landwirtschaft und Forsten geförderten Pilotprojekt "TeleService Fränkische Schweiz" werden innovative Formen der Arbeit im ländlichen Raum erprobt. Im Zentrum der Aktivitäten steht die Frage, welche Möglichkeiten und Chancen die heutigen Telekommunikationstechniken für den ländlichen Raum bieten.

Der TeleService Fränkische Schweiz beschäftigt 6 Mitarbeiter und bietet seinen Kunden ein breites Spektrum an Dienstleistungen, wie Mailing Service, Herstellung von Druckerzeugnissen, Datenbankerstellung, Text- und Datenerfassung, Übersetzungen, Herstellung von Präsentationsunterlagen und einen Konferenzservice.

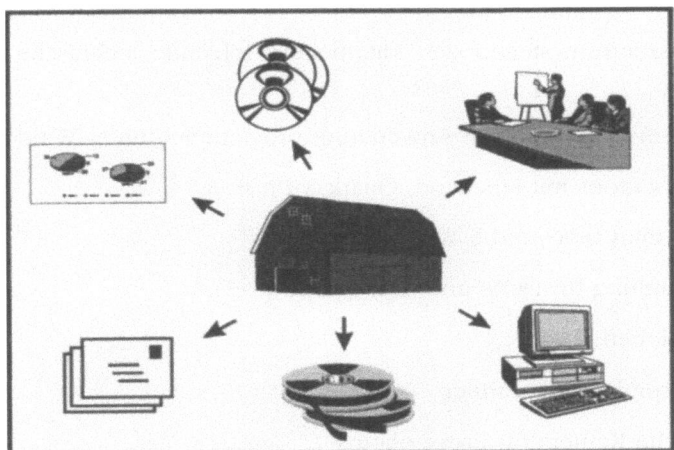

Einführung der Telearbeit

Zu Beginn des Pilotprojektes (August 1994) wurde ein gemeinnütziger Verein "Verein zur Förderung der Telearbeit in Oberfranken - TeleService Fränkische Schweiz e.V." gegründet, der die rechtliche Grundlage des Projektes bildete. Als Standort für den Verein wurde ein kleiner Ort, Saugendorf (Landkreis Bayreuth), abseits der Ballungszentren ausgewählt. Dort wurde ein leerstehendes Bauernhaus renoviert und mit der erforderlichen technischen Infrastruktur und Büromöbeln ausgestattet.

Von Anfang an war es Ziel, das Teleserviceunternehmen nach marktwirtschaftlichen Gesichtspunkten zu bewirtschaften. Die entstehenden Betriebskosten sollen aus den Projekteinnahmen gedeckt werden. Da dies in der Anfangsphase nicht gewährleistet werden konnte, übernahm die Fraunhofer-Gesellschaft eine Auftragsgarantie für die nicht von anderen Auftraggebern gebundenen Kapazitäten.

Die eingestellten Mitarbeiter wurden an konkreten Aufträgen ausgebildet und in die Hardware und Software eingearbeitet. Hierbei fungierten bereits erfahrene Mitarbeiter als Ausbilder. Probleme konnten hierdurch schnell erkannt und korrigiert werden.

Vertragliche Gestaltung, Technikausstattung und Management der Telearbeit

Die sechs Mitarbeiter, die Ende 1995 vom TeleService Fränkische Schweiz beschäftigt wurden, arbeiten je zur Hälfte entweder auf Vollzeit- oder Teilzeitbasis. Ihr Arbeitsplatz ist ausschließlich das wohnortnahe Büro des Telearbeitszentrums.

Im Telearbeitszentrum stehen den Mitarbeitern folgende technische Möglichkeiten zur Verfügung:

- PCs mit allen marktüblichen Anwendungsprogrammen unter Windows
- MAC-Workstations mit Freehand, Quark-X-Press etc.
- Peripherie mit Color- und S/W-Druckern
- ISDN-Anbindung für DOS- und MAC-Systeme
- Telefaxstationen Gr. 3
- Hochauflösender Farbscanner
- Elektronische Kamera für Pressephotos

Von Anfang an versuchte das Management, den Anteil fremder Auftraggeber zu erhöhen. Bei der Akquisition wurden daher besonders solche Aufträge gesucht, die vom Auftraggeber wegen großer Dringlichkeit oder wegen begrenzter Ressourcen nicht selbst bearbeitet werden konnten.

Gerade bei der Erstakquisition mußte ein großer Aufwand betrieben werden, da bei vielen Unternehmen, trotz des Diskussion um Lean Management und Outsourcing, noch erhebliche Barrieren bezüglich der Auslagerung von Funktionen existieren. Durch Mund-zu-Mund-Propaganda hat sich mittlerweile ein mehr oder weniger kontinuierlicher Auftragseingang entwickelt. Die Auslastung des Teleservicecenters ist aufgrund der Mischung von Eilaufträgen und längerfristigen Projekten relativ gleichmäßig.

Erfahrungen und zukünftige Pläne

Während des bisherigen Projektverlaufs konnten eine Reihe von Erfahrungen gesammelt werden:

- Da die Erstakquisition mit einem erheblichen Aufwand verbunden ist, muß gerade am Anfang darauf geachtet werden, daß nicht zu viele unterschiedliche Aufträge angenommen werden. Auch sollte das Projektvolumen eine gewisse Mindesthöhe nicht unterschreiten.
- Das Ziel eines wirtschaftlichen Betriebs hat dazu geführt, daß eine vorrangige Projektbearbeitung manchmal zu Lasten einer gründlichen Schulung ging.
- Andererseits erwies sich die Einarbeitung an konkreten Aufträgen als sehr effektiv, da die Bearbeiter von Anfang an verantwortlich und dementsprechend motiviert waren.
- Als Belastung erwies sich die gleichzeitige Einstellung von mehreren neuen Angestellten, da zuviel Kräfte für deren Ausbildung gebunden waren.

Die bisherigen Erfahrungen zeigen, daß die angestrebten Ziele erreicht und zum Teil übertroffen werden konnten. Das Konzept erwies sich bislang als tragfähig. In Zukunft wird es Aufgabe sein, mit einer Konsolidierung des Projektes eine stabile Ausgangsbasis für die Verselbständigung zu schaffen.

Anhang 3: Fallstudien

Württembergische Versicherungs AG: Mitarbeitererhalt durch Telearbeit

Überblick

Die Württembergische Versicherung beschäftigt etwa 6.000 Mitarbeiter, darunter 2.000 am Sitz in Stuttgart. Nach dem Fall der Berliner Mauer und der Wiedervereinigung entstand durch die Ausweitung der Geschäftstätigkeiten auf die neuen Bundesländer Bedarf an zusätzlichen Arbeitskräften. Hierauf reagierte das Unternehmen mit der Einführung eines Telearbeitsprojektes, um qualifizierte Mitarbeiterinnen auch nach der Geburt eines Kindes weiter beschäftigen zu können. Sowohl die Württembergische Versicherung als auch die betroffenen Angestellten versprachen sich Vorteile. Für das Unternehmen entfällt die Notwendigkeit, neue Arbeitskräfte intensiv ausbilden zu müssen, was mindestens ein Jahr in Anspruch nehmen würde. Den Mitarbeiterinnen ermöglicht die Teleheimarbeit, weiterhin erwerbstätig zu bleiben und hierdurch ein Einkommen zu erzielen.

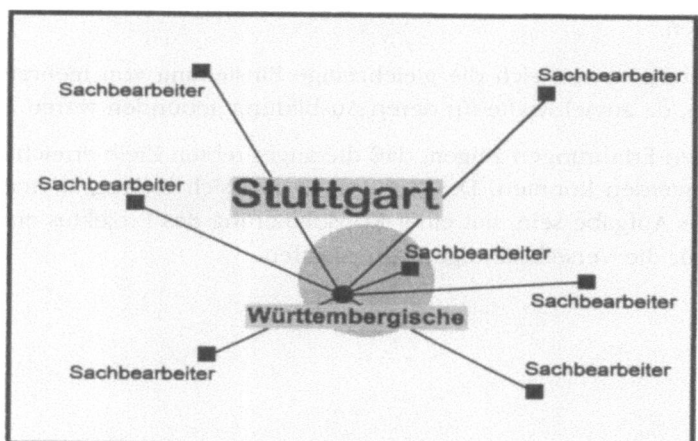

Einführung der Telearbeit

Das Telearbeitsprojekt der Württembergischen Versicherung startete 1990/91 mit fünf Programmiererinnen, die nach der Geburt ihres Kindes weiterhin für das Unternehmen arbeiten wollten. Von Beginn an wurden Vertreter der Personalabteilung, der Technischen Abteilung und des Betriebsrates bei der Planung und Einführung der Telearbeit mit einbezogen. Bis heute hat sich die Zahl der Telearbeiter auf 20 erhöht. Das durchschnittliche Alter der Telearbeiter beträgt 35 Jahre. Alle besitzen eine mehrjährige Berufserfahrung im Versicherungsbereich. Die Telearbeiter sind hauptsächlich über die Region Stuttgart verteilt und leben sowohl im großstädtischen Bereich als auch in ländlichen Gebieten.

Das Unternehmen und auch alle anderen Betroffenen stimmten darin überein, die Rahmenbedingungen dieser neuen Arbeitsform nicht zu stark zu reglementieren und den Angestellten mit einem detaillierten Arbeitsvertrag Sicherheit zu geben. Einigkeit bestand in bezug auf die Notwendigkeit gegenseitigen Vertrauens und einer offenen Zusammenarbeit. Das Unternehmen erwartet von den Telearbeitern, daß sie vollkommen unabhängig und eigenverantwortlich arbeiten und bietet ihnen zugleich volle Flexibilität in der Arbeitsgestaltung innerhalb vorgegebener Grenzen (Anschlußmöglichkeiten an den Zentralcomputer).

Alle Telearbeiter arbeiten weitestgehend zu Hause. Einmal pro Woche kommen die Telearbeiter ins Büro, wobei die Arbeitspensen verteilt und besprochen werden. Darüber hinaus bietet das Unternehmen die Möglichkeit weiterer zusätzlicher Treffen, die den Kontakt zu Kollegen und Managern erleichtern sollen. Zu Anfang des Telearbeitsprojektes wurde ein monatliches Treffen zwischen den Telearbeitern, den Vertretern des Betriebsrates, Mitarbeitern der Personalabteilung und den zuständigen Vorgesetzten vereinbart. Es stellte sich jedoch heraus, daß ein Meeting alle zwei Monate völlig ausreicht.

Vertragliche Gestaltung, Technikausstattung und Management der Telearbeit

Die Telearbeiter der Württembergischen Versicherung sind über Zeitverträge in Ergänzung zu ihren Arbeitsverträgen angestellt. Diese Zeitverträge sind auf die Dauer des Erziehungsurlaubes begrenzt. Alle Telearbeiter sind Angestellte der Württembergischen Versicherung.

Die Arbeitszeit beträgt 19 Stunden pro Woche und kann flexibel zwischen 7.00 und 19.00 Uhr verteilt werden. Als Lohn erhalten sie 50% ihres vorhergehenden Vollgehaltes und einen Zuschlag von 150,- DM für Elektrizität und Telefonkosten. Allen Telearbeitern bleiben ihre Sozialversicherungs- und Rentenansprüche erhalten. Zudem haben alle das Recht, innerhalb von vier Jahren nach der Geburt des Kindes in das Unternehmen zurückzukehren.

Das Arbeitspensum der Telearbeiter liegt bei der Hälfte des Pensums eines Vollzeitangestellten. Die Arbeitsverteilung liegt in der Hand der Abteilungsleiter, wobei die Arbeit ohne weitere Vorsortierung nach Arbeitsgebieten und Arbeitsaufgaben an die Mitarbeiter weitergegeben wird. Lediglich besonders wichtige Arbeiten und Terminaufträge werden vorwiegend von Büroangestellten im Hause bearbeitet.

Ein bedeutender Unterschied zwischen der Arbeit eines Büroangestellten und der eines Telearbeiters liegt darin, daß ein Telearbeiter keine Telefontätigkeiten, wie z.B. Kundenberatung, durchführt. Grund hierfür ist die zeitlich einengende Wirkung, die von einer solchen Tätigkeit ausgeht. Diese Tatsache war zu Beginn der Telearbeit ein bedeutender Problemfaktor auf seiten der Büroangestellten, da diese die Betreuung der Kunden ihrer telearbeitenden Kollegen übernehmen mußten. Mittlerweile wurde dies akzeptiert und bereitet keine Probleme mehr.

Zur Überwachung und Kontrolle der Telearbeiter liegen keine strengen Regeln vor. Die Telearbeiter sind normale Angestellte des Unternehmens. Unterschiede im Management im Vergleich zu den Büroangestellten des Unternehmens sind nicht vorhanden.

Ausgestattet sind die Telearbeiter mit einen PC, der online mit dem Zentralcomputer der Württembergischen verbunden ist. Genutzt werden die Anwendungsprogramme des Zentralcomputers und das Electronic-Mail-System MEMO. Die technische Ausstattung der Heimarbeitsplätze und die Kosten der Datenübertragung werden von der Württembergischen übernommen. Insgesamt werden die Kosten eines Telearbeitplatzes als gleich hoch wie die eines Büroarbeitsplatzes angesehen.

Erfahrungen und zukünftige Pläne

Aufgrund des Vergleichs der Zeit, die für die Bearbeitung einer bestimmten Aufgabe notwendig ist, konnten Produktivitätszuwächse bei den Telearbeitern von 10-20% festgestellt werden. Zudem konnte eine Abnahme der Fehltage registriert werden.

Mit dem Telearbeitsprojekt wurde erreicht, daß qualifizierte Mitarbeiter als Angestellte für die Württembergische Versicherung erhalten werden konnten, die ohne diese Arbeitsform für die Dauer des Erziehungsurlaubs hätten ausscheiden müssen. Außerdem konnten diese Mitarbeiter ihre berufliche Qualifikation erhalten und weiterhin berufstätig bleiben.

Kleinere Probleme traten durch die anfängliche Übermotivation der Telearbeiter auf, die oftmals mehr arbeiteten als von ihnen erwartet wurde. Die Nichtanerkennung von seiten ihrer Ehepartner erwies sich in Einzelfällen ebenfalls als problematisch. Insgesamt wird die Telearbeit jedoch positiv beurteilt.

Bei der Württembergischen Versicherung wird auch in anderen Bereichen Telearbeit durchgeführt. Beispielsweise wurden 70 Kfz-Sachverständige mit Notepads ausgerüstet, um mobile Telearbeit betreiben zu können. Zur Zeit laufen weitere Planungen, die zusätzliche Arbeitsbereiche für Telearbeit öffnen sollen.

Anhang 4: Vereinbarungen

Mittlerweile liegen in Deutschland eine ganze Reihe von Betriebsvereinbarungen und Tarifverträgen zur Telearbeit vor. Diese können an der Einführung der Telearbeit interessierten Unternehmen als Anregung und Orientierung dienen.

Nachfolgend werden mit freundlicher Genehmigung des jeweiligen Unternehmens abgedruckt:

- die organisatorischen und rechtlichen Rahmenbedingungen zum Projekt "außerbetrieblicher Arbeitsplatz" beim Landwirtschaftlichen Versicherungsverein Münster (LVM) aus dem Jahr 1995 sowie

- der Tarifvertrag zwischen der Deutschen Telekom AG und der Deutschen Postgewerkschaft "zur Begleitung der Erprobung von alternierender Teleheimarbeit bei der Deutschen Telekom AG" von 1995.

Versicherungen seit 1896

Organisatorische und rechtliche Rahmenbedingungen zum Projekt "außerbetrieblicher Arbeitsplatz"

Inhalt:
1. Ziel und Charakter des Projektes "außerbetrieblicher Arbeitsplatz"
2. Rahmenbedingungen
3. Konkrete rechtliche und organisatorische Ausgestaltung des Projektes "außerbetrieblicher Arbeitsplatz"
3.1 Arbeitsplatz beim LVM
3.2 Ausstattung des außerbetrieblichen Arbeitsplatzes
3.3 Tauschmöglichkeit
3.4 Vertretungsregelung/Anwesenheit beim LVM
3.5 Kostenerstattung
3.6 Essensgeld
3.7 Urlaub und Krankheit
3.8 Zeiterfassung
3.9 Persönliche Unterbrechung
3.10 Beendigungsbedingungen

1. Ziel und Charakter des Projektes "außerbetrieblicher Arbeitsplatz" (ABAP)

Aufgrund des großen Interesses der Mitarbeiterinnen und Mitarbeiter an außerbetrieblichen Arbeitsplätzen haben Gesamtvorstand und Betriebsrat unabhängig voneinander beschlossen, diesbezüglich ein Pilotprojekt durchzuführen.

Der Zeitraum des Pilotprojektes beträgt zwölf Monate. In diesem Zeitraum sollen Erfahrungen in der praktischen Anwendung gesammelt werden. Bei Erfolg wird das Pilotprojekt nach Ende dieses Zeitraums weiterverfolgt und bei Mißerfolg verworfen.

Die Teilnahme am Pilotprojekt ist freiwillig und bleibt dies auch nach erfolgreichem Abschluß und Weiterführung des Projektes. Während der Dauer des Pilotprojekts sollte die Rückkehr zur betriebsüblichen Arbeitszeitregelung grundsätzlich ein Ausnahmefall bleiben und nur aus wichtigen persönlichen Gründen erfolgen.

Alle Mitarbeiterinnen und Mitarbeiter, auch Führungskräfte, können am Pilotprojekt teilnehmen, falls dem im Einzelfall Belange der Aufgabenstellung nicht entgegenstehen. Es wird ein förmlicher Antrag an die Abteilungsleitung gestellt. Im Falle einer Ablehnung des Antrages erfolgt vorherige Information und Beratung mit dem Betriebsrat.

Um die Kontinuität der Ausbildung zu gewährleisten, können Auszubildende nicht am Pilotprojekt teilnehmen.

2. Rahmenbedingungen

Mitarbeiterinnen und Mitarbeiter, die im Rahmen des Pilotprojekts ihre Arbeit teilweise außerbetrieblich erledigen, sind arbeitsrechtlich nicht als Heimarbeiter einzustufen und bleiben Mitarbeiterinnen/Mitarbeiter des LVM. Das Direktionsrecht des Arbeitgebers bleibt bestehen.

Hinsichtlich wöchentlicher Arbeitszeit, Vergütung und Altersversorgung ergeben sich für Teilnehmerinnen und Teilnehmer am Pilotprojekt "Außerbetrieblicher Arbeitsplatz" keine Veränderungen. Die Betriebsvereinbarung über die gleitende Arbeitszeit

Anhang 4: Vereinbarungen

mit den dort festgeschriebenen Zeiten 6.30 Uhr bis 18.30 Uhr, **Kernzeit** 9.00 Uhr bis 15.00 Uhr, ist Grundlage dieser Rahmenbedingungen.

Mit den Teilnehmerinnen und Teilnehmern des Pilotprojektes ist ein Zusatzvertrag zum Anstellungsvertrag zu schließen, welcher für die Dauer der Teilnahme am Pilotprojekt bestimmte Punkte festschreibt. Über den Inhalt wird der Betriebsrat vorab informiert.

Die konkrete rechtliche und organisatorische Ausgestaltung des Projektes "außerbetrieblicher Arbeitsplatz" findet sich unter Punkt 3.

Haftung

Die Haftung der Mitarbeiterin/des Mitarbeiters und der in ihrem/seinem Haushalt lebenden Familienangehörigen gegenüber dem LVM ist auf Vorsatz und grobe Fahrlässigkeit beschränkt. Besteht im Falle der berechtigten Besucher keine Haftpflichtversicherung, wird im Einzelfall entschieden, ob Schadenersatzansprüche gestellt werden. Eingetretene Schadenfälle werden zusammen mit dem Betriebsrat geregelt. Die Haftungsbeschränkung auf Vorsatz und grobe Fahrlässigkeit bezieht sich auch auf Haftungsfälle wegen Verstosses gegen das Bundesdatenschutzgesetz.

Soweit der Mitarbeiterin/dem Mitarbeiter durch die Teilnahme am Projekt und die Einrichtung des außerbetrieblichen Arbeitsplatzes Nachteile entstehen, die nicht bereits unmittelbar durch diese Regelungsabrede ausgeglichen werden und für die auch anderweitig kein Ersatzanspruch besteht, verpflichtet sich der LVM, für einen entsprechenden - im Hinblick auf eine Gleichstellung mit den übrigen Innendienstmitarbeiterinnen/-mitarbeitern - Ausgleich zu sorgen.

Damit sollen insbesondere aufgrund der geänderten Risikolage mögliche Deckungslücken in der Haftpflicht- und Sachversicherung ausgeschlossen werden.

Versicherungsschutz

Arbeitsplätze zu Hause sind außerbetriebliche Arbeitsplätze und Gewerbefläche.

Arbeitsunfälle an einer außerbetrieblichen Arbeitsstätte sind durch die Berufsgenossenschaft versichert.

3. Konkrete rechtliche und organisatorische Ausgestaltung des Projekts "außerbetrieblicher Arbeitsplatz"

3.1 Arbeitsplatz beim LVM

Im Rahmen des Pilotprojekts teilen sich zwei Mitarbeiterinnen/zwei Mitarbeiter einen Arbeitsplatz. Um Problemen wie der Aufhebung der Trennung von Beruf und Privatsphäre, der Übertragung von beruflichen Belastungen in die Privatsphäre, der Zunahme der Doppelbelastung von Berufs- und Familienarbeit vorzubeugen, erfolgt grundsätzlich ein täglicher Wechsel zwischen der Arbeit im LVM und dem außerbetrieblichen Arbeitsplatz.

3.2 Ausstattung des außerbetrieblichen Arbeitsplatzes

Der außerbetriebliche Arbeitsplatz muß bezüglich Unfallverhütung, Sicherheit und Ergonomie den allgemeinen Grundsätzen entsprechen. Hierzu gehören z.B.
- Mindestgrundfläche von 8 qm
- Tageslicht am Arbeitsplatz
- Beleuchtung
- ergonomischer Schreibtisch und Schreibtischstuhl.

Die entsprechenden Verordnungen, Sicherheitsvorschriften wie z.B. die Gewerbeordnung, die Reichsversicherungsordnung, die Arbeitsstättenverordnung, die Unfallverhütungsvorschriften der Unfallversicherungsträger, die Arbeitsstätten-Richtlinien, Richtlinien und Sicherheitsregeln der Unfallversicherer, das Arbeitszeit-Rechtsgesetz usw. hängen am "Schwarzen Brett" aus und können zusätzlich in der Personalabteilung und beim Betriebsrat eingesehen werden.

Zur Glaubhaftmachung, daß der ABAP den Anforderungen entspricht, reicht es aus, wenn die Antragstellerin/der Antragsteller die objektiven Gegebenheiten (Lage, Größe, ggf. Einrichtung (Skizze)) darlegt. Unter Berücksichtigung der allgemeinen Lebenserfahrung und des dargestellten Sachverhaltes wird geprüft, ob die Einrichtung eines ABAP möglich ist. Bei der Installation von technischen Einrichtungen werden selbstverständlich die einschlägigen Unfallverhütungs- und Sicherheitsvorschriften und die Regeln der Handwerkskunst beachtet.

Die technische Ausstattung (Bildschirm, ISDN-Telefonanschluß, Rechner, Diktiergerät usw.) sowie Arbeitsmittel stellt der LVM zur Verfügung.

3.3 Tauschmöglichkeit

Grundsätzlich besteht nach Absprache mit dem Vorgesetzten bzgl. der Nutzung des Arbeitsplatzes beim LVM für die beiden Mitarbeiterinnen/Mitarbeiter, die sich einen Arbeitsplatz teilen, eine Tauschmöglichkeit.

3.4 Vertretungsregelung/Anwesenheit beim LVM

Vertretungsregelungen mit der Arbeitsplatzpartnerin/dem Arbeitsplatzpartner (Urlaub, Dienstreise, Krankheit etc.) hinsichtlich der Besetzung des Arbeitsplatzes beim LVM sind individuell mit dem Vorgesetzten abzustimmen.

Ist aus dienstlichen Gründen eine Anwesenheit beim LVM erforderlich, so ist sicherzustellen, daß die Mitarbeiterin/der Mitarbeiter in angemessener Zeit zum LVM kommen kann. Rechtlich wird dies durch das Direktionsrecht des Arbeitgebers abgedeckt.

3.5 Kostenerstattung

Für die Bereitstellung des Raumes und der Energie wird den Teilnehmerinnen/Teilnehmern in der Testphase eine Aufwandspauschale von monatlich 100 DM steuerpflichtig (12 x jährlich, nicht ruhegehaltsfähig) gezahlt.

3.6 Essensgeld

Der Mitarbeiterbeitrag für das Essensgeld reduziert sich gemäß Reduktion der Arbeitstage im LVM-Gebäude pauschal um die Hälfte.

3.7 Urlaub und Krankheit

Hinsichtlich Urlaub und Arbeitsverhinderung durch Krankheit gelten für das Pilotprojekt grundsätzlich die gleichen Regelungen wie bisher.

Das heißt, bei Krankheit hat auch an den Tagen, an denen der Mitarbeiter nicht im Verwaltungsgebäude zu arbeiten hat, eine unverzügliche Krankmeldung zu erfolgen.

Hinsichtlich der Anzeigepflicht der Arbeitsunfähigkeit gemäß § 18 Abs. 3 BAT sind Tage, an denen nach Plan außerbetrieblich zu arbeiten wäre, genauso zu behandeln wie arbeitsfreie Tage (Feiertage, Samstage, Sonntage).

3.8 Zeiterfassung

Aus Gründen der Verwaltungsvereinfachung wird an Tagen, an denen die Mitarbeiterin/der Mitarbeiter außerhalb des LVM arbeitet, standardmäßig eine tägliche Arbeitszeit von 7 Stunden und 42 Minuten zugrundegelegt. Dem Anspruch auf ordnungsgemäße Erfassung der geleisteten Arbeit wird dadurch Rechnung getragen, daß die Mitarbeiterin/der Mitarbeiter bei Unter- oder Überschreitung Korrekturen durch ZKB vornehmen kann.

Die hier angesprochene Regelung hinsichtlich der Erfassung der geleisteten Arbeit bedarf gemäß § 77 Abs. IV, Satz 2 BetrVG, für jede einzelne Mitarbeiterin/jeden einzelnen Mitarbeiter der Zustimmung durch den Betriebsrat.

3.9 Persönliche Unterbrechung

Persönliche Unterbrechungen während der Kernarbeitszeit sind wie bisher dem Vorgesetzten anzuzeigen.

3.10 Beendigungsbedingungen

Der ABAP in der Wohnung der Mitarbeiterin/des Mitarbeiters kann von beiden Seiten als Einzelfallentscheidung mit einer Ankündigungsfrist von drei Monaten zum Quartalsende aufgegeben werden. Bei Kündigung der Wohnung durch den Vermieter verkürzt sich ggf. die Ankündigungsfrist entsprechend. Die Aufgabeankündigung hat schriftlich zu erfolgen.

Die vom LVM überlassenen Arbeitsmittel sowie die Arbeitsunterlagen sind nach Aufgabe des ABAP unverzüglich an die betriebliche Arbeitsstätte zurückzubringen. Die Führungskraft bestätigt dem Mitarbeiter die Rückgabe.

Anhang 4: Vereinbarungen

Antrag auf Teilnahme am Pilotprojekt "außerbetrieblicher Arbeitsplatz"

Name:

Personalnummer:

Münster, den ....

An die

Abteilungsleitung

....

Ich stelle den Antrag auf Teilnahme am Pilotprojekt "außerbetrieblicher Arbeitsplatz". Ich bitte Sie zu prüfen, ob mit Blick auf die von mir im Unternehmen wahrgenommenen Aufgaben eine Teilnahme moglich ist. Die organisatorischen und rechtlichen Rahmenbedingungen des Pilotprojekts sind mir bekannt.

Der Anlage können Sie entnehmen, daß die Ausstattung des außerbetrieblichen Arbeitsplatzes den Anforderungen genügt.

Mit freundlichem Gruß

Anlage: Ausstattung des außerbetrieblichen Arbeitsplatzes

Anlage: Ausstattung des außerbetrieblichen Arbeitsplatzes

Ich erkläre hiermit, daß mir ein Arbeitsplatz zur Verfügung steht, welcher den genannten Anforderungen gemäß Arbeitsstättenverordnung gerecht wird.

o   Der Arbeitsraum hat eine Grundfläche von mindestens 8 m^2.

o   Der Arbeitsraum hat abzüglich fester und beweglicher Betriebseinrichtungen einen Mindestluftraum von 12 m^3.

o   Ein ungehindertes Bewegen am Arbeitsplatz ist sichergestellt. Eine freie Bewegungsfläche von 1,50 m^2 mit einer Mindestbreite von 1 m steht zur Verfügung.

o   Eine hinreichende Beleuchtung des außerbetrieblichen Arbeitsplatzes ist vorhanden.
Mobiliar, welches den ergonomischen Anforderungen genügt, soll wie folgt bereitgestellt werden:

o   durch einen eigenen Schreibtisch mit Höhe: Breite: Tiefe:

o   durch einen eigenen geeigneten Schreibtischstuhl

o   durch einen vom LVM leihweise zur Verfügung gestellten Schreibtisch/Schreibtischstuhl (Unzutreffendes bitte streichen)

Grundriß und mögliche Aufteilung des Arbeitsraumes können nachfolgender Skizze entnommen werden:

Die Adresse des außerbetrieblichen Arbeitsplatzes lautet:

Falls es sich bei den Räumlichkeiten um eine Mietwohnung handelt, wird der Eigentümer/Vermieter darüber in Kenntnis gesetzt, daß diese nun teilweise beruflich genutzt werden.

Münster, den ....

Tarifvertrag
zur Begleitung der Erprobung von alternierender Teleheimarbeit
bei der Deutschen Telekom AG

Präambel

Die Deutsche Telekom AG als Produktanbieter für elektronische Kommunikationsprodukte und -dienstleistungen und *die Deutsche Postgewerkschaft bzw. Tarifgemeinschaft Deutscher Postverband/Christliche Gewerkschaft Post* verfolgen das Ziel, im Rahmen der alternierenden Teleheimarbeit eine örtliche Flexibilisierung der Arbeitsorganisation sowohl im Unternehmensinteresse als auch im Mitarbeiterinteresse sinnvoll zu gestalten.

Mit diesen tarifvertraglichen Regelungen wird die Basis geschaffen, alternierende Teleheimarbeit bei der Deutschen Telekom AG erproben zu können. Inwieweit hierdurch den Bedürfnissen und Wertvorstellungen der Arbeitnehmer besser entsprochen sowie ein Beitrag zur Kundenorientierung, zur Produktivitätssteigerung und zum Umweltschutz geleistet werden kann, sollen Pilotprojekte zeigen.

Die Einrichtung von sowie die Beschäftigung auf alternierenden Teleheimarbeitsplätzen erfolgt nach dem Prinzip der Freiwilligkeit. Dabei sind grundsätzlich solche Tätigkeiten für alternierende Teleheimarbeit geeignet, die eigenständig und eigenverantwortlich durchführbar sind, die konkrete, meßbare Ergebnisse haben und die ohne Beeinträchtigung des Betriebsablaufs bei eingeschränktem unmittelbaren Kontakt zum Betrieb verlagert werden können.

Mit der Einrichtung von alternierenden Teleheimarbeitsplätzen entfällt das tägliche Pendeln zwischen Wohnung und Betrieb. Dies kann bei dem Arbeitnehmer zu Zeit- und Kostenersparnissen führen. Die Arbeitnehmer können mehr Möglichkeiten erhalten, ihren Beruf besser mit ihrer individuellen Lebensführung zu vereinbaren und ihre Arbeit eigenverantwortlicher zu gestalten und auszuführen. Insofern sollen die Ergebnisse des Pilotprojektes auch darüber Aufschluß geben.

Alternierende Teleheimarbeit stellt - bedingt durch die Eigenverantwortlichkeit der Arbeitsausführung - besondere Anforderungen an die in Teleheimarbeit beschäftigten Arbeitnehmer.

I. Abschnitt

Regelungen über die Einrichtung von und die Beschäftigung auf Teleheimarbeitsplätzen

§ 1
Geltungsbereich

(1) Dieser Tarifvertrag gilt für die in der „Gemeinsamen Vereinbarung" aufgeführten Arbeitnehmer, sofern und solange sie bei den dort bezeichneten Forschungsprojekten teilnehmen.

(2) Sofern während der Laufzeit dieses Tarifvertrages (§ 20 Absatz 2) weitere Forschungsprojekte durchgeführt werden sollen, werden diese und die teilnehmenden Arbeitnehmer in die „Gemeinsame Vereinbarung" aufgenommen. Hierfür ist das Einvernehmen zwischen der Generaldirektion der Deutschen Telekom AG und *dem Hauptvorstand der Deutschen Postgewerkschaft bzw. der Geschäftsstelle der Tarifgemeinschaft* erforderlich.

Protokollnotiz zu § 1:

Maßgebend ist die „Gemeinsame Vereinbarung" zwischen der Generaldirektion der Deutschen Telekom AG und *dem Hauptvorstand der Deutschen Postgewerkschaft bzw. der Tarifgemeinschaft* vom 10. Oktober 1995 in ihrer jeweils aktuellen Fassung.

§ 2
Einrichtung eines Teleheimarbeitsplatzes

(1) Für die vom Geltungsbereich erfaßten Arbeitnehmer wird, sofern die nachstehend genannten Voraussetzungen erfüllt sind, ein alternierender Teleheimarbeitsplatz eingerichtet.

(2) Bei der alternierenden Teleheimarbeit wird die tarifvertragliche bzw. die individuelle regelmäßige Arbeitszeit teilweise in der Wohnung des Arbeitnehmers (häusliche Arbeitsstätte) und teilweise im Betrieb des Arbeitgebers (betriebliche Arbeitsstätte) erbracht.

(3) Die Einrichtung von sowie die Beschäftigung auf alternierenden Teleheimarbeitsplätzen erfolgt nach dem Prinzip der Freiwilligkeit.

(4) Der jeweils betroffene Arbeitnehmer ist über das vorgesehene Projekt zu informieren.

§ 3
Arbeitsaufgaben

Neben der Erledigung der jeweils fachlich übertragenen Aufgaben erfolgt eine aktive Mitarbeit bei der Erprobung von Teleheimarbeit. Die von den Arbeitnehmern im Rahmen der Projekte gewonnenen Erfahrungen sind von ihnen zu dokumentieren. Die Zeitintervalle, die zu betrachtenden Komplexe und die Art der Dokumentation werden durch den jeweiligen Projektleiter festgelegt.

§ 4
Anforderungen an die häusliche Arbeitsstätte

(1) Die häusliche Arbeitsstätte muß in der Wohnung des Arbeitnehmers (keine Garage, kein Keller) in einem Raum sein, der für einen dauernden Aufenthalt zugelassen und vorgesehen sowie für die Aufgabenerledigung unter Berücksichtigung der allgemeinen Arbeitsplatzanforderungen geeignet ist.

(2) Die in Absatz 1 genannten Voraussetzungen für die häusliche Arbeitsstätte werden durch eine Begehung durch den jeweiligen Projektleiter geprüft. Dem Betriebsrat wird die Möglichkeit eingeräumt, an der Begehung teilzunehmen.

§ 5
Auf- und Verteilung der Arbeitszeit

(1) Die zu leistende Arbeitszeit für die zu erledigenden Arbeitsaufgaben (§ 3) ist die tarifvertraglich bzw. die arbeitsvertraglich vereinbarte durchschnittliche regelmäßige Arbeitszeit. Sie ist auf die betriebliche und die häusliche Arbeitsstätte aufzuteilen. Hierbei ist der Anteil der auf die betriebliche Arbeitsstätte entfallenden Arbeitszeit so zu gestalten, daß der soziale Kontakt zum Betrieb aufrecht erhalten bleibt.

(2) Wird die Aufteilung der Arbeitszeit auf die häusliche und die betriebliche Arbeitsstätte sowie die tägliche Verteilung der Arbeitszeit vom Arbeitgeber vorgenommen, handelt es sich um betriebsbestimmte Arbeitszeiten. Die Verteilung der verbleibenden Differenz zur individuellen regelmäßigen Arbeitszeit ist vom Arbeitnehmer vorzunehmen (selbstbestimmte Arbeitszeit). Der Anteil dieser selbstbestimmten Arbeitszeit soll unter Berücksichtigung der jeweils konkreten Arbeitsaufgabe so groß wie möglich gestaltet werden.

(3) Die Aufteilung sowie die Verteilung und die Lage der Arbeitszeit ist in einer schriftlichen Vereinbarung mit dem Arbeitnehmer festzuhalten und kann jederzeit vom Arbeitgeber geändert werden.

(4) Überzeitarbeit muß vom Arbeitgeber im voraus angeordnet oder angefordert werden; eine nachträgliche Genehmigung ist nicht möglich.

(5) Fahrzeiten zwischen betrieblicher und häuslicher Arbeitsstätte gelten als nicht betriebsbedingt und finden keine Anrechnung auf die Arbeitszeit.

(6) Zuschläge für Arbeitsleistungen zu ungünstigen Zeiten werden nur dann entsprechend den tarifvertraglichen Regelungen gezahlt, wenn die den Anspruch begründenden Zeiten betriebsbestimmt waren. Dies gilt sinngemäß auch für die Freischichtenregelungen.

§ 6
Zeiterfassung

(1) Die Erfassung aller geleisteten Arbeitszeiten und -aufgaben erfolgt jeweils durch den Arbeitnehmer in einem Arbeitstagebuch, das dem jeweiligen Projektleiter unmittelbar jeweils nach dem Monatsende vorzulegen ist.

(2) Mit Zustimmung des Arbeitnehmers besteht für den Betriebsrat die Möglichkeit, Einblick in die erfaßten geleisteten Arbeitszeiten zu nehmen.

(3) Die Zeiterfassung der in der betrieblichen Arbeitsstätte geleisteten Arbeitszeiten richtet sich nach den jeweils geltenden betrieblichen Regelungen.

§ 7
Arbeitsmittel

(1) Die notwendigen Arbeitsmittel für die häusliche Arbeitsstätte werden für die Zeit des Bestehens dieser häuslichen Arbeitsstätte vom Arbeitgeber kostenlos zur Verfügung gestellt. Die jeweils vorgesehenen Arbeitsmittel werden in der „Gemeinsamen Vereinbarung" aufgeführt.

(2) Im Rahmen der Projekte „Alternierende Teleheimarbeit" wird auch der Einsatz einer multimedialen Anbindung erprobt werden.

(3) Die Arbeitsmittel dürfen nicht für private Zwecke benutzt werden. Die Nutzung eines ISDN-Anschlusses und eines Dienst-Telefones kann durch den Arbeitgeber durch geeignete technische Maßnahmen eingeschränkt werden und anhand des monatlichen Gebührenaufkommens überprüft werden.

(4) Der Auf- und Abbau der gestellten Arbeitsmittel sowie eine eventuelle Wartung erfolgt durch den Arbeitgeber.

(5) Die bereitgestellten Arbeitsmittel sind vor dem Zugriff Dritter zu schützen.

§ 8
Aufwandserstattungen

(1) Eine Regelung über eine Aufwandserstattung erfolgt im Rahmen des § 15.

(2) Fahrkosten zwischen betrieblicher und häuslicher Arbeitsstätte werden nicht erstattet.

§ 9
Zugang zur häuslichen Arbeitsstätte

Der jeweilige Projektleiter sowie der Betriebsrat hat Zugang zur häuslichen Arbeitsstätte nach Abstimmung mit dem Arbeitnehmer. Dies gilt auch für die Begehung nach § 4 Absatz 2.

§ 10
Daten- und Informationsschutz

Auf den Schutz von Daten und Informationen gegenüber Dritten ist bei der häuslichen Arbeitsstätte besonders zu achten. Vertrauliche Daten und Informationen sind vom Arbeitnehmer so zu schützen, daß Dritte keine Einsicht und/oder Zugriff nehmen können.

§ 11
Aufgabe der häuslichen Arbeitsstätte

(1) Die häusliche Arbeitsstätte kann von beiden Seiten ohne Angabe von Gründen mit einer Ankündigungsfrist von einem Monat zum Ende eines Kalendermonats aufgegeben werden. Bei der Kündigung/Aufgabe der Wohnung verkürzt sich ggf. die Ankündigungsfrist entsprechend. Die Aufgabeankündigung hat schriftlich zu erfolgen.

(2) Nach Aufgabe der häuslichen Arbeitsstätte sind die gestellten Arbeitsmittel unverzüglich zurückzugeben. Dies gilt auch im Falle des Projektendes.

(3) Ein Vor- oder Nachteilsausgleich (z.B. für Fahrzeiten und Fahrkosten zur betrieblichen Arbeitsstätte) findet nicht statt.

§ 12
Schriftliche Vereinbarung

Die Einrichtung der häuslichen Arbeitsstätte erfolgt aufgrund einer schriftlichen Vereinbarung zwischen Arbeitgeber und Arbeitnehmer.

§ 13
Stellung des Arbeitnehmers

Wegen der Teilnahme an der alternierenden Teleheimarbeit darf der Arbeitnehmer beim beruflichen Fortkommen nicht benachteiligt werden.

II. Abschnitt
Schuldrechtlicher Teil

§ 14
Einrichtung von weiteren Teleheimarbeitsplätzen

Die Deutsche Telekom AG und *die Deutsche Postgewerkschaft bzw. Tarifgemeinschaft Deutscher Postverband/Christliche Gewerkschaft Post* sind sich darüber einig, daß neben den in der „Gemeinsamen Vereinbarung" vom 10. Oktober 1995, in der jeweils aktuellen Fassung, aufgeführten Projekten „Alternierende Teleheimarbeit" keine weitere Teleheimarbeit im Bereich der Deutschen Telekom AG durchgeführt wird.

§15
Verfahren über die Ermittlung einer Aufwandserstattung

Angesichts des Erprobungscharakters der alternierenden Teleheimarbeit und der fehlenden Erfahrungswerte wurde für die Dauer der Laufzeit dieses Tarifvertrages eine Festlegung einer pauschalen Aufwandserstattung nicht vorgenommen. Während der Projektlaufzeit sind von den Projektteilnehmern die entstandenen Mehrkosten zu noch festzulegenden Sachverhalten sowie auftretende Minderkosten zu dokumentieren. Auf der Basis dieser Dokumentation wird zwischen der Generaldirektion der Deutschen Telekom AG und *dem Hauptvorstand der Deutschen Postgewerkschaft bzw. der Geschäftsstelle der Tarifgemeinschaft* eine Aufwandserstattung ermittelt werden. Hierbei wird auch eine Regelung für die Vergangenheit getroffen werden.

§ 16
Maschinelle Leistungs- bzw. Verhaltenskontrolle

Die Deutsche Telekom AG und *die Deutsche Postgewerkschaft bzw. Tarifgemeinschaft Deutscher Postverband/Christliche Gewerkschaft Post* stimmen darin überein, daß im Rahmen der Erprobung einer alternierenden Teleheimarbeit eine maschinelle Leistungs- bzw. Verhaltenskontrolle nur dann vorgenommen werden kann, wenn eine entsprechende Vereinbarung zwischen Arbeitgeber und Betriebsrat dies ausdrücklich zuläßt.

§ 17
Projektbegleitung

Zwischen der Deutschen Telekom AG und der Deutschen Postgewerkschaft finden während der Pilotierungsphase der einzelnen Projekte regelmäßig im Abstand von 3 Monaten Gespräche statt. Dabei werden grundsätzliche Probleme in der Durchführung der projektbezogenen Arbeiten (z.B. technische Ausfälle, Sicherungsmechanismen), anstehende Fragen hinsichtlich der Auswertung und Dokumentation, der Ausgestaltung einer Aufwandserstattung sowie sonstige generelle Probleme bei der Anwendung des Tarifvertrages erörtert.

III. Abschnitt
Schlußbestimmungen

§ 18
Verhältnis zu betrieblichen Regelungen

Diese tarifvertraglichen Regelungen sind abschließend und können durch betriebliche Vereinbarungen nicht geändert, ausgeweitet oder ergänzt werden. Die übrigen Rechte nach dem Betriebsverfassungsgesetz bleiben unberührt; dies gilt insbesondere hinsichtlich der Verteilung der Arbeitszeit.

§ 19
Inkrafttreten

Dieser Tarifvertrag tritt am 1. Dezember 1995 in Kraft.

§ 20
Geltungsdauer

(1) Diese tarifvertraglichen Regelungen gelten jeweils für die Dauer der in der „Gemeinsamen Vereinbarung" vom 10. Oktober 1995, in der jeweils aktuellen Fassung, aufgeführten Projekte; die Nachwirkung ist ausgeschlossen.

(2) Dieser Tarifvertrag gilt längstens bis zum 31. Dezember 1997. Eine Verlängerung der Laufzeit dieses Tarifvertrages kann im Einvernehmen zwischen der Deutschen Telekom AG und *der Deutschen Postgewerkschaft bzw. Tarifgemeinschaft Deutscher Postverband/Christliche Gewerkschaft Post* erfolgen. Nach dem Ende der Laufzeit ist die Nachwirkung ausgeschlossen.

Anhang 5: Checklisten

Bei der Einführung und Umsetzung der Telearbeit gilt es eine ganze Reihe von Aspekten zu beachten. Die wichtigsten Hinweise und Empfehlungen, die in Kapitel 4 ausführlich erläutert wurden, werden im folgenden zusammenfassend wiedergegen, wobei sich:

- eine Checkliste an einführungswillige Unternehmen und
- die zweite Checkliste an die betroffenen Telearbeiter richtet.

Unternehmen und Telearbeiter, die sich hieran orientieren, können so vermeiden, daß sie bei der Einführung der Telearbeit wichtige Aspekte vernachlässigen.

Checkliste zur Telearbeitseinführung für Unternehmen

1. Projektbeginn

- ✗ alle Betroffenen sensibilisieren und motivieren
- ✗ Unterstützung des Top-Managements sichern
- ✗ Grundsatzentscheidung fällen
- ✗ entscheiden, ob und ggf. für welche Fragestellungen ein externer Berater herangezogen werden soll
- ✗ weitere Vorgehensweise spezifizieren und Terminplan aufstellen

2. Erstellung eines Grobkonzepts

- ✗ Arbeitskreis bilden mit Mitgliedern aus Personalabteilung, Betriebsorganisation, Datenverarbeitung etc.
- ✗ Betriebsrat frühzeitig informieren und einbinden
- ✗ Verantwortlichkeiten festlegen
- ✗ Promotor („active champion") finden
- ✗ die mit dem Telearbeitsprojekt verbundenen Ziele formulieren
- ✗ Ansatzpunkte im Unternehmen für Telearbeit identifizieren
- ✗ erste Machbarkeitsanalyse durchführen

3. Auswahlverfahren

- ✗ Organisationsform der Telearbeit (Teleheimarbeit, alternierende Telearbeit, Telearbeitszentrum) wählen
- ✗ Arbeitszeitmodell der Telearbeit festlegen
- ✗ betroffene Abteilung/en und Tätigkeitsfelder bestimmen
- ✗ eventuell auch auf Mitarbeiterwunsch hin Aufgabenbereiche auswählen, die vermeintlich schwierig durchführbar sind
- ✗ Eignungs- und Auswahlkriterien für Telearbeiter formulieren (für Aufgabe und Person)
- ✗ in Zusammenarbeit mit Abteilungsleitern Auswahlverfahren unter Anwendung der festgelegten Kriterien durchführen

- ✗ abgelehnten Bewerbern begründete Absage geben

4. arbeitsrechtliche Regelung

- ✗ Entscheidung treffen, ob Arbeitnehmerstatus beibehalten werden soll
- ✗ mit den Telearbeitern individuelle Vereinbarungen treffen und Arbeitsverträge ergänzen oder modifizieren
- ✗ ggf. mit dem Betriebsrat eine Betriebsvereinbarung zur Telearbeit abschließen
- ✗ darin Regelungen zu Arbeitszeiten, Leistungskontrolle und Zeiterfassung, Aufwandserstattung etc. treffen
- ✗ Fragen der Haftung und des Versicherungsschutzes (Berufsgenossenschaft informieren, technische Ausstattung versichern) klären

5. Arbeitsplatzgestaltung und Arbeitsmittel

- ✗ vorgesehenen Telearbeitsplatz auf grundsätzliche Eignung hin überprüfen
- ✗ ggf. Telearbeitern Mobilar leihweise zur Verfügung stellen
- ✗ Telearbeiter hinsichtlich ergonomischer Gestaltung beraten
- ✗ technische Sicherheit und ergonomische Gestaltung des häuslichen Arbeitsplatzes prüfen
- ✗ notwendige Büroutensilien und Arbeitsunterlagen am Telearbeitsplatz bereitstellen
- ✗ ggf. Büroarbeitsplatz neu gestalten bzw. Teilung des Büroarbeitsplatzes organisieren

6. Technikausstattung, Wartung, Datensicherheit

- ✗ Bedarf für technische Ausstattung des Heimarbeitsplatzes ermitteln (Hardware, Software, Kommunikationsdienste und Endgeräte)
- ✗ klären, ob im Zusammenhang mit Telearbeitseinführung zusätzliche Technikunterstützung notwendig ist und eventuell im Unternehmen eingeführt werden soll (E-Mail, Videokommunikation)
- ✗ für die technische Ausstattung der Telearbeiter Angebote einholen, Technik beschaffen, testen und installieren
- ✗ Netzanschlüsse (z.B. ISDN-Anschluß) in Auftrag geben
- ✗ technische Voraussetzungen in der Zentrale treffen

- ✗ Verantwortlichkeiten für Wartung klären und Hotline einrichten
- ✗ technische Lösungen für Datenschutz und Datensicherheit finden
- ✗ zusätzlich entsprechende Verhaltensmaßregeln hinsichtlich Datenschutz und Datensicherheit aufstellen, vereinbaren und vermitteln

7. organisatorisches Konzept

- ✗ Ist-Aufnahme der herkömmlichen Arbeitsweise durchführen
- ✗ Benutzeranforderungen für Telearbeit ermitteln
- ✗ Ablauforganisation planen und klären, ob und ggf. wie Arbeitsabläufe modifiziert werden müssen
- ✗ Verantwortlichkeiten und Zuständigkeiten auf mehrere Köpfe verteilen, so daß Aufgaben abwesender Telearbeiter von Kollegen übernommen werden können
- ✗ unternehmensinternen Kommunikationsfluß sowie die Kommunikation mit externen Partnern sicherstellen
- ✗ Zugang des Telearbeiters zu notwendigen Ressourcen ermöglichen

8. Einführungsvorbereitung und Schulung

- ✗ Informationsveranstaltung mit den Zielgruppen (Telearbeiter und Vorgesetzte) durchführen, Informationsmaterial verteilen
- ✗ laufend Gespräche zwischen Projektverantwortlichen und Zielgruppen über Ziele des Vorhaben und Projektfortschritt führen
- ✗ Telearbeiter hinsichtlich telearbeitsspezifischer Sachverhalte (z.B. Selbstorganisation, Eigenmotivation) schulen
- ✗ Telearbeiter im richtigen Umgang mit Software und Geräten trainieren
- ✗ Schulung der Vorgesetzten vornehmen
- ✗ neben Telearbeitern und Vorgesetzten auch im Büro verbleibende Kollegen mit Informationen versorgen

9. laufendes Projektmanagement

- ✗ Aufgaben zwischen Telearbeiter und Führungskraft gemeinsam festlegen und entsprechend später die Leistung überprüfen
- ✗ Abteilungs- bzw. Teambesprechungen zu festgelegten Terminen ansetzen

- ✗ Telearbeiter durch technische Maßnahmen (E-Mail), Informationsschriften und Veranstaltungen ins Betriebsgeschehen einbeziehen
- ✗ durch organisierte Treffen den Erfahrungsaustausch der Telearbeiter untereinander ermöglichen
- ✗ im Laufe des Projektes Telearbeitern Weiterbildung ermöglichen wie allen anderen Mitarbeitern auch
- ✗ sicherstellen, daß Telearbeiter keine Nachteile für ihre berufliche Karriere erleiden

10. Evaluation

- ✗ vor Beginn Erwartungen der Beteiligten in Erfahrung bringen
- ✗ laufende Erfolgskontrolle durchführen; Verbesserungsvorschläge aufnehmen
- ✗ Zufriedenheit der beteiligten Telearbeiter, ihrer Vorgesetzten und der im Büro befindlichen Kollegen messen
- ✗ Veränderungen im Hinblick auf soziale und arbeitsorganisatorische Aspekte ermitteln und bewerten
- ✗ kontrollieren, inwieweit Unternehmensziele erreicht wurden
- ✗ Dokumentation der Ergebnisse vornehmen

11. Wirtschaftlichkeit

- ✗ einmalige und laufende Kosten des Telearbeitsprojektes ermitteln (Technik, Planung, Schulung etc.)
- ✗ Produktivitätsentwicklung durch Telearbeiter und Führungskräfte beurteilen lassen
- ✗ sonstige Nutzenfaktoren erfassen, wobei neben leicht quantifizierbaren Größen auch qualitative Aspekte zu berücksichtigen sind
- ✗ Wirtschaftlichkeit bestimmen

12. Ausweitung der Telearbeit

- ✗ Entscheidung über Fortführung der Telearbeit treffen
- ✗ festlegen, ob und ggf. wo Ausweitung der Telearbeit im Unternehmen erfolgen soll

Checkliste zur Telearbeitseinführung für Telearbeiter

1. Einrichtung des häuslichen Arbeitsplatzes

- ✗ separaten Arbeitsraum herrichten, um Tür schließen zu können (Ablenkung, Lärm, Lärmschutz für andere) und mit genügend Platz für Geräte, Arbeits- und Hilfsmittel
- ✗ zumindest aber Raum vorsehen, der von anderen Familienmitgliedern während der Arbeitszeit nicht frequentiert wird (keinesfalls nur temporär nutzbarer Arbeitsplatz)
- ✗ am häuslichen Arbeitsplatz Zugang zu Telefon und Strom sicherstellen
- ✗ frühzeitig zweiten Netzanschluß bzw. ISDN-Anschluß in Auftrag geben
- ✗ auf gleichwertige und kompatible technische Ausstattung wie im Zentralbüro achten
- ✗ Arbeitsplatz ergonomisch sinnvoll einrichten (Sitzposition, Schreibtischhöhe, Bildschirmposition, Bildschirmqualität, ausreichende Beleuchtung, Blende gegen direkte Sonneneinstrahlung)
- ✗ Arbeitsplatz so gestalten, daß sich alles in Reichweite befindet und genügend Ablagefläche vorhanden ist
- ✗ an die rechtzeitige Beschaffung von Büroutensilien denken
- ✗ aus Gründen der Datensicherheit abschließbaren Schreibtisch oder Schrank für Computer, Disketten etc. beschaffen
- ✗ ggf. Empfangsmöglichkeit für dienstliche Besucher vorsehen (separater Eingang, Wohn- oder Eßzimmer)

2. Persönliche Einstellung auf neue Arbeitsweise

- ✗ zu Hause durch Gestaltung von Arbeitsplatz und -umfeld ablenkungsfreie Arbeitsatmosphäre schaffen, die sich vom Rest des Hauses unterscheidet
- ✗ eventuell auch zu Hause Bürokleidung tragen, weil sie ein stärkeres Arbeitsgefühl vermittelt (andere Telearbeiter werden sich in lässiger Alltagskleidung wohler fühlen)
- ✗ täglichen Arbeitsplan aufstellen und sich daran halten
- ✗ in Abhängigkeit von eigenen Kreativitätsphasen, privaten Interessen und familiären Rahmenbedingungen eigenen Arbeitszeitrythmus finden

- ✗ geregelte Arbeitszeiten einhalten
- ✗ im Voraus bedenken, welche Unterlagen an welchem Arbeitsort benötigt werden, ggf. Duplikate zulegen
- ✗ Telefonate zusammenlegen, um Zeit für ungestörtes Arbeiten am Stück zu ermöglichen
- ✗ insbesondere bei Arbeiten am Computer regelmäßige und ausreichende Pausen einlegen
- ✗ Zeiten festlegen, in denen nicht gearbeitet wird um dem Workaholic-Phänomen zu begegnen
- ✗ außerhalb dieser Zeiten dennoch gute arbeitsbezogene Ideen festhalten

3. Berufliche Kontakte

- ✗ gemeinsam mit Vorgesetztem betriebsbedingte Arbeitszeiten festlegen, Modus der Aufgabenplanung und Kontrolle gemeinsam erarbeiten
- ✗ Meetings an Büroarbeitstagen konzentrieren
- ✗ versuchen durch Festsetzung einer Tagesordnung und (bessere) Vorbereitung, Meetings effektiver zu gestalten.
- ✗ klarstellen, daß Kollegen bei Fragen und Problemen jederzeit zu Hause anrufen können
- ✗ sicherstellen, daß bei akuten technischen Problemen telefonische Hilfestellung gewährleistet wird
- ✗ Kunden, Lieferanten, Kooperationspartner etc. hinsichtlich der Aufnahme der Telearbeit informieren, private Telefonnummer weitergeben bzw. auf Visitenkarte drucken lassen
- ✗ sofern notwendig darauf drängen, daß das interne Mail-System intensiv genutzt wird
- ✗ sicherstellen, daß nicht per Telekommunikation übertragbare Informationen per Post oder durch in der Nähe wohnende Kollegen überbracht werden
- ✗ ggf. die Bezugsdresse für Periodika auf die Wohnadresse ändern

4. Umgang mit Familie, Bekannten und Nachbarn

- ✗ mit der Familie Abmachungen treffen, die ungestörtes Arbeiten ermöglichen
- ✗ vermeiden, daß verlangt wird zwischendurch Einkäufe zu machen, Kinder zu unterhalten oder nicht zeitkritische Fragen zu beantworten

- ✗ bestimmte Störungen - die es auch im Büro gibt - hinnehmen (z.B. Post annehmen)
- ✗ ggf. während der Arbeitszeit Tagesmutter engagieren
- ✗ Nachbarn und Bekannte bzgl. der neuen Arbeitsweise informieren um Gerüchte oder Mißverständnisse zu vermeiden (arbeitslos, „krank feiern")
- ✗ in der vereinbarten Arbeitszeit Besuche zum Kaffeeklatsch, Bitten um kleine Gefälligkeiten, ablenkende Telefonate etc. verhindern

5. Sonstiges

- ✗ vor Beginn der Telearbeit alle relevanten finanziellen und rechtlichen Fragen mit dem Arbeitgeber klären (persönliche Vereinbarung oder Betriebsvereinbarung)
- ✗ Seminare zu telearbeitsspezifischen Sachverhalten wie Eigenmotivation und Zeitmanagement anregen
- ✗ Erfahrungsaustausch unter den Telearbeitern organisieren
- ✗ ggf. Vermieter informieren, daß die Mietwohnung nun teilweise beruflich genutzt wird
- ✗ von Unternehmen gestelltes Equipment aus der privaten Hausratversicherung herausnehmen
- ✗ steuerrechtlich relevante Fragen (Eigenheimförderung, Absetzbarkeit des Arbeitszimmers) mit Buchhaltung, Steuerberater bzw. Finanzamt klären

Literatur

Anderer, G.: Vom Teleworking zum Networking. Die Entwicklung der Arbeitsgestaltung am Beispiel der INTEGRATA Unternehmensberatung. In: empirica (Hrsg.): Telearbeit Deutschland '96. Neue Formen und Wege zu Arbeit und Beschäftigung. Heidelberg 1997. S. 46-58.

Anderer, G.: Projektmanagement in einem dezentralen Projekt durch den Einsatz von ISDN-Bildtelefonen. In: ISDN '90 Congress Nr. 6, Tübingen 1990. S. 553 ff.

Aring, J. und Robinson, S.: Unterstützung informeller Kommunikation innerhalb einer verteilten Gruppenarbeit. In: ntz 43/1990, Heft 12. S. 858-862.

Arm, R. et al.: Forschungsprojekt MANTO - Chancen und Risiken der Telekommunikation für Verkehr und Siedlung in der Schweiz. Telearbeitszentrum Benglen. ETH Zürich 1986.

Ballerstedt, E. et al.: Studie über Auswahl, Eignung und Auswirkungen von informationstechnisch ausgestalteten Heimarbeitsplätzen. Forschungsbericht für das Bundesministerium für Forschung und Technologie. Bonn 1982.

Bayerische Staatskanzlei: Bayern Online. Datenhochgeschwindigkeitsnetz und neue Kommunikationstechnologien für Bayern. Themenarbeitskreis Telearbeit und virtuelle Unternehmen. München 1996.

Becker H. et al.: European Telecommunications Handbook for Teleworkers. A study for the Commission of the European Union. Dortmund Montpellier 1994.

Benhamou, E. und McCracken, E.: Smart Valley Telecommuting Guide. Smart Valley Corporation. o.J.

Bertin, I. und Denbigh, A.: The Teleworking Handbook. New ways of working in the information society. The Telework, Telecottage and Telecentre Association. Kenilworth 1996.

Beyer, R.: Telearbeit. Rechtliche und technische Grundlagen, persönliche Voraussetzungen, Praxistips zur erfolgreichen Umsetzung. München 1997.

Bibby, A.: Trade Unions and Telework. Report Produced for the International Trade Secretariat FIET. Hebden Bridge 1996.

Böhme, K., Burmeister, K. und Wyss, U.: Telematik für die Städte Europas. Sekretariat für Zukunftsforschung. Werkstattbericht 16. Gelsenkirchen 1995.

Brain, D.J. und Page, A.C.: Review of current experiences and prospects for teleworking - 1991. Research and technology development on telematic systems for rural areas. Brüssel 1991.

Braun, H.: Welche Vorteile bietet Telearbeit? Außerbetriebliche Arbeitstätten bei IBM. In: Telekonzepte 2000. München 1993. S. 40-42.

British Telecom: Home and Business Communications. Diverse Berichte zur Telearbeit. Martlesham 1988-1992.

Büssing, A. und Aumann, S.: Telearbeit und Arbeitszeitgestaltung. In: WSI Mitteilungen 7/1996. S. 450-459.

Bundesministerium für Bildung, Wissenschaft, Forschung und Technologie (BMBF): Telearbeit - Definition, Potential und Probleme. Bonn 1995.

Bundesministerium für Wirtschaft (BMWi): Ordungspolitische und rechtliche Rahmenbedingungen der Informationsgesellschaft. Initiative Informationsgesellschaft Deutschland, Nr. 388. Bonn 1996a.

Bundesministerium für Wirtschaft (BMWi): Info 2000: Deutschlands Weg in die Informationsgesellschaft. Bonn 1996b.

Bundesministerium für Wirtschaft (BMWi) und Bundesministerium für Arbeit und Sozialordnung (BMA): Telearbeit. Chancen für neue Arbeitsformen, mehr Beschäftigung, flexible Arbeitszeiten. Ein Ratgeber für Arbeitnehmer, Freiberufler und Unternehmen. Bonn 1996.

Burch, S.: Teleworking. A strategic guide for management. London 1991.

Collardin, M.: Aktuelle Rechtsfragen der Telearbeit. Berlin 1995.

Coulson-Thomas, C. und Coulson-Thomas, S.: Implementing a telecommuting programme. London 1990.

Davidow, W.H. und Malone, M.S.: Das virtuelle Unternehmen. Der Kunde als Co-Produzent. Frankfurt/M und New York 1993.

Deutsche Angestellten Gewerkschaft (DAG) (Hrsg.): Tele(heim)arbeit als betriebliches Handlungsfeld. Der Betriebsrat 1/1993. Hamburg.

Deutsche Postgewerkschaft (Hrsg.): Basisinformation Telearbeit. Frankfurt/M. 1997.

Deutsche Telekom AG: Telearbeit. Unsere Infobahnen eröffnen der Arbeit neue Chancen. Bonn 1996.

Deutscher Gewerkschaftsbund (DGB): Telearbeit: elektronische Einsiedelei oder neue Form der persönlichen Entfaltung? Düsseldorf 1988.

Diebold Group: Office work in the home. Scenarios and prospects for the 80s. New York 1981.

Döpping, F., Henckel, D. und Rauch, N.: Informationstechnologie und Stadtentwicklung. Berlin 1981.

Dostal, W.: Die Informatisierung der Arbeitswelt - Multimedia, offene Arbeitsformen und Telearbeit. In: Mitteilungen aus der Arbeitsmarkt- und Berufsforschung 4/1995. S. 527-543.

Dostal, W.: Informationstechnik und Informationsbereich im Kontext aktueller Prognosen. In: Mitteilungen aus der Arbeitsmarkt- und Berufsforschung 1/1986. S. 134-144.

Drüke, H.: Telearbeit - eine weit überschätzte Arbeitsform. In: ibv, Nr 11 vom 17.03.1993. S. 759-762.

Drüke, H., Feuerstein, G. und Kreibich, R.: Büroarbeit unterwegs, daheim und anderswo. Gespräche mit Experten über Telearbeit und Teleheimarbeit. Eschborn 1988.

Drüke, H., Feuerstein, G. und Kreibich, R.: Büroarbeit im Wandel. Tendenzen der Dezentralisierung mit Hilfe neuer Informations- und Kommunikationstechnologien. Eschborn 1986.

Dürrenberger, G. und Jaeger, C.: Dezentrale Arbeitsplätze - Eine Investition in Basels Zukunft. Basel Frankfurt/M 1993.

The Economist: Log Cabinet. 25. 02.1995. S. 36.

Eberspächer, J. (Hrsg.): Sichere Daten, sichere Kommunikation. Telecommunications Band 18. Münchner Kreis. Berlin et al. 1994.

Ellger, C.: Informationssektor und räumliche Entwicklung - dargestellt am Beispiel Baden-Württembergs. Tübinger Geographische Schriften 99. Tübingen 1988.

empirica (Hrsg.): Telearbeit Deutschland '96. Neue Formen und Wege zu Arbeit und Beschäftigung. Heidelberg 1997.

empirica: Telearbeit in der deutschen Versicherungswirtschaft. Bonn 1996.

empirica: Pan-europäische Befragung zur Telearbeit. Band 1-6. Bonn 1994.

empirica und Telehaus Oberfranken: Planung und Realisierung von Telearbeit. Modelle zur Regionalentwicklung, Flexibilisierung von Arbeit. Konferenzdokumentation. Bonn 1994.

Engström, M.-G., Paavonen, H. und Sahlberg, B.: Neighbourhood '90: Tomorrow's work in today's society. Stockholm 1986.

Erler, G., Jaeckel, M. und Sass, J.: Computerheimarbeit - die Wirklichkeit ist häufig anders als ihr Ruf. Ergebnisse einer empirischen Studie. Deutsches Jugendinstitut e.V. München 1987.

Ertel, M., Maintz, G. und Ullsperger, P.: Telearbeit - gesund gestaltet. Tips für gesundheitsverträgliche Telearbeit. Bundesanstalt für Arbeitsschutz und Arbeitsmedizin. Gesundheitsschutz 17. Dortmund/Berlin 1996.

Europäische Kommission: Wachstum, Wettbewerbsfähigkeit, Beschäftigung - Herausforderungen der Gegenwart und Wege ins 21. Jahrhundert - Weißbuch (Beilage 6/93 zum Bulletin der Europäischen Gemeinschaften). Luxemburg 1993.

Europäischer Rat: Europa und die globale Informationsgesellschaft. Empfehlungen für den Europäischen Rat. "Bangemann Report". Brüssel 1994.

European Commission, Directorate-General XIII: Actions for stimulation of transborder telework and research co-operation in Europe. Accompanying measures and preparatory actions in the area of advanced communications - 1995, Telework ' 95. Brüssel 1995.

European Commission, Directorate-General XIII-B: Telework stimulation. Brüssel 1994.

Fenski, M.: Außerbetriebliche Arbeitsverhältnisse: Heim- und Telearbeit. Neuwied 1994.

Fischer, P.: Die Selbständigen von Morgen. Unternehmer oder Tagelöhner? Frankfurt/New York 1995.

Fischer, U.: Tele-Heimarbeit und Schutz der Arbeitskraft. Zur kritischen Einschätzung einer flexiblen Beschäftigungsform. München Mering 1991.

Fischer, U. et al.: Neue Entwicklungen bei der sozialen Gestaltung von Telearbeit. Deutscher Gewerkschaftsbund. Informationen zur Technologiepolitik und zur Humanisierung der Arbeit, Heft 18. Düsseldorf 1993.

Fladung, G.: Telearbeit- und Teleservicezentren. Eine Alternative für den ländlichen Raum. In: Stadt und Gemeinde 4/5 1997. S. 93-98.

Flexibility, Business innovation and human resource management: Teleworking. Nr. 8, June 1995. S. 1-3.

Forschungsverbund Lebensraum Stadt (Hrsg.): Telematik, Raum und Verkehr. Berlin 1994.

Freudenreich, H., Klein, B. und Wedde, P.: Entwicklung der Telearbeit - Arbeitsrechtliche Rahmenbedingungen. Abschlußbericht. Forschungsberichte des Bundesministeriums für Arbeit und Sozialordnung, Band 269a. Bonn 1997.

Fröschle, H.-P. und Klein, B.: Schaffung dezentraler Arbeitsplätze unter Einsatz von Teletex, Abschlußbericht. Fraunhofer-Institut für Arbeitswirtschaft und Organisation (IAO). Stuttgart 1986.

Gareis, K.: Auf dem Weg zum "virtuellen Unternehmen"? Standorte und räumliches Verhalten von Werbeagenturen im Zeichen der neuen Telekommunikationstechniken, dargestellt am Beispiel des Verdichtungsraums Bonn (Diplomarbeit). Bonn 1996.

Gareis, K. und Kordey, N.: Wirtschaftlichkeitsanalyse der Telearbeit - Methode und Umsetzung in der Praxis. In: Godehardt, B., Korte, W.B., Michelsen, U. und Quadt, H.-P. (Hrsg.): Managementhandbuch Telearbeit. 1. Ergänzungslieferung. Heidelberg 1997.

Gareis, K. und Kordey, N.: Telearbeit in der Praxis - Schwierigkeiten bei der Umsetzung und wie man sie meistert. In: Knauth, P. und Wollert, A. (Hrsg.): Human Resource Management. Köln 1998.

Geiger, N.: Telearbeit auf dem Vormarsch. In: Connect 5/96. S. 90-93.

Generaldirektion PTT-Telecom: Das PTT-Projekt: Kommunikations-Modellgemeinden der Schweiz. Bern 1993.

Gerhäuser, H. und Kreilkamp, P.: TeleService Fränkische Schweiz - Dienstleistungen unabhängig vom Standort. In: Office Management, 12/1995. S. 39-43.

Gewerkschaft der Privatangestellten: Telearbeit. Vorschläge zur Gestaltung. Wien 1996.

Gil Gordon Associates: Managing Telecommuting. A Special Report and Guidebook. Monmouth Junction, NJ 1995.

Gillespie, A., Richardson, R. und Cornford, J.: Review of telework in Britain: Implications for public policy. Prepared for the Parliamentary Office of Science and Technology. Newcastle upon Tyne 1995.

Glaser, W.R.: Außerbetriebliche Arbeitsstätten - psychologisch, praktisch und ein wenig visionär gesehen. In: IBM Nachrichten, Heft 315/1993. S. 15-21.

Glaser, W.R. und Glaser, M.O.: Telearbeit in der Praxis. Psychologische Erfahrungen mit Außerbetrieblichen Arbeitsstätten bei der IBM Deutschland GmbH. Berlin 1995.

Glover, J.: Longe range social forecasts: Working from home. British Telecom Long Range Studies Division 1974.

Godehardt, B.: Telarbeit. Rahmenbedingungen und Potentiale. Opladen 1994.

Godehardt, B., Korte, W.B., Michelsen, U. und Quadt, H.-P. (Hrsg.): Management-Handbuch Telearbeit. Heidelberg 1997.

Godehardt, B., Worch, A. und Förster G.: Teleworking. So verwirklichen Unternehmen das Büro der Zukunft. Landsberg/Lech 1997.

Goldmann, M. und Richter, G.: Beruf und Familie: Endlich vereinbar? Teleheimarbeit von Frauen. Eine Untersuchung zur Auslagerung von computergestützten Arbeitsplätzen in die Privatwohnung. Dortmund 1991.

Goldmann, M. und Richter, G.: Teleheimarbeiterinnen in der Satzerstellung/Texterfassung für die Druckindustrie. Ergebnisse einer Frauenbefragung. Dortmund 1986.

Gordon, G.: The Last Word on Productivity and Telecommuting. In: Telecommuting Review, Heft 10/11 1997. S. 14-19.

Gordon, G. und Kelly, M.: Telecommuting: How to make it work for you and your company. Prentice-Hall 1986.

Grass, C.: Tele-Servicecenter im ländlichen Raum. Hessisches Ministerium für Wirtschaft, Verkehr, Technologie und Europaangelegenheiten. Wiesbaden 1993.

Gray, M., Hodson, N. und Gordon, G.: Teleworking explained. Chichester 1993.

Grell, R.: Telearbeitsplätze in der Landesverwaltung Baden-Württemberg. Bilanz eines gescheiterten Projekts. In: Verwaltung und Management, Heft 1/1995. S. 50-52.

Grießhammer, R. et al.: Umweltschutz im Cyberspace. Zur Rolle der Telekommunikation für eine nachhaltige Entwicklung. Freiburg 1997.

Grobe, H.-J.: Telearbeit. Vor einer neuen Arbeitswelt. In: Diebold Management Report Nr.7/96. S. 16-21.

Hamer, R., Kroes, E. und Van Ooststroom, H.: Teleworking in the Netherlands: an evaluation of changes in travel behaviour. In: Transportation, 18/1991. S. 365-382.

Hammer, M. und Champy, J.: Reengineering the corporation. Standford 1993.

Handelsblatt: Viele Arbeitsplätze sind ortsunabhängig. 16.05.1995. S. 29.

Harmsen, D.-M. und König, R.: Möglichkeiten der Subsititution physischen Verkehrs durch Telekommunikation. Abschlußbericht für das Forschungs- und Technologiezentrum (FTZ) der Deutschen Bundespost Telekom. Karlsruhe 1994.

Heckl, H.: Telearbeit aus Sicht der IT-Industrie. In: HMD Theorie und Praxis der Wirtschaftsinformatik, 185/1995. S. 47-58.

Hegner, F. et al.: Dezentrale Arbeitsplätze. Eine empirische Untersuchung neuer Erwerbs- und Familienformen. Frankfurt/M u.a. 1989.

Heilmann, W.: Teleprogrammierung. Die Organisation der dezentralen Software-Produktion. Wiesbaden 1987.

Heilmann, W. und Mikosch, I.: Telearbeit - Der ungeplante Wandel. In: Information Management, Heft 2/1989. S. 46-52.

Hendricks, B.: Mein Büro ist zu Hause: Ihre Chancen in der neuen Welt der Telearbeit. Stuttgart 1996.

Hönicke, I.: Offshore-Programming weltweit auf dem Vormarsch. Programmierer für einen "Appel und ein Ei". In: Computerwoche-Extra, 17.02.1995. S. 37-38.

Hoof, van A. et al.: Dokumentenmanagement und Workflow in der öffentlichen Verwaltung. In: Office Management 4/1996. S. 17-21.

Huber, J.: Telearbeit. Ein Zukunftsbild als Politikum. Opladen 1987.

Hüsson, N.: Telearbeit. Doch es geht! In: Die Quelle, September 1995. S. 4-5.

Huws, U.: A manager's guide to teleworking. Rotherham o.J. (1995).

Huws, U.: Teleworking in Britain. A report to the Employment Department. Moorfoot 1993.

Huws, U.: The new homeworkers. New technology and the changing location of white-collar work. London 1984.

Huws, U., Korte, W.B. und Robinson, S.: Telework: Towards the elusive office. Chichester u.a. 1990.

IG Metall: Teils im Betrieb - teils zu Hause. Neue Formen der Telearbeit. Chancen und Risiken für die Beschäftigten. Positionen und Empfehlungen. Schriftenreihe der IG Metall. Band 135. Frankfurt/M 1993.

Jaeger, C. und Bieri, L.: Telematik als Chance für das Berggebiet. ETH Zürich 1992.

Jaeger, C., Bieri, L. und Dürrenberger, G.: Telearbeit - von der Fiktion zur Innovation. Zürich 1987.

JALA Associates: The State of California telecommuting pilot project. Final report. Los Angeles 1990.

Jändl, A.: Telearbeit auf dem Bauernhof. In: empirica: Management issues in telework and mobile working (Tagungsbericht). Bonn 1992.

Johnson, M.: Teleworking in Brief. Oxford 1997.

Judkins, P.E: Towards new patterns of work. In: Korte, W.B., Robinson, S. und Steinle, W.J. (Hrsg.): Telework. Amsterdam u.a. 1988. S. 33-38.

Judkins, P.E, West, D. und Drew, J.: Networking in organisations: the Rank Xerox experiment. Aldershot Brookfield 1985.

Kinsman, F.: The telecommuters. Chichester u.a. 1987.

Klaus-Stöhner, U. und Grass, C.: Nachbarschaftsladen 2000 und Tele-Servicecenter für den ländlichen Raum. Bundesminister für Raumordnung, Bauwesen und Städtebau, Schriftenreihe Forschung Nr. 476. Bonn/Bad Godesberg 1990.

Klein, K.-P.: Die neue Kultur der Selbständigkeit. In: Süddeutsche Zeitung vom 23./24.03.1996. S. 13.

Klotz, U.: Telearbeit - die Umkehr des Fließbands. In: Office Management 9/1996. S. 12-13.

Klug, G. C., Discher, I. und Rüdt v. Collenberg, B.: Teleheimarbeit. Wiesbaden 1987.

Köhler, St.: Interdependenzen zwischen Telekommunikation und Personenverkehr. Institut für Städtebau und Landesplanung. Karlsruhe 1993.

Kommunale Gemeinschaftsstelle: Telearbeit. Köln 1995.

Kordey, N.: Telearbeit sinnvoll einsetzen. In: von den Driesch, S. (Hrsg.): Der Nutzen des Digitalen. Saulheim 1997. S. 113-133.

Kordey, N.: Telearbeit - Deutschland und die EU. In: Die Frau in unserer Zeit, Heft 2/1996. S. 2-8.

Kordey, N.: 20 Jahre Telearbeit - Eine Zwischenbilanz. In: Seminarberichte der Gesellschaft für Regionalforschung. Nr. 35 1994. S. 83-102.

Kordey, N. und Korte, W.B.: Hinweise und Empfehlungen zur Realisierung der Telearbeit. In: Godehardt, B., Korte, W.B., Michelsen, U. und Quadt, H.-P. (Hrsg.): Management-Handbuch Telearbeit. Heidelberg 1997.

Kordey, N. und Korte, W.B.: Telearbeit in Europa. Erwartungen, derzeitige Verbreitung und zukünftige Entwicklung. In: Office Management, 10/1995. S. 73-78.

Kordey, N. und Korte, W.B.: Raumwirksame Anwendungen der Telematik. Beispiele, Potential und Entwicklungschancen. In: Geographische Rundschau, Mai 1989. S. 291-297.

Korte, W.B.: Telearbeit - Ein Vorgeschmack auf die Arbeit der Zukunft. In: Dengel, A. und Schröter, W. (Hrsg.): Flexibilisierung der Arbeitskultur. Mössingen-Talheim 1997. S. 74-82.

Korte, W.B.: Multimedia-BK-Technik zur Unterstützung verteilter Gruppenarbeit. In: ntz 43/1990, Heft 12. S. 872-878.

Korte, W.B. und Glöckner, L. (Hrsg.): Anwenderkonferenz des BMBF: Telekooperation und Mehrwertdienste. DLR Berlin 1995.

Korte, W.B. und Robinson, S.: Telearbeit als organisatorische Alternative. Anwendungspotentiale und Empfehlungen zur Vorgehensweise bei der Einführung. In: Office Management, 12/1988. S. 18-26.

Korte, W.B., Robinson, S. und Kordey, N.: Teleworking - Current Situation, Trends and Likely Future Developments From a Socio-Economic Perspective. Background Information for the Formulation of Policy Proposals for DG III of the European Commission. Bonn 1994.

Korte, W.B., Robinson, S. und Steinle, W.J. (Hrsg.): Telework: Present situation and future development of a new form of work organization. Amsterdam 1988.

Korte, W.B. und Wynne, R.: Telework: Penetration, potential and practice in Europe. Amsterdam 1996.

Kreibich, R. et al.: Zukunft der Telearbeit. Empirische Untersuchung zur Dezentralisierung und Flexibilisierung von Angestelltentätigkeiten mit Hilfe neuer Informations- und Kommunikationstechnologien. Eschborn 1990.

Lange, B.-P. et al.: Media NRW: Studie für eine zukunftsorientierte Wirtschafts-, Technologie- und Strukturpolitik für Nordrhein-Westfalen. Düsseldorf 1995.

Lavery, M. und Templeton, A.: Flexible working with information technology. The business opportunity. London 1993.

Lenk, Th.: Telearbeit - Möglichkeiten und Grenzen einer telekommunikativen Dezentralisierung von betrieblichen Arbeitsplätzen. Berlin 1989.

Maciejewski, P.G.: Telearbeit - ein neues Berufsfeld der Zukunft. Heidelberg 1987.

Mayer-List, I.: Möchten Sie in diesem Büro arbeiten? In: Süddeutsche Zeitung Magazin vom 03.11.95. S. 36-40.

Meiss, B.: Workflow-Management und Groupware-Systeme. In: Der Bürokommunikations-Berater, 41/1996. S. 1-17.

Meißner, G.: Cleanman aus der Nacht. Virtuelle Themen sparen Miete und Personalkosten, ihr Sitz ist das Computer-Netz. In: Spiegel special 3/1995: Abenteuer Computer. S. 93-95.

Mensch & Büro Akademie: "Office at home" Studie. Baden-Baden 1996.

Ministerium für Wirtschaft und Mittelstand, Technologie und Verkehr des Landes Nordrhein-Westfalen (Hrsg.): Telearbeit und Telekooperation. Media NRW: Band 4. Düsseldorf 1997.

Möslein, C.: Achtung, Steuerfallen! In: Teleworx, Heft 1/1997. S. 56-57.

Moorcroft, S. und Bennett, V.: European Guide to Teleworking: a framework for action. European Foundation for the Improvement of Living and Working Conditions. Dublin 1995.

Müllner, W.: Privatisierung des Arbeitsplatzes. Chancen, Risiken und rechtliche Gestaltbarkeit der Telearbeit. Stuttgart 1985.

Nilles, J.M.: Making telecommuting happen. A guide for telemanagers and telecommuters. New York 1994.

Nilles, J.M. et al.: The telecommunications-transportation tradeoff. Options for tomorrow. New York 1976.

ntz: In Deutschland gibt es erst knapp 80.000 Telearbeiter. 11/1995. S. 50.

Olson, M.H.: Remote office work: changing work patterns in space and time. In: Communications of the ACM, March 1983. S. 182-187.

Ottenbreit, W.: Telearbeit bei der Deutschen Telekom AG. In: empirica (Hrsg.) Telearbeit Deutschland '96. Neue Formen und Wege zu Arbeit und Beschäftigung. Heidelberg 1997. S. 68-78.

Pendyala, R.M., Goulias, K.G. und Kitamura, R.: Impact of telecommuting on spatial and temporal patterns of household travel. In: Transportation 18/1991. S. 383-409.

Peters, F. und Orthwein, M.: Teleheimarbeit bei der IBM. In: Computer & Recht, Heft 6, S.355-360, 1997.

Picot, A., Reichwald, R. und Wigand, R.: Die grenzenlose Unternehmung. Wiesbaden 1996.

Pye, R., Tyler, M. und Cartwright, B.: Telecommute or travel? In: New Scientist, 12. 9.1974.

Qvortrup, L.: Telework: Visions, Definitions, Realities, Barriers. In: OECD (Hrsg.): Cities and new technologies. Paris 1992. S. 77-108.

Qvortrup, L.: The nordic telecottages. Community teleservice centres for rural regions. In: Telecommunications policy, March 1989. S. 59-68.

Rane, A.: 1995 home office market update. Link Resources Corp. 1995.

Rat für Forschung, Technologie und Innovation (Technologierat): Informationsgesellschaft. Chancen, Innovationen und Herausforderungen. Feststellungen und Empfehlungen. Bonn 1995.

Reichwald et al.: Telekooperation. Verteilte Arbeits- und Organisationsformen. Berlin u.a. 1998.

Reichwald, R. und Hermens, B.: Wachstumsmarkt Telekooperation. Arbeitsberichte des Lehrstuhls für allgemeine und industrielle Betreibswirtschaftslehre, Band 5. München 1994.

Rieker, J.: In weiter Ferne. In: ManagerMagazin. November 1995. S. 199-209.

Robinson, S.: Implication of business process re-engineering for the management of telework. In: Coulson-Thomas, C. (Hrsg.): Business process re-engineering. Myth and reality. S. 127-141.

Robinson, S. und Huws, U.: Technology requirements related to the management of telework. An exploratory investigation of contractual arrangements for telework employment and implications for technology and service development. For the Commission of the EC, Directorate General. Luxembourg 1993.

Robinson, S. und Kordey, N.: Teleworking: Internationale Trends. In: Corporate Networks und neue Techniken. Proceedings des Telekom-Anwender-Kongress 1994. S. 275-288.

Röthig, I.: Glücklich zu Hause. In: Wirtschaftswoche Nr. 11, 07.03.1996. S. 98-102.

Rozenholc, A., Fanton, B. und Veyret, A.: Tele-work, Tele-economy. IDATE, Montpellier 1995.

Sächische Informationsinitiative: Sachsens Weg in die Informationsgesellschaft. Sächsisches Staatsministerium für Wirtschaft und Arbeit. Leipzig 1996.

Scherer, C. und Wohllaib, N.: Telearbeit - Zwischen Deregulierung und neuen Chancen. In: Wechselwirkung, 10/1995. S. 13-17.

Schmidt, W.: Außerbetriebliche Arbeitsplätze für Sachbearbeiter und Führungskräfte bei den LVM Versicherungen. In: empirica (Hrsg.): Telearbeit Deutschland '96 – Neue Formen und Wege zu Arbeit und Beschäftigung. Heidelberg 1997. S. 92-102.

Schmitz, U.: Teleworking - Initiative der EG. In: Arbeitsrecht im Betrieb, 6-7 1994. S. 358-359.

Schröter, W.: Telearbeit und Telekooperation - Veränderungen in Arbeitswelt und Betrieb. In: HMD Theorie und Praxis der Wirtschaftsinformatik, 188/1996. S. 54-62.

Schulz, B. und Staiger, U.: Flexible Zeit, flexibler Ort. Telearbeit im Multimedia-Zeitalter. In: ZukunftsStudien Band 8. Weinheim Basel 1993.

Shirley, St.: Telework in the UK. In: Korte, W.B., Robinson, S. und Steinle, W.J. (Hrsg.): Telework. Amsterdam u.a. 1988. S. 23-32.

Shirley, St.: Eine Firma ohne Büros. Steve Shirley im Gespräch mit Eliza G.C. Collins. In: Harvardmanager, 3/1986. S. 23-26.

Siemens: Textfernverarbeitung. München 1984.

Der Spiegel: Öko-Steuern, Abschlag für Heimarbeit. 42/1995. S. 17.

Stroetmann, K.A., Maier, M. und Schertler, W.: Business process re-engineering - a german view. In: Coulson-Thomas, C. (Hrsg.): Business process re-engineering. Myth and reality. S. 75-81.

Student, D., Hornig, F. und Sauga, M.: Reiten im Grunewald. In: Wirtschaftswoche Nr. 8, 15.02.1996. S. 14-18.

Switzer, T.R.: Telecommuters, the Workforce of the Twenty-First Century: An Annotated Bibliography. Lanham, London 1997.

TA Telearbeit GmbH: Telearbeit, Telekooperation, Teleteaching. Studie zu Akzeptanz, Bedarf, Nachfrage und Qualifizierung. Ministerium für Arbeit, Gesundheit und Soziales des Landes Nordrhein-Westfalen. Ahaus 1997.

Telecommuting Review: Telecommuting in the far-flung British Empire. Nr.6, June 1995. S. 10-13.

Telekooperation. Telearbeit. Telelearning. Virtuelle Arbeitswelten. Reader zur Fachtagung am 18. und 19. Juni 1997 in Berlin. Schriftenreihe der Senatsverwaltung für Arbeit, Berufliche Bildung und Frauen, Band 29. Berlin 1997.

Toffler, A.: Die dritte Welt. Zukunftschance. Perspektiven für die Gesellschaft des 21. Jahrhunderts. München 1980.

Troltenier, I.: Telearbeit in der Familienphase. Berichte aus der Praxis. Marburg 1997.

Wedde, P.: Entwicklung der Telearbeit – arbeitsrechtliche Rahmenbedingungen. Forschungsberichte des Bundesministeriums für Arbeit und Sozialordnung, Band 269. Bonn 1997.

Wedde, P.: Telearbeit. Handbuch für Arbeitnehmer, Betriebsräte und Anwender. 2. Auflage. Köln 1994.

Weißkopf, K., Korte, W.B. und Nikutta, R.: Die Continentale. Telearbeit in einem Versicherungsunternehmen. In: Office Management 9/1996. S. 22-25.

Welsch, J.: Zukunft der Arbeit: Neues Nomadentum oder auf dem Weg zum Wirtschaftsbürger? In: Gewerkschaftliche Monatshefte, 3/1994. S. 743-755.

Welsch, J.: Telearbeit - dort arbeiten, wo man leben möchte? In: Der Personalrat, 12/1991. S. 459-462.

Wierda, Overmars und Partner: Code of practice for telework in Europe. Final report. Scheveningen 1994.

Wirkstoff e.V. (Hrsg.): "Nie mehr ins Büro?" - Telearbeit für Frauen. Dokumentation einer Fachtagung. Berlin 1996.

Wirtschaftswoche: Telearbeit. Rüttgers schlägt Subventionen vor. 6.7.1995. S. 10.

Wollnik, M.: Telearbeit. In: Handwörterbuch der Organisation. 3. Auflage. Stuttgart 1992. S. 2400-2417.

Zentralverband Elektrotechnik- und Elektronikindustrie e.V. und Verband Deutscher Maschinen- und Anlagenbau e.V. (ZVEI-VDMA): Informationsgesellschaft - Herausforderungen für Politik, Wirtschaft und Gesellschaft. Ergebnisse der ZVEI-VDMA-Plattform. Frankfurt/M 1995.

Zorn, W.: 10 Thesen zur Telearbeit. In: empirica (Hrsg.): Telearbeit Deutschland '96 – Neue Formen und Wege zu Arbeit und Beschäftigung. Heidelberg 1997. S. 59-67.

Internet-Ressourcen

Die dynamische Natur des Internet bewirkt, daß Adressen (URLs) einzelner Websites sehr schnell ungültig werden können. Aus diesem Grund kann die hier präsentierte Zusammenstellung nur einen derzeit aktuellen Überblick über relevante Ressourcen im WWW geben.

Eine ständig aktualisierte Fassung finden Sie auf der Website der empirica GmbH unter: http://www.empirica.com

Telearbeit: Politik und Verbände
http://www.forum-info2000.de/AGs/Infos/Welcome.html
Website des Forum Info 2000 – Eine Initiative des Bundesministeriums für Bildung, Wissenschaft, Forschung und Technologie (BMB+F) und des Bundesministeriums für Wirtschaft (BMWi)
http://www.iid.de/telearbeit/leitfaden/
Der "elektronische Leitfaden zur Telearbeit" des BMB+F"
http://www.iid.de/telearbeit/mittelstand/
Förderrichtlinie "Telearbeit im Mittelstand" des BMB+F und der Deutschen Telekom AG vom März 1997
http://www.media.nrw.de/taskf/tf-ta/index.html
Taskforce "Telearbeit und Telekooperation" innerhalb der nordrhein-westfälischen Landesinitiative "Media NRW"
http://www.ttzsh.de/ta
Website des Projektes „Telearbeit in Schleswig-Holstein" inklusive Musterarbeitsverträgen und Betriebsvereinbarungen zum Herunterladen
http://www.telearbeit.rpl.de/proj_1.htm
Telearbeits-Website des Landes Rheinland-Pfalz. Besonders interessant: Die laufend aktualisierte Bestandsaufnahme über Telearbeitsprojekte im Land

http://www.molnet.de/

Informationen über das Telearbeitszentrum Oderland, das im Rahmen eines Modellvorhabens des Landkreises Märkisch-Oderland zur Erprobung von Telearbeit aufgebaut wird

http://www.unibw-hamburg.de/PWEB/paebbp/infosys/wibhh/

Im Informationssystem Telearbeit Hamburg stellen die Wirtschaftsbehörde Hamburg und die Universität der Bundeswehr Hamburg eine Vielzahl von nützlichen Tips und Infos, teilweise mit regionalem Bezug, zur Verfügung

http://www.fvit-eurobit.de/pages/fvit/infoges/ig0014c.htm

Ausführlicher Ergebnisbericht der Projektgruppe "Telearbeit" von ZVEI und VDMA

http://www.telewisa.de/

Gewerkschaftlicher Info-Service für ArbeitnehmerInnen, Angestellte, Teilzeitbeschäftigte, Freie, Freelancer und Selbständige die Telearbeit leisten

http://www.forsoztec.dgb-bw.de/

Beitrag von Welf Schröter vom Forum Soziale Technikgestaltung des DGB über "Globale Telearbeit und den Standort Deutschland"

http://www.igmetall.de/multimedia/

Diskussionspapier der IG Metall: „Multimedia und Datenautobahnen: Die Informationsgesellschaft mitgestalten"

Telearbeit: Forschung und Beratung

http://www.empirica.com/

empirica Gesellschaft für Kommunikations- und Technologieforschung mbH

http://www.ta-telearbeit.de/

TA Telearbeit Gesellschaft für innovative Arbeitsformen e.V.

http://www.telekooperation.de/

Webserver der TU München zum Thema Telekooperation und Telearbeit

http://www.bpu.de/ta1.htm

BPU Betriebswirtschaftliche Projektgruppe für Unternehmensentwicklung GmbH

http://rosi.arubi.uni-kl.de/twa2/ Projekthomepage „teleworking in architecture" der Universität Kaiserslautern
Telearbeit: Medien/ Newsletter/ Foren
http://www.iwtnet.de/teleworx Website von teleworx, der ersten deutschsprachigen Zeitschrift über Telearbeit und Telelearning
http://www.telearbeit.com/forum/frames.htm Telearbeitsforum steht als Kommunikationsplattform mit Informationen, Kontakten und Links rund um die Telearbeit für alle Interessierten zur Verfügung
http://www.klr.com/klr/telenews.htm online-Ausgabe des Telework International Newsletters
http://members.aol.com/telework Forum Telework des Online-Dienstes AOL mit Informationen, Dokumentationen, Kontaktbörse, Beispielprojekten etc.
http://members.aol.com/telwebsite Telework Web Site von AOL ist ein Dienst, den britische Telearbeiter dazu nutzen können, sich und ihre Dienstleistungen potentiellen Kunden anzubieten
mailto:webmaster@radiovision.es E-ZINE, ein kostenloser Newsletter zum Thema Telearbeit, der per E-Mail an Interessierte verschickt wird. Wer auf den E-Mail-Verteiler gesetzt werden will, der schicke folgende Informationen an webmaster@radiovision.es: Name, E-Mail-Adresse, Interessensgebiete, Land
Telearbeit: Websites Europa
http://www.eto.org.uk/ Website der "European Telework Online", einer Initiative der Europäischen Kommission, u.a. mit aktuellen Informationen zur "European Telework Week"
http://www.eto.org.uk/etw97/awards/index.htm Informationen zu den European Telework Awards 1997, bei denen herausragende Telearbeitsprojekte prämiert werden

http://www.eclipse.co.uk/pens/bibby/
Website des britischen Journalisten Andrew Bibby mit einer Reihe von interessanten Studien zum Downloaden
http://bt.com
Homepage des britischen Telekommunikationsanbieters BT, über die viele Forschungsberichte zum Thema Telearbeit abgerufen werden können
http://www.teleworking.co.uk/
Telearbeits-Homepage der schottischen Initiative „Highland Telematics"
http://www.aftt.net
Die Association Française du Télétravail et des Télé-activités über Telearbeit in Frankreich
http://www.cyberworkers.com
Französisches „Cyberworker Forum", ein internationales Netzwerk für den Meinungsaustausch zwischen Telearbeitern
http://www.telework.lu/
Saar-Lor-Lux Telework Web Server
http://www.telearbeit.at/
Österreichs Telearbeit-Informationsserver
Telearbeit: Websites USA und Japan
http://WWW.STATE.AZ.US/tpo/telecommuting/overview/
Das State of Arizona Telecommuting Program hat sich insbesondere eine Reduzierung des PKW-Verkehrs zum Ziel gesetzt
http://www.svi.org/telework/survey.html
Der Telecommute America Survey wurde Ende 1997 unter Internet-Nutzern durchgeführt. Auf der Website werden die Ergebnisse ausführlich vorgestellt
http://www.gilgordon.com/
Website des US-amerikanischen Telearbeits-Experten Gil Gordon mit sehr umfangreichen Link-Zusammenstellungen

http://www.cba.uga.edu/tc96/   Die auf der US-amerikanischen Konferenz "Telecommuting '96" vorgestellten Referate können von dieser Website heruntergeladen werden
http://www.engr.ucdavis.edu/~its/tcenters/tc.stm   Zum Thema Telecenters bietet die Homepage des Neigborhood Telecenter Programme in den USA ausführliche Informationen und Dokumente zum downloaden
http://www.svi.org/   Smart Valley, eine kalifornische Initiative zur Förderung der Telearbeit, auf deren Homepage u.a. der empfehlenswerte "Telecommuting Guide" zur Verfügung steht
http://nachos.engr.ucdavis.edu/~its/telecom/   Website von Prof. P.L. Mokhtarian, Institute of Transportation Studies University of California, mit Online-Forschungsberichten zum Thema Telearbeit und Verkehr
http://www.att.com/telework/   Teleworking Guide der AT&T, einem der größten Telekommunikationsanbieter in den USA
http://www.lbl.gov/ICSD/Niles/   John S. Niles' Buch "Beyond telecommuting: A new paradigm for the effect of Telecommunications on travel" als Online-Version
http://egg.tokyoweb.or.jp/soajhome/   „Satellite Office Association of Japan" informiert über Telearbeit in Japan

Abbildungsverzeichnis

Abbildung 1.1:	Aufbau des Buches	6
Abbildung 2.1:	Telematikanwendungen	13
Abbildung 2.2:	Diffusion und Publizität der Telearbeit	24
Abbildung 2.3:	Anzahl der Telearbeiter in Europa 1994	27
Abbildung 2.4:	Anteil der Unternehmen, die Telearbeiter beschäftigen 1994	28
Abbildung 2.5:	Prognosen zur Diffusion der Telearbeit	31
Abbildung 2.6:	Interesse der Bevölkerung an Telearbeit	34
Abbildung 2.7:	Interesse der Entscheidungsträger an Telearbeit	37
Abbildung 2.8:	Für Telearbeit geeignete Tätigkeitsfelder	40
Abbildung 2.9:	Flexibilisierung der Arbeit	47
Abbildung 2.10:	Telearbeitsprojekte der Deutschen Telekom AG	54
Abbildung 2.11:	Hindernisse bei der Realisierung von Telearbeit	61
Abbildung 3.1:	Verbreitung der Organisationsformen der Telearbeit	72
Abbildung 3.2:	Auswirkungen der Telearbeit auf Familie und Privatleben	112
Abbildung 4.1:	Wichtige Aspekte bei der Einführung von Telearbeit	118
Abbildung 4.2:	Einteilung prozeßorientierter Informationssysteme	141
Abbildung 4.3:	Regulierungsebenen für Telearbeit	150
Abbildung 4.4:	Einflußfaktoren für die Technikausstattung	156
Abbildung 4.5:	ISDN: Dienst-Integration und neue Arbeitsmöglichkeiten	163

Tabellenverzeichnis

Tabelle 2.1: Vorteile der Telearbeit 16
Tabelle 2.2: Mögliche Nachteile der Telearbeit 18
Tabelle 2.3: Interesse für Teleheimarbeit unter Erwerbstätigen 1985/1994 35
Tabelle 2.4: Telearbeitspotential 1994 38
Tabelle 2.5: Rangfolge der Hinderungsgründe für Telearbeit in Europa 41
Tabelle 2.6: Komponenten der Informationsinfrastruktur 45
Tabelle 2.7: Anwendungsfelder nach Bangemann - Report 52
Tabelle 3.1: Tätigkeitsfelder der Telearbeit 70
Tabelle 3.2: Typologie der Telearbeitsmotive 74
Tabelle 3.3: Typen der Telearbeitseinführung 79
Tabelle 3.4: Veränderung des Beschäftigtenstatus 87
Tabelle 3.5: Regelungen der IBM-Betriebsvereinbarung 89
Tabelle 3.6: Regelungen des Tarifvertrags Deutsche Telekom AG - DPG 90
Tabelle 3.7: Technik und Anwendungen der Telearbeit im Zeitvergleich 92
Tabelle 3.8: Arbeitszeiterfassung bei IBM 97
Tabelle 3.9: Nutzen der Telearbeit für Unternehmen 105
Tabelle 4.1: Phasenmodell der Realisierung von Telearbeit 129
Tabelle 4.2: Eignungs- und Auswahlkriterien für Telearbeiter 133
Tabelle 4.3: Online-Dienste im Vergleich 164
Tabelle 4.4: Technik-Ausstattung für einen Telearbeitsplatz Typ 1 (Einfache Ausstattung) 172
Tabelle 4.5: Technik-Ausstattung für einen Telearbeitsplatz Typ 2 (Anspruchsvolle Ausstattung) 173
Tabelle 4.6: Telekommunikationskosten Nutzungstyp 1 (Offline) 176
Tabelle 4.7: Telekommunikationskosten Nutzungstyp 2 (Online) 177
Tabelle 4.8: Beispielrechnung für Unternehmen 183
Tabelle 4.9: Beispielrechnung für Telearbeiter 186
Tabelle 4.10: Typische Telearbeiter 190

Sachwortverzeichnis

A

Alter der Telearbeiter 67
alternierende Telearbeit 14, 72f.
Anrufbeantworter 195
Anrufweiterschaltung 143, 195
Anwender der Telearbeit 64ff.
Anwendungssoftware 161, 172f.
Application Sharing 43
Arbeitnehmerstatus 83, 148
Arbeitsergebnisse 107
Arbeitskleidung 193
Arbeitskreis 122
Arbeitsmarkt 57f.
Arbeitsmittel 139, 154f., 191
Arbeitsorganisation 96f.
Arbeitsort 11f.
Arbeitsplan 193
Arbeitsplatzanalyse 123
Arbeitsplatzgestaltung 138f.
Arbeitsteilung 139f.
Arbeitszeit 12, 154, 193
Arbeitszeiterfassung 97
Arbeitszimmer 102, 138
Aufgabe 132ff.
Aufstiegsmöglichkeiten 114
Aufwandserstattung 103f., 153f., 178f.
außerbetriebliche Arbeitsstätte 88f., 97
Auswahlkriterien 81f., 133
Auswahlverfahren 135ff.
Ausweitung der Telearbeit 128f.

B

Baden-Württemberg 21
Bangemann-Report 51f.

Bayern 56
Beendigung der Telearbeit 155
Behinderte 77, 87
Berufe 36, 68ff.
beteiligte Akteure 79ff.
Betriebsrat 80f., 121, 151f.
Betriebssystem 160f.
Betriebsvereinbarung 22, 88ff., 150, 152,
beweglicher Arbeitsplatz 15
Bildschirm 138, 172f.
Bildtelefon 94, 193
Branche 36, 37, 64
(Brief-)Post 166f.
Bulletin Board 94, 126, 143
Bundeskanzler 44
Bundesminister(ium) für Arbeit und Sozialordnung (BMA) 56
Bundesminister(ium) für Bildung, Wissenschaft, Forschung und Technologie (BMBF) 53f., 55
Bundesminister(ium) für Finanzen (BMF) 55
Bundesregierung 55
Büro der Zukunft 8
Büroarbeitsplatz 153
Bürodienstleistungen 139
Büroraumeinsparung 75
Büroraumkosten 106f.
Business Process Reengineering (BPR) 46

C

Call-Back-Verfahren 95
Callcenter 100f.
Centrex 143
Clean Air Act 49

Computer- und Softwareindustrie 64f.

D

Datenautobahn 49
Datenfernübertragung (DFÜ) 162f.
Datenschutz 95, 125f., 145ff., 154
Datensicherheit 95, 125f., 145ff., 154, 192
Datex-P 162
Definition der Telearbeit 10ff., 26f.
Desk Sharing 73, 111, 139
Deutsche Telekom AG 23, 44ff., 54f., 58, 90f., 103
Deutschland 53ff.
Dialoganwendung 176f., 188
Diffusionshemmnisse 39ff.
Diffusionsmodell der Telearbeit 29ff.
Direktverbindung 163
Docking Stations 166
Drucker 172f.

E

EC Telework Forum 51
EDI 168
Eigenmotivation 110, 134f.
Eignungskriterien 133
Eignungsprüfung 132ff.
Einführung der Telearbeit 78ff., 118ff.
Einsatzfelder der Telearbeit 68ff.
Electronic Mail (E-Mail) 94, 100, 143, 162, 194
Empfangsmöglichkeit 192
empirica - Untersuchung 25ff., 33ff.
Erfolgskontrolle 127f.
Ergonomie 138f., 191
Erziehungsurlaub 86, 114
Europa/Europäische Union 26ff., 34ff., 51ff.
Europäische Kommission 11, 51ff.
externe Berater/Experten 80, 121f., 129
externe Kommunikation 100, 168, 195

F

Fachaufgaben 69f.
Fallstudien 74ff.
Familie 111f., 195
Fax- (gerät) 143, 159
Festangestellte 88ff., 148, 149ff.
File-Transfer 94, 103, 175ff., 188
Firmenzugehörigkeit 135, 136
Flexibilisierung der Arbeit 46f.
Flexibilität 76
FlexiPlaces 30
Frankreich 27f., 34ff., 50
Frauen 19, 35f., 47, 66
Freiwilligkeit 81, 153
Führung 97f., 141f.
Führungsaufgaben 69f.

G

Geschäftsprozeß 140
Geschichte der Telearbeit 19ff.
Geschlecht der Telearbeiter 66f.
Gesellschaft 16ff., 57ff.
Gewerkschaften 21, 41, 48f., 148
Großbritannien 20, 25, 27f., 34ff., 40, 50f.
Großstädte 29
Großunternehmen 37, 39, 65
Groupware 141

H

Haftung 154
Hardware 158ff.
häuslicher Arbeitsplatz 99, 153, 165, 189ff.
Hausratversicherung 155, 196
Heimarbeitsgesetz 85, 148f.
Hindernisse für Telearbeit 41f., 61f.
Host 95, 97, 145, 168
Hotline 126, 195

I

IBM-Betriebsvereinbarung 22, 88f., 97
Informations- und Kommunikationstechnik (IuK) 12f.
Informationsberufe 33
Informationsgesellschaft 52, 55, 56f.
Informationsinfrastruktur 45
informelle Kommunikation 42, 93
informelle Vereinbarung 88, 150
Interesse an Telearbeit 33ff.
Interessenpotential 38
interne Kommunikation 166ff.
Internet 44
ISDN 45, 92ff., 159f., 163f.
ISDN-Karte 159f., 172f.

J

Jahressteuergesetz 55, 196
Job Characteristics 32
Joint Editing 43
Jugend 47f.

K

Karriere 114, 127
Kleinunternehmen 65f.
Kollegen 83, 144, 194
Kommunikation 99ff.
Kommunikationsmanagement 142ff.
Kommunikationssoftware 161f., 172f.
Konservatismus des Managements 40
Kontrolle 97ff.
Koordination 140
Kosten der Telearbeit 101ff., 171ff.
Kosten-Nutzen-Analyse/-Rechnung 101, 108, 182
Kostensenkung/-einsparung 74f., 180f.
Krankenrate/-stand 107, 182, 185
Kreditinstitute, Versicherungen und unternehmensbezogene Dienstleistungen 29, 39

Kultur der Abhängigkeit 43f.

L

LAN 167
ländlicher Raum 59, 68, 77
Laptop 71, 159
Leistungskontrolle 98f., 142, 154
Lohn- und Lohnnebenkosten 107, 180

M

Management by Objectives 98
Meetings 113, 195
Mehrwertdienste 53
mittleres Management 62, 121
mobile Telearbeit 15, 71f., 165
Mobilfunk 44f., 164
Modellrechnung 60, 182ff.
Modem 159, 172
Monitor 192
Motive für Telearbeit 74ff.
Motivierung und Sensibilisierung 120ff.

N

Nachbarn und Bekannte 196
Nachbarschaftsbüro 14, 20
Nachteile der Telearbeit 17ff.
neue Selbständigkeit 43, 76
Neueinstellungen 107
Nordrhein-Westfalen 56f.
Notebook 25, 71, 159, 173
Nutzen der Telearbeit 104ff., 180ff.

O

öffentliche Verwaltung 37, 65
öffentliches Fernsprechnetz 162
Offline-Arbeitsplatz/-Verbindung 93f., 174ff., 188
Offshore Office Work 68
Online-Arbeitsplatz/-Verbindung 93f., 103, 174ff., 188

Sachwortverzeichnis

Online-Dienst 164
Organisation der Telearbeit 96ff., 138ff.
Organisations- und Managementkosten 179f.
Organisationsformen der Telearbeit 14f., 34, 36f., 71ff., 130, 157
Outsourcing 36, 74f.

P

Paßwort 95, 145f.
Pausen 193
Pendelverkehr/-weg 60, 109f.
Personal-Computer (PC) 25, 44f., 158, 172f.
persönliche Einstellung 191f.
persönliche Kommunikation 99f., 142
Perspektive der Telearbeit 39ff.
Petersberg-Kreis 25
Phasenmodell 119ff.
Pilotprojektgestaltung 124ff.
Planungskosten 102, 179, 185
Politik und Telearbeit 23, 49ff.
Potential der Telearbeit 32f., 38f.
Praxisbeispiele 62
private Kontakte 195f.
Produktivität 104ff., 110, 181
Prognosen 31
Projektmanagement 140
Promotor 122f.

Q

Qualifikation der Telearbeiter 66
qualitative Vorteile/Faktoren 182, 187

R

räumliche Verteilung 67f.
rechtlicher Status/Rechtsform 12, 83ff., 147ff.
Reorganisation 46
Router 168, 174

Rückkehrrecht 81, 155

S

Sachbearbeitung 69f.
Sachsen 57
Satellitenbüro 14
Scanner 71, 166f.
Schulung 82f., 144f., 170
Schulungskosten 179
Schweden 20
Schweiz 50
Selbständige 43
selbständige Telearbeiter 84f., 148
Selbstangestellte 43
Selbstdisziplin 110, 134f.
Selbstorganisation 193
Short-Hold-Mode 178
Sicherheit der Daten 145f.
Sicherheit des Übertragungsweges 145
Sicherheitskonzept 147
Software 160ff.
Softwareimplementierung 172f.
soziale Aspekte 109ff., 136
soziale Gruppen 66f.
soziale Isolation 112ff.
soziale Schutzrechte 83, 148
spezielle Zielgruppen 58f., 77
Stadt- und Regionalentwicklung 59
strategische Ziele 75f.
Stromanschluß 191

T

TAE-Anschluß 191
Tarifreform 46
Tarifvertrag 90f., 150f., 152
Tätigkeiten 36, 40, 68ff., 131f., 156, 171
Teamarbeit 42f.
Technikangebot 156ff.
Technikausstattung/-einsatz 11, 91ff., 102, 165, 171ff., 191f.

technische Voraussetzungen 44f., 62
Technologierat 56
Teilzeit 85ff.
Tele-Ministerin 8
Telearbeitsgesetz 56, 151
Telearbeitszentrum 14f., 73, 165
Telecommuting 10, 19
Teledienst/-service 12f.
Telefon 100, 143, 159, 172f.
Teleguerilla 80
Telehaus 14f., 19
Teleheimarbeit 14, 73
Telekommunikationsdienste/-netze 92f., 162
Telekommunikationskosten 102f., 174ff.
Telekooperation 12f., 52f.
Telematik- (anwendung) 12f.
Teleservicezentrum 14f.
Teletex 92
temporärer Arbeitsplatz 15
Top-Management 120
Touch Down Office 107, 111
Typologie der Telearbeit 74ff.

U

Umsetzung der Telearbeit 126f.
Umweltbelastung 60f., 77
Unfallversicherung 155
Unternehmensgröße 37, 65f.
Unterstützungs- und Sekretariatsaufgaben 70f.
USA 19, 24f., 49

V

Verbreitung der Telearbeit 21, 24ff.
Verdichtungsraum 67
Vereinbarkeit von Beruf und Familie 111f.
Verkehr/Verkehrsreduzierung 10, 60f., 77, 109f.
Vermieter 196

vernetzte Kooperation 77
Verpflichtungserklärung 95, 154
Versicherungen 30f.
Videokommunikation, -konferenz 143, 160, 167, 173
Viren 146
Virtual Private Network 168
virtuelle Unternehmen 8, 15, 30
Voice-Mail 143
Vorbereitungsphase 120ff.
Vorreiter der Telearbeit 20f.
Vorstudie 122f.
Vorteile der Telearbeit 16f.

W

Wartung 169f.
Wartungspersonal 170
Weißbuch für Wachstum, Wettbewerb und Beschäftigung 51
Weiterbildung 114
Wertewandel 47f.
Wirtschaftlichkeit der Telearbeit 101ff., 148, 171ff.
Workaholic 193
Workflow 140f., 167
Workstation 158f.

Z

zeitlicher Modus 85ff.
Zeitmodell 130f., 190
Zusatzvereinbarung zum Arbeitsvertrag 88, 150, 152
Zutrittsrecht 153
ZVEI/VDMA-Arbeitsgruppe 25, 32

Business im Internet
Erfolgreiche Online-Geschäftskonzepte

von Frank Lampe, hrsg. von Frederik Ramm
1996. X, 265 S. Geb. DM 69,00
ISBN 3-528-05544-8

Aus dem Inhalt: Einführung in die wichtigsten Internet-Dienste - Systematische Aufbereitung der gewerblichen Nutzungsmöglichkeiten - Bestimmung von Markt- und Zielgruppengrößen inklusive Nutzeranalysen - Informationsbeschaffung und Kommunikation via Internet - Marketing und Marktforschung im Internet bzw. im World Wide Web - Beispiele der kommerziellen Nutzung und Hinweise auf Problembereiche - Hinweise und Tips für Einstieg und Nutzung des Internet - Adressen wichtiger Organisationen

Das Buch stellt die Geschäftskonzepte im Internet, die sich für Unternehmen jeder Größe im Internet ergeben, verständlich und gut strukturiert dar. Es zeigt sinnvolle Chancen und Wege der Realisierung in den Bereichen Informationsbeschaffung, Kommunikation und Marketing. Der Leser erhält klare, hin und wieder auch kritische Hinweise, worauf zu achten ist. Die Darstellung zeichnet sich durch ein hohes Maß an Sachlichkeit aus und verzichtet auf die häufig anzutreffende Internet-Euphorie. Chancen und Wege zum Erfolg nutzen, dabei Sackgassen vermeiden ist die Botschaft dieses praxisorientierten Business Online-Guides für Unternehmen.

Stand 1.4.98
Änderungen vorbehalten.
Erhältlich im Buchhandel
oder beim Verlag.

Abraham-Lincoln-Str. 46, Postfach 1547, 65005 Wiesbaden
Fax: (06 11) 78 78-4 00, http://www.vieweg.de

Chipkarten-Systeme erfolgreich realisieren
Das umfassende, aktuelle Handbuch
für Entscheidungsträger und Projektverantwortliche

von Monika Klieber
1996. XIV, 210 S. (Zielorientiertes Business-Computing;
hrsg. von Fedtke, Stephen) Geb. DM 198,00
ISBN 3-528-05511-1

Aus dem Inhalt: Die Chipkarten-Strategie - Die Chipkarte: das neue Geld - Marktpotential und Entwicklungstendenzen - Lebenslauf einer Chipkarte - Elemente einer Chipkarte - Systemdesign - Sicherheitsaspekte - Rechtsfragen - Überblick über bestehende Chipkartensysteme

Karten im Scheckkartenformat, in die ein Speicher- oder Prozessorchip integriert ist, eröffnen in vielen Branchen neue Produkt- und Marketingmöglichkeiten. Dieses Buch ist ein umfassender und praxisorientierter Wegweiser für Unternehmen, die Chipkarten-Technologie für neue Geschäftsfelder erfolgreich nutzen wollen. Behandelt werden insbesondere strategische, organisatorische, technische und rechtliche Aspekte. Insgesamt dient das Buch in allen Phasen der Projektierung und Realisierung, von der Idee über die Planung zur Implementierung von Chipkarten-Systemen.

Stand 1.4.98
Änderungen vorbehalten.
Erhältlich im Buchhandel
oder beim Verlag.

Abraham-Lincoln-Str. 46, Postfach 1547, 65005 Wiesbaden
Fax: (06 11) 78 78-4 00, http://www.vieweg.de

SAP, Arbeit, Management
Durch systematische Arbeitsgestaltung
zum Projekterfolg

von AFOS
1996. 228 S. (Business Computing) Br. DM 64,00
ISBN 3-528-05536-7

Aus dem Inhalt: Besonderheiten der SAP-Produkte - Auswirkungen auf die Arbeitsorganisation - Leitbilder der Arbeitsgestaltung - Technisch-organisatorische Ansatzpunkte der Arbeitsgestaltung - Gestaltung als Prozeß

Dieses Buch informiert über die technischen Besonderheiten der SAP-Systeme und gibt Hinweise darauf, welche Konsequenzen sich ergeben hinsichtlich der Organisation und Arbeitsgestaltung im Unternehmen. Es erläutert die organisatorischen Auswirkungen von SAP-Software vor dem Hintergrund der technischen Grundkonzepte. Dabei geht es den Autoren um eine bewußte Gestaltung auch der sozialen Dimensionen der Systemanwendungen, ausgehend von klar formulierten Leitbildern der Arbeitsgestaltung. Als Hilfe für die praktische Umsetzung von Leitbildern stellen die Verfasser unter dem Titel "Stellschrauben" die technischen Ansatzpunkte der SAP-Systeme dar, die für arbeitsorientierte Technikgestaltung genutzt werden können.

Abraham-Lincoln-Str. 46, Postfach 1547, 65005 Wiesbaden
Fax: (06 11) 78 78-4 00, http://www.vieweg.de

Stand 1.4.98
Änderungen vorbehalten.
Erhältlich im Buchhandel
oder beim Verlag.

vieweg

If you have any concerns about our products,
you can contact us on
ProductSafety@springernature.com

In case Publisher is established outside the EU,
the EU authorized representative is:
**Springer Nature Customer Service Center GmbH
Europaplatz 3, 69115 Heidelberg, Germany**

Printed by Libri Plureos GmbH
in Hamburg, Germany